全国高等学校心理学系列教材
乐国安　总主编

西方心理学史

汪新建　主编

南开大学出版社
天　津

图书在版编目(CIP)数据

西方心理学史 / 汪新建主编. —天津：南开大学出版社，2011.8（2022.9 重印）
全国高等学校心理学系列教材
ISBN 978-7-310-03671-4

Ⅰ.①西… Ⅱ.①汪… Ⅲ.①心理学史—西方国家 Ⅳ.①B84—095
中国版本图书馆 CIP 数据核字（2011）第 037986 号

版权所有　侵权必究

西方心理学史
XIFANG XINLIXUESHI

南开大学出版社出版发行
出版人：陈　敬
地址：天津市南开区卫津路 94 号　邮政编码：300071
营销部电话：(022)23508339　营销部传真：(022)23508542
https://nkup.nankai.edu.cn

天津泰宇印务有限公司印刷　全国各地新华书店经销
2011 年 8 月第 1 版　2022 年 9 月第 4 次印刷
787×960 毫米　16 开本　27 印张　483 千字
定价:68.00 元

如遇图书印装质量问题，请与本社营销部联系调换，电话:(022)23508339

序 言

由于社会的迫切需要，近二十年我国心理学专业的学生和从业人员数量急剧增长，设有心理学专业的教学科研单位从 20 世纪 80 年代末的 4 个发展到当前的 200 多个。心理学科不论在政治、经济、文化、教育、体育、管理、健康服务、社区服务、危机处理等领域，还是在学校、企业、医院、行政、司法、军队等部门都发挥着越来越重要的作用。而从学科内部来看，当前不论国外还是国内的心理学研究均在迅速发展，各种新的理论和思想此起彼伏，各种新的研究方法和技术手段不断涌现，使心理学各个领域在宏观的行为层面以及微观的脑基础层面都取得了丰富的新成果与长足进步，从而使心理学的面貌发生了极大的改变。

因此，为了反映当前国内外心理学各个领域的变化与发展，进一步深化高等院校心理学教学改革，加强心理学专业学生的理论素养以及能更好地培养适应新时期社会需要的专业技能，促进我国心理学学科建设和发展，我们组织了目前活跃在心理学教学、科研和实践工作第一线的中青年专家、学者编写了这套反映当前心理学科发展和成果的"全国高等学校心理学系列教材"。

本套系列教材包括《普通心理学》、《实验心理学》、《认知心理学》、《心理统计学》、《心理测量学》、《教育心理学》、《发展心理学》、《社会心理学》、《管理心理学》、《咨询心理学》、《人格心理学》、《西方心理学史》、《中国心理思想史》共 13 部，其内容选择和结构编排本着专业课程细化兼顾学科交叉的原则，切合当前心理学研究发展的主流方向。

我们在编写本套教材时力图体现以下特色：

第一，科学性与实用性的结合。一方面，在内容的选择上，既确保知识的科学性、正确性，注重科学研究、科学数据对心理现象的说明作用，强调理性对感性的超越，同时，也注重科学原理对日常经验、生活事实的解释作用，体现教材内容对"活生生"社会、生活实际的实用性。另一方面，在材料的组织上，注意处理好学科科学性和教材科学性的关系，既强调学科体系的科学性、系统性、完整性，同时也从有利于学生学习的角度出发，注重学科的基本结构，注意把握学科体系与教材体系的关系，突出有利于学生学习与掌握的实用性。

第二，前沿性与经典性的结合。虽然科学的心理学至今不过只有一百二十余年的历史，但在这短短的一百二十余年中，心理学家们已从事过数不胜数的研究，获得了无法计量的数据和结果。因此，作为主要面向大学生的教材，需要在科学性、系统性的原则指导下，突出各领域的经典性研究、经典性方法与核心概念和原理，用经典或权威的研究、数据阐述学者们的核心思想与代表性研究。而由于最近十余年心理学界的研究和思想都正在和已经发生了巨大的变化，因此，本套教材在继承历史的基础上，更希望面向现在和未来，强调尽可能多地吸收和反映当前各学科领域的最新成果和进展，力图做到前沿与经典、历史与现在甚至未来相结合。

第三，国际化与本土化的结合。科学的心理学起源于欧洲，成长和壮大于北美，直到今天，欧美心理学仍在当今国际心理学界占据着主导地位。但中国国内外的华人心理学工作者在过去的近百年中，也在学习和借鉴西方心理学研究成果的基础上探索着自己的生存和发展之路，取得了不少重要和有影响的成果。因此，本套教材一方面注重较全面反映国际心理学各领域研究和发展的轨迹、前沿，同时也尽可能结合中国（华人）心理学界的研究与成果，注意反映中国及华人社会特有的心理现象与特点。

第四，学术性与可读性的结合。作为主要面向21世纪新时代大学生的教材，在编写过程中，我们既注重专业教材的学术性和科学性，同时也尽量顾及当代大学生学习和阅读的心理特点，不论在内容编选还是在写作风格、编排体例上，均强调教材的易读性、生动性和形象性，力图做到学术性与易读性的结合，希望使这套教材能成为一套教师认为好用、学生认为好学的专业教材。

本系列教材汇集了集体的智慧，是大家精诚合作的产物。虽然在写作过程中我们尽心尽力，力求完善，但由于时间和学识的限制，书中难免存在这样或那样的缺陷和不足，敬请广大读者指正。

本系列教材编写过程中，参考和引用了国内外大量的研究资料，在此向这些作者表达诚挚的谢意！同时，也要感谢南开大学出版社有关领导的大力支持和诸位编辑的精心工作，尤其要衷心感谢策划编辑莫建来同志长期以来对出版心理学专著与教材的热忱和远见卓识。

乐国安　谨识

2010年11月3日于南开园

导语：与思想同行

心理学史是心理学学科体系的重要组成部分，重视学科历史也是心理学学科体系建设秉承的传统。培根有一句名言，读史使人明鉴；钻研心理学史对培养心理学学习者的历史意识、学科意识以及反思精神具有不可替代的重要作用。英文"心理学"（psychology）一词源自于希腊语，意指"有关灵魂的学问"。在人类历史上，所有存在过或既存的民族及其文化都在面对内心深处的诘问，都曾经或者正在尝试探索人类的灵魂、心灵与精神，这些问题就是所谓的"心理"问题。科学心理学的奠基人之一德国心理学家艾宾浩斯指出："心理学虽有短暂的历史，却拥有漫长的过去。"在这个漫长的发展历程中，西方心理学思想对于现代世界心理学的建立和发展做出了不可估量的贡献。因此，西方心理学的发展历史向来是心理学学习者的必修课程之一。

目前，已出版的西方心理学史书籍林林总总，各有特色。本书在学习和借鉴已有教材和著作的基础上，进行了结构上的调整以及内容上的扩展。在全书共三编的内容中，我们将当代西方心理学的新近发展作为一个侧重点来详细介绍，笔墨较重，基本上占据了本书一半的篇幅，期望能给读者带来一种新鲜的感觉。此外，我们将传统心理学理论流派的新近发展也囊括其中，意在提醒人们，传统的心理学流派并非偃旗息鼓、风光不再。在一定意义上，这些理论如今也在"与时俱进"，不断提出新的思想观点和研究课题，为当代西方心理学的发展作出积极的努力。因此，广泛涉猎新进展、兼顾整体结构是本书尝试的一个特色。按照这个思路，全书勾勒出了西方心理学从孕育到产生再到蓬勃发展、日益丰满的整个历程，能够让读者清晰地了解西方心理学从古至今的整个理论体系，希望学习者能够从中体验到共鸣，找到自己感兴趣的专题，进行更深入细致的研究和创新。

全书第一编介绍了西方心理学的历史渊源与初期发展，共有三章内容，包括孕育西方心理学的哲学、生物学、物理学等重要思想，冯特的心理学思想体系以及心理学建立初期的发展状况。心理学学科独立之前的西方心理学思想，主要体现在哲学家、自然科学家和生理学家的著述中。本书对这一时期的心理学思想的论述将会涉及诸多的哲学人物及其著作。但与一般的哲学史不同，本书更关注其中有关心理学的思想，抽取其精华。1879年冯特在德国莱比锡大学设立第一个心理学实验室，使现代心理学终于脱离哲学母体，独立于学科之林。冯特作为现代心理学的鼻祖，深入讨论了心理学的研究对象和研究方法，并初步勾勒出了心理学的学科体系，这对后来心理学的发展产生了深刻的影响。但是，西方心理学的初期发展并不是一统天下的，而是思想争鸣、观点纷争不断，内容心理学与意动心理学、构造心理学与机能心理学相互之间的分歧和对立，成为当时的重要看点。

第二编介绍了西方心理学的经典理论学派及其当代发展，共有四章内容。我们遵循"学派取向"，即以学派为界来划分人物及其思想，在关注思想家个人特色的同时也注重从学说共同点的角度归纳同学派内的集体性成果和特色，分别对行为主义、精神分析、人本主义以及认知主义四种传统心理学派的产生背景、代表人物、理论要点、相互纷争以及当代发展做了详细的介绍。可以说，尽管西方心理学领域内理论繁多，但这四种宏大的理论学派却是西方心理学发展的主体，它们共同构成了20世纪20年代到80年代西方心理学的主要格局。四大流派在理论假设和研究方法上相互区别、各有特色，曾在不同历史时期各领风骚。20世纪20年代到60年代期间，行为主义和精神分析盛行天下，60年代到80年代期间，人本主义与认知主义平分秋色。20世纪80年代以来，这些宏大理论学派仍然积极地寻求自我发展，比如行为主义的社会行为整合取向、精神分析的客体关系理论和自身心理学、认知主义的联结学说以及源于人本主义的超个人心理学，都是当今心理学的重要组成部分。可以说，传统心理学学派其成就是显著的，影响是深刻的，衰败是相对的，发展是继续的。

第三编介绍了当代西方心理学的多元化发展，共六章内容，包括20世纪80年代以来逐渐兴起的积极心理学、进化心理学、文化心理学、社会建构论心理学、叙事心理学以及女性主义心理学，它们的出现和发展构成了当代西方心理学发展的新趋势。20世纪末，伴随着后现代理论的冲击、欧洲心理学的复兴和第三世界国家心理学的兴起，心理学理论的"分裂"有增无减，出现了多元化发展趋势。尤其是后现代心理学的强烈冲击，更成为不可忽视的一次心理学革命。作为一本心理学史教材，对于这种新的发展趋势的介绍是必需的，也是必然的。这些新的思想并非完善的体系，理论范式也并不成熟，尤其是在对整个心理学领域的影响力方面更不能与传统理论学派相提并论，因而只能看做是一种发展思潮。但是，后现代心理学思想丰富了西方心理学的内容体系和结构框架，为当代心理学的发展提供了新的理论视角和研究思路，扩展了当代心理学的研究主题和空间。因此，必须在心理学史的教材中予以适当的承认与体现。

本书由汪新建担任主编，负责大纲的制定、统稿和定稿，艾娟和吕小康担任副主编，协助主编完成相关工作。参加本书编写的有：汪新建、吕小康（第一章、第二章），吕小康（第三章），许丹（第四章），艾娟（第五章），董洁（第六章），韩振华（第七章），汪新建、艾娟（第八章、第九章），艾娟（第十章），汪新建、俞容龄（第十一章），俞容龄（第十二章），朱艳丽（第十三章）。本书在写作过程中也参考了国内外有关心理学史的诸多文献，正是这些丰富的资料才使得本书的写作得以顺利完成。在此，一并对这些文献资料的作者表示诚挚的谢意！

目 录

导语：与思想同行

第一编　西方心理学的历史渊源与初期发展

第一章　西方心理学思想的历史渊源 ················ 3
　第一节　古希腊罗马时期的心理学思想 ················ 3
　第二节　中世纪和文艺复兴时期的心理学思想 ············ 12
　第三节　近代欧洲的经验主义与理性主义心理学思想 ········ 16
　第四节　西方心理学的科学基础 ···················· 28
　主要参考文献 ·································· 35

第二章　冯特及其他早期心理学家 ···················· 36
　第一节　冯特与科学心理学的诞生 ·················· 36
　第二节　与冯特同时代的德国心理学家 ················ 46
　第三节　意动心理学及其演变 ······················ 54
　主要参考文献 ·································· 63

第三章　构造主义心理学与机能主义心理学 ············ 64
　第一节　构造主义心理学 ·························· 64
　第二节　欧洲的机能主义心理学 ···················· 73
　第三节　美国的机能主义心理学 ···················· 80
　主要参考文献 ·································· 94

第二编 西方心理学的经典流派及其当代发展

第四章 行为主义心理学 ································· 97
  第一节 早期的行为主义 ································· 97
  第二节 新行为主义 ····································· 106
  第三节 行为主义的新发展——新的新行为主义 ············· 120
  第四节 对行为主义心理学的简要评价 ····················· 130
  主要参考文献 ··· 134

第五章 精神分析心理学 ································· 135
  第一节 弗洛伊德与精神分析的诞生 ······················· 135
  第二节 经典精神分析的分裂与发展 ······················· 144
  第三节 精神分析的社会文化学派 ························· 155
  第四节 精神分析心理学的当代发展 ······················· 173
  主要参考文献 ··· 178

第六章 人本主义心理学 ································· 180
  第一节 人本主义心理学产生的背景 ······················· 180
  第二节 马斯洛的层次需要理论 ··························· 186
  第三节 罗杰斯的自我理论及其应用 ······················· 195
  第四节 罗洛·梅的存在分析理论 ························· 204
  第五节 人本主义心理学在当代的新发展 ··················· 209
  主要参考文献 ··· 217

第七章 认知主义心理学 ································· 219
  第一节 格式塔心理学 ··································· 219
  第二节 勒温的拓扑心理学 ······························· 227
  第三节 皮亚杰的发生认识论 ····························· 235
  第四节 信息加工心理学 ································· 243
  第五节 认知心理学的新发展 ····························· 254
  主要参考文献 ··· 259

第三编　当代西方心理学的多元化发展

第八章　积极心理学 ... 263
第一节　积极心理学的产生 ... 263
第二节　积极心理学的理论与内容 ... 271
第三节　积极心理学的评价 ... 280
主要参考文献 ... 284

第九章　进化心理学 ... 286
第一节　进化心理学的产生 ... 286
第二节　进化心理学的理论与内容 ... 291
第三节　进化心理学的评价 ... 303
主要参考文献 ... 306

第十章　文化心理学 ... 308
第一节　文化心理学的产生与发展 ... 308
第二节　文化心理学的理论与内容 ... 316
第三节　文化心理学的评价 ... 326
主要参考文献 ... 328

第十一章　社会建构论心理学 ... 329
第一节　社会建构论心理学产生的背景 ... 329
第二节　社会建构论心理学的主要内容 ... 340
主要参考文献 ... 357

第十二章　叙事心理学 ... 359
第一节　叙事心理学产生的背景 ... 359
第二节　叙事心理学的主要内容 ... 370
主要参考文献 ... 387

第十三章　女性主义心理学 ... 389
第一节　女性主义心理学的产生与发展 ... 389

第二节 女性主义心理学的理论取向 …………………………… 397
第三节 女性主义心理学的方法论内涵 …………………………… 404
第四节 女性主义心理学的评价与展望 …………………………… 410
主要参考文献 ……………………………………………………… 417

结语：回顾与展望 ……………………………………………… 419

第一编 西方心理学的历史渊源与初期发展

在人类历史上，所有的民族和文化都存在着一个普遍而深奥的问题：认识自己。人类一直尝试着探索人类的灵魂、心灵与精神，而这些关于人类自身的探索就是所谓的"心理"问题。由此看来，西方心理学虽然作为一门正式而独立的学科只有一百多年的历史，但是它关于"心理"问题的探究历史却是源远流长的，需要从古希腊开始追溯。西方心理学独立之前，丰富的哲学、生物学、物理学等重要思想为心理学的产生提供了必要的理论来源。直到1879年冯特在德国莱比锡大学设立第一个心理学实验室，标志着现代心理学终于脱离哲学母体，独立于学科之林。冯特作为现代心理学的奠基人，作为心理学建立初期的主要代表人物，深入讨论了心理学的研究对象和研究方法，并初步勾勒出了心理学的学科体系，这对后来心理学的发展产生了深刻的影响。但是，西方心理学的初期发展并不是一统天下的，而是思想百家争鸣、观点纷争不断。内容心理学与意动心理学、构造心理学与机能心理学相互之间的分歧和对立，成为早期心理学发展的一道风景线。

第一章 西方心理学思想的历史渊源

回顾历史，无论人类社会的发展程度如何，无论曾经的探索者提供的答案在今天看来是如何的荒诞不经，所有存在过或正在演进中的民族及其文化，无一例外都曾经尝试探寻有关人类灵魂（soul）、心灵（mind）与精神（spirit）的答案，而这些问题正是所谓的"心理"问题。当然，与现代心理学主要以科学观察、测量和实验的方法来探索人类的心理不同，古代思想家们主要以感悟、推论和思辨的形式进行探索。可以说"整个西方心理学史基本是围绕着如何理解灵魂、心灵、心理的本质展开的"（车文博，1998:23）。从某种程度上讲，正是对内心深处这种孜孜不倦的反省与思考，为心理学的独立奠定了思想的基源。历史的车轮不断向前，自然科学和生理学发展到了一定程度之后，使用科学工具和科学方法研究心理现象成为可能。当研究者开始借助已在自然科学领域取得巨大成就的科学实验和数量化方法与技术，研究亘古有之的人类本性和内在精神世界时，变革轰然来临——科学心理学从哲学母体中脱胎，呱呱坠地，成为一门独立的新兴学科。本章以时间为线，先以简略的笔墨勾勒科学心理学创立之前数千年的思想渊源，之后揭示近代哲学和自然科学的发展如何恰逢其时地促成了科学心理学的诞生。

第一节 古希腊罗马时期的心理学思想

古希腊是欧洲文明的发源地，是孕育诸多西方思想的摇篮。古希腊哲学家们对灵魂问题思考的结晶是现代心理学的早期来源。关于古希腊的历史断代，史学界一直存在不同观点，本书中特指公元前8世纪至公元前146年古罗马帝国占领马其顿，古希腊帝国灭亡这一段时期。古希腊时期又可以细分为三个阶段：（1）古风时代（The Archaic Period）：约公元前776年至公元前480年；（2）古典时代（The Classical Period）：公元前480年至公元前323年，狭义上的古希腊时期终结于此;(3)希腊化时代(The Hellenistic Age):公元前323年至公元前146年。为方便叙述,本书将这三个阶段简称为古希腊早期、中期和晚期。公元前323年古希腊统治者亚历山大大帝逝世,统一的希腊帝国分裂成几个独立的王国,真正的希腊时期结束,但仍束缚在希腊文化影响下,称为希腊化时代。公元前146年,这些王国又被罗马人所灭,历史进入古罗马时代并延续了数百年,直到公元395年分裂成东、西两个帝国,标志着古罗马的衰败;其中西罗马帝国亡于476年(欧洲中世纪时期开始的标志),东罗马帝国(拜占庭帝国)亡于1453年。本节以时间为序分别论述各时期以哲学或伦理学形式出现的哲学心理学思想,并简述古希腊罗马时期的生理心理学思想。

一、古希腊早期的心理学思想

在原始初民眼中,自然界和人类社会是充满神秘色彩的,他们往往以神话或宗教的方式来解释自然界和社会生活中的各种现象,因而他们的思维带有浓厚的神话色彩和宗教色彩。到了古希腊早期,一些哲学流派则出现了通过自然现象去寻求真理的哲学倾向,企图摆脱宗教,用自然的原因说明灵魂的本质和起源,随之成为后来多种心理学思想萌芽的基础。

1. 米利都学派

米利都学派因其代表人物均出生在古希腊的米利都而得名(米利都属于爱奥尼亚地区,故也被称为爱奥尼亚学派)。用神来解释自然现象是一种超自然的解释方法,而米利都的哲学家们则最早尝试用自然本身来说明自然,他们用抽象的理性思维取代神话幻想式的形象思维。西方哲学随着这种思维方式的改变而产生,也就是说西方哲学思想从这一刻起实现了从神话向哲学的转变。

米利都学派的创始人泰勒斯(Thales,约公元前624—前547)被尊为古希腊"七贤"[①]之首,据称他第一个提出了"世界的本原是什么?"这一亘古久远的哲学问题,并给出了自己的答案:水是万物的本原或始基。水不是神秘的东西,它是人们所熟悉的和可以被感知的。他认为,宇宙间的万事万物,都是可以为人类思想所理解的;也就是说,没有任何东西是神秘的、不可理解的,不可理解的神灵没有存在的余地。可以看出,以泰勒斯为代表的米利都学派,首先打破了神话传统,实现了人类从神话思维到逻辑思维的转变。毫无疑问,这在西方思维史上是一个伟大的转折点。泰勒斯另一个重要的观点就是"万物

---

① 古希腊"七贤"是传说中古希腊最有智慧的七个人,除泰勒斯之外,以雅典的政治家和立法者梭伦(Solon)最为后人所知,其余"五贤"的归属虽有一般说法,但无法真正确定。

有灵"，像石头这样的无生命物质，也是有灵魂的生物，进而推知整个宇宙都是有生命的，正是灵魂才使一切生机盎然。这说明泰勒斯的逻辑思维并不彻底，仍然带有神话思维的特征。

米利都学派的第二位哲学家是阿那克西曼德（Anaximander，约公元前610—前546）。阿那克西曼德从泰勒斯的前提假设出发，对本原问题作了另外的回答。他认为，如果水转变为土，土转变为水，水转变为气，气转变为水，如此循环转变，那就意味着任何事物都可以转变为其他事物。因此，我们同样可以说土、气或别的东西是始基。据此，他主张世界的始基是 apeiron，意思是"无定"（unlimited），即没有任何规定性、无定形无定性的原初物。世界万事万物由"无定"产生，灭亡后又要回到"无定"中去。阿那克西曼德以"无定"为本原的思想，比泰斯勒以水为世界本原的思想，在思维的抽象程度上更深了一步。

米利都学派的第三位哲学家是阿那克西美尼（Anaximenes，约公元前588—前526）。他认为本原应该是有定的东西，那就是气。气并不是神创造的，神是来自于气的。世界上一切事物都是由气的凝聚或疏散而形成的。当气疏散时，它就变成火；当它凝聚时，先是变成云，进而变成水，然后形成大地、石头。灵魂也不是别的东西，而是使我们成为一体并主宰我们的气。灵魂是气的思想，开创了西方用唯物主义观点解释精神现象之先河。

2. 毕达哥拉斯学派

该学派以其创始人毕达哥拉斯（Pythagras，约公元前580—前500）之名而命名。与米利都学派从某种具有固定形体的或者特殊的东西中寻求世界统一性的做法不同，毕达哥拉斯学派认为，世界的本原是"数"。多样性的世界可以统一于数，整个宇宙就是按一定的数的比例组成的有秩序的科斯摩斯（cosmos）；事物的性质是由某种数量关系决定的，万物按照一定的数量比例而构成和谐的秩序。将数看成是先于现实事物的、可以独立自存的本体，将哲学导向了唯心论。因此可以说，后来希腊哲学中出现的各种客观唯心论哲学，都是以毕达哥拉斯学派为起点的。

在灵魂观上，毕达哥拉斯学派认为人的肉体死亡以后，灵魂还可以继续存在，并可以投生为其他生物，经过一定周期，可以再次投生为人；他们还认为灵魂经过净化，可以得救，免得再投生经受各种痛苦。毕达哥拉斯学派将灵魂归结为一种和肉体不同的、可以离开肉体而独立存在的，并且是永恒不朽存在的本体，灵魂是我们看不到、抓不住的无形体的东西。后期的毕达哥拉斯学派还认为人体具有三种灵魂：一是生长灵魂，它是人、动物和植物所共有的，位于人体的脐部；二是动物灵魂，它是人和动物所共有的，位于心脏，主管感觉和运动；三是理性灵性灵魂，只有人才具备，位于脑部，主管智慧。毕达哥拉斯学派的灵魂学说不但蕴涵着唯心论的萌芽，而且代表着宗教唯心论向哲学唯心论的过渡。

3. 爱非斯学派

该学派因其创始人赫拉克利特（Heraclitus，约公元前 540—前 480）生于爱非斯而得名。赫拉克利特认为万物的本原是火，有秩序的宇宙既不是神也不是人所创造的。宇宙本身是它自己的创造者，宇宙的秩序都是由它自身的"逻各斯"（logos）所规定的。逻各斯主要就是一种尺度、大小或分寸，即数量上的比例关系。万物是变动不息的，这种变动是按照一定的尺度和规律进行的。赫拉克利特和毕达哥拉斯学派的思想有着一致性，它们比米利都学派前进了一步，不满足于寻求万物的实体本原，而是开始要寻求隐藏在现象背后的带有规律性的东西。

赫拉克利特进一步指出，灵魂是与宇宙同质的，灵魂是火，在宇宙中做同样的循环。赫拉克利特所说的火在很大程度上已经脱离了物质的意义，强调的是火的运动和生灭的特性，是一种抽象的火，是万物构成的法则。火燃烧的过程体现出一种不足和多余相互补偿的过程，构成这个世界存在的永恒规律。同时，火又是万物的主宰，它如神一样，决定着万物的存在，在升腾中判决和处罚万物。赫拉克利特的火与逻各斯、宇宙、神的概念是等同的。具有火的特性的灵魂是最优秀的，因为火就是逻各斯。这样，主体和客体都是火，整个宇宙都是火，是统一的。赫拉克利特认为人是宇宙的一部分，宇宙逻各斯是人的认识能力的来源，也是智慧和德行的来源。产生万物又驾驭万物的逻各斯（对立统一）才是真正的神，突出对逻各斯独一无二、至高至上地位的强调，这与泰勒斯的泛灵论思想有着根本的区别。

二、古希腊中期的心理学思想

早期的希腊哲学主要研究宇宙的本原是什么，世界是由什么构成的，这类问题被后人称为"自然哲学"。但是到了古希腊中期，苏格拉底认为，自然哲学研究的问题对于拯救国家没有什么现实意义，出于对国家和人民命运的关心，他转而研究人类本身，即研究人类的伦理问题。因此，后人称苏格拉底的哲学为"伦理哲学"，苏格拉底将哲学"从天上拉回到了人间"，具有伟大的意义。他和他的学生柏拉图及柏拉图的学生亚里士多德被并称为"希腊三贤"，是西方思想史上三颗耀眼的明珠。

1. 原子论心理学思想

留基伯（Leucippus，约公元前 500—前 440）被称为原子论之父，但关于他的思想人们知之甚少，通常将他与其弟子德谟克利特（Democritus，约公元前 460—前 370）相提并论。留基伯首先提出物质构成的原子学说，认为原子是最小的、不可分割的物质粒子（"原子"这个词在希腊语中是不可再分割的意思）。原子之间存在着虚空，无数原子自古以来就存在于虚空之中，既不能创生，也不能毁灭，它们在无限的虚空中运动，从而构成万物。

德谟克利特对留基伯的学说进行加工和提炼，形成了自己的宇宙观，并进一步提出，原子在虚空中以永恒运动的形式存在，原子自身的运动是它的本质特征之一。事物运动的原因不在于外力的推动，而在于事物本身，这是由原子本身的属性决定的。这种变化有其自然规律和法则，这就是命运。但是，对于为什么原子能自己运动，德谟克利特并没能做出解释。

在认识论上，德谟克利特提出了著名的"影像说"，进一步利用原子说来说明人的认识活动。在德谟克利特看来，肉体是由灵魂所推动的，而灵魂也是由原子组成的。人的呼吸就是不断地把原子从人体中排出去，又不断地从空气中吸入人体，因此呼吸停止，生命便结束。思想也是一种物理的运动过程，且可以造成其他运动。由光滑的圆形原子构成的灵魂既是身体运动的动力，又具有认识的功能。灵魂的认识功能分为感觉和理智两种：感觉的功能由遍布全身的灵魂原子来承担；理智则是由灵魂的一个特殊部分"心灵"来完成的，心灵位于"脑中"。不管是感觉还是理智的认识，都是由组成外界事物的原子所流出的影像所造成的。譬如视觉的产生源于一切事物都不断地发射出一种波流，这种波流会把认识对象和眼睛之间的空气压紧，在湿润的眼睛中造成影像，然后影像进入脑子和脑膜，形成关于形状和颜色的视觉。他还用同样的办法解释了听觉和其他感觉的产生。总而言之，感觉和思想生成于从外部世界所投射的影像。如果没有影像撞击，任何人都不可能有感觉和思想。

原子论和影像论的学说是希腊唯物主义思想的高峰。德谟克利特建立在原子论唯物主义基础上的灵魂观念指明，灵魂是一种物质性的东西，它不能离开物质而独立存在，这便摆脱了有关灵魂问题长久以来的唯心主义和神秘主义的解释，他比之前的哲学家更明显地表现出唯物主义倾向。

2. 智者学派与苏格拉底

在公元前 5 世纪，以普罗泰戈拉（Protagras，约公元前 485—前 410）为代表的古希腊智者学派（又称诡辩学派），对自然哲学持怀疑态度，认为世界上没有绝对不变的真理。他们尝试改变自然哲学家注重研究事物客观性和"神"本性，却将人类的认识活动、创造性及社会意义置于视野之外的研究传统，把研究的导向从自然和"神"转向人与社会。普罗泰戈拉提出了"人是万物的尺度"这一著名的命题，把人从自然界、动物界分离出来，把人看做是万物的核心和衡量万物的标准。这无疑是对人类的尊重，体现了人类地位的提升。从此，古希腊哲学开始出现注重对社会伦理和人的研究趋向。可是多数智者学派成员的研究都只停留在感性的阶段，只能得出相对主义的结论。直到苏格拉底的出现，才从根本上改变了这种状况。

苏格拉底（Socrates，公元前469—前399）是古希腊的杰出思想家之一，是西方哲学的奠基者。苏格拉底的哲学思想开始了"心灵的转向"，把哲学从研究自然转向研究自我。他认为对于自然真理的追求是无穷无尽的。感觉世界常变，因而得来的知识也是不确定的。苏格拉底要追求一种不变的、确定的、永恒的真理，这就不能求诸自然外界，而要返求于己，研究自我。从苏格拉底开始，自我和自然明显地区别开来，人不再仅仅是自然的一部分，而是和自然具有同等地位的另一种独特的实体。

苏格拉底以前的哲学家，虽然早已有灵魂不灭的说法，但对于灵魂的看法还比较模糊。苏格拉底明确地将灵魂看成是与物质有本质不同的精神实体，成为西方哲学史上唯心主义哲学的奠基人，开启了以哲学唯心主义的神话代替宗教神话的时代。

3. 柏拉图

苏格拉底没有著作，关于苏格拉底的思想绝大多数来自其弟子柏拉图的《对话录》。《对话录》是围绕苏格拉底和他人的对话展开的，从这本书里很难分清哪些观点属于苏格拉底，哪些属于柏拉图，但他们的思想却是一脉相承的。柏拉图（约公元前427—前347）继承和发展了苏格拉底的诸多思想，成为西方客观唯心主义的创始人，其理念论心理学思想，与前述原子论心理学思想和后文将提及的亚里士多德的生机论心理学思想并称为古希腊三大心理学思想理论形态。

柏拉图认为，世界由"理念世界"和"现象世界"所组成。只有理念的世界才是真实的存在，永恒不变，人类感官所接触到的这个世界，称为"现象世界"，只不过是理念世界的微弱影子，它由现象所组成，每种现象会因时空等变化性因素而表现出暂时变动的特征。现象世界可感而不可知，理念世界可知而不可感。人的一切知识都是由天赋而来，它以潜在的方式存在于人的灵魂之中。灵魂的本质就是独立存在的精神实体——理念。认识不是对世界物质的感受，而是对理念世界的回忆。任何真正可靠的知识都是理念知识，感官所得的感觉不是理念知识的来源，理念知识必为灵魂先天而有。灵魂是没有部分、绝对单一的东西，它永恒存在，永生且不朽。

柏拉图把灵魂与肉体界定为两种独立的实体，各自单独存在；灵魂不仅先于肉体，而且还和肉体相对立；灵魂是不朽的、理智的、始终如一的、不可分解的，而肉体则是凡俗的东西，是可朽的、非理智的、繁杂的、可分解的。灵魂与肉体在一起时只能遭受欺骗，不可能达到真正的实在；灵魂只有在远离肉体，不再受视觉、听觉、快乐、痛苦等的干扰时，才能认识真理。因此，人们必须从肉体中解放出来，求得灵魂的净化，得到真正的智慧，达到真善美的境界。柏拉图这种以灵魂为贵、肉体为贱的二元论思想，奠定了西方哲学中身心二元论的基调，后世也因此流传"柏拉图式爱情"之说，用来表示追求心灵沟通、排斥肉欲的异性间的精神恋爱。

柏拉图进一步认为，人的灵魂由三个部分构成，即理智、激情和欲望。理智是灵魂的主宰者，激情是理智的天然辅助者，理智支配和控制欲望。对应于灵魂的三元结构，有三种德性：智慧对应理智、勇敢对应激情、节制对应欲望；如果灵魂的三个部分各安其所，那就产生了第四种德性，名之为正义。智慧、勇敢、节制、正义，这就是柏拉图所重视的"四枢德"（即四种关键的品德）。同时，在柏拉图的理想国中，社会分成三个等级：第一等级是哲学家王者和执政者，第二等级是武士（军人），第三等级是农民、商人和手工艺人，是物质需要的供应者，奴隶不在这三个等级当中。第二、第三等级要服从第一等级的命令，各等级各执其事，各安其分，这样国家才能成为正义的国家。社会是放大的灵魂，灵魂的理智、激情和欲望三个部分，分别对应着城邦的三个不可或缺的职业阶层，即统治者、武士和生产者。社会的和谐也就在于统治者、武士和生产者各司其职，这就是城邦的正义。由此可见，柏拉图的灵魂三元结构论实际是其构建政治乌托邦——"理想国"的社会心理学基础。

4. 亚里士多德

亚里士多德（Aristotle，公元前384—前322），古希腊哲学的集大成者，被誉为百科全书式的哲学家、科学家和教育家之一，其思想对西方世界产生了深远的影响。他是柏拉图的学生，但对柏拉图的观点既有继承又有批判，正如其名言"吾爱吾师，但吾更爱真理"所主张的那样。其著作《论灵魂》是西方历史上第一部论述各种心理现象的著作。

柏拉图认为理念是实物的原型，它不依赖于实物而独立存在。亚里士多德则认为实在世界乃是由各种本身的形式与质料保持和谐一致的事物所组成的。"质料"是事物组成的材料，"形式"则是每一件事物的个别特征。柏拉图断言感觉不可能是真实知识的源泉,亚里士多德却认为知识起源于感觉。与柏拉图的灵肉两分观不同,亚里士多德认为,灵魂和肉体是形式和质料的统一,犹如"刃"之于"刀",没有质料,就没有形式。灵魂是肉体的本质和形式,而肉体则是灵魂的质料;灵魂是肉体的目的因,肉体则是灵魂的质料因。在他看来,心理学是一门建立在生物学理论基础之上的自然科学,应当把对灵魂的研究放在第一重要的位置。

亚里士多德还区别了"灵魂"与"心灵",把心灵提到比灵魂更高的地位,认为它不受身体的束缚。亚里士多德把灵魂分为三等:生长灵魂、感觉灵魂及理性灵魂。植物只有生长灵魂,动物有生长灵魂和感觉灵魂,只有人才同时具备三种灵魂。从植物到动物再到人,灵魂的等级越来越高,高级灵魂包括低级灵魂的功能。凡是能赋予植物或动物以实质性的东西,亚里士多德便称之为"灵魂"。"心灵"是另一种不同的东西,它是灵魂的一部分,但只为很少数的一小部分生物所有。心灵能理解数学与哲学,它的对象是没有时间性的,所以它本身也就被看成是没有时间性的;灵魂是推动身体并知觉可感觉的对象的东西,它以自我滋养、感觉、思维与动力为特征。心灵具有更高的思维功能,它与身体或感觉无关;灵魂中的心灵是不朽的,而除去心灵的其他部分则是可朽的。

亚里士多德也不同意柏拉图的灵魂三元说。亚里士多德认为,灵魂是整体的,不能分为部分,灵魂是整体性地发挥其功能的。同时,他又强调,灵魂能够以其功能分为理性和非理性两种功能。非理性功能包括欲望、动作、意志和情感,具有被动性,称为被动心灵,它与躯体同生死;理性功能包括感觉和思维,具有主动性,称为主动心灵,躯体死亡后复归为纯粹形式。灵魂的功能是使有机体能更好地自我保存,心理学就是要研究有机体如何实现这样的功能,因而将心理学称为生机论心理学思想。亚里士多德的灵魂功能说,后来演变成中世纪的神学官能心理学和近代的机能心理学。

三、古希腊晚期和古罗马时期的心理学思想

在亚里士多德之后,古希腊的哲学就开始走下坡路,不复往日的恢弘力度与原创性,只是对既有思想的继承和改造,少有独创性的建树或强有力的批判。追求实际功用的罗马人占领古希腊之后,精力多放在日常生活的有形建构上,这表现在罗马诸多闻名于世的建筑和雕塑艺术上。古罗马时期对精神世界的探索日渐式微,在思想史上相对古希腊贡献的巍峨高度只能是望其项背。

1. 伊壁鸠鲁学派

该学派因其创始人伊壁鸠鲁(Epicurus,公元前341—前270)而得名,其

学说的要义在于说明哲学的任务是研究自然的本性，破除宗教迷信，分清痛苦和欲望的界限，以便获得幸福生活，达到不受干扰的宁静快乐状态。在心理学思想上，伊壁鸠鲁是德谟克利特原子论的忠实继承者，他坚决维护原子的真实性，否定超自然的无形东西的存在和作用，这些无形的东西包括神、灵魂和命运。对于灵魂，伊壁鸠鲁从原子论的角度做出了解释。他认为灵魂是热、气、风和一种非常精细的原子构成的无名的东西的混合物；灵魂的一部分存在胸中，一部分散布全身。灵魂的主要功能是感觉，但这种功能是身体赋予的，身体为感觉活动提供场所。感觉是灵魂和身体的共同活动，两者的同步、对应和配合产生出感觉。我们既不能说眼睛在看，也不能说灵魂通过眼睛在看，而应该说眼睛和灵魂一起在看。身体死亡之后灵魂不再具有感觉的功能，因此，灵魂随着身体的死亡而消灭。

伊壁鸠鲁否定了命运的存在，这是他与德谟克利特的重大分歧所在。伊壁鸠鲁认为，原子的运动原因有二：原子的重量是齐一、有序的运动（垂直下落）的原因，原子的偏斜是杂多、无序的运动（碰撞）的原因。伊壁鸠鲁用这种方式区分了原子运动的必然性和偶然性，以此否认命运决定论，论证意志的自由。他认识到，如果包括人的活动在内的一切事件都被原子运动严格地决定，那么人将不应为自己活动的后果承担责任；如果人不能选择自己的活动，他们有理由对支配自己的命运感到恐惧，那么人将永远得不到心灵的安宁，达不到快乐主义设定的目标。他争辩说，反命定论并不违反原子论，人的活动固然由原子运动构成，但人在活动之前，体内各种原子运动只是潜在的"种子"，有多种活动方向供它选择：他既可选择一些原子运动的方向活动，又可接受另一些原子运动的作用。在无序原子运动的影响下，采取哪一种行为，完全取决于个人自己。这是他对德谟克利特决定论的原子论思想的超越。

2. 斯多亚学派

斯多亚学派是与伊壁鸠鲁学派基本同一时期的哲学派别，由塞浦路斯岛人芝诺[①]（Zenon，约公元前 336—前 264）于公元前 300 年左右在雅典创立，由于他通常在雅典的画廊讲学，故称之为画廊学派或斯多亚学派[②]。斯多亚学派的存在时间很长，早期的斯多亚学派在自然哲学和认识论中还有较多的唯物主义因素，坚持决定论的宇宙观，笃信自然法则的作用。到了古罗马晚期时代，斯多亚学派则着重发展了宿命论和禁欲主义的伦理学。

---

① 此芝诺与提出"飞矢不动"等哲学悖论、出生于埃利亚城邦的芝诺（Zeno of Elea，约公元前 490—425 年）并非同一人。

② "斯多亚"（Stoa）是画廊的希腊语音译，又译斯多葛。

斯多亚学派认为，要想确保幸福，人们必须学会尽可能独立于无法控制的外部事物，学会生活于能够控制的内在自我之中。最高的善就是过合乎自然的生活，而合乎自然的生活就是有德性的生活。德性是自然引导我们所趋向的目标。过合乎自然的生活就是要我们每个人按照自己的本性以及宇宙的本性去生活，而自己的本性和宇宙的本性是一致的，因为每个人的本性都是宇宙本性的一部分。所以，归根到底，过合乎自然的生活，就是要禁绝一切为万物的共同法律所不允许的行为，就是要服从自己的命运，不做违反命运的任何事情。人们的任务是学会对所发生的一切事情都愉快地接受。斯多亚学派倡导禁欲道德以面对外部世界，倡导教育以增强内在的品格力量。在命运的判决面前，一个人应该显示出斯多亚式的平静和冷淡。

斯多亚学派认为，激情是灵魂的一种不合乎自然的运动，它们有碍德性，应当铲除。激情有四种：快乐、恐惧、欲求和痛苦。不管哪种激情，都是灵魂软弱的表现。有智慧的人不容易坠入这样的软弱之处，所以他们没有激情，但有良好的情感：愉悦、谨慎和希望。愉悦与快乐相对，是理性的兴奋；谨慎与恐惧相对，是理性的避免；希望与欲求相对，是理性的追求。哲人不为激情所左右，即使在锁链中他也是自由的，因为他完全由于自身而行动。

晚期的斯多亚学派比早期斯多亚学派宣扬了一种更彻底的宿命论和禁欲主义，面对当时激烈的社会矛盾，他们主张忍让和仁慈，但他们并没有像早期人物那样身体力行，只是将观念作为无心去做的伦理说教，因此，该学派的思想得到了统治者的欣赏和利用。

第二节　中世纪和文艺复兴时期的心理学思想

中世纪（约公元476—1453），是欧洲（主要是西欧）历史上的一个漫长时代，从西罗马帝国灭亡（公元476年）开始到文艺复兴时期（公元1453年）资本主义萌芽为止。"中世纪"一词是15世纪后期的人文主义者开始使用的，这个时期的欧洲处于封建时代，没有一个统一的强有力政权，封建割据带来频繁的战争，造成科技和生产力发展停滞，传统上认为这是欧洲文明史上发展比较缓慢的时期，一度被称为"黑暗时代"。但后来的考古学挖掘及史学研究发现，中世纪并非如人们想象的那么"黑暗"和停滞。"黑暗时代"的提法如今已逐渐消失。这一时期的心理学主要以神学的形态出现。

一、中世纪的神学心理学思想

在中世纪，基督教神学是占统治地位的意识形态，哲学成为了神学的婢女。系统化和理论化的基督教神学是主流思想，以哲学的形式为宗教神学作论证。这一时期的心理学思想也不可避免地带有宗教神学的色彩，它以灵魂的官能心理学为主要特征。中世纪的神学心理学先后有教父哲学和经院哲学两种理论形态，其代表人物分别是奥古斯丁和阿奎那，两人相继统治了近千年的中世纪神学思想。

1. 奥古斯丁

奥古斯丁（Aurelius Augustine，公元354—430），从其生卒时间上看，应当属于古罗马帝国时期的基督教思想家，其思想对整个中世纪的影响极其深远，12世纪经院哲学兴起之前一直统治着中世纪神学界。因此，一般都将奥古斯丁的神学列入中世纪的思想范畴中。奥古斯丁是基督教神学和"教父哲学"的重要代表人物，他极力宣扬"上帝创世"说和"原罪"说，力图调和哲学与神学，并以新柏拉图主义论证基督教教义。

人性论是早期基督教神学的重要组成部分，其核心问题是"原罪"与"救赎"。奥古斯丁认为只有善才是本质和实体，它的根源是上帝，罪恶只不过是"善的缺乏"或"本体的缺乏"。上帝作为至善，是一切善的根源，上帝并没有在世间和人身上创造罪恶。上帝虽是万物的创造者，却不是一切意志的支配者。罪恶的原因在于人滥用了上帝赋予人的自由意志，自愿地背离了善之本体（上帝）。只有靠上帝的恩典，人才能获得救赎。

奥古斯丁认为，人与万物不同之处在于人具有灵魂，灵魂高于肉体但低于上帝。因此，灵魂要主宰肉体，服从上帝。灵魂具有记忆、理智和意志三种官能，这三者是统一的，它们不是三个生命，而是一个生命；不是三个灵魂，而是一个灵魂；不是三个实体，而是一个实体；也就是说，灵魂是统一的。这与他在神学上的三位一体（圣父、圣子、圣灵）理论是相符合的。理性是人的灵魂理解事物秩序的能力，人若凭借理性认识到事物的秩序，就能从感觉的世界中摆脱出来，把目光转向超感觉的永恒世界即上帝，从而能够获得真正幸福的生活。奥古斯丁的"教父哲学"，是中世纪经院哲学兴盛之前基督教神学的经典形式。

2. 阿奎那

阿奎那（Thomas Aquinas，1225—1274）是12世纪之后兴起的另一个系统化基督教神学体系——经院哲学的最著名代表人物。他将亚里士多德的哲学运用于神学领域，推论出万物创造者——上帝的存在，创造了庞大的经院哲学和神学体系。他明确提出哲学必须为神学服务，之后又为上帝存在这一神学最高信条作了哲学的论证，认为应通过上帝的创造物来认识上帝的存在。

阿奎那认为，人是由肉体和灵魂构成的有形实体，人的灵魂是单一的精神实体。灵魂是尘世中生物的内在生命原则，因而是有机体的内在生命原则，有机体会死亡，但灵魂不灭。因此，现世生活虽然可以使人获得幸福，但这种幸福是暂时的、虚幻的。真正的、永恒的幸福只存在于天国。只有在上帝的国度中，人才能最终获得拯救，得到永世的幸福。在心理功能上，阿奎那继承了奥古斯丁的官能心理学思想，把各种心理活动只看做是灵魂的官能，人的知识、认识都来源于人的感觉器官对外界事物刺激所产生的经验和映像，这些认识活动是通过外在于心智的感觉器官进行的，因而被称为外部感官的活动。除此之外，还有内部感官的活动，表现为对事物整体的认识，将感觉经验加以保留、储存、加工以及对事物做出判断。

人是物质和精神的统一体，物质即人的肉体，虽然不参与人的思想和意志活动，不影响灵魂的作用，但它对理性认识的内容有作用。这是因为肉体是人的感性器官，它为理性活动提供资料。人的认识开始于感觉，知识的内容则来源于经验。感性认识为理性认识提供了资料，理性认识依赖于感性认识。感性知觉是知识的必然出发点，但感觉的对象只是个别的感性事物，关于个别感性事物的知识并不是认识的目的，认识的目的在于获得普遍的、必然性的知识，而这种知识是人的理性认识能力从感觉经验中抽象出来的。人的理性认识能力之所以能够从个别的知识中抽象出普遍的知识，在于上帝赋予人的灵魂以"理智之光"。可见，在奥古斯丁的基础上，阿奎那把官能心理学进一步神学化了。

二、文艺复兴时期的哲学心理学思想

文艺复兴是指14~16世纪在意大利各城市兴起，此后在欧洲盛行的一场思想文化运动。文艺复兴运动带来了欧洲科学与艺术的革命，揭开了现代欧洲历史的序幕。文艺复兴原意系指"希腊、罗马古典文化的再生"。文艺复兴时期的思想家表达了明确的人文主义思想：主张个性解放，反对中世纪的禁欲主义和宗教观；提倡科学文化，反对蒙昧主义，摆脱教会对人们思想的束缚；肯定人权，反对神权，摒弃作为神学和经院哲学基础的一切权威和传统教条；歌颂世俗，蔑视天堂，标榜理性以取代神启，肯定"人"是现世生活的创造者和享受者，要求把人的思想感情和智慧从神学的束缚中解放出来，提倡个性自由。文艺复兴是欧洲文明发展史上一个伟大的转折。这一时期的心理学思想，除了受到人文主义思想的影响外，还受到当时自然科学中唯物主义认识论和科学方法的影响，要求用经验的方法研究人的现实心理现象，其代表人物主要有达·芬奇等人。

列奥纳多·达·芬奇（Leonardo di ser Piero da Vinci，1452—1519）是意大利和整个欧洲文艺复兴时期最杰出的代表人物之一，几乎在每个领域都做出了巨大的贡献。达·芬奇反对经院哲学家们把过去的教义和言论作为知识基础，鼓励人们向大自然学习，到自然界中寻求知识和真理。知识起源于实践，只有从实践出发，通过实践去探索科学的奥秘。他把绘画与雕刻的原理应用到透视学上，对知觉心理学做出了重要贡献。他确定了影响远近知觉的五种因素，即线条透视（物体越远，视角越小）、节目透视（物体越远，细节越模糊）、空气透视（山越远越蓝，是由于空气和烟雾的影响）、移动透视（注视近物而头摇动则该物与头同向移动，注视远物头摇动则远物与头反向移动）、双眼视差（左右眼对同一物所见不完全相同）。

达·芬奇在解剖学和生理学上也取得了巨大的成就，被认为是近代生理解剖学的始祖。他从解剖学入手，研究了生理学和医学，发现了血液的功能，认为血液对人体起着新陈代谢的作用，把养料带到身体需要的各个部分，同时把体内废物带走。达·芬奇还在解剖观察中发现心脏由4个腔组成，并画出了心脏瓣膜图。不过，这些解剖学研究在当时并没有给达·芬奇带来声誉，而是遭到无数的诽谤，这说明当时的社会风气还不太鼓励科学的生理学研究。

这一时期与心理学相关的哲学家和自然科学家还包括意大利的特勒肖和西班牙的斐微斯。贝尔纳迪诺·特勒肖（Bernardino Telesio，1508—1588）是继达·芬奇之后意大利最著名的哲学家和自然科学家。他提出了"物质"这一概念，认为主观世界是物质的，物质不可创造，也不能消灭，其总量不变，也没有种类和性质的差别，物质由于热和冷的互相冲突引起运动。特勒肖认为人有两种灵魂：一种是物质的，是细微的精气，这个精气集中在脑内，由脑通过神经分布全身，这样统制身体的动作；另一种灵魂是非物质的、不死的，是上帝所赋予的。一切心理作用的基础是感觉，感觉包括两个过程：一是被动的，是物质过程；另一是主动的，是心理过程。联想是由于与观念相当的精气在运动以前彼此相连过。感觉的强烈、感觉的多次发生以及感觉的历时长久是后来易于回忆的条件，从感觉到理性是一步一步发展的。

璜·路易斯·斐微斯（Juan Luis Vives，1492—1540）是文艺复兴时期西班牙的人文主义者。他主张从经验来研究心理现象，心理现象可以直接研究，而不必先去研究什么灵魂。实际上，研究灵魂的本质只是无用的工作。一切知识都应从感觉开始，人的认识道路遵循从感觉到想象、从想象到理性的道路。斐微斯还将人的心理与动物的心理划分了界限，认为动物的灵魂由物质发展而来，而人的灵魂则是上帝直接创造的。这是具有进步意义的，但仍然没有彻底摆脱基督教神学的影响。

单从心理学思想本身的发展看，从中世纪到文艺复兴时期并无显著进步。即使是人文主义思潮，更多的也只是对人性的空洞赞美，而不是对人性的科学研究。但是，人文主义给心理学思想带来了重视人的价值和尊严的新取向，同时期的自然哲学则给人们提出了自然的取向以及经验的方法，他们合力为欧洲近代心理学的发展开启了人文和科学的大门（叶浩生，2005:23）。从中世纪到文艺复兴运动时期，随着封建社会向资本主义社会的过渡，唯物主义的认识论和科学方法使心理学从思辨性的灵魂官能心理学向感觉经验的心理学转变。到了近代英法资产阶级革命时期，经验的心理学就迅速发展起来，成为哲学心理学的主流。

第三节 近代欧洲的经验主义与理性主义心理学思想

在文艺复兴之后的欧洲，由于突破了基督教神学的束缚，新的哲学思想不断涌现。以英国的洛克为代表的经验主义心理学思想和以德国的莱布尼茨为代表的理性主义心理学思想，成为17~19世纪近代欧洲哲学心理学思想的两大主流形态，这也是早期科学心理学的两大思想来源。经验主义（Empiricism）与理性主义（Rationalism）是欧洲近代认识论的两大思潮，两者在关于认识的来源、范围和客观有效性等方面存在着诸多对立的观点，长期相互角逐、争论不休。其中，关于知识的起源问题是经验主义与理性主义之争的关键（周晓亮，2003）。理性主义认为，普遍必然的知识只能来源于心中固有或与生俱来的天赋观念；它们是自明的、无误的，通过对它们的理性推演就可以形成普遍必然知识的体系。经验主义者则认为一切知识都来自经验，普遍必然的知识只有在经验的基础上才是可能的；他们反对理性主义的天赋观念说，认为人心只是一块"白板"，它的一切材料都是由经验来的，并无所谓的天赋观念。这一时期的心理学思想，主要体现为围绕这些问题而展开的哲学论争。

一、经验主义心理学思想

经验主义主要流行于17~19世纪的英法两国，洛克是近代英国经验主义心理学的创始人，也是联想主义心理学的倡导者。洛克在继承培根思想的基础上，开创了英国经验主义心理学传统，其理论形态主要是联想主义心理学和感觉主义心理学。联想主义心理学是用观念和精神要素的联想来说明人的心理现象，探讨联想的心理学规律，试图用联想来解释一切心理学现象，其代表人物包括贝克莱、休谟、哈特莱、穆勒父子和培因等；感觉主义心理学则主要为法国的启蒙学者所主张，重视感觉在心理活动中的决定性地位，其代表人物包括拉·美特利、孔狄亚克、爱尔维修和霍尔巴赫等。这两种心理学思想的机械论色彩都比较浓厚，促进了哲学心理学向实验心理学的转变，是由哲学心理学通向实验心理学的桥梁。

1. 培根

在洛克创立经验主义哲学之前，处在中世纪与近代欧洲这两个新旧时期转折点上的培根（Francis Bacon，1561—1626）就已经阐述过经验主义的相关思想。培根被马克思誉为"英国唯物主义和整个现代实验科学的真正鼻祖"。在培根看来，当时的学术传统是贫乏的，原因在于学术与经验失去了接触与联系。他主张铲除各种偏见和幻想，提出"真理是时间的女儿而不是权威的女儿"，对经院哲学进行了有力的攻击，极力批判经院哲学和神学权威，力图全面改造人类的知识，使整个学术文化从经院哲学中解放出来，转而追求自然知识。

培根认为，科学必须追求自然界事物的原因和规律，要达到这个目的，就必须以感官经验为依据。知识和观念起源于感性世界，感觉经验是一切知识的源泉。要获得自然的科学知识，就必须把认识建筑在感觉经验的基础上。他还提出了经验归纳法，主张以实验和观察材料为基础，经过分析、比较、选择、排斥，最后得出正确的结论。他重视感觉经验和归纳逻辑在认识过程中的作用，开创了以经验为手段研究感性自然的经验哲学新时代，对近代科学的建立起到了积极的推动作用。

2. 洛克

洛克（John Locke，1632—1704）是英国经验主义的开创人。洛克认为，人类所有的思想和观念都来自或反映了人类的感官经验，而非天赋。洛克提出了著名的"白板说"来解释人类获得知识的过程：心灵在一开始就像一张白纸，上面没有任何东西，而后天经验（即他所谓的观念）在心灵上写上了知识。观念分为两种：感觉的观念和反思的观念。感觉来源于感官感受外部世界，而反思则来自心灵观察本身。感觉是外物刺激人的感官而引起的，是外部经验；反省是人观察自己内心的活动而得来的，是内部经验。这两种观念是知识的唯一来源。

洛克还将观念划分为简单观念和复杂观念，不过并没有提供合适的区分标准。同时，洛克在西方心理学史上第一个提出了"联想"（association）的概念，认为联想是观念的联合，为联想主义心理学奠定了基础。他认为由感觉和反省得来的观念都是人心被动接受的简单观念，是基本的或不能分析的。人心中的很多复杂的观念则是人心施用自己的力量，经过综合、联系和分离作用，把简单观念联合而形成的。观念的联想有"自然的联合"与"习惯的联合"两种。由此，后人尊称洛克为联想主义心理学的创立者。

洛克还把感觉观念分为两类：一类是第一性质的观念，即关于物体的体积、广延、形状、运动、静止等的观念，它们同自己的原型是相同的，是这些性质的"真正映像"；另一类是第二性质的观念，即关于事物的颜色、声音、滋味等的观念，它们完全根据主体的变化而变化，根本没有与之相符合的原型，至多在物体中只有引起这种感觉的原因。洛克对第二性质的观念的解释是唯心主义的。洛克本人的哲学思想虽缺少前后一致的连贯性和系统性，但对后继哲学家影响甚大。其经验主义被贝克莱和休谟等人继承，后来发展成为欧洲的两大主流哲学思想之一。

3. 贝克莱

贝克莱（George Berkeley，1695—1753）是近代西方主观唯心主义哲学的鼻祖，是英国唯心主义经验论心理学思想的主要代表人物，其空间知觉学说对心理学有重要贡献，并促进了联想主义心理学的发展。

洛克认为观念的内容是客观的，而贝克莱却认为，观念是纯粹主观的东西。在贝克莱看来，有观念就必然有感知观念的主体，而观念的主体就是自我，因为观念不能存在于感知它们的人心之外。例如说有香味，只是说我闻到过它；说有声音，只是说我听见过它。因此，它们的存在就是"我"所感知或被"我"感知，任何独立于主观经验之外的存在"都是不可思议的"，是"荒谬"的。因此，贝克莱提出他的著名断言："存在就是被感知。"

贝克莱对于心理学的贡献主要体现在他的《视觉新论》一书中。贝克莱认为，人的眼睛同实际对象物之间的距离是看不到的；它只是由所见现象和眼中所产生的感觉暗示（suggest）出来；感官对象的体积实际上是看不到的，我们所见到的物体的大小事实上是习惯性联想的结果，即由于长期的触觉经验，当人们一看到某个物体的颜色时，便自然联想到其体积或大小；感官对象的位置也是不被视觉感到的，视觉中的位置只是暗示实际触觉的标记；视觉对象与触觉对象是完全不同类型的，二者之间没有共同点，这也是整个《视觉新论》的核心思想。视觉观念构成了上帝创造的用以向人表示自然界事物的标记或自然语言，就像语词向人们表示各种观念内容相似；几何学的真正对象不是视觉的广延，而是触觉的广延。《视觉新论》是贝克莱独立的心理学和哲学著作，其目的是反对用生理学和光学、几何学来解释视觉现象，主张用经验的或联想主义心理学的观点来解释视觉的本质以及视觉和触觉的关系。

4. 休谟

休谟（David Hume，1711—1776）是英国哲学家，他对感觉之外的任何存在持怀疑态度，对外部世界的客观规律性和因果必然性持否定态度。他认为，人们只能知道其感知的，至于是否有客观事物存在则是无法知道的；世界上存在的只是心理的知觉和感觉，感知以外的任何东西，无论是物质的实体还是精神的实体，究竟是否存在，我们是无法解答的。他把世界的一切都归结为主观现象或经验。由此，洛克的经验论被发展到了不可知论。

休谟认为，知觉（perceptions）可以分为两种：印象和观念。两者的差别在于它们刺激心灵、进入思想或意识中时的强烈程度和生动程度各不相同。进入心灵时最强最猛的那些知觉被称为印象（impressions），它实际上包括当下的一切感觉和知觉，也包括激情和情绪，是心理生活的基本要素；而观念（idea）则是指感觉、情感和情绪在思维和推理中的微弱的意象，即眼前没有任何刺激对象时人们所具有的心理经验。休谟认为，观念是印象的摹本，观念必须伴随印象而产生，但必须先有印象，而后才会有观念，而且观念的内容未必完全与印象的相对应。换言之，知觉中的印象是以对实物感觉为基础的，而知觉中的观念则可能超出感觉范围。观念可以分为简单观念和复杂观念两种，其中复杂观念通过简单观念的联想而形成。

休谟还提出著名的联想三律：（1）类似律（law of similarity），即两事物彼此相似者，容易形成联想；（2）接近律（law of contiguity），即两事物在时间或空间上接近者，容易形成联想；（3）因果律（law of causation），即两事物之间有因果关系者，容易形成联想。但后来休谟又修正他的看法，认为联想法则只有类似律和接近律；由因果律所形成的联想，未必代表因果关系，可能只是因两事物接近而使人误认为是因果关系。

休谟的经验论哲学从贝克莱的主观唯心论走向了不可知论，但他对某些心理学的问题，如对印象与观念的区分、简单观念与复杂观念的区分、联想形成的分析等都发表了一些有价值的看法，促进了联想主义心理学的进一步发展。

5. 哈特莱

哈特莱（David Hartley，1705—1757）是应用唯物主义观点建立联想主义心理学理论的第一人和生理心理学的先驱，分别出版了《观念的联想》和《对人的观察》两书，奠定了他在哲学心理学上的地位，而《对人的观察》是第一部系统论述联想主义心理学的著作。

哈特莱在哲学心理学上的贡献，主要表现在两方面。一是对心身关系问题的解释。受牛顿学说的影响，他用振动理论去解释神经传导的作用。他认为神经是实心的传导体，当外在刺激引起神经冲动时，神经就会振动，此振动沿着神经脉络向大脑传导，引起脑神经的振动，从而产生观念。但振动与观念两者之间并非完全是因果关系，因为脑神经振动一经引起，并不随外在刺激的消失而停止，仍会自行继续振动，只是变得更加微弱了。记忆也仅仅是脑神经振动的复活。在他看来，生理现象并非心理现象的物质基础，而是心理现象的对应物。

在对知识来源问题的解释上，哈特莱继承了洛克的经验主义思想，承认知识来自经验。但在解释经验来源时，他不同意洛克关于反省的说法，他认为感官接受外界刺激而生感觉，因感觉而生观念，而感觉和观念之间关系的建立是由于联想的作用。联想的基本形式有二：一为同时联想，二为相继联想。这两种联想的基本法则只有一个，那就是接近律。对联想的构成，他也采用振动的观念来解释。当同时或相继的两种刺激引起振动产生的两种感觉在脑中相遇时，两者之间即形成联结，以后原来的刺激之一再受神经振动时，另一种相应的神经振动也将随之产生。另外，观念与动作之间甚至动作与动作之间的联结作用，也是遵循联想法则的。这些观点对后来的联想主义心理学具有很大的影响。

6. 穆勒父子

詹姆士·穆勒（James Mill, 1773—1836）和约翰·斯图尔特·穆勒（John Stuart Mill, 1806—1873）是西方思想史上的著名父子。詹姆士·穆勒把感觉看做是最简单的心理元素，由感觉派生出观念，感觉和观念由于联想作用形成一切复杂的心理现象。这就是欧洲心理学史上惯称的心理元素主义。感觉分为八种，其中五种即通常说的视觉、听觉、嗅觉、味觉和触觉，以及肌肉感觉、消化管内的感觉和解散觉（或扰乱感觉）。心理状态只有两类，感觉与观念，其中观念是感觉的摹本和影像；感觉与观念通常可以区别，但有时也会混淆。詹姆士·穆勒把休谟的三条联想律（类似律、接近律和因果律）归并为一条，即接近律，基本的联想规律只有这一条。情感和观念的关系可由接近联想得到解释，复杂的观念也可看做是由被动的联想而机械地把简单观念堆积起来的。这就是他的"力学心理学"思想。

约翰·穆勒是詹姆士·穆勒的长子，他认为心理学应该成为一门独立的科学，其任务在于发现各种心理状态间的规律；同时，心理学应从心理现象自身出发进行研究，不必借助于生理学。为了补救父亲力学心理学中机械性的缺陷，约翰·穆勒提出了"化学心理学"的理论，认为有些观念的联合好像氢和氧化合成水一样，水具有新的性质，这种性质无论在氢或氧中都是没有的，它是由氢和氧的化合物形成的新品质。由观念的联合而形成的新品质不能由原先观念的性质预知，而必须通过实际经验才可以认识到。在联想律上，约翰·穆勒则提出了三个联想法则，即相似律、接近律和强度律，后来又改为四个联想法则，即相似律、接近律、频因律和不可分律。约翰·穆勒将"心理混合"改为"心理化合"，用心理化学代替其父的心理力学，在当时的历史条件下是有进步意义的。

7. 培因

培因（Alexander Bain，1818—1903）是联想主义心理学最重要的代表人物，也是从哲学心理学思想向实验心理学过渡的一位承前启后的心理学家。他于1876年创办的《心理》杂志是世界上最早的心理学杂志，为研究者发表心理学研究成果提供了一个专业平台。

培因是身心平行论者，对建立生理心理学起到了很大作用。他根据当时流行的能量守恒定律，以为身体是一个自我封闭的物质系统，身心互相平行而不互为因果，按照能量守恒的原则自行运动着。培因充分利用了19世纪的生理学研究成果，在其著作中详细描述了心理的生理基础，对神经系统、感觉器官、脑与肌肉都有细致的讨论，成为当时有名的生理心理学教科书。在联想律和联想种类上，培因不同意詹姆士·穆勒把类似律和对比律并入接近律之中的提法，主张联想律应包括接近律和类似律两项，还特别提出"复合联想"和"构造联想"的观点。所谓复合联想就是把几个不能单独引起旧经验的线索合在一起，从而把那个旧经验引出来，复合的线索越多，联想越容易；构造联想则是通过类似联想造出与旧经验不同的新观念。人的想象、创造和发明就是借助这种联想实现的。构造联想主要是由相似联想引起的，因此，类似联想比接近联想更重要。

培因用联想原则解释各种心理现象，对联想的规律、种类和动力等一系列问题进行了综合阐述，形成了完整的联想主义心理学体系。实验心理学史家波林对此总结道："联想主义机械混合的原则，在詹姆斯·穆勒手里，达到了最高峰。他可说是代表一种心理力学，正如他的儿子约翰·穆勒代表了一种心理化学。哲学心理学由穆勒父子和培因的研究，然后才可供科学心理学的应用。"（波林，1981：247）

8. 感觉主义心理学

除联想主义心理学之外，近代经验心理学思想的另一理论形态是法国的感觉主义心理学。与联想主义心理学不同，这一学派在受洛克经验论影响的同时，还受到本土的笛卡儿哲学的影响。许多法国的启蒙思想者都是感觉主义者，其早期人物拉·美特利（Julien Offray de La Mettrie，1709—1751）在笛卡儿的动物和人的肉体是机器的观点之上，提出"人是机器"的主张，而所谓的心灵不过是毫无意义的空洞术语，力图将这种机械唯物主义贯彻到底。这种思想倾向对后来行为主义心理学也有重要的影响。

作为感觉主义心理学代表之一的孔狄亚克（Etienne Bonnot de Condillac，1715—1780）采用笛卡儿的"雕像类比"法，认为心理过程都是由感觉转化来的，都是变相的感觉。心理的复杂性不在于感觉有多种，因为一种感觉也一样可以转变出一切高级的心理功能，如记忆、判断、抽象等。他抛弃了笛卡儿的天赋观念说，在洛克的唯物主义经验论基础上发展出感觉主义心理学的思想体系，认为知识是由感觉引起的观念形成的，哲学心理学的任务就是说明一切知识是如何来自于感觉。之后，爱尔维修（Claude Adrien Helvetius，1715—1771）接受了孔狄亚克的思想，认为感觉是一切知识的来源，记忆、判断等心理作用都只是感觉；人和动物有区别的最终原因在于两者在感觉印象上的数量差异。爱尔维修还把情感等同于感觉，并把感觉、情感和需要联系起来。由此可见，"如果说拉·美特里是法国感觉主义心理学思想的开端，那么孔狄亚克、爱尔维修等人则把感觉主义心理学思想逐渐推向了极端"（车文博，2007:149）。

此后，霍尔巴赫（Paul 'Holbach，1723—1789）成为感觉主义心理学思想最重要的代表。霍尔巴赫认为，一切心理活动都是在感觉基础上产生和发展起来的，感觉在整个心理活动中起着决定性的作用。脑是心理的器官，是神经系统的中心，心理只是脑的物质运动的结果，是人脑的机能；借助于大脑，人才能进行感觉、思维等各种心理活动。应当说，他的这种观点其实还是一种哲学上的思辨，而不是生理学上的证明，但其思想倾向还是符合事实的。

感觉主义心理学是经验主义心理学思想在法国的特殊形式。它摒弃了笛卡儿哲学中的天赋观念说，重视感觉在认识活动和心理活动中的作用，认为心理是脑的机能而脑是思想的器官，这对心理科学的产生起到了积极的作用。但感觉主义者片面夸大了感觉经验，并提出"人是机器"的极端观念，存在着严重的机械主义倾向。

二、理性主义心理学思想

近代理性主义是与近代经验主义并列的另一主要哲学思潮，它由法国的笛卡儿创始，并由德国的莱布尼茨、康德、赫尔巴特、洛采等大陆理性主义者所继承和发扬，其心理学思想为科学心理学的建立起到了重要的铺垫作用。理性主义心理学的特点是，强调主体先天固有的能动性、心理活动的统一性、动力性和矛盾性，强调把人的意识看做是发展的过程，忽略或轻视感觉经验在认识中的作用，独尊或夸大理性思维的作用，往往带有思辨的性质。

1. 笛卡儿

笛卡儿（Rene Descartes，1596—1650）被誉为近代科学和理性之父。笛卡儿反对经院哲学和神学，认为那是"虚伪的科学"，主张重审知识，提出了怀疑一切的系统怀疑方法。他提出"我思故我在"这一哲学命题，他认为，对任何事物都可怀疑，唯独对"我在怀疑"不能怀疑，这说明有一个怀疑的我（即心灵）独立存在。

笛卡儿进一步论证了心灵与物质实体（身体）之间的差别，这种思想被人们称为心身二元论，这种观点深刻地影响了后来的欧洲思想，以至于当谈到笛卡儿对近现代西方哲学的影响时，人们首先想到往往都是他的心身二元论思想。这一理论表现为两个层面：一是实体的层面，即心灵实体与物质实体（身体）的对立；一是性质或属性的层面，即心灵的属性"思"与物质的属性"广延"的对立。无论在哪一个层面，对立的各方都不能还原为另一方。这是二元论的基本含义（周晓亮，2005）。心灵能思维而不占空间；物质占空间而不思维；二者互不决定，互不派生。这就是笛卡儿二元论哲学的精髓。同时，笛卡儿还企图证明上帝的存在，认为物质与心灵皆受上帝的支配，而上帝是尽善尽美的，是有限实体的创造者和终极原因。这说明他对神学的反对是很不彻底的。在认识论上，笛卡儿主张天赋论，认为知识和能力是先天具有的，并非来源于感觉经验，而是来源于独立存在的理性。

笛卡儿认为，虽然心和身是绝对有别的两种东西，但它们常常是结合在一起的，从而构成了有生命的"人"。心灵和身体虽不能相互归化，却可以互相影响，心灵仿佛是身体运动的指挥者。这就是他的心身交感论。他认为心身交感作用是通过脑内的松果体而实现的。脑内唯一单个的松果体是心灵的驻所，也是心身交感的器官，当人的感官受到刺激时，感官神经管中的细线被拉动，影响松果体，就产生了印象，这样心灵就有了感觉。另一方面，心灵也利用松果体控制动物精气流动的方向，使某处肌肉发生动作，人的有意动作就是心灵控制的结果。

在心理学史上，笛卡儿最早阐述了反射论的思想，但他并未明确提出"反射"这一概念。他从物理学的机械原理出发，把动物和人的肉体（但不包括人的理性或具有理性的人）看做是一部机器。他认为，神经是一种空管，内有细线，一端与感官相连，另一端与脑内某些孔道的开口相连；当外物刺激感官时，便拉动细线，从而拉开孔道口的活塞，让脑室内的动物精气沿着神经管流到肌肉，于是肌肉膨胀而发生动作。这是西方生理学和心理学史上第一次按照严格的决定论来描述的反射论模式，对生理学和心理学的发展都具有深远的影响。

2. 莱布尼茨

莱布尼茨（Gottfried Wilhelm von Leibniz，1646—1716）是德国最重要的自然科学家和哲学家之一。莱布尼茨维护和发扬了天赋观念说，他对洛克在《人类理智论》中阐述的经验论原则进行了逐段的批判，以此阐发理性主义的认识论思想。在莱布尼茨看来，正如绝对平整一色的白板不可能存在一样，人的心灵原本也不是空无所有的。观念和真理不是作为现实天赋在我们心中，而是作为倾向、禀赋、习性或自然的潜能天赋在心中。在这个意义上，他把人的心灵比喻为具有天然花纹的大理石。每一块大理石的天然花纹不同，决定着它能够雕刻成不同人物像；虽然人物的形象不是现成地存在于大理石之中的，但可以说潜在地存在于大理石之中，经过人们的加工、琢磨，那些纹路便能清晰地显示出来。人的天赋能力与人的心灵是永相伴随并相互适应的，只不过人们常常感觉不到它们的作用而已。

莱布尼茨根据意识性程度的不同区分了观念的程度。最无意识性的观念叫做微觉，最有意识性的观念叫做统觉（apperception）。许多微觉可以集合成极明晰的统觉，这就像许许多多听不见的水滴声汇集成汹涌澎湃的巨浪发出雷鸣般的声音一样。统觉最具有意识性，主动性也较大，它能使人认识到内心状态和运用概念进行推理等思维活动。他关于微觉和统觉的学说，对于后来的无意识说和统觉说是有其启发意义的。

此外，莱布尼茨的单子论和身心平行论，是与笛卡儿的身心交感论相对立的一种重要学说。他认为，世界万物都是由单子构成的，单子是无限的、不可分割的和能动的客观精神实质，物质只是单子的外部表现。单子在自身中具有活动力，是具有永不静止的活动原则的实体，是自然的真正原子，是事物的原素。单子会变化，在每个单子里这种变化是连续的；单子的自然变化是来自一个内在的本原，因为一个外在的原因不可能影响到单子内部，变化的细节造成了各个单纯实体的特异性和多样性，并且还包含着单元或单纯物里面的繁多性。

灵魂是人体中的最高单子；这种精神实体的单子是一个封闭的自为世界，与外界互不影响。由单子构成的灵魂和身体也都按自己的规律与对方协调一致地运行着，就像两座同时开动又很精确的钟表，永远走在同一钟点上。这种和谐一致并不来自心身的相互作用，而是由上帝预先安排好的。上帝一开始就以十分完美、十分完整的方式，以及十分的精确性，创造了这些实体中的每一个，因此它只遵守自己固有的那些与它的存在一同获得的规律，却又与别的实体相一致。这就是他对心身关系提出的"预定和谐"的心身平行论。这一学说依然是思辨性质的，缺少实证基础，但作为一种哲学心理学思潮一直绵延不绝，现代心理学的创立者冯特的心身平衡论思想，就深受莱布尼茨的影响。

3. 康德

康德（Immanuel Kant，1724—1804）是德国历史上最伟大的哲学家之一，其古典唯心主义具有划时代的意义，被誉为哲学领域的哥白尼革命。康德对心理学的直接贡献很少，他是最早宣称心理学无法成为科学的著名学者，但这并没有在事实层面阻挡心理学的科学化进程。反而，他的一些思想和言论对心理学的发展很有影响。

在康德之前，已经有人将心理分为认识、感情和意志三种，但没有引起人们注意。真正使三分法流行的是康德，他认为这三者之中任何一种都不是由任何其他一种派生的。其三部主要哲学著作，即《纯粹理性批判》（1781）、《实践理性批判》（1788）和《判断力批判》（1790），恰好体现了心理三分法：纯粹理性相当于认识活动，实践理性相当于意志活动，判断力主要讲美感，相当于感情。借着这三本伟大著作在哲学上的名声，心理三分法取得了广泛的流行并取代了亚里士多德的两分法，成为沿袭至今的心理分类说。

康德同样反对知识来源于经验的说法，在他眼中，经验告诉人们什么东西是存在的，但不能够告诉人们什么东西一定就是存在的，什么东西一定是不存在的。因此，经验永远不能给人以任何普遍的真理。普遍真理本身具有内在必然性的特点，是独立于经验之外的。人类的意识并非仅仅是一张白纸，任由经验在上面书写，也不仅仅是一堆感觉；它积极地组织和转换，把混乱的经验变成纯粹的知识。人们不是通过经验，而是通过天生的能力，在时空中重新组织事物和现象的相互关系来获取知识；空间和时间都是先天决定的，人们借此来观察事物。

康德认为，存在的客观世界可以分为"现象"和"物自体"两个世界，人类只能认识"现象"而不能认识"物自体"，对"现象"的认识则必须借助于人的先验范畴。人的经验是一种整体的现象，不能分析为简单的各种元素，心理对材料的知觉是在赋予材料一定形式的基础之上并以组织的方式来进行的。人的认识能力有感性、悟性和理性三种形式。感性是通过感官而获得的一些零散的感觉表象,悟性是运用逻辑范畴对感性材料进行加工使之具有规律性的知识,理性则是建立最高原则的认识能力;其中,理性能力是康德最为关注的。康德十分重视统觉在认识过程中的作用,认为统觉是人的一种先天的、综合统一的认识能力,是整个人类认识范围内的最高原理。人之所以能由知觉、想象和概念而认识一个对象,并将杂多的感觉印象通过知觉、想象、概念的结合而形成一个统一的对象,完全是由于主体意识中有一种所谓主动的统一性联结综合的结果。

4. 赫尔巴特

赫尔巴特(Johann Friedrich Herbart,1776—1841)是近代德国著名的心理学家和教育家。他是第一个宣称心理学是一门科学的学者,而科学应有数量计算,因此心理学应是数学的科学,并在心理学中首次尝试运用数学法。他在对科学心理学的界说中指出,心理学是建立在经验之上的科学,而不是实验的科学;经验科学与实验科学不同,前者以主观经验为基础,后者则以客观事实为依据。他于1816年出版的《心理学教科书》被视为有史以来首本以"心理学"为名的专著。另外,他提出了教育学应以心理学为基础、教育学应该建立在科学的理论基础之上的观点,在当时的德国教育界影响颇大。

在知识来源问题上,赫尔巴特遵循理性主义的观点,认为人的一切心理活动都是观念的活动。观念是心的基本构成单位,由观念的交互作用形成意识(与经验主义所倡观念联想不同)。意识是个人的觉知状态,是心之内容。观念是活动,它们不仅相互吸引,而且相互排斥。为了进一步揭示观念相互作用的规律,赫尔巴特在莱布尼茨的微觉统觉说、康德的统觉原则的基础之上,提出了"意识阈"与"统觉团"的概念。阈限这个心理学中的重要概念,是赫尔巴特首次提出来的。他认为,两个相互冲突的观念虽然可以相互抑制,但受抑制的观念在一定条件下仍可由被抑制状态变为现实状态。一个观念若要由一个完全被抑制的状态进入一个显示观念的状态,便需跨过一条界线,这条界线就是意识阈限。意识阈限并不是固定不变的,因为意识和无意识可以相互转化;被抑制的观念,可以通过有关的意识观念的吸引,从意识阈限下进入意识阈限之上。相反,随着时间的变迁,意识阈限上的观念可以转入意识阈限下而成为无意识。与意识中原有观念相和谐的观念才容易穿越意识阈限而进入意识,并为意识所融化,否则就会被排斥。统觉过程就是把一些分散的感觉刺激纳入意识,造成一个统一的整体,即统觉团。

赫尔巴特关于观念联结方式的概念和统觉的观念为冯特所发展，为科学心理学的创立做出了贡献。赫尔巴特虽然否认心理学能够进行实验操作，但其心理学的定量化观点对现代实验心理学，尤其是韦伯、费希纳的心理物理学仍有直接贡献。

5. 洛采

洛采（Rudolf Hermann Lotze，1817—1881，又译陆宰）被认为是实验心理学建立以前的最后一位哲学心理学家。洛采认为，想找出与身体活动无关的心理活动是徒劳的，心理学应该和有机体打交道，神经系统和心理应该在彼此的关系中加以考察。为此，他力图把生理学和心理学的素材联合起来，组成一个连贯的体系。他运用生理心理学的观点探讨了灵魂的本质、动物心理的阶段和本能、心理物理学概念、感觉的生理机制、情绪情感的身体表现、运动的生理学因素以及心理病理学和心理治疗问题。

洛采对心理学的主要贡献是其关于空间知觉的部位标记说（又称部位符号说）。在洛采看来，外界刺激虽然具有空间的特征，但是人直接得到的只是特殊感觉的经验模型而不是空间形式。在皮肤或眼睛中，无论哪一个点上的感觉，都有其特殊模型。比如触觉，当皮肤与外界事物接触时，由于每个部位的皮肤的软硬、厚薄、紧张度和皮下组织的情况都彼此不同，因而每个部位都有由这些特点所构成的模型，即特殊的部位符号。在肢体移动时，接受到刺激的身体部位变化时，部位标记也发生了变化。如此，经过肢体多次移动及其经验模型的作用，这些部位的记号就结合形成了一个空间系统，即空间知觉。人的空间知觉是依靠经验逐渐形成的，例如，当视觉空间系统形成以后，即使一个视网膜部位受到刺激，人也可以不动眼睛就知道刺激的空间位置，这是通过以往的经验知道的，因为只要这一部位受到刺激就会引起一定的动眼趋势。部位符号说主张以生理学知识为依据、以经验为中介来解释空间知觉形成的规律，这是它进步的一面，但另一方面它把知觉看做是符号的单纯结合而不是客观映像存在的，则是不符合实际的。

由于时代的限制，洛采的部位记号说与其说是以实验为依据，还不如说是用哲学的概念来解释感觉器官的生理学。他重视心理生理机制、强调心理的主动性和对情绪的研究，特别是有关空间知觉经验制约性的思想，对德国甚至是英美各国心理学的发展有很大的影响。受其影响，他的学生斯顿夫、格奥尔格·缪勒和布伦塔诺都非常重视心理的机能。

第四节 西方心理学的科学基础

以上三节介绍的是心理学的哲学起源。其实，心理现象的产生也离不开其生理基础。实验心理学的诞生也是以生理心理学的兴起为基础的。但由于长期受到传统观念、习惯势力的阻扰以及宗教势力的抵制，生理学的发展脚步一直非常迟缓，作为生理学重要组成部分的解剖学特别是人体解剖学更曾受到过长期的明令禁止（如古罗马和中世纪时期）。这使得人们对人体生理的认识一直停留在较低的水平上，更谈不上去深入研究生理基础对心理功能的影响作用。科学的人体解剖学直到15世纪后半叶的文艺复兴时期才逐渐发展起来，以实验为特征的近代生理学则始于17世纪。到了19世纪30年代，生理学已经成为一门独立的学科，它在感官生理和神经生理方面取得了长足的进展，使得科学心理学的出现具备了生理学前提。与此同时，19世纪60年代出现的心理物理学也为实验心理学的诞生奠定了基础。

一、生理心理学的发展

在科学技术还很不发达的古希腊罗马时期，普通民众对人类生理结构的认知还停留在相当粗浅的水平上，只有极少数的医学研究者才会从事相关的研究。其代表人物是古希腊时期的希波克拉底和古罗马时期的盖仑。古希腊罗马时期的生理心理学思想一直停滞在盖仑的思想水平上，直到文艺复兴时期才从这一水平继续向前发展。

1. 古希腊罗马时期的生理心理学思想
（1）希波克拉底

希波克拉底（Hippcrates，约公元前460—前377）是古希腊最著名的医生，被西方尊为"医学之父"，是西方医学奠基人。他在历史上首次提出"体液学说"。在希波克拉底之前，流行着世界的"四根说"（万物由水、火、土、气四种元素化生而来）和人体构成的"四根说"（血液是火根，呼吸是气根，液体部分是水根，固体部分是土根）。希波克拉底认为，四种原始本质的不同配合是四种液体的基础，每一种液体又与一定的气质相适应，每一个人的气质取决于他体内占优势的那种液体。对应四根，人体中有四种体液，血液、黏液、黄胆和黑胆。其中，血液出于心脏（相当于火根），黏液出于脑部（相当于水根），黄胆汁出于肝脏（相当于气根），黑胆汁出于胃部（相当于土根）。四种体液的配合决定了人体的性质。他将人分为四种类型,在体液的混合比例中血液占优势的人属多血质,黏液占优势的人属黏液质,黄胆汁占优势的人属胆汁质,黑胆汁占优势的人属抑郁质。人的疾病即由于四种体液混合的比例失调而引起。例如,胆汁过多使头脑发热,导致恐怖与惧怕;黏液太多使头脑过冷,导致忧虑与悲伤。虽然从今日的观点看,希波克拉底对人体体液成因的解释并不正确,但他提出的体液类型的名称及划分,却经由盖仑的发展成为著名的四种气质说,一直沿用至今,在世界范围内具有广泛影响。即便是在当时而言,从体液的角度解释病因,也改变了当时医学中以巫术和宗教为病因根据的原始观念,体现了古希腊医学的巨大进步。

希波克拉底不仅医术高超,而且医德高尚,他个人的行医道德准则,后来成为古希腊所有立志从医的年轻人成为医生时必须宣誓的誓言,这就是医学史上著名的希波克拉底誓言。这一誓言中有封建行会及迷信的色彩,但其基本精神被视为医生行为规范,成为职业道德和事业良知的代名词沿用了两千多年。其中的尽力为当事人谋求福利和为当事人保密等原则,对现代的心理咨询和治疗等行业依然具有原则性的指导意义。

(2) 盖仑①

盖仑(Galen,公元129—199)是古罗马时期最具影响的医学大师,被认为是西方世界仅次于希波克拉底的第二个医学权威,代表着古罗马时期解剖学的最高成就。在希波克拉底体液说的基础上,盖仑明确地提出了气质说:多血质的人血液最多,表现为热心、活泼;黏液质的人黏液多,表现为冷静、善于思考和算计;抑郁质的人黑胆汁多,有毅力,但表现出悲观;胆汁质的人黄胆汁多,易发怒,动作激烈。这一气质学说缺乏生理科学根据,但比较确切地划分和描述了人的气质类型,因此至今仍广受认可。

盖仑最重要成就是他对灵魂学说的发展,以及他所建立的血液运动理论。盖仑把亚里士多德的三种灵魂说与人体的解剖学、生理学知识相结合,提出了"自然灵气"、"生命灵气"和"动物灵气"的理论。这三种灵气,在人体内分别位于消化系统、呼吸系统和神经系统,它们都发源于一种被称之为"纽玛"(Pneuma)的中心灵气。"纽玛"存在于空气中,人体通过呼吸,吸进"纽玛"从而进行活动。肝是有机体生命的源泉,是血液活动的中心。带有自然灵气的血液从肝脏出发,沿着静脉系统分布到全身。其中一部分流经肺部而进入左心室的血液,排除了废气、废物并获得了生命灵气,成为动脉血并通过动脉系统

---

① 盖仑,又译作加仑。

分布到全身,使人能够有感觉和进行各种活动。血液无论是在静脉或是动脉中,都是以单程直线运动方式往返活动的,它犹如潮汐一样一涨一落朝着一个方向运动,而不做循环的运动,最后消散在四周。

盖仑对人体许多系统解剖结构的系统描述以及结合解剖构造对血液运动的系统论述,在生理学史上产生了很大的影响。在哈维建立血液循环理论之前,其血液运动理论一直为西方学者所奉为圭臬。盖仑的许多解剖学和生理学思想都是建立在错误的结论和猜测的基础之上的,之所以产生这些错误,部分原因是由于他所解剖的对象是动物而不是人。此外,他的生理描述之所以脱离实际,也是屈从于宗教神学的需要。

2. 文艺复兴后的生理学发展

由于盖仑名望极高,因此在其后的一千多年中,人们都把他的血液理论奉为真理,不容置疑。1628年英国医生哈维(William Harvey,1578—1657)发表了有关血液循环的划时代名著《动物心血运动的研究》(中译名称以《心血运动论》驰名)一书,标志着近代生理学的诞生。哈维通过对人的临床观察、尸体解剖以及对许多种类动物的解剖与观察,证明心脏是一个可以泵出血液的肌肉实体,血液以循环的方式在血管系统中不断流动。心脏是血液的循环中心,人和高等动物的血液是从左心室输出,经过体循环动脉而流向全身结构,然后汇集于静脉而回到右心房,再通过肺循环而入左心房。但由于工具的限制,哈维对动脉与静脉之间是怎样连接的解释也只能依靠臆测,认为动脉血是穿过组织的孔隙而通向静脉。这一理论因为有悖于当时的权威理论,遭到学术界、医学界和宗教界权威人士的猛烈攻击。直到哈维1657年逝世以后的第四年,意大利的马尔比基(Marcello Malpighi,1628—1694)应用简单的显微镜观察到毛细血管的存在,血液循环的全部路径才搞清楚,并确立了循环生理的基本规律,最终证实了哈维血液循环理论。

在17世纪,笛卡儿已经将反射的见解应用于生理学,认为动物的每一举止都是对外界刺激的必需反响,刺激与反响之间有固定的神经联系,这一连串的举止就是反射。但其主张依然只是哲学上的推测,直至19世纪初期由于脊髓神经功能的发现,反射概念才获得结构与功能上的依据。这一概念为后来神经系统活动规律的研究开辟了道路。此时,生理学已经开始进入了全盛时期。

3. 19世纪的生理心理学研究

心理学要脱离哲学的怀抱,必须具备自然科学、特别是生理学的基础。在19世纪,生理学在神经生理、脑机能和感觉生理学方面取得了重大进展,为实验心理学的产生奠定了牢固的基础。

(1) 神经系统的生理学研究

生理学家一度以为神经都具有传导感觉刺激和运动冲动的机能，苏格兰的生理学家贝尔（Charles Bell，1774—1842）和法国的生理学家马戎第（Francois Magendie，1783—1855）分别于 1807 年和 1819 年独立发现，脊髓神经的后根只传导感觉刺激，前根只传导运动冲动，证明了传导感觉刺激和运动冲动系由不同的神经纤维分担，这就是著名的感觉神经和运动神经的差异定律，也称为"贝尔—马戎第定律"。贝尔和马戎第对神经单向传导性质的发现，为深入研究反射动作和反射弧概念奠定了科学基础，其重要性可以与哈维的血液循环说相媲美（车文博，1998:172）。

法国的约翰内斯·缪勒（Johannes Muller，1801—1858）也对神经系统进行了系统的研究。他积极提倡把实验方法应用于生理学从而使之成为一门实验的科学，被誉为"实验生理学之父"。1831 年，缪勒以青蛙为实验对象，验证了贝尔—马戎第定律，并进而发现反射过程中有三段神经活动：感觉器官接收刺激引起的神经冲动先传到脊髓背根；脊髓神经发生连结作用；由脊髓腹根神经传出冲动至肌肉或腺体表现出反射活动。此外，他还研究了脑神经的感觉与运动成分，确定三叉神经第一、第二分支为感觉型，第三分支除感觉纤维外，还有运动纤维；舌咽神经和迷走神经都是混合型，舌下神经是运动型。通过他的研究，人们第一次对神经系统有了较为全面的科学认识。

此外，缪勒还提出了神经特殊能量论。缪勒认为每种感觉神经都有它自己的特殊性质或能，感觉所反映的不是外物的性质，而是关于感觉神经自身的性质或状态的知识。他用"能"的概念代替动物精气、原动力、生命力或神经力等神秘的概念，深入个别神经纤维进行细致研究，其神经特殊能量说是对于感觉的研究的一大进步。其要义是：不论感官如何受到刺激，每种感官神经将导致一种感觉而没有其他感觉；由刺激引起的感觉经验，是取决于刺激所引起的神经活动，而非取决于刺激本身的特征。换言之，感觉经验主要是脑的作用，而非单纯刺激作用。他认为，神经特殊能量具有三种特征：每一感官均有其相对应的刺激（某种刺激引起某种感官的感觉经验）；同一刺激作用于不同感官时，将引起不同的感觉经验；不同刺激作用于同一感官时，可引起同一感觉经验。这一理论对后继生理心理学家对感官神经系统的深入研究具有较大的启发意义，其学生中也有不少生理学和心理学史上的重要人物，如赫尔姆霍茨和科学心理学之父冯特。

(2) 脑功能的生理学研究

在脑功能的研究上，法国的弗卢龙（Marie Jean Pierre Flourens，1794—1867）

使用精密的局部切除法,探测了大脑各部分的机能,并提出了大脑机能统一说:脑是由多个器官合成的,各器官的功能有所区别,丘脑是产生意识的核心器官,大脑是智力器官,小脑是协调运动的器官,延脑是维持生命的器官;丘脑与大脑的性质是统一的,共同构成多个功能系统,知觉、意志和一切智力都在两个器官中,而且彼此是不可分的。

布罗卡(Paul Broca,1824—1880)则在对多年失语的精神病人的大脑解剖中发现,其主侧大脑半球额下后部靠近岛盖的额回处出现损伤,他认定这是造成病人丧失语言能力的原因。这一区域后来被证实是人脑的言语运动中枢,现又称为布罗卡区。此后,德国生理学家弗里奇(Gustav Fritsch,1838—1927)和希齐格(Eduard Hitzig,1938—1907)于1870年首次发表了用电流刺激狗的大脑皮层不同区域所获得的结果,发现刺激大脑皮层额叶的某些部位时可产生个别的肢体运动,即运动控制区域。这是大脑皮层功能定位说的最初实验根据。随后,其他研究者依次确定了负责视觉、触觉和听觉的皮层区域。

在19世纪早期,生理学家曾认为关于神经冲动的传导速率等同于光速而无法测量。德国物理学家和生理学家赫尔姆霍茨(Hermann von Helmholtz,1821—1894)于1850年最先测量了神经冲动的传导速率,他用自己发明的筋肉测量计,以电刺激蛙的神经,然后测量筋肉伸缩和神经长度的关系,测量结果发现蛙的神经传导速度每秒不到50米。后来,他对人的神经传导速率进行了测量,通过刺激一个人的脚趾和大腿记录其反应时间的差异,结果发现人的神经传导速度为每秒50~100米(实际是每秒123米)。赫尔姆霍茨对神经冲动传导速率的测定,本意只局限于生理现象,但经其他研究者的发展,后来被广泛应用于心理活动和反应时间的测量研究。赫尔姆霍茨的研究表明,心理过程竟然可以进行实验和测量,无法描绘的"灵魂"居然可以时间化,这极大地激起了研究者对心理现象进行实验研究的兴趣,为心理学走上科学化的道路发挥了重要的推动作用。

(3)感觉生理学研究

在感觉生理学研究方面,英国物理学家托马斯·杨(Thomas Young,1773—1829)较早对人眼感知颜色问题做了研究。杨认为,太阳的白光虽含有七种色光——红、橙、黄、绿、青、蓝、紫,其中以红、绿、蓝三种最为根本,它们按不同比例互相混合,可以产生其余各种色光,还可以混成白光;而它们本身却无法由其他色光合成。因此,红、绿、蓝是色光的三原色。杨力图以色视觉的三原色来证实色光的三原色,认为人的视网膜只有三种类型的视色素(视觉感受器),分别对一种原色光敏感,在接受光的刺激后各对其敏感的色光产生反应,并在视网膜上混合起来,从而产生包括白光在内的一切颜色。此后,赫尔姆霍茨于 1850 年以颜色配对实验证实了这一假说。在实验中,他要求被试混合不同色光来配成与标准刺激相同的色光,结果发现一般人只要用三种色光就可以达成(但是其中一种色光不可由另外两种混合而成),由此得出结论:人类有三个色彩处理系统。这一学说也因而被称为杨—赫尔姆霍茨三色说。

与此同时,另一德国生理学家海林(Ewald Hering,1834—1918)则提出与三色说相抗衡的四色说。海林认为,光有红、绿、黄、蓝四种原色,视网膜则有三对起颉颃作用的器官,即红—绿、黄—蓝以及黑—白感受器。任何颜色和白光都能引起黑白机制的活动,如果等量的黄和蓝或红和绿光混合,因其本身是相互颉颃的,其作用互相抵消,所以最后只有白色的感觉;如果不等量的、起颉颃作用的光混合,相互抵消后,剩下的就是较强的那种不饱和的色光感觉;如果同时呈现的非颉颃色光,结果便是二者的混合。后来的生理学研究既支持了三色说又支持了四色说,两者各有其生理学依据,至今依然难以统一。

在听觉研究上,赫尔姆霍茨也有重要贡献。他在生理学研究的基础上提出了听觉共鸣说,认为人体的听觉器官为内耳基底膜上的毛细胞,毛细胞的排列呈一端窄一端宽的形式。窄端纤维短,与高音共鸣;宽端纤维长,与低音共鸣。由不同共鸣激起不同的神经冲动,传入人脑而生听觉。听觉共鸣说基本符合生理事实,至今依然通用。

所有这些生理学的发展,都表明心理学可以采用实验的方法和技术来研究心理现象。这对实验心理学的建立,具有举足轻重的作用。

二、心理物理学的发展

心理物理学是研究刺激的物理量和它所引起的心理量之间数量关系的心理学领域。物理学对心理学的影响主要体现在两个方面:一是物理学中的实验方法通过生理学研究这一中介而为实验心理学的产生创造了重要的条件;二是物理学与心理学直接结合而形成的心理物理学对实验心理学的诞生产生了直接的影响(叶浩生,2005:42)。心理物理学先由德国生理学家韦伯奠定基础,后由德国物理学家费希纳正式建立。费希纳把心理物理学定义为一门研究心身之间或心物之间函数关系的精密科学,其研究范围包括感觉、知觉、感情、行为、注意等。心理物理学的建立,标志着实验心理学已经具有了基本雏形,一个崭新的心理学学科体系已经呼之欲出了。

1. 韦伯

韦伯(Ernst Weber,1795—1878)是德国莱比锡大学的解剖学和生理学教授,其主要研究领域是感官生理学。韦伯之前的感官研究几乎仅限于较高级的视觉和听觉,韦伯则开创了感官研究的新领域,如肤觉与肌觉,并提出了应用生理学实验方法的主张。韦伯的触觉实验标志着心理学研究对象有了根本的转变,心理学与哲学之间的联系被极大地削弱了,心理学与自然科学的联系则不断密切。这为后来者在心理研究中使用实验方法铺平了道路。

韦伯对心理学有两个主要的贡献。第一个贡献是用实验证明了赫尔巴特提出的阈限概念。韦伯用一种类似圆规的仪器刺激被试的皮肤,以此测定皮肤上两点辨别的准确度,即两点之间需要有多大的距离,被试才能报告出有两个不同的感觉。他将能够使人把两点区别开来(感觉从"一点"向"两点"变化)的界限称为两点阈限。韦伯还发现,在同一被试的身体不同部位,其两点阈限各不相同;就身体的同一个部位来说,不同被试的两点阈限也不同。这是第一次对"阈限"概念给出系统的和实验的说明,阈限也从此成为心理学的基础概念之一而沿用至今。

韦伯的第二个贡献是首次在心理学中用数量法则来说明心理现象。他想确定重量之间能被区别得开的最小差异,即最小可觉差异。为此,韦伯要求被试拿起两个重物,一个是标准重物,一个是比较重物,并报告比较重物是否比标准重物更重。结果发现两个重物之间的最小觉差是个恒定的比率。但韦伯通过其他实验发现,对两个重物的辨别似乎不决定于它们之间的绝对差数,而是取决于它们之间的相对差数或比率。例如,被试正好能识别 41 克与 40 克的差异,其差数是 1;但对 80 克与 81 克则不能辨别,必须增加到 82 克时才能辨别,其差数为 2。增加的重量与原来的重量之比是个常数,都是 1/40。由此,韦伯提出了著名的差异阈限定律,后来被费希纳以数学形式表示:$K = \Delta I/I$,并命名为韦伯定律。其中,I 代表原来的刺激量,ΔI 代表刚能引起较强感觉的刺激增加量,K 是常数。

虽然后来的心理学实验表明韦伯定律仅对中等强度的刺激有效,但这一公式对于心理学依然具有头等重要的意义,因为这是心理学史上第一个定量法则,对心理物理学的建立和实验心理学的诞生具有前导性的意义。

2. 费希纳

费希纳(Gustav Theodor Fechner,1801—1887)深受自然科学思想的熏陶,同时又对宗教神学怀有浓厚的兴趣,因此一直希望通过使用那些曾在自然科学中已经成功应用过的精密方法,来研究和观察人类的内在世界,即精神和灵魂。据说在 1850 年 10 月 22 日的早晨,费希纳躺在床上时突然间想到在日常生活中存在这样一种数量关系,当感觉强度按算术级数增长的时候,刺激似乎是以几何级数增长的。如果一只铃在响,再增加一只,对人造成的感觉比在十只铃在响时增加一只要强烈得多。因此,刺激的作用不是绝对的,而是相对的,即同已经存在的感觉量有关。费希纳感到他可能会在精神世界与物质世界中发现一个简单的数学关系。于是他开始设计一系列的实验以验证他关于感觉强度和刺激强度关系的假说。

实验开始后不久,费希纳偶然发现了20多年前韦伯的工作:刺激强度和对两个刺激强弱加以分辨的能力两者间有某种关系,这种关系受一定法则的支配,即"最小可觉差"是标准刺激的不变分数。费希纳用公式 $\Delta I/I=K$ 来概括韦伯的发现,并把它命名为"韦伯定律"。但在数学上,韦伯的定律只能描述两个离散数量之间的关系,这是不够精细的。为从连续的意义上研究物理刺激强度与心理感觉之间的数量关系,费希纳在大量实验的基础上,推导出另一个公式:$S=K\ln I+C$(S 为感觉量、K 为常数、I 为刺激量,C 是积分常数),并以通式 $S=K\lg R$ 的形式给出,其中 S 表示感觉量,R 表示刺激量,K 是常数。后一公式即为韦伯—费希纳公式,或简称费希纳公式,至今依然出现于各种心理学教科书之中。不过,费希纳的假说与韦伯的研究之间仍有很大差别,韦伯关心的仅是"最小可觉差",而费希纳更在意的是通过此公式获得一种对物质世界和精神世界关系的数量化说明。

费希纳于1860出版了《心理物理学纲要》,发表了费希纳公式,并系统论述了生理物理的三个基本方法,即最小可觉察法(后称极限法)、正误法(后称固定刺激法)和均差法。此书的出版,标志着一门新的科学学科——心理物理学的建立。费希纳把自然科学的方法全面引入了心理学,为心理学研究提供了可精确测量的定量方法。在漫长的哲学心理学时代之后,一个以实验技术和数理方法研究心理现象的全新时代,终于隐隐可见了。

主要参考文献

1. 波林著,高觉敷译,实验心理学史,商务印书馆,1981年。
2. 车文博,西方心理学史,浙江人民出版社,1998年。
3. 车文博,西方心理学思想史,湖南教育出版社,2007年。
4. 叶浩生,心理学史,高等教育出版社,2005年。
5. 周晓亮,自我意识、心身关系、人与机器——试论笛卡儿的心灵哲学思想,自然辩证法通讯,2005,158(4)。
6. 周晓亮,西方近代认识论论纲:理性主义与经验主义,哲学研究,2003(10)。

第二章 冯特及其他早期心理学家

从古希腊到 19 世纪中叶，心理学一直作为哲学的附庸而存在。在这段漫长的时期内，哲学思想曾为现代西方心理学的产生提供了重要的理论基础。而自然科学，包括生理学、物理学等领域的发展和研究方法则直接促成了现代西方心理学的独立。1879 年，冯特在德国莱比锡大学建立第一个心理学实验室，这是心理学发展过程中里程碑式的事件。从这一刻起，心理学开始作为一门独立的学科而存在。本章对西方心理学的初期发展作了简要的介绍，主要包括冯特、艾宾浩斯等人的内容心理学、布伦塔诺的意动心理学及其演变流派。冯特作为科学心理学的建立者、内容心理学的创始人，主要关注意识的内容，希望把意识分析成各种不同的心理元素；艾宾浩斯则运用实验法研究了记忆等冯特认为实验法鞭长莫及的高级心理过程。与此相反，布伦塔诺认为心理学的研究对象不应当是意识内容，而应当是意识的活动，即意动。以冯特、布伦塔诺、艾宾浩斯等为代表的早期心理学家们的研究和论述，第一次为心理学赢得了独立的学科地位，并因此永载史册。

第一节 冯特与科学心理学的诞生

1879 年，冯特在德国莱比锡大学建立了世界上第一个心理学实验室，标志着科学心理学的诞生。他把科学的实验方法引入心理学研究，使心理学开始走上了科学的、独立的发展道路。虽然在此之前已经有心理学家（如费希纳等）做了大量有关心理学内容的实验，但是把科学心理学建立者的荣誉归于冯特却有其道理。正如心理学史学家波林所说，"中心思想先产生于世，然后有一人拾取其意，加以整理，复增加他所视为重视之点，更著书鼓吹其主张，结果便建立一个学派"（波林，1981:217）。冯特正是这样的一个建立者。终其一生，其主要功绩并不在于某条特殊的心理学定律或某一重要发现，而在于他对使用系统的实验方法研究心理学的不遗余力的倡导,为把心理学建设成为一门全新的、独立的科学学科这一宏伟理想的矢志不渝的实践。下面我们将详细介绍冯特的心理学思想体系及其对科学心理学发展所做出的贡献。

一、冯特的生平与著作

威廉·冯特(Wilhelm Wundt,1832—1920),1832年8月出生于德国巴登内卡拉的牧师家庭。冯特家族的祖先出过很多科学家、教授、政府官员和医生。他幼年时师从于一位路德派牧师,深受其严谨作风的影响。13岁时进入大学预科班学习,19岁考入大学。

从其学术生涯看,冯特具有深厚的生理学背景。为了谋生,他曾一度决定从医,先后在杜平根大学、海德堡大学学医,学习了解剖学、生理学、物理学、化学和医学等课程。后来,意识到自己的志向不在医学,转而从事生理学研究。在柏林跟随生理学家约翰·缪勒学习半年后,于1856年回到海德堡大学并取得博士学位。从1857年到1864年一直担任海德堡大学的生理学讲师,在此期间曾担任著名生理学家赫尔姆霍茨的助手。1864年升任副教授并相继开设"自然科学的心理学"、"生理心理学"讲座,在开设这些讲座的过程中,冯特关于心理学是独立的实验科学的概念开始出现,试图用实验生理学的方法把传统的哲学心理学改造为独立的实验科学。1874年应邀前往苏黎世大学,担任哲学教授并讲授心理学。

冯特自1875年成为莱比锡大学哲学教授始,就正式开始了长达45年漫长的心理学研究。1879年,冯特在莱比锡大学建立了世界上第一个心理学实验室,接着在1881年创办了《哲学研究》杂志,作为新实验室和新学科的正式刊物。莱比锡实验室对科学心理学的发展具有重要的意义,很多人慕名来到实验室,跟随冯特进行心理学的实验研究,这些学生后来又以莱比锡实验室为样本建立了自己的实验室,把科学心理学的理念传播给更多人。冯特于1889年被任命为莱比锡大学校长,并担任过巴登邦议会下院议员和工会领导人,他还继承了赫尔巴特和费希纳的哲学讲座,直到1920年去世,享年88岁。

冯特一生著作等身,涉及心理学、哲学、生理学、文化人类学、语言学、逻辑学等诸多领域。其中较为出名的著作有如下几本:(1)《对感官知觉理论的贡献》(以下简称《贡献》,1856～1862),在该书中冯特第一次正式提出"实验心理学"一词,此书与费希纳的《心理物理学纲要》一起,常被视为促进新心理学(即实验心理学)诞生的著作。(2)《人类与动物心理学讲义》(以下简称《讲义》,1874),在该书的序言中,冯特开门见山地说明了他的目标:"我这里提供给大家的这本著作是想勾画出一个新的科学领域。"如果说《贡献》一书是冯特革新心理学的构想和创建心理学的行动纲领,那么《讲义》则是他构思初步成型的新心理学系统著作,把心理学牢固地确立为具有自身独立研究课题和研究方法的实验科学。(3)《生理心理学原理》(以下简称《原理》,1873~1874)。此书前后共修订重版六次,从一卷扩充为三卷,它比上述两部心理学著作内容更为丰富、更为精深,是冯特早期十多年在海德堡大学从事生理心理学教学和研究工作的总结,也是冯特实验心理学思想成熟的表现。冯特自己声称,《原理》以"生理心理学"作为书名,是为了强调他所提倡的这种心理学将采用生理学的实验法并且要以生理学的基础知识做补充说明。因此,《原理》被以后心理学界推崇为科学心理学史上最伟大的著作之一,是科学心理学的独立宣言。(4)《民族心理学》(十卷本,1900~1920)。冯特在生命的最后20年将主要精力用来撰写这部巨著,他名义上称之为民族心理学,而实际上则是一部关于语言、艺术、神话、宗教、风俗、法律、道德等的多卷本的社会心理学,内涵丰富、意义重大,是冯特用历史法研究人类高级心理过程的社会心理学巨著。除上述心理学著作外,冯特还有其他一些名著,包括:《生理学教程》(1864)、《医学物理学手册》(1867)、《逻辑学》(1880~1883)、《伦理学》(1886)、《哲学体系》(1889),等等。

二、冯特的科学心理学体系

冯特的科学心理学体系虽然独立于哲学,却并非要割断两者的联系,他认为哲学是心理学的基础之一,心理学的许多实验课题都源自哲学,担心心理学走得太远而失去其哲学基础。科学心理学的另一个支撑是生理学,冯特认为生理学的研究方法和研究理念确实可以给心理学以不少的启发,但是过度应用可能会陷入还原论。冯特致力于在哲学、心理学、生理学三者之间寻找平衡,既要借鉴另外两者的成果,又要保持心理学的独立性。

1. 心理学的研究对象与研究任务

冯特认为,所有的科学在研究对象的本质上并无区别,都是经验。经验包括经验的主体(自身)或经验的客体(或对象)两个层面。从经验的主体看,感觉、情感、意志等是主体直接经验到的,是直接经验;从经验的客体看,人对于外部世界的经验是通过间接推论才能认识的,是间接经验。其他科学研究间接经验,而心理学研究的是人类的直接经验。例如就看到苹果这一经验来说,物理学家研究的是苹果的形状、质地、色泽,生物学家研究的是苹果的营养成分,只有心理学家才研究人对苹果的感受。在冯特看来,自然科学研究经验的方式是对研究对象独立于客体的特性进行研究，而心理学处理经验的方式则是对经验的整个内容和与主体的关系，以及由主体直接赋予它的特性加以考察，是关于直接经验的学问。

人对事物的基本经验，如对红色的感知、对牙疼的感觉等，组成了意识状态即心理元素，这种状态由心灵加以积极的组合。心理复合体是心理元素的联合，心理元素是最终不可分割的心理结构单位。受化学家门捷列夫元素周期表的启发，冯特认为心理学所要研究的是构成意识状态的心理元素都有哪些，而"心理化合性"则类似于化学化合性，根据构成心理复合体的元素性质，可以将心理复合物加以分类。有些学者甚至认为冯特可能一直力图构建一个有关心灵的"元素周期表"（Marx & Cronan-Hillix，1987）。冯特认为心理学研究的第一步就是找到组成某种意识的元素，但不像后来的铁钦纳那样仅仅是对心理元素进行分析，并不否认整体的存在，甚至认为意识的元素是主动的、积极的，它们可以以不同的方式进行组合。舒尔茨就此总结了冯特的研究目标：（1）把意识过程分析成它的基本元素；（2）发现这些元素是怎样综合或组织起来的；（3）确定这些元素结合的定律（舒尔茨，2005:78）。

冯特认为，经验包括感觉和情感两种基本元素。感觉由作用于感官的刺激所引起，它具有强度和性质两种特性。依照强度和性质的不同，可以对感觉进行分类，如温觉、冷觉、光觉、触觉，等等。不同感觉的复合构成知觉和观念，对于外在客体的感觉总是以知觉的形式而不是以纯感觉的形式出现在意识中的。感知同外部世界相联系，它们代表着直接经验的客观方面。另一个基本的心理元素是情感。感觉是直接经验的客观方面，情感则是直接经验的主观方面，它伴随感觉而产生，是感觉的主观补充。但情感并非像感觉那样同外部世界发生关系，它仅仅是感觉的伴随物，如当我们看、听、尝、触时所产生的主观感觉。情感有性质和强度的特性。他根据自己的内省观察提出了著名的情感三维说。实验用一个能发出有节律的嘀嗒声的节拍器来进行。冯特报告说，在一组有节律的嘀嗒声结束时，有一些节奏比另一些节奏听起来好像更愉快或更悦耳。他得出结论说，任何这种节奏经验的一个组成部分乃是一种愉快—不愉快的主观情感。他认为沿着愉快到不愉快的连续系列，可以确定出情感状态所处的点。冯特用同样的方法得出情感的另外两个维度，即紧张—松弛和兴奋—沉静。他认为情感的这三个维度是彼此独立而不相同的。每一特定的情感都是这三个维度以不同的方式组合而成。

情感是动态的，它既可能在单一的维度上发生变化，也可能在三个维度之间发生变化。例如，最初的搔痒可能是令人愉快的，随着搔痒程度增加，逐渐令人感觉紧张和激动,再继续增加强度则会令人感到痛苦。不同的情感元素结合成情绪,每种情绪中总有一种或几种情感元素占据支配地位。例如,在欢乐和高兴的情绪中,愉快居于支配地位;在愤怒的情绪中,不愉快和紧张居于核心地位。

2. 心理元素的复合方式

冯特虽然将心理过程分为不同的心理元素,但没有忽略其整体性,他认为各种元素的组合有其内在规律性,找到这些规律才是心理学研究的最终目的。为此他提出了联想(association)、统觉(apperception)等组合方式。其中,联想是一种被动消极的心理元素结合方式,包括以下几种形式:(1)融合(fusion),指不同的元素结合成一个紧密的复合体,彼此再难区分。例如,从一种音色中很难分离出其中所包括的基音和陪音;从一种触觉里也很难辨出肤觉和肌肉感觉等。(2)同化(assimilation),指人们把不熟悉的事物与自己熟悉的、与之相似的事物作比较,并将之结合起来。例如,在阅读过程中,人们往往可能忽略其中某些印错的字或单词,而将其等价于正确的字或单词。(3)复合(complication),指将不同种类的感觉或情感共同组成一个复合体,比如说听到鞭炮声同时想到鞭炮点燃的形象和过年喜庆的感觉,而看到老虎的形象,则可能同时想到老虎的嘶吼并引发恐惧感;(4)相继联想(successive association),指把过去的感受与现在的心理元素相结合的过程,表现为再认、回忆等形式。

统觉则是一种将心理元素组合成整体的创造性结合,即通过一种积极主动的心理过程,使进入意识的内容得到清晰的注意,从而理解这一内容的意义。冯特认为意识具有一定的范围,只有进入这一范围的心理内容才会被注意,一定范围内又有一个中心区域"注意的焦点",进入注意焦点的心理内容获得最大程度的理解。统觉就是把特定心理内容由意识的范围提升到注意焦点的过程,具有心理整合和创造性综合的功能,各种心理元素就是通过统觉形成与原来不同的新的复合体。在冯特看来,统觉是意志的随意运动,人们通过它控制自己的心灵,并赋予其以综合统一性。

冯特认为,心理复合存在三种规律:(1)创造性综合原则(principle of creative synthesis)或心理产物原则(principle of psychic resultants),是指由各种不同的心理元素组成的心理复合体并非简单的相加,而是产生了新的性质;(2)心理关系原则(principle of psychic relations),是指每一种组成元素都会由于其他元素的存在而显示出不同的意义,即不同元素之间的相互关系决定了各个元素的意义;(3)心理对比原则(principle of psychic contrasts),是指两种相反或相对立的意识状态在一定范围内具有因对比而加强的趋势,比如不愉快情绪之后出现愉快情绪，则这种愉快情绪就显得格外强烈。

3. 内省的研究方法

冯特的目的是要把心理学建设成一门像物理学那样的独立学科，因此在研究方法上也要借鉴自然科学的方法。在冯特之前，已经有不少哲学心理学家（如洛克、贝克莱、休谟等）使用过内省法，即对自身心理状态的考察和报告，但冯特认为传统的内省法不够科学，因为它所得来的材料并不可靠。心理现象不仅具有主观性，而且还具有不稳定性；因此，内省必须与实验相结合，成为实验的内省或实验的自我观察，才是科学的。冯特在传统内省法的基础上加入自然科学的实验法，以实验的条件控制内省，在实验控制的条件下观察自我的心理过程，从而消除主观内省带来的不利影响。这种方法使得内省能在一定控制条件下进行，不仅使得内省更为精确，而且可以重复和论证。实验的本质，在于随意改变事件的条件，并且把事件的各种条件加以数量化的确定以求得精确结果。为此他还提出几条原则：观察者必须能确定内省过程什么时候开始、观察者必须做好准备或注意力集中、观察者必须能重复次数、观察者必须能根据刺激的控制操作改变实验条件等。其中，最后一个原则明显地揭示了现代实验方法的本质，即改变刺激条件以观察被试内省报告的相应变化。

为了贯彻自己的实验内省法，更加客观地记录被试的心理变化和心理反应，冯特还搜集并使用了示波器、速示器、测时仪等工具。冯特及其弟子曾设计了一套实验仪器——"发声器"，当发声器发出声音时，计时器开始工作，记录被试从发声到做出反应的耗时。这一实验通过两种形式进行，在第一种形式下要求被试在清楚地感到自己听到响声时立即按按钮，而在第二种形式下要求被试在声响后立即按按钮。在第一种情况下，强调的是被试对自己感觉的注意，在第二种情况下，注意力则集中在声音本身。结果发现，第一种反应由于涉及人们对自己的声音感知的意识，通常要花 0.2 秒的时间，而第二种情况主要涉及纯粹的反射反应，只需花费 0.1 秒的时间。冯特将实验引入内省法的成效由此可见一斑。

正是由于对实验内省法的大力提倡和有效实践，才使得心理学的研究真正具有了自然科学的特点，使心理学迈向了实验科学的道路。冯特的实验室着重于四个方面的实验工作：视觉和听觉的研究、反应时的研究、心理物理学实验和联想实验。这些研究占了冯特所创办的《哲学研究》杂志头几年发表论文的半数以上。然而冯特仍然摆脱不了对内省法的传统认识，他认为只有简单的心理过程才有可能用实验的方法研究，涉及复杂的心理过程时，实验内省法就显得束手无策了。为此，步入职业生涯晚期的冯特开始专门著述《民族心理学》，试图通过对社会产物的分析来研究人的高级心理过程。

4. 身心平行论

身心关系是心理学最基本的问题之一。哲学家如叔本华认为身心关系问题是世界的结，它涉及宇宙两大基本之谜，即物质之谜与意识之谜。有学者甚至认为它是人类面临的最现实的问题之一，也是人类理智所碰到的最困难的问题之一（Globus, Maxwell, & Savodnik, 1976）。而在冯特看来，这一问题始终是哲学内和心理学内种种看法的"主要角力场"。一般意义上的身心平行论（Psycho-physical Parallelism）的观点主张精神（心理）现象和身体（生理）现象发生在相互分离而又平行的两个系列之中。精神现象只处于与其他精神现象的因果关系之中；同样地，身体现象也只处于与其他身体现象的因果关系之中，而心身之间不存在着因果关系。

在第一章中，我们已经简略提到过培因和莱布尼茨的身心平行论观点。冯特的身心平行论是立足于经验基础之上的平行论，因为他认为科学的心理学应是一门经验的科学。他是以经验的身心平行论来反对"形而上学"的身心平行论。他认为，形而上学的身心平行原理建立在心理实体的假说之上，它们寻求解决身心关系问题的办法，或是假定存在两种具有不同属性的真正实体，它们平行地发生变化；或是假定只有一种实体，但它具有两种不同的属性，而这两种属性的变化相互对应。具体而言，其基于经验的平行论主要反对的就是笛卡儿关于两种实体的二元论平行论观点和斯宾诺莎关于一种实体两种属性的平行论。

那么，冯特的经验平行论是怎么主张的呢？在他看来，心理学平行论原理出发的假设是：只有一种经验，它一旦变为科学分析的主题时，其某些成分就受到两种不同的科学处理：一种是间接的处理形式，它研究彼此处于客观关系中的被想象的对象；另一种是直接的形式，它研究同一个对象，只是在其直接被认识的性质中及其与知觉着的主体的所有其他经验内容的关系中来研究它。这样，在冯特看来，自然科学和心理学的对象就都是同一个经验了；只不过心理学对这一经验采取直接的处理形式，而自然科学则对这一经验采取间接的处理形式而已。冯特又把这两种处理形式称为"对待同一经验的不同观点"。因此，他的平行论实际上是对同一经验的两种观点的平行论，也被称为方法学上的平行论。

除了在方法学上两种观点的平行外，冯特的平行论还包括生理和心理两类因果系列的平行。他认为身心平行论这一提法"充其量只有一半正确"，因为它仅表明二者不相等同的一面，而未表明二者不可比较的一面。如果身心相等，当然就会取消其中的一个，而谈不上什么平行了。但他认为身心的不等，指的是心不依赖于身，不依赖于脑。身心的这种关系主要是由于二者在性质上为不同的因果系列所造成的，二者根本不能加以比较；身心这两个系列是各不相干的，不能相互影响，也是不能互相转化的，但二者又是相互对应的和相互协调一致的。

冯特的身心平行论将生理现象与心理现象完全割裂为两种独立存在的本质，否定了心理现象的生理基础，无疑是不符合现代心理学常识的。但是，在当时看来，这种把心理现象区别于生理现象，注重用实验方法研究心理现象的方法，却在客观上捍卫了心理学的独立存在权，依然是有其积极意义的。

三、冯特的民族心理学体系

从冯特毕生的学术生涯看，其心理学体系由个体心理学和民族心理学两大部分构成。"前者是以个体的意识内容为对象的个体心理学，即实验心理学；后者则是以以人类共同生活为基础的高级精神过程为对象的民族心理学，即社会心理学。前者以自然科学为定向，运用实验内省法，旨在建立个体心理学的理论体系；后者则以人文科学为定向，采用历史法，在分析和研究语言、艺术、神话、宗教、社会风俗、法律和伦理等的基础上，形成对民族心理的综合描述。"（车文博，2007:215）

冯特所重视的不仅是实验室中对个体对象的研究，他在民族心理学这一领域中，是以群体为研究对象的。他认为，心理学将研究范围限制在个体意识上，是不能够全面理解人的心理现象并作出正确解释的。按照冯特的思想，心理学要重视研究人类心理发展的历史。但在把自然科学的实验方法应用于心理学的研究时，他发现实验法仅仅能研究反应时、感知觉和联想等简单的心理过程，而对于记忆、思维、想象等复杂的心理过程，实验方法就捉襟见肘了。为了解决这一问题，冯特认为必须求助于民族心理学，因为人的高级心理过程不可避免地同语言、神话和风俗习惯等社会产物联系在一起。因此，我们可以通过对这些社会产物的分析，从中推演出高级心理过程的基本规律；在实验法无能为力的地方，可以从民族心理学角度来加以研究。在进行了长达40年的个体心理学研究后，年近古稀的冯特根据早期对心理学结构的宏伟设想，花了近20年的时间从事民族心理学的研究。在88岁高龄的时候，他终于完成了十卷本的巨著《民族心理学》，此后不久便与世长辞了。

冯特根据其设想探索了诸多民族心理学的问题，如民族的语言、艺术、宗教，甚至于婚姻与家庭、图腾制度、鬼神的信仰、道德与法律、劳动与生产、战争与武器等人类文化的要素。这些要素虽受各种自然条件和社会环境的制约，但实质上是心理活动的表现。受黑格尔历史演化论和达尔文生物进化论的影响，他把民族心理的发展分为四个阶段，即原始人阶段、图腾崇拜阶段、英雄与神的阶段和人性发展的阶段。在冯特看来，人类心理的发展并没有完成，它还在展开着、发展着，人性发展的阶段就是一个正在来临的阶段。民族心理学既要研究每一阶段的心理发展特点，也要研究阶段之间过渡状态的心理特点。从这个意义上说，民族心理学也可称之为发生心理学。为了使他的民族心理学符合以事实为基础的原则，冯特从人类学中寻求他所需要的事实和资料。他选择不同时期的文化产品进行分析，从中发现心理学的意义和规律。他认为只有通过这种方式，才能确定人类文化发展四个阶段的心理特点。

  冯特认为语言、神话和风俗是组成民族心理的三要素，民族心理学可能研究到的其他有关现象，如宗教、艺术、法律和社会组织等，由于其起源不同，因而不能列入组成民族心理的基本要素之中。从他的研究内容比例上看，冯特对语言的功能情有独钟，所用篇幅最大。冯特把语言同情绪表现和社会性的姿势相联系，认为语言既不是人类的一种特殊创造物，也不是人类尝试交流思想愿望的结果，而是一种高度进化并得以习惯化的自然形成物，这种形成物同人的哭叫、动物的吼叫、聋哑人的手势、儿童牙牙学语时的发音类似。其之所以区别于低级的交流形式，在于它有思想内容。人类通过这些思想内容、情绪的运动表现表达着自己的观点，为他人所理解，并同他人交换思想，交流情感。这样，语言就超出了自然性的范围。冯特清楚地看出语言的社会意义，他认为语言不仅是个体高级心理过程借以发展的工具，而且语言也是一种社会性活动，它是社会生活的产物。正是由于语言的使用，才使得人群成为群体，组成社区。因此，语言在理解个体心理和社会心理方面起着至关重要的作用。

  语言在冯特的心理学体系中起着联系个体心理学和民族心理学的作用。从这点上看，冯特不仅是社会心理学的先驱，也是语言心理学的先驱。冯特认为，由于语言是人的心理发展必不可少的中介，而语言就其起源和本质来说又是社会的，因而个人的心理生活不可避免地同社会生活和群体心理生活紧密地联系在一起，人的心理也因此成为社会的产物。冯特有关姿势和语言的分析，深刻地影响了当时作为学生留学德国的美国符号互动论学派的奠基人物乔治·米德（George Herbert Mead），成为后者社会心理学理论的重要内容。

  冯特研究民族心理学的本意在于弥补实验心理学在研究思维与想象等高级心理过程方面的不足，想从民族的语言、神话和风俗习惯中发现高级心理过程的基本规律。其民族心理学体系以群体心理为研究对象，强调了社会文化中的心理因素，从而在客观上促进了社会心理学的研究，但他并没有提出一种系统的社会心理学理论，因此，从总体上看，他的民族心理学更多地是同文化人类学而不是社会心理学相联系，以至于有些学者认为该书名的德文原名不能被译为"民族心理学"（Folk Psychology），而应当译为"文化心理学"（Cultural Psychology），因为从内容上讲该书更多地与文化人类学相关（参见车文博，2007:227；舒尔茨、舒尔茨，2005:75）。但《民族心理学》的译法流传已久，本书在此仍暂从此说。

四、对冯特及其心理学思想的评价

"冯特一生的历史功绩是与心理学的独立、实验心理学的创立和一支国际心理学专业队伍的建立这三件事分不开的。"（高觉敷，2001:135）冯特对心理学的首要贡献就在于使心理学成为一门独立的学科。在冯特之前，心理学只是哲学的附庸，而他总结了哲学心理学中的研究成果，并吸收了自然科学和实验生理学的研究方法，从而宣布了一门新的学科——实验心理学的诞生。冯特将科学心理学思想广泛传播，使科学心理学思想在世界范围内被接受。他建立了世界上第一个心理学实验室，培养了166名来自世界各地的求学者，其中很多人后来成为心理学界的知名学者，如卡特尔、安吉尔、斯皮尔曼、铁钦纳等。此外，冯特还创办了心理学杂志，既提供了学者讨论的舞台，也宣传了新心理学的思想，为科学心理学的进一步发展增添了动力。同时，冯特提出了关于科学心理学的诸多观点，比如把实验法和内省法结合起来，创造了实验内省法；对心理元素的分析和元素结合的规律进行研究，建立了内容心理学派；不仅强调实验法的应用，还提出了民族心理学的重要性等。这些思想和观点随着心理学的进步已经略显陈旧，但是其中蕴涵的思想对心理学的发展功不可没，甚至对当代心理学都有启发意义。

当然，作为心理学产生初期的思想，冯特的科学心理学体系会存在着很多局限性。首先，他认为科学心理学应该研究经验，这虽然对心理学的独立有一定的促进作用，但是以经验代替客观事实，犯了主观唯心主义的错误。其次，冯特虽然改造了内省法，但是仍然没能摆脱内省法的局限性，这与他所确定的心理学研究对象有关，既然研究对象被确定为经验，就不免要通过内省反映经验过程，这个矛盾也是冯特无法解决的。同时，冯特的理论体系庞大而繁杂，内部充斥着他也无法自圆其说的矛盾，这可能与他所受的多种流派的哲学思想影响有关。

作为冯特心理学的另一大方面，民族心理学方面的研究丰富了冯特心理学的体系,其中阐述的一些社会心理学现象也为后来的社会心理学研究和发展奠定了基础。但从客观上看,其民族心理学并不如实验心理学那样具有主导性的影响力。除去著作本身的局限外,社会思潮的大环境也是一个重要因素。冯特撰写《民族心理学》之时(20世纪前20年),正逢机能主义心理学迅速发展的时期,而心理学的学科重心也正由德国转向美国。对于重视实用价值的美国人而言,带有文化色彩的民族心理学显然没有倡导适应观点的机能主义更具有吸引力。这使得冯特的民族心理学思想后继乏人,在很长时间内受到了冷落,直到近年来才重新为人们重视和继承。尽管其理论存在这样或那样的缺陷,但正如美国心理学家赫尔1921年在哥伦比亚大学演讲时所说的:"冯特到任何时候都将作为伟大的里程碑而永垂不朽。"(转引自高觉敷,2001:135)

第二节 与冯特同时代的德国心理学家

在冯特组建并主持莱比锡大学心理学实验室的同时,还有许多优秀的德国学者从事着心理学领域的研究。其观点与研究领域虽然与冯特不尽相同,但共同成就了德国在心理学早期发展史上的核心地位。

一、艾宾浩斯的心理学研究

1. 艾宾浩斯的生平与著作

赫尔曼·艾宾浩斯(Hermann Ebbinghaus,1850—1909)出生于德国巴门,17岁入波恩大学学习,后又辗转于哈雷和柏林的大学。1876年,26岁的艾宾浩斯在巴黎的旧书店里发现了费希纳的《心理物理学纲要》,这本书给了他很大的启发,并最终促使他走上了改变心理学发展的道路。费希纳研究心理现象的数学方法使年轻的艾宾浩斯顿开茅塞,他决心像费希纳研究心理物理学那样,通过严格系统的测量来研究记忆。尽管在这之前,作为心理学领军人物的冯特曾宣布过学习和记忆等高级心理过程不能用实验研究,但艾宾浩斯决定用费希纳的心理物理法研究心理学,目标就是要用实验的方法研究人的高级心理过程。当时的艾宾浩斯没有大学教职位、没有专业导师,也没有进行研究的专门设备和实验室。即便如此,他还是花了5年时间,以自己为被试,独自进行实验,完成了一系列有控制的实验,积累了最早的研究数据和思路。

1880年,艾宾浩斯受聘于柏林大学,继续研究记忆,并重复和验证了他的早期研究。1885年,他出版《论记忆》一书,这本书被视为实验心理学史上最为卓越的研究成果之一。心理学史家波林评论道："这是划时代的，不仅由于它所涉及的范围和文章风格的新颖，而且因为它立即被看做是实验心理学突破了研究高级心理过程的障碍。艾宾浩斯开创了一个新的领域……"（波林，1981:486）1885年后，艾宾浩斯没有继续研究记忆，发表的著述也相当少。1886年他被柏林大学提升为副教授。1890年，他创建了一个实验室，并与他人共同创办了《心理学和感觉生理学杂志》，心理学家格奥尔格·缪勒、斯顿夫、利普斯等人和生理学家赫尔姆霍茨、海林、克里斯、普累叶等人都共同担任该杂志编辑，成为冯特实验室以外的德国心理学家的主要交流论坛。然而，由于艾宾浩斯缺少著述，他在柏林大学再也没有得到提升。

1894年，他应聘于布雷斯劳大学担任较为低级的职务，并一直工作到1905年。在此期间，他发展了句子填充测验，这也是第一个研究高级心理过程的成功测验，其变式为现今许多普通智力测验所采用。1897年，他出版了大学教科书《心理学概论》第一卷的上册，出版后风行一时；由于忙于修订，第一卷的下册到1902年才完成；第二卷也因此无暇继续。1905年，艾宾浩斯离开布雷斯劳大学去哈雷大学。1907年，艾宾浩斯为《现代文化大全》撰写心理学部分，1908年又以《心理学纲要》为题出版单行本，大获成功。1909年，艾宾浩斯突患肺炎辞世，享年59岁。

与著作等身的冯特不同，艾宾浩斯一生著述不多，但其著作中的某些语句却如同他赖以成名的记忆研究一样令人印象深刻，因而被反复引用。如波林所说："他的《记忆》的副标题为'实验心理学研究'，在标题上还有拉丁文引语如下：'我们要将一个极古旧的学科改造成一门极崭新的科学。'二十多年后他的《心理学纲要》中复有一名言与此相应：'心理学虽有一长期的过去，但仅有一短期的历史'。"（波林，1981:442）后一句话正是其广受欢迎的教科书《心理学纲要》的开卷语。时至今日，这几乎已成为心理学学习者对心理学史的最早熟悉、且最为熟悉的定论了。

2. 艾宾浩斯的记忆研究

（1）研究方法

在受到费希纳用数学方法研究心理现象的启发后，艾宾浩斯开始思考如何应用严格的、数量化的方法来研究高级心理过程，例如记忆。艾宾浩斯的研究方法是客观的、实验的、通过细致观察和记录可以量化的。他的程序是把数据基础置于经过时间考验的联想和学习的研究之上。他推想，对于学习材料的难度，可以用学习材料时所需要重复的次数来测量它，而计算出来的这个重复的次数也可以作为完全再现的标准。艾宾浩斯在五年的时间里，采取严格控制的实验程序以自己为被试做了大量关于记忆的实验研究。为使实验有条不紊,他甚至调整了自己的个人习惯,尽量使个人习惯保持常态,按照同样严格的日常规律工作,学习材料时总是恰在每天的同一时间。

为冲破冯特认为不能用实验方法研究记忆等高级心理过程的禁区,从严格控制实验条件来观察结果并对记忆过程进行定量分析,艾宾浩斯专门创造了无意义音节和节省法,他还为记忆材料发明了无意义音节。他发觉,用散文或诗词作为记忆材料存在着一定的困难,因为各人的文化背景和知识经验不同,且容易把意义或联想跟词形成联系,这些已形成的联想可以有助材料的学习,这样便不能在意义方面加以控制。为此,艾宾浩斯寻找一些没有形成联想的、完全同类的、对被试来说同样不熟悉的材料,用这些材料做实验就不可能有任何过去的联想。这种材料便是无意义音节。无意义音节是由两个辅音夹一个元音构成的,如 lef、bok 或 gat。他把辅音和元音一切可能的组合写在不同的卡片上,使他得到了 2300 个音节,从中随机地抽出用来学习的那些音节。用字母拼成无意义音节作为实验材料,创造出各种记忆实验的材料单位,这就使联想的内容结构划一,只能依靠重复的诵读来记忆,排除了意义联想对实验的干扰,使得记忆效果一致,便于统计、比较和分析。例如,艾宾浩斯分别研究了不同长度的音节组(7 个、12 个、16 个、32 个、64 个音节的音节组,等等)对识记、保持效果的影响以及学习次数(或过度学习)与记忆的关系等。

为从数量上检测每次学习(记忆)的效果,艾宾浩斯又创造了节省法。节省法要求被试把识记材料一遍一遍地诵读,直到第一次(或连续两次)能流畅无误地背诵出来为止,并记下从诵读到能背诵所需要的重读次数和时间。然后过一定时间(通常是 24 小时)再学再背,看看需要读多少次数和花多少时间就能背诵,把第一次和第二次的次数和时间进行比较,看看节省了多少次数和时间。节省法为记忆实验创造了一个数量化的统计标准。例如,艾宾浩斯的实验结果证明:7 个音节的音节组,只要诵读一次即能成诵,这就是后来被公认的记忆广度。12 个音节的音节组需要读 16.6 次才能成诵,16 个音节的音节组则要 30 次才能成诵。如果识记同一材料,诵读次数越多,记忆越巩固,以后(第二天)再学时节省下的诵读时间或次数就越多。

(2) 研究结论

在多年的研究之后,艾宾浩斯总结了一系列的研究结果。他发现,学习后经过的时间越长,保持越少,遗忘越多;但遗忘的速度不是均匀的。根据艾宾浩斯实验所得数据画出的遗忘曲线,就是著名的"艾宾浩斯遗忘曲线"。

在艾宾浩斯之后,许多人用无意义材料和有意义材料以及不同的学习形式,对遗忘现象进行研究，都在大体上证实了该遗忘曲线的普遍性。艾宾浩斯的研究使人们对遗忘的规律有了精确化的数量认识，几乎所有的教科书都在引用其原始实验数据（表2.1）。这一规律至今依然具有重要的应用价值，许多商业性的单词记忆书本或电子辞典、背诵软件等都以不同的形式强调这一记忆规律。

表2.1 艾宾浩斯无意义音节记忆的保持数据

时距（小时）	重学节省（记忆保持数量）（%）	遗忘数量（%）
0	100.0	0
0.33	58.2	41.8
1	44.2	55.8
8.8	35.8	64.2
24	33.7	66.3
48	27.8	72.2
6×24	25.4	74.6
31×24	21.1	78.9

艾宾浩斯还归纳了重复学习和分配学习的规律。对一定的识记材料，每天重复学习到恰好成诵所需诵读的次数，约按几何级数逐日递减。一定数量的材料分散到几天之内学习，比集中一天学习的效率要高。比如，12个音节组，集中学习需要68次背诵，而分散学习则只需要35次。这是西方心理学史上分散学习（distributed learning，又译分布学习）和集中学习（massed learning）比较研究的开端。

此外，艾宾浩斯还用诗句和无意义音节作为识记材料，比较意义识记和无意义识记的效果。为了确定这种差异，他背诵拜伦的《唐璜》一诗中的节段，每一段有80个音节。他发现大约需要读9次能记住一段。然后他识记80个无意义音节，发现完成这个任务几乎需要重复80次。于是他得出结论，无意义材料的学习在难度上比有意义材料的学习几乎要高9倍。综合其他记忆材料的实验，他发现有意义、节律、音韵和有语法作用的识记，与识记同样长度的无意义材料，其诵读次数之比大致是1:10，即肯定了意义识记比无意义识记的效果大得多。

（3）对艾宾浩斯的评价

艾宾浩斯没有建立学派，也没有形成正式的理论体系，但他对心理学的贡献却是无可置疑的。他的记忆研究是心理学史上第一次对记忆的实验研究，是一项首创性的工作，它为实验心理学打开了一个新的领域，打破了冯特关于高级心理过程不能用实验方法研究的神话，用实验法研究所谓高级心理过程如学习、记忆、思维等的数量化特征。他所采用的无意义音节法和节省法也是记忆研究方法上的首创,通过对它的应用,不但严格控制了实验条件,还使得实验结果得以量化。同时,艾宾浩斯的研究掀起了心理学界研究记忆的热潮,促进了记忆心理学的发展。

当然,艾宾浩斯的记忆实验也存在许多缺点。例如,他只对记忆过程的发展作了定量分析,对记忆内容性质上的变化没有进行分析;他所用的无意义音节是人为构造的,脱离实际生活情境,有很大的局限性;他把记忆当作机械重复的结果,没有考虑到记忆是个复杂的主动过程;他以自己作被试,不仅产生大量的前摄抑制和倒摄抑制,而且他自己知道实验意图,也会给实验结果带来微妙的变化,无法排除这些因素对记忆效果的影响;同时,以自身一人为被试所得到的结论是否具有外在效度、即外在推论性也很难不令人怀疑。

相较于 88 岁辞世的冯特,艾宾浩斯的人生在 59 岁时就谢幕了,这不得不说是一个遗憾,也在客观上限制其才能的发挥。冯特的学生铁钦纳曾非常遗憾地说:"假如艾宾浩斯还能活下去,他在心理学中的地位将堪与冯特和布伦塔诺相匹敌。"(波林,1981:442)而现代心理学史家舒尔茨对艾宾浩斯似乎还要青睐有加:"全面衡量一位科学家历史重要性的标准是他的观点能否经受住时间的考验。从这个标准来看,艾宾浩斯比冯特更有影响。艾宾浩斯的工作给学习的研究带来了客观性、数量化与实验的方法。[其]研究在 20 世纪的大部分时间里在心理学中都占据着中心地位。"(舒尔茨、舒尔茨,2005:88)

二、缪勒的心理学研究

格奥尔格·缪勒(Georg Muller,1850—1934)生于德国的哥里马,早年曾在莱比锡大学和柏林大学学习哲学和历史,后入哥根廷大学跟随洛采学习,并结为好友。1881 年,缪勒担任哥廷根大学哲学教授,接任洛采讲座,在那儿一直工作了 40 年直至退休。在此期间他建立了一个完备的心理学实验室,这是当时仅次于冯特莱比锡实验室的心理学专业研究基地;在那里,他终其一生从事对视觉心理学和记忆的研究,并培养了一批卓有作为的学生。同时,他还创立了德国实验心理学会并担任主席。他的著作包括《心理物理学基础》、《心理物理学的观点和事实》、《记忆与想象活动》、《复合说与格式塔学说》、《心理学纲要》和《论色觉:心理物理学研究》等。

1. 缪勒的主要研究

(1)心理物理学研究

缪勒是继费希纳之后最负盛名的心理物理学家之一。缪勒在莱比锡大学学习期间就认识了费希纳,了解后者在心理物理学方面的研究,受其影响而决定了自己实验心理学研究的方向。但他犀利地批判了费希纳心理物理学思想的不足之处。费希纳在用韦伯定律解释刺激与感觉的关系时提出假设说,当感觉兴奋性从生理传递到心灵时,感觉传入总要损失一些,其损失量与所增加的刺激量的比例数相同。他否认费希纳对韦伯定律的理解,认为较弱的刺激容易氧化神经中的原质,如果增加兴奋性,就要相应地增加刺激量。他后来又提出了心理物理学定理,即心理过程如何与脑生理过程相当的原理,这是格式塔心理学同型论的雏形。

同时,在重量辨别的实验中,缪勒还发现了"定势"(set)的影响,即多次判断一个标准刺激物较重于一个比较刺激物之后,即使呈现一个比标准刺激物轻的比较刺激物时,仍可做出标准重于比较刺激物的判断;反之亦然。

(2)记忆研究

缪勒继承了艾宾浩斯反对冯特所持"实验心理学只能研究基本心理历程"的理念,又改进了艾宾浩斯的学习记忆研究方法,并提出更合于心理原则的理论解释。他在1887年设计了一种名为记忆鼓(memory drum)的仪器,希望借此在控制的实验情境之下研究刺激反应联想的强度。它可以精密控制学习记忆材料(刺激)的出现时间,并精确计算被试记忆反应的速度。记忆鼓是一种能够序列地呈现记忆材料的箱型仪器装置。所要记忆或要学习的材料能在一个小窗口借电动的控制而间隔地出现,通常在联对学习和序列学习实验中使用。在联对学习时,先将联对的两字(前者为刺激字,后者为反应字)在窗口同时出现,然后只出现刺激字,令被试答出反应字,最后再同时出现两字以核对被试的回答。记忆鼓完善了艾宾浩斯的记忆学习中刺激表象的方法,他将刺激置于一个旋转着的记忆鼓上,这样无意义音节就能按照不变的速率或有序的变化呈示出来。被试在记忆时总要尽一切可能对无意义音节进行组织和意义联想,或用节奏感来帮助记忆联想。

缪勒记录了回答所需的时间和正确回答的百分率,并让被试口头报告记忆时所体验到的全部心理活动的经验,发现人的记忆过程不是机械的被动过程,而是有目的的、主动的过程。人们在记忆过程中或者加以组织、或者使用联想、或者附加某种意义,以增强记忆的效果。缪勒认为,艾宾浩斯原来采用的无意义音节研究记忆的方法太机械,只要求被试对无意义音节从事机械式记忆,而忽略了被试心理运作的主动性,因此,所得结果不足以解释学习和记忆的事实。实际上,对于被试而言,即便无意义音节也未必完全没有意义,他们会主动赋予其意义。例如,LOV就可能被被试视为LOVE去了E。

此外，缪勒发现了被称为"倒摄抑制"（retroactive inhibition）的现象。经过一段时间的学习之后学习者马上进行新的学习，将其与先休息一段时间后再开始新的学习进行比较，对先前学习材料的记忆效果的测量结果显示，前一种学习方式的记忆效果要明显低于后一种。这说明后学习的材料对保持和回忆先学习的材料存在干扰作用，缪勒称之为倒摄抑制。因此，遗忘现象并非单纯因学习后时间延长记忆衰退所致，同时也是由于该学习活动之后又学习了新事物，以后回忆时，新学习对旧学习发生了干扰作用使然。这种理论观点被称为记忆干扰论。直到现在，倒摄抑制依然是解释遗忘现象的主要理论之一。以后的心理学家补充了缪勒的理论，都认为除新学习会影响旧学习的记忆之外，旧学习也会干扰新学习的记忆，这就是前摄抑制（proactive inhibitions）。在当今的记忆干扰论中，倒摄抑制与前摄抑制通常成对出现，进一步完善了缪勒的遗忘干扰论。

（3）关于颜色记忆的研究

此外，缪勒修正了海林的色觉说。后者认为新陈代谢的同化作用[①]和异化作用[②]都会引起感觉，而缪勒则认为只存在相反而又可逆的化学反应，从而解决了同化作用一般不引起感觉的难题。另外，海林认为彩色或黑白色平衡后没有任何感觉，但研究表明被试会有灰色的感觉，缪勒认为皮质经常有相当于中灰色的感觉，因此一切平衡后仍有灰色感觉。后来支持海林色觉说的人也都采用了缪勒的假定。

2. 缪勒的学生

缪勒不但为心理物理学做出了杰出的贡献，还培养了一批才华横溢的学生。他们不但丰富了缪勒的研究，还有一部分在缪勒的指导下开始了现象学的研究。这些学生包括舒曼、皮尔捷克、乔斯特、杨施、卡茨、鲁宾等。

弗里德里希·舒曼（Friedrich Schuhmann，1863—1940）是缪勒在哥廷根大学的学生和助手，在艾宾浩斯逝世后，舒曼担任了《心理学和感官生理学杂志》的主编。他曾协助缪勒研究记忆，前述的记忆鼓就是他与缪勒共同发明的。但他本人以对视觉的空间知觉研究而著称。他在视知觉研究中，强调知觉的完形原则，例如他证明了当孤立的成分在刚刚低于感觉阈限的强度之下以快速而连续的方式呈现时，会产生空间完形的知觉。在理论上，舒曼比他的老师更接

[①] 同化作用：又叫做合成代谢，是指生物体把从外界环境中获取的营养物质转变成自身的组成物质，并且储存能量的变化过程。

[②] 异化作用：又叫做分解代谢，是指生物体能够把自身的一部分组成物质加以分解，释放出其中的能量，并且把分解的终产物排出体外的变化过程。

受注意是心理过程中心的观念。他一般用注意解释完形现象，认为知觉的完形特征是对选择注意的控制。

阿尔方斯·皮尔捷克（Alfons Pilzecker，1865—1920）专长于记忆研究。他和缪勒一起，研究了序列记忆中的前后项的相互影响，发现了记忆过程中的干扰现象，即某一对项目 A 和 B 一经连在一起学习后，再试图将 A 与 C 相连学习，则 A—C 的联系可能特别难以建立，原因在于有 B 的干扰。

阿道夫·乔斯特（Adolph Joost，1870—1920）用"无误的联想法"得出乔斯特法则，即如果新旧两种联想的强度相等，那么每重复一次，都有加强旧联想的作用，因而使旧联想比新联想更有效地保持它的强度。不过，乔斯特只提出这种假设，并未解释其原因。

艾内奇·鲁道夫·杨施（Enech Rudolph Jaensch，1883—1940）发现了"遗觉"现象（eidectic imagery，或称遗觉影像、知觉影像）。例如，一些人看了一张画片后，会在灰墙上看到同样的画像，有时关于这种画像的影像鲜明得同画片相似。杨施发现，这种遗觉影像是主观的，随年龄的不同而异：儿童时期的遗觉影像最为明显，青少年和成人就相对少见。杨施认为可以把它用来作为研究人格类型的一种方法，并提出这种遗觉影像可以按心理物理的反应系统研究两种类型的人：一种 B 型（整合型）的人，遗觉影像的经验生动，但能随意控制，与甲状腺机能亢进有关；另一种 T 型（非整合型）的人，也有类似的遗觉影像，但不能随意控制，与甲状旁腺活动偏弱有关。由此，杨施发展出一种解释人格类型的方法。

大卫·卡茨（David Katz，1884—1953）以研究颜色现象著称。卡茨通过实验证明，真正的客观颜色可以由分光镜的光谱色多重结构得到解释。他发表了《颜色现象》一文，他从颜色和空间的不可分关系提出三种颜色的模式。第一种叫表色，是在客观上知觉到的两因次色（或二维色）。第二种叫泛色或膜色，它是在分光镜上才观察到的。第三种叫三维色，这是由三种因次的半透明体可证明的，如包含有红色液体的玻璃杯。

埃德加·鲁宾（Edgar Rubin，1886—1951）研究了图形和背景的关系，认为在和背景的关系上，图形的印象更深刻、更占优势，更容易记住，但图形和背景的关系因注意点而发生互换：原为图形的可变为背景，原为背景的会成为图形。鲁宾的这些实验后来成为格式塔心理学体系中的实证材料之一。

从以上一系列的实验研究中，我们可以看到缪勒及其弟子在实验心理学上的贡献。缪勒及其弟子们不但推动了实验心理学和心理物理学的发展，其心理学思想和实验心理学方法对后来的格式塔心理学的影响也颇为深远。波林曾经指出，就影响及学派而言，缪勒仅次于冯特而已（波林，1981:425）。

第三节 意动心理学及其演变

冯特创立科学心理学之初，德国的心理学家大致就可以分为两大阵营——以冯特、艾宾浩斯等人为代表的内容心理学家和以布伦塔诺、斯顿夫等人为代表的意动心理学家。冯特等人认为，心理学的研究对象是感觉、情感等心理或意识经验的内容，所以他们的心理学被称为内容心理学。冯特在莱比锡大学建立实验室不但标志着科学心理学的诞生，也是心理学体系的重要组成部分——内容心理学发展的端倪。然而心理学在创立之初就充满争论，布伦塔诺反对冯特把心理分成各个元素然后逐一研究的方法，坚持认为心理学的研究对象应该是意动（acts），为此，他和他的追随者开创了另一学派——意动心理学。意动心理学反对研究意识的内容，主张研究意识的活动，对冯特等人的内容心理学展开了猛烈抨击。随着争论的深化，双方各执一词，于是形成一种僵局。为了打破这种僵局，屈尔佩和他的符兹堡学派采取了折中的办法来调和两者之间的矛盾，提出了二重心理学。然而二重心理学并没有真正调和两者之间的矛盾，心理学的发展曾一度陷入困境。

一、布伦塔诺及其意动心理学

1. 布伦塔诺的生平与著作

弗兰兹·布伦塔诺（Franz Brentano，1878—1917）生于德国的马林贝格，16岁开始接受作为牧师的训练，并曾担任过教士。他先后在柏林大学和杜平根大学读书，并在符兹堡大学讲授哲学，在此期间钻研了亚里士多德的著作，这对其以后的心理学思想产生了很大影响。后因参与宗教纷争而被迫辞去教授职位并脱离教会。1874年，他在洛采的帮助下到维也纳大学担任哲学教授，在那里工作了20年，形成了意动心理学流派（也称为"奥国学派"），与冯特的内容心理学抗衡。布伦塔诺才华出众，授课极受学生欢迎，培养了一批在心理学史上做出重要贡献的心理学家，如厄棱费尔、斯顿夫、胡塞尔、麦侬等。其学生中还包括后来的精神分析学派创立者弗洛伊德，后者还曾协助布伦塔诺将约翰·穆勒的著作翻译成德文。1894年，布伦塔诺辞去大学的教职，转往瑞士和意大利从事研究和著述。1917年3月17日卒于苏黎世，享年79岁。

作为天主教徒，布伦塔诺的思想深受经院哲学的影响，以为灵魂就是心理现象，研究灵魂也就是研究心理现象。他一生的大部分精力花费在哲学研究上，但仍对心理学的发展产生了极大的影响。其心理学著作共有八部，影响最大的当属《从经验的观点看心理学》（1874），该书囊括了布伦塔诺的主要心理学思想，正式提出了意动心理学的基本主张。同年，冯特的《生理心理学原理》第二卷出版。两本书都对心理学的界定提出了各自主张，都要把心理学界定为一门新科学，这也标志着新心理学分歧的明朗化。此外，他比较重要的著作还有《感觉心理学》（1907）和《论心理现象的分类》（1911）等。

2. 布伦塔诺的心理学思想

布伦塔诺的心理学思想可以追溯至亚里士多德，亚里士多德认为心理是灵魂的功能。另外，他的意动心理学思想还受到中世纪哲学和近代德国莱布尼茨以来传统思想的影响。这些影响具体体现在他对心理学研究对象的认识和所使用的研究方法上。

（1）心理学的研究对象

布伦塔诺认为，我们意识的材料构成了整个世界，它分为两大类：物理现象和心理现象。物理科学是研究物理现象的科学，而心理科学则是研究心理现象的科学。他把心理现象定义为表象①及建立在表象基础上的现象，而不属于这一范畴的所有现象则归为物理现象。心理现象是内部知觉的唯一对象，仅有它们是直接的、不谬的和自明的知觉；与此相反，物理现象只有通过外部知觉而被知觉。每种心理现象的本质特征，就是中世纪哲学家所称的"内在意向性"。在表象中，总有某物被表象；在判断中，总有某物被判断；在爱中总有某物被爱；在恨中总在某物被恨；等等。我们不能简单地说："我感觉"、"我想象"、"我高兴"、"我爱"或"我恨"。要使自己的话语具有意义，就应当说："我感觉到某物"、"我想象某物"、"我爱某人"、"我恨某人"。所以，一切意识都是关于对象的意识；而心理现象，就是有意向地包含于一对象于其内的现象。

布伦塔诺十分重视心理学的重要性，并赋予心理学最高的科学地位。心理学既是一门理论科学，又是一门应用科学。在布伦塔诺看来，心理学要研究的不是意识经验的内容，而是研究心灵的活动，也就是意动。他认为，作为结构的经验和作为意动的经验是不同的。例如看见一朵红花，红花是看见的内容，而看见这个过程则是意动；又如听到一首曲子，曲子是听到的内容，而听到这个过程则是意动。由此可见，意动是指各种心理活动或动作，而内容则是意动

---

① 表象（representation）在此是一哲学用语，意指当客观对象不在主体面前呈现时，在观念中所保持的客观对象的形象和客体形象在观念中复现的过程。

的对象，两者是完全不同的研究对象。另一方面，意动和内容又是联系在一起的。任何意动总是指向意动的客体——内容，这里的客体不是存在于外在世界的客观事物，而是存在于内在世界的心理现象，即前述的"内在意向性"。

布伦塔诺认为，心理活动就是以这种内在意向性为其特征并与物理现象相区别。物理现象就没有这种特征，它自己包含着自己，是自足的：颜色就是颜色，它决不包含别的事物。意动虽然是以其内在的对象性为特征的，但其内在的意向或内容却不是心理本身，它是物理现象，是物理学研究的对象。只有意动才是心理现象，因而，说心理学是研究心理现象的科学也就是说心理学是以意动作为研究对象的。冯特内容心理学的错误，就在于它误将物理学的研究对象当成了心理学的研究对象。

（2）心理现象的分类

布伦塔诺进一步对心理现象进行了区分，认为有三种形式的意动：表象的意动、判断的意动和情绪的意动（或爱憎的意动）。其中表象的意动是指感觉、观念、想象等活动，比如我听、我见、我想象等；判断的意动是指知觉、认识和回忆等活动，比如我认为、我否认、我觉得、我回忆等；情绪的意动是指情感、决心、意志和欲望等活动，比如我感受、我请求、我决定、我愿意等。

在这三类意动中，最基础的是表象的意动，其他两类意动是在此基础上发展起来的。例如，一个人在判断苹果是否存在或想要吃它时，总是有关于苹果的意识存在。但判断又不可简单地归结为表象或观念的结合。例如，当我们把"矛"的观念和"盾"的观念结合起来时，我们得到的并不是一个判断，而是另一个全新的观念——"矛盾"。

判断是不同于表象的心理现象，它并不只要求对象呈现于个体面前，而在于它要对"对象"采取理智的态度，即肯定或否定对象。当我们说"太阳存在"时，就会在太阳的表象上附加我们的信念：我们接受、肯定、承认它；而当我们说"鬼不存在"时，我们也不止想象到鬼，而且否认、拒绝、驳斥它。无论是什么对象，只有加上断言的态度，才构成一个判断。因此，判断具有肯定或否定、真或假、对或错的意向关系的对立。

和判断一样，情绪现象也包含着意向关系的对立。我们必须明确对对象的态度：喜欢或不喜欢、爱或恨。现代心理学一般把情绪和意志归结为两种不同的心理现象，但布伦塔诺却并不强调两者之间的区别，而认为它们之间存在一种连续的过渡，其特征就在于对对象采取爱或恨的态度。

（3）心理学的研究方法

布伦塔诺主张运用经验的方法进行研究，他曾说："在心理学的立场上我是经验的；只有经验才是我的老师。"（转引自高觉敷，2001:161）虽然冯特也主张用经验的方法研究人的心理，但由于研究对象的不同，冯特的研究对象是心理的内容，内容是可以用实验的方法进行分析的，因此他的研究方法是实验；布伦塔诺认为心理学的研究对象是意动，意动是经验着的，难以在实验的条件下分析，因此他主张用观察的方法来研究经验，而从未像冯特那样建立过心理学实验室。

值得注意的是，布伦塔诺并不反对实验法。实际上，在他的代表作中，经常引用冯特《生理心理学原理》第一卷中的实验和研究结果，同时也引用费希纳等人的研究结果；但他反对冯特等人对实验结果的解释。在他看来，实验法有两种类型：决定性（crucial）实验和系统性（systematic）实验，他提倡前者而反对后者。决定性实验依附于思辨，有助于决定两种对立的概念；心理学家要建立心理学体系，必须依赖这种实验。而系统性实验是只局限于一些细节的实验，过于强调方法本身，是枯燥无味的；它看不见心理学面临的主要问题，在心理学发展早期的作用是有限的。在他看来，冯特等人从事的，正是后一种实验方法，因此是不值得追随的。

具体而言，布伦塔诺认为心理学的研究方法主要有两种。第一种方法是内部知觉（Inner Perception）或反省（Retrospection），指对刚刚过去的在记忆中仍很鲜明的心理活动及其变化的观察。反省与内省有着根本的不同，内省（Introspection）是直接以正在进行着的心理过程为对象的内部观察。但布伦塔诺认为这种观察是根本不可能的，因为当人们将注意集中于内部进行的活动时，这种内部的心理活动已经发生了变化，比如人们在生气的时候观察自己生气的状态，如果发现自己在生气，那么内心的怒气就有可能消失，从而使观察者什么也观察不到了。如果对刚刚经历过的鲜活的经验进行观察，以上情况就可以避免。第二种方法是观察他人的言语、动作或其他表现，并对不同的群体进行研究，比如儿童、动物、变态人以及不同文化中的群体等。这种方法实际上与我们今天经常运用的自然观察法类似。

3. 对布伦塔诺的评价

布伦塔诺一生大部分时间致力于哲学研究，在心理学方面并没有建立庞大的心理学体系，也没有像冯特的心理学那样占据着心理学的主导地位。但他在推动心理学成为一门独立的学科上，同样做出了不朽的贡献。他提出了与冯特截然不同的心理学思想，并培养了一批在心理学史上做出重要贡献的心理学家。虽然布伦塔诺与冯特在心理学的研究对象和研究方法上存在重大分歧，但他们在把心理学建设成为一门新科学的目标上却是相同的。他所提出的意动心理学思想给他的学生很大启发，促使他们沿着这条路一直走下去，开创了不同于冯特实验心理学的另一条科学心理学道路。布伦塔诺同样也是欧洲机能主义的先驱，是心理学中人文主义传统的开创者，几乎每一位有人文倾向的心理学家都可以从布伦塔诺的思想当中汲取营养。

二、斯顿夫的心理学思想

1. 斯顿夫的生平与著作

卡尔·斯顿夫（Carl Stumpf，1848—1936）是布伦塔诺的学生，在继承布伦塔诺思想的基础上，又传承康德现象学的思想，对心理学进行了独特的研究。斯顿夫出生于德国符兹堡，自幼酷爱音乐，七岁学提琴，十岁作曲，对音乐的热爱与深入，使得他日后对乐音心理学的研究得心应手。斯顿夫1865年考入符兹堡大学，先读美学，后学法律；在聆听了布伦塔诺的"哲学史"课程后，他很快就转向了哲学。1867年到哥廷根大学洛采门下学习，并以布伦塔诺的博士论文《论亚里士多德关于存在的多种意义》为借鉴，撰写了题为"论柏拉图的上帝与他的善的理念之关系"的博士论文。1870年他开始担任哥廷根大学讲师，1873年完成第一部心理学著作《关于空间观念起源的心理学》，1883年和1890年分别出版了《音乐心理学》第一卷和第二卷，这是他最著名的著作。其他有影响的心理学作品还包括《关于空间观念的心理学》（1873）、《心理学与认识论》、《现象与心理机能》（1907）、《论科学分类》（1907）等。

斯顿夫1894年起任柏林大学哲学教授，直至1921年退休，并曾在1907年至1908年荣任柏林大学校长。在柏林大学期间，斯顿夫将艾宾浩斯创建的心理学实验室扩展为心理学研究所，并将布伦塔诺的思想印刻在柏林大学的实验室墙上，以至他在人们心目中成为冯特的主要的、直接的对手。这一时期，他的成果空前丰富，活动也日益频繁。1896年他和里普斯共同担任在慕尼黑召开的第三届国际心理学会主席。1900年他和其他人一起创立了柏林儿童心理学协会。在此期间，斯顿夫还培养出一批出名的学生，如舒曼、吕普、韦特海默、苛勒、考夫卡和勒温等人，其思想不断传承，成为近代人文心理学的滥觞，以至于谈到人文心理学就必须从布伦塔诺、斯顿夫谈起。

2. 斯顿夫的机能心理学思想

1907年，斯顿夫在《现象与心理机能》一文中重申了布伦塔诺关于内容与意动区分的思想，不过是用"现象"与"机能"来分别代之。从这个意义上说，斯顿夫的机能心理学与布伦塔诺的意动心理学，在基本观点上是一脉相承的，只是在细节上有所不同。斯顿夫机能心理学与布伦塔诺意动心理学的关系十分密切，常类似于冯特内容心理学与铁钦纳构造心理学之间的关系。

斯顿夫认为，一切科学的研究对象都是直接经验。直接经验有四种，它们分属于不同的学科：第一种是现象，比如声音、颜色、意象等，它们是现象学的研究对象；第二种是心理机能，比如知觉活动、组合活动、理会活动、欲望活动和意志活动等，它们才是心理学的研究对象；第三种是经验之间的各种关系，这是关系学的研究对象；第四种是内在的客观结构，这是结构学的研究对象。经此界定，斯顿夫把心理学的研究对象固定于心理活动之内。他所谓的心理机能，实际上就是布伦塔诺所说的心理的意动、活动或过程；而他把声音、颜色、意象等排除在心理学的研究领域之外，与布伦塔诺将心理内容排斥于心理学大门之外做法也是如出一辙。因此，两者在理论立场上是一致的，他也可以称为一位意动心理学家。不过，他并没有将"内容"弃之不顾，只是将之归入现象学的范畴，而且对这门学科兴趣深厚，直接启发了后来胡塞尔的现象学理论。

斯顿夫指出，机能与现象既是不可分的又是各自独立的，比如"我看见红色"，我看见是机能，红色是现象，我看见红色的心理过程是不可分割的，但机能与现象却是独立存在的。在这个意义上，心理学有时对机能和内容都要研究，而并不排除内容。从斯顿夫的主张可以看出，他既要研究机能，同时也认为意象必不可少，他试图调和内容心理学与意动心理学之间的矛盾，并做出了相应的努力，这对屈尔佩的二重心理学具有启发意义。

斯顿夫还认为，心理机能的一个重要特征是它具有整体性。在心理机能领域，同时发生的意识和理智状态与情绪活动都被知觉为一个整体。一个实体概念，无论是一个物理实体还是心理实体，不是由一系列性质构成，而是由性质及其关系的整体组成。这一思想也为他的学生苛勒和考夫卡的格式塔心理学提供了理论基础。

三、形质学派

形质学派起源于1890年至1900年之间，由厄棱费尔和麦侬创立。他们把布伦塔诺的意动心理学思想应用于形和形质的研究，认为形、形质的形成是意动的结果。由于形质学派是以奥地利的格拉茨大学为中心的，故又被称为格拉茨学派。

形质学派既反对冯特的元素主义又批判地继承了马赫（Ernst Mach, 1838—1916）的感觉学说。冯特认为感觉是知觉的元素，知觉是感觉的集合，然而却无法解释感觉是如何组成知觉的。马赫认为一切经验都是感觉，感觉可以以空间和时间的形式存在，他通过回避元素主义遇到的困难来解决问题，这在形质学派看来也是不可取的。形质学派认为，形、形质的形成既不是感觉的复合，也不是一种独立的存在，而是通过意动被人们感知的。下文将分别介绍形质学派的创立者厄棱费尔和麦侬。

1. 厄棱费尔

克里斯蒂安·冯·厄棱费尔（Christian Freiherr von Ehrenfels，1859—1932）生于维也纳，是布伦塔诺和麦侬的学生，他在《论形质》的文章中表述了形质心理学思想。

厄棱费尔认为，时间和空间的形式不是感觉的集合，而是一种新的属性。他把组成形质的元素称为基素，把所组成的形质称为基体，但基体的性质并不附着于形成基体的基素之内，而是本身另有性质。比如一个立方体是由六个面组成的，那么这六个面就是基素，立方体就是基体，但面的性质并不包含立方体的性质，因此立方体是一个新的元素，是一个形质。

厄棱费尔还区分出了两种不同的形质，即时间的形质和非时间的形质。时间的形质包含任何感觉在时间上的变化，比如乐音在时间上的延续，温度变化引起的感觉，等等。非时间的形质大都是空间的，也包括在同一时间内声音的混合以及运动知觉等。厄棱费尔认为人在感知形质的时候，是通过意动把形质从基体中抽取出来的。因此从本质上讲，厄棱费尔也是一个意动心理学家。

2. 麦侬

亚历克休斯·麦侬（Alexius Meinong，1853—1920）奥地利的哲学家和心理学家，主要研究认识论和理论心理学，曾师从布伦塔诺，在格拉茨大学建立心理学实验室。

麦侬对形质理论的贡献略小于厄棱费尔，在形质的知觉理论问题上所持有的观点与厄棱费尔相似，但是运用的术语不同。他把基素称为创造的内容，把基体称为被创造的内容，认为两者之间的关系是有等级的、相对的，创造的内容处于下级，而被创造的内容处于上级，由于被创造的内容在某种情况下又变成了另一基体创造的内容，因此它们的称谓也是可以相互转换的。创造的内容和被创造的内容结合就形成复型（complexion）。实在的复型就是知觉，思想的复型就是概念。

形质学派的目的是想修正冯特的元素主义，为此他们提出了"复型"这一概念，认为这是一种新的元素。然而这种不彻底的批判给形质学派带来的却是毁灭性的打击，它不但受到元素主义的批判，还为格式塔心理学家所诟病，最终导致失败。然而，他们在心理学史上的贡献仍是不可忽视的。在知觉领域，形质学派为从元素主义向格式塔心理学的过渡架起了桥梁。

四、二重心理学

在意动心理学与内容心理学互相对峙的僵局中，二重心理学应运而生。该派主张心理学的研究对象应是意动和内容的统一。第一个提出二重心理学主张的心理学家是麦塞尔，而领导者则是符兹堡学派的领袖屈尔佩，符兹堡学派关于无意象思维的实验研究是二重心理学主张产生的重要动因。

1. 麦塞尔

奥古斯特·麦塞尔（Auguste Maiseer, 1867—1937）毕业于吉森大学，深受屈尔佩哲学心理学思想的影响，第一个提出二重心理学思想。他一方面受到符兹堡学派无意向思维研究的启发，另一方面受到胡塞尔现象学的影响，提出心理学应该研究一切有意的经验，即广义的意动，包括狭义的意动和意动所指向的内容，这样，麦塞尔就把意动和内容同时包含进心理学的研究对象中。他认为有意的经验有三种，且每一种都包含意动和内容两个部分。第一种，知的经验，指对客体的意识，其中的元素是知觉、记忆、想象和思考。知觉、记忆和想象都有内容，而现在的物体、过去的物体及构成物的思考则没有内容。第二种，情的经验，指对于状态的意识，其中感觉是内容，好恶和价值的感情是意动，简单的感情位于意动和内容之间。第三种，意的经验，指对于原因的意识，其中感觉是内容，嗜好、欲望、意志是意动。

麦塞尔还指出，内容和意动不仅有易于理解和难于理解之分，在一定情景下两者是可以分离的。比如说在意识的边缘，就存在一些毫无意义的内容；而对于无意向思维而言，就只存在意动而没有内容。正是基于麦塞尔的这一思想，人们才把他的学说界定为二重心理学。

2. 屈尔佩

奥斯沃德·屈尔佩（Aosiwode Kulpe, 1862—1915）追随冯特八年之久，但发现了冯特心理学中的缺陷，最终走向了反叛的道路，并在整个心理学研究生涯中不断进行批判和修正。1896 年屈尔佩在符兹堡大学建立了心理学实验室，培养了一大批心理学家，其中安吉尔后来成为机能主义学派产生和发展的关键人物。

屈尔佩作为二重心理学最具代表性的学者，在调和意动与内容之争方面做出了很多努力。他指出，内容与机能（即意动）都是心理学的研究对象，并试图对内容和机能进行区分，体现出他对于"二重"意义的强调。屈尔佩对心理学研究的贡献主要有两点。首先，屈尔佩提出了系统实验内省法。艾宾浩斯关于记忆的科学研究给屈尔佩带来了冲击，他认为如果记忆可以用科学方法研究的话，那么思维也可以。为此他发展了被称做"系统实验内省法"的方法，研究人的高级心理过程。这种方法首先要求被试进行一种心理过程，如思维或判断，然后要求被试将这种心理过程作回顾报告。在整个实验过程中，他把经验划分为几个时间段并进行精确描述，多次重复同样的任务，从而使内省的报告得以更正、验证和扩展。这一过程是系统性的，因此屈尔佩称之为系统实验内省法。屈尔佩认为系统实验内省法是冯特实验内省法的延续和扩展，通过这种方法，人类的高级心理过程也包括进来。其次，屈尔佩提出了无意象思维。冯特曾认为意识经验可以还原为感觉和意象，人类所有经验都是感觉和意象的组合，但屈尔佩对思维的研究却否定了这种说法。屈尔佩发现思维可以在没有任何感觉和意象的条件下发生，他把这一发现称做"无意象思维"。无意象思维的发现表明，思维过程中的意义并不必然涉及具体的意象，意识还具有非感觉的一面。

3. 符兹堡学派

屈尔佩虽然在符兹堡大学建立了心理学实验室，但他的大部分时间用于研究哲学和美学，符兹堡实验室的诸多研究都是他的学生做出的。其中，卡尔·马尔比（Karl Marbe，1869—1953）于1901年做了大量关于重量比较的实验。实验要求被试对不同重量的两个物体进行比较，指出孰轻孰重，并对自己在判断时的心理过程进行报告。研究结果发现，被试判断时并没有出现明确的判断可依据的意象，而是一种模糊的、无法描述的状态，马尔比称之为"意识的态度"。亨利·瓦特（Henry Watt，1879—1925）首创分段内省法，于1904年做了控制联想实验，发现了"定势"作用。

同时，卡斯帕尔·阿赫（Caspar Akh，1871—1949）用系统的实验内省方法对动作和思维进行了研究，并发现人们在得到命令之前存在一种"决定倾向"，比如一张纸上面写着5，下面写着2，人们通常会想到7、3或者10，但如果被试听说要加，一种联想便增强了势力，就会引发人们得出7的结论。

此外，卡尔·彪勒（Carl Buhler，1879—1963）使用一些需要经过思考才能解答的问题作为材料，并用问答法要求被试报告在解答问题时的意识过程，得出结论认为思维不能归结为感觉和意象，在个体的意识中存在一种非感觉、非意象的元素，即思维元素，彪勒称之为"无意象思维"。

主要参考文献

1. Globus, G., Maxwell, G., & Savodnik, I. (eds.). *Consciousness and the Brain: A Scientific and Philosophical Inquiry.* New York: Plenum Press, 1976.
2. Marx, M. & Cronan-Hillix, W. *Systems and theories in psychology.* New York: McGraw-Hill, 1987.
3. 波林,实验心理学史,商务印书馆,1981年。
4. 车文博,西方心理学思想史,湖南教育出版社,2007年。
5. 高觉敷,西方近代心理学史,人民教育出版社,2001年。
6. 杜·舒尔茨、西德尼·舒尔茨,现代心理学史,江苏教育出版社,2005年。

第三章 构造主义心理学与机能主义心理学

1898年，铁钦纳在其论文《构造主义心理学的基本原理》中利用詹姆斯（James，1884）使用过的"心理构造"（psychological structure）一词，提出构造主义心理学（structural psychology）与机能主义心理学（functional psychology）这对对立概念。此后遂成为两个心理学学派的名称，并由此引发了一场心理学内部的大论战。构造主义心理学主要以铁钦纳本人为代表，传承冯特的心理学思想，认为心理学主要分析意识的结构，是内容心理学思想在美国的继承和发展，但二者在研究方法和具体内容上都存在着差异。机能主义心理学则有广义与狭义之分。广义的机能主义心理学兴起于19世纪50年代中期的欧洲，包括意动心理学派、符兹堡学派、日内瓦学派、行为主义和哥伦比亚机能主义心理学派等；狭义的机能主义心理学派主要指美国的芝加哥机能主义心理学派，该机能主义心理学出现于19世纪末至20世纪初，是在反对构造主义心理学的过程中产生的。本章中我们主要介绍铁钦纳的构造主义心理学，以及同时代的欧洲机能主义心理学和美国的机能主义心理学。

第一节 构造主义心理学

作为冯特的学生，铁钦纳将新心理学由当时世界的心理学中心德国移植到美国，进行了充分的发展，他把这种心理学理论命名为"构造主义"。构造主义心理学是19世纪末心理学成为一门独立的实验科学之后出现在欧美的第一个严密的心理学派，它与之后出现的机能心理学相对立。构造主义心理学主张采用实验内省法对意识的内容或构造进行自我观察和描述，并找出意识的组成部分以及它们如何连结成各种复杂心理过程的规律。

一、铁钦纳的生平与著作

爱德华·布雷德福·铁钦纳（Edward Bradford Titchener，1867—1927）是一位颇有魅力和传奇色彩的人。他生于英国，却在美国度过了学术上最丰产的年月。铁钦纳靠着自己的聪明才智不断挣得奖学金来支持自己接受教育，先在莫尔文学院求学，而后转入牛津大学学习哲学。在牛津大学期间，在英国经验主义和联想主义哲学氛围影响下，他对新兴的冯特生理心理学表现出浓厚的兴趣，将冯特的《生理心理学原理》第三版译成英文。1890年，他带着译稿去德国莱比锡师从冯特学习两年并获得学位，成为冯特思想的热心信奉者。在讲课风格、行事作风甚至胡须样式上，铁钦纳都毫不掩饰对冯特的追随和模仿。

1892年获得博士学位后，铁钦纳原本想回牛津大学执教，成为英国新实验心理学的先锋，但牛津大学学者们依然质疑可以用科学方法来研究他们喜爱的属于哲学的一个学科。于是，铁钦纳应邀赴美国康奈尔大学教授心理学，并终生执教于此。1904年，一些心理学家在康奈尔大学组成了一个自称为"铁钦纳实验主义者"的俱乐部，铁钦纳常常主持这个非正式学术团队的会议。虽然他鼓励和支持女性从事心理学研究，其弟子中也有三分之一是女性，但却禁止女性参与这一聚会。原因是在他看来，"一个男人要是不抽烟就不指望成为一名心理学家"，他需要在"充满烟叶的、没有妇女的房间里"进行能被打断、发表不同意见、可以被批评的口头报告，但女性却"太纯洁了，她们不能吸烟"（参见舒尔茨、舒尔茨，2005:98~99）。

铁钦纳是一个把德国心理学引入美国的英国人。1898年他发表了《构造主义心理学的公设》一文，第一次提出"构造主义"一词，这标志着构造主义心理学派的正式形成。在后来的发展过程中，构造主义又与机能主义形成了长期对峙的局面。1927年铁钦纳逝世后，铁钦纳实验主义者俱乐部改组成为今天的美国实验心理学会，但以他为中心的构造主义心理学则早已经不复存在。构造主义体系继承了冯特内容心理学的主要理论和研究方法，可以将冯特看做是构造主义的先驱。但"构造主义"一词却是铁钦纳首先提出来的，他的构造主义体系也没有包含冯特心理学的全部思想，并在许多方面发展了冯特的思想，其中一些具体观点也不同于冯特。因此，心理学史上一般都将铁钦纳作为构造主义心理学的创始人。

铁钦纳的主要著作有《心理学纲要》（1896）、《心理学入门》（1898）、《实验心理学》（4卷本，1901~1905）、《心理学教科书》（1900~1910）、《情感与注意心理学基础》（1908）、《思维过程的实验心理学》（1909）等。他晚年曾致力于撰写《系统心理学》一书,但未能完成便去世了。

二、铁钦纳构造主义心理学思想

1. 心理学的研究对象

铁钦纳认为,所有的科学,包括物理学、生理学和心理学等,都是以存在的经验(existential experience)为研究对象;但各门学科研究的经验及其研究方式各不相同。心理学是研究心理和意识的科学,对象是人的经验;其他自然科学的对象则是不依赖于经验者(神经系统)的经验。例如,物理学家和心理学家都研究光和声,但物理学家是从物理过程看待这些现象,而心理学家则根据声、光怎样为人类观察者所经验来考察它们。对此,铁钦纳比较道:"物理学的世界没有颜色,没有音调,不冷也不热;其空间大小不变,其时间久远相同,其质量恒定不变;它现在是这样,即使人类从地球上消灭了,它还是这样。物理教科书上讲的光是什么呢?是一种电磁波。而声音呢?是空气和液体的振动。热则是分子的跳跃。凡此种种,都不依赖于经验着的人。……心理学的世界有声有色,还有情感;它时亮时暗,时闹时静,时而粗糙时而光滑。其空间时大时小,一如每个成年人返回童年故居时所体验的那样;其时间有长有短;它没有恒定不变的东西。心理世界还包括思想、情绪、记忆、想象、意志,我们很自然地称之为心……心不外乎这些现象的统称而已。"(Titchener,1915:8-9)

由此,铁钦纳把经验分为"独立经验"与"从属经验"。他认为心理学与物理学在研究对象方面所不同的仅仅在于心理学的经验是从属于个体的,而物理学的经验则是独立于个体之外。铁钦纳对经验的这种划分,表面上不同于冯特的"直接经验"与"间接经验"之说,但在实质上是相同的。他将心理定义为人类经验的总和,这些经验依赖于经验着的人,并进一步区分了经验、意识、心理和心理过程之间的关系:人类经验始终是进行中的过程、发生着的事实,而人类经验依赖于社会系统的方面正是其心理方面。

在铁钦纳看来,意识是存在于某一瞬间的人的经验的总和,而心理是一个人在其生活过程中累积的经验之总和。心理是心理过程的总和;"总和"意味着心理学探讨的是整个经验世界,而不是其某个部分;"心理"意味着探讨的是受神经系统制约的那部分经验;"过程"则意味着心理学研究的对象是连续不断、像河水一样流动的东西,而不是固定不变的对象集合。心理和意识总的来说是一样的,只是心理是心理过程的总和,而意识是发生于某一瞬间的心理过程。因此,经验、意识、心理和心理过程是构造主义研究对象的不同表现形式,并在内涵和外延上都有所不同。

铁钦纳告诫人们，在经验的心理学研究中，不能犯所谓的"刺激错误"（Stimulus Error），即不能犯把心理过程等同于被观察的对象的错误。当观察者把注意力集中在刺激对象上而不是集中在意识过程时，他就不能够把他对物体的认识与自己的直接经验相区别开来。一个观察者对一物体真正所知道的唯一东西是它的颜色、明度和空间模型等特性。如果他描述任何东西而不涉及这些特性，那么他是在解释这物体，而不是在观察它。例如，一个观察者看见一个苹果，只报告它是一个苹果，而不描述其色泽、形状，就已经犯了刺激错误。对观察对象不是用日常语言描述，而是用经验的意识内容来描述的。再比如，在进行两点阈限的实验时，被试可以有两种反应方式：一种是心理学的方式，即只注意感觉是一点还是两点，而不去猜测是什么东西在轻触皮肤；另一种则是物理学的或常识的方式，即注意何种刺激物的一点或两点触碰皮肤。前种观察是心理学研究所需要的实验，后一种观察则聚焦于被观察的对象和意义。在铁钦纳看来，后者是刺激错误，即误以刺激为感觉；真正的心理学研究，应当只研究心理内容本身，去研究这些内容的实际存在，而不去讨论其意义与功效。

2. 心理学的研究方法

铁钦纳认为，心理学如同所有科学一样，依赖于观察，但心理学更要依赖于对意识经验的观察或内省。例如，物理学的观察不依赖于经验者的经验，是一种外部观察，即检查（Inspection）。而心理学的观察则依赖于经验者的经验，是一种内部观察，即内省（Introspection）。具体地说，内省是对意识经验的自我观察。

铁钦纳的内省法是对冯特内省法的继承和发展。一方面，在应用范围上，冯特只用内省法研究了简单的心理过程，如感觉、知觉、注意等，对高级心理过程的研究在冯特看来已是民族心理学的内容，不能再运用内省法；另一方面，在应用过程和条件上，铁钦纳比冯特对内省描述的要求更加严格和定型化，他为内省法做出种种精炼和限制。第一，只有训练有素的观察者才能进行内省，反对使用未受过训练的观察者。第二，观察包括两部分，对现象的注意以及把现象加以记录，即清楚而又生动的经验以及用言词或公式对现象所作的叙述。注意必须保持最高度的集中，记录必须像照相一样地精确。第三，内省者必须学习如何知觉以便描述意识状态，而不是描述刺激本身；否则就会把心理过程与被观察的对象即感觉与刺激相混淆，从而犯"刺激错误"。第四，心理学的观察实质上不仅是内省的，也必然是实验的。

为此，铁钦纳特别指出："为确保清晰的经验和准确的报告，科学必须求助于实验。实验是一种可以重复、分离和加以变化的观察。你越是能经常地重复一项观察,就越有可能清楚地看到被观察的对象,因而也就越可能精确地描述你所观察到的对象。你越是能够严格地把一项观察分离出来,观察任务就变得越为容易,你被无关条件引入歧途或误放重点的风险就越小;观察的范围越是广泛,经验的一致性就越为清晰,发现规律的几率也就越大。提供与设计一切实验器具、实验室和仪器的目的只有一个:使学生能够重复、分离和变化其观察。"(Titchener, 1909:20)最后,铁钦纳将"内省"与"实验"结合起来创立了实验内省法,既用于感觉外物时的对外观察,也用于研究高级心理过程,如思维、想象等。由此也可以看出,冯特的实验内省法重在实验,而铁钦纳的实验内省法则重在内省。铁钦纳的心理学研究方法与他对心理学学科性质的认识是一致的。在他看来,科学并不涉及价值、意义与功用,而仅涉及事实。科学本身的工作在于确定真理、发现事实,而当科学的成果应用于日常生活时,就会转变为价值。为此,他坚决主张心理学研究应当用实验的内省法如实地研究心理内容自身,丝毫不能涉及刺激物的实际存在,也不能涉及其意义、价值或功用。

由此,不难理解为何在铁钦纳的研究报告中,被试往往被称为"催化剂"(reagents)。在化学上,催化剂是改变其他物质的化学反应速率、但不改变反应结果的中介物质。在铁钦纳的眼中,被试执行的就是这样一种功能,他们不过是一台无偏见的、机械的记录仪器,不断地对刺激予以客观而机械的反应和回答。同样,实验者本人在实验室也只是为了提供研究数据而存在。铁钦纳实验的"催化剂"往往由其研究生组成,内省的过程可能十分冗长而痛苦,并且要就其意识经验提供详细的报告。这些实验在今天看来甚至可能有些"骇人听闻"。例如这些研究生被试们会被要求随身携带一个笔记本,记录其大小便的感受和感觉。而在另一项有关机体敏感性的实验中,被试要在早晨吞下一根胃管然后进行正常的生活和活动,直至晚上才可取出。每天的固定时间,他们还应当前往实验室,往胃管里灌热水并对其感觉进行内省报告;之后,再使用冰水重复这一过程。为此,许多学生一开始都呕吐不止,慢慢才适应了这一实验(舒尔茨、舒尔茨,2005:104)。但是,这种以人为实验机器的观点虽然并不符合当今心理学研究的基本价值信念,却是20世纪前50年实验心理学的典型特征(虽然不一定如上述案例这样极端)。

铁钦纳晚年十分注意德国格式塔心理学的知觉研究,有意从内省法转向现象学方法。他开始逐渐放弃了以内省分析方法发现感觉元素的观点,而赞同现象学描述感觉属性的各个维度。这也许是因为对意识经验的纯内省描述与对意识经验的纯现象学描述有相似之处,因为两者都是主观的描述方法。

3. 心理学的研究任务

铁钦纳认为，心理学的任务同自然科学的任务一样，都必须回答各自研究领域内的三个基本问题："是什么"、"怎么样"和"为什么"。对于心理学，这三个问题就是：(1)"是什么"的问题，即把意识经验分析为最简单的、最基本的元素；(2)"怎么样"的问题，即确定这些元素如何结合和结合的规律；(3)"为什么"的问题，即以与一个心理过程相应的生理条件（神经过程）来解释这个心理过程。在铁钦纳看来，心理科学的进步，必须由人们在这三个问题上所取得的成绩而定。由此可见，铁钦纳遵循的是大多数自然科学家的常规研究模式，即在确定研究领域之后，先分析其组成元素，然后论证这些元素如何复合成复杂的现象，最后探索支配这些现象的规律。而铁钦纳研究的重点，主要在第一个问题，即对意识元素的发现上。

在冯特的影响下，铁钦纳同样把意识经验分析成心理元素，但他在冯特的"感觉"、"情感"两元素中又加入了第三种元素——"意象"，即人的一切意识经验或心理过程都是由感觉、意象和情感三种基本元素构成的。感觉是知觉的基本元素，包括声音、光线、味道等经验，是由当时环境的物理对象引起的；意象是观念的元素，是一种基本的心理过程，可以在想象或当时实际不存在的经验中找到；情感是情绪的元素，表现在爱、恨、忧愁等经验之中。在这三种元素中，铁钦纳研究得最多的是感觉，其次是情感，再次是意象。在1896年出版的《心理学教科书》中，他提供一个其研究所发现的意识元素清单，列举了近44500种单个的感觉性质，其中，32830种属于视觉范围，11600种属于听觉范畴。而在1915年修订出版的《心理学教科书》（全书共534页）中，关于感觉的内容就达293页，占据全书篇幅的一半以上。无怪乎一些当代的心理学教科书仍在引用其研究成果，并有国外评论者声称："通过对铁钦纳的《心理学入门》（1918年修订本）与[20世纪]80年代的基础心理学教科书的比较来看，有关感觉过程这么多年来并没有太大的变化。"（转引自车文博，2007:328）

犹如化学元素一样，心理元素也无法再进一步还原，但对它们可以进行分类。铁钦纳在冯特提出的性质、强度基础上，增加了持续性、外延性和清晰性这三个特征。其中，性质是指一个元素区别于另一个元素的特征，如热的、红的、苦的；强度是指性质从低到高的序列，如明亮——阴暗、坚硬——柔软、愉快——不愉快等；持续性是指意识元素的特性；外延性是指意识元素的空间特性；清晰性是指一个意识元素在注意中的地位，当一个元素处在注意的中心时就获得了最大的清晰性，而处在注意的边缘时则是模模糊糊的。铁钦纳认为，感觉和意象具备五种属性，情感只有前四种属性而缺乏清晰性。这是因为铁钦纳认为注意是不可能直接聚焦于情感元素的，当我们试图这样做时，情感的性质（如高兴或悲伤）就消失了。

在心理学需要回答的第二个问题，即心理元素如何结合方面，铁钦纳认为冯特的"统觉"概念并无实际用处，只有"联想"在其中起作用。他引用了休谟的一句话："联想对心理学的作用就如引力对物理学的作用。"（Titchener, 1915:374）他接受了休谟等联想主义心理学家提出的联想律，如频因律、近因律、相似律和接近律等，但又认为所有其他联想律都能还原为接近性。铁钦纳认为，通过接近联想，我们首先把两个同类元素结合在一起，然后把两个以上的同类元素结合在一起，其次再把不同类型的心理元素乃至心理过程结合在一起，这样就构成了整体的意识经验。

在铁钦纳看来，回答"是什么"的问题是完成了分析的任务，回答了"怎么样"问题是完成了综合的任务。但是分析和综合都只是对心理过程的描述，为了建立科学的心理学，我们仅仅描述心理是不够的，还必须解释心理，即回答"为什么"这一问题。在解释心理现象成因这一问题上，铁钦纳强调用神经过程解释心理过程。他认为，我们所研究的心理过程是片断的、不联系的、不成系统的，因此不能把一种心理过程看成另一种心理过程的原因，而应该在与心理过程平行的神经过程中寻找解释，因为神经过程可以保证心理过程具有连续性和一致性。例如，人在每天晚上睡着时，心理消失；在每天早上醒来时，心理又重新形成；有时一个观念记不起来，直到数年后又忽然想起。这是因为在这段时间里，生理过程仍连续一贯地进行着，才保证了心理过程没有完全中断，在一段时间之后又能重新恢复。铁钦纳认为，在对待这样的现象时，如果不用生理来解释心理，其结果无非是要么满足于对心理经验的简单描述，要么发明一种无意识的心理意识，使得它能够前后一贯和连续不断。但无论用哪一种方法，都是不科学的、徒劳无功的：采用前一种方法，我们永远达不到一种科学的心理学；采用后一种方法，我们便自动地离开了事实的领域而走向虚构的境界。

有意思的是，铁钦纳虽然强调用神经过程解释心理过程，但他却是不折不扣的身心平行论者。他认为，身体（生理）过程是心理过程的条件，能够为心理过程提供科学解释。但这并不意味着大脑产生心理过程，而只是说心理过程与身体过程平行；实际上，身体过程是心理过程的条件，但也仅此而已。他认为神经过程和心理过程平行地进行，互不干涉而又恰好对应，是同一个经验的两个不同方面，其中的任何一个不能成为另一个的原因，身体的参照只能提供一种心理学的解释原则和增加内省资料的系统化。

4. 心理学的学科性质

铁钦纳认为，科学观包括三个方面的基本内容：态度、方法和问题。科学的态度是无偏见的态度，因为科学要揭示的是那些不加掩饰的事实；科学的方法是观察，包括无帮助（unaided）的观察和通过实验与测量方式进行的观察，所有的科学事实都是通过无偏见的观察而来；科学的问题是分析，其对立面是综合，综合是对复杂的对象或情境做分析的检验。简言之，科学活动就是借助观察法完成没有偏见的分析任务。

上述科学观被铁钦纳应用在其心理学体系上。他秉承冯特的观点，立志将心理学建立成为一门真正独立的科学心理学，而其核心就是实验研究。铁钦纳认为科学心理学应是一门基础科学，它像物理学、生物学一样，都属于自然科学的范围，都以实验室研究为主要的资料来源。在铁钦纳看来，实验心理学主要研究普通人的心理领域，既不管心理治疗，也不管改造个人和社会，只是着力于分析心理的结构本身，而不应该研究心理的意义或功能。

铁钦纳的这种心理学科观直接导致了他与机能主义心理学的对抗。心理学的任务主要是揭示对象的结构而不是机能，因此主张心理学应该研究心理或意识内容本身，不应该研究其意义或功用，应该强调发现心理的事实而不要先去考虑有什么用。这样，构造主义心理学主张心理学的"纯"科学性，而不去考虑它的功用。在他看来，机能主义心理学所研究的却正好是心理学的应用，也就是说研究的只不过是心理学技术，而不是心理学本身。尽管他也承认机能主义心理学的作用，但是又强调指出机能主义心理学必须建立在构造主义心理学的基础之上，只有研究构造的心理学才是心理学的本门和基础。其实，铁钦纳把意识的构造或内容与它的机能截然分开的观点，含有明显的形而上学因素，因为本质上讲，心理的构造是不能离开它的机能而加以理解的。

另外值得注意的是，从总体上看，铁钦纳的构造主义心理学虽然与冯特的内容心理学在研究对象、方法和研究问题上基本相似，但在具体看法上并不尽同。例如，冯特讲统觉，认为注意是一种心理过程，除具有选择性外，还有创造性的建造功能；铁钦纳不讲统觉，用注意代替统觉这个概念，认为注意是一种心理状态；冯特把心理现象分析为感觉和简单的情感两种元素，铁钦钠则把它分析为感觉、意象和简单情感三种元素；冯特认为每种心理元素都有两种基本属性，即性质和强度，铁钦纳则认为心理元素的基本属性除性质和强度外，还有持久性、清晰性、广延性等；冯特认为情感包括愉快和不愉快、激动和沉静、紧张和松弛，也就是冯特的情感三度说，铁钦纳认为情感只有"愉快"和"不愉快"；等等。因此，把构造主义心理学限定于铁钦纳的心理学体系而不包括冯特等人的研究在内,似乎是更确切的做法。

三、构造主义心理学的简评

铁钦纳在传播和扩大实验心理学的影响方面做出了很大贡献。在冯特时代,实验心理学作为一种思潮,影响还是有限的。铁钦纳通过翻译著作、进行心理学实验研究、培养心理学人才,扩大了实验心理学对美国心理学的影响。在供职于康奈尔大学的 35 年中,铁钦纳创建了康奈尔大学心理实验室,组建了美国实验心理学家学会的前身实验主义者俱乐部,出版了 27 种(含修订再版)心理学著作,发表了 216 篇文章和评论以及 176 篇由他指导的康奈尔实验室发表的研究报告,翻译包括冯特的《生理心理学原理》等在内的 7 本著作;同时还担任《美国心理学杂志》主编达 30 年之久。此外,铁钦纳在康奈尔大学培养了 54 名心理学博士,其中许多成为其他大学心理学系的主任或著名的心理学家,如波林(Edwin Boring, 1886—1966)、达伦巴哈(Karl Dallenbach, 1887—1971)等。虽然其弟子并非像他那样恪守严格的构造主义立场,有些甚至走向了他的对立面,但不论是继承还是批判,都在客观上扩大了铁钦纳在心理学界的影响。

铁钦纳明确了构造主义学派与机能主义学派之间的界限,这是心理学史上第一次正式的派别对立。早年的内容与意动之争严格来说只能算是心理学观点与思想之争,而构造主义是心理学成为一门独立学科之后的第一个心理学派别。铁钦纳正式打出构造主义旗号,明确表达其观点,划定与其他心理学理论的界限,严格按照构造主义心理学所主张的法则来开展研究。这多少得归因于铁钦纳个人争强好胜、不许他人置疑其信念的权威主义人格。当然,从客观的角度而言,学派之争是任何学科发展过程中必不可少的现象,有利于学科内部不同学说之间互相启发、互相补充甚至互相证伪,从而能够在一定程度上推动学科的健全发展。

当然,铁钦纳构造主义心理学也存在着诸多的局限,例如,他主张心理学只研究意识的内容或结构,将意识的结构和机能截然分离;在心理学的学科性质上,坚持心理学作为"纯科学"、"基础学科"的纯洁性,反对将重点放在应用研究上,从而在客观上削弱了构造主义心理学的生命力;在研究方法上,构造主义心理学过于依赖内省方法,并对内省附加许多不合理的限制,如要求内省者严格如实地描述自己的经验而剥夺其主观价值判断,要求防止把物理刺激与感受相混淆以避免犯刺激错误,这既不能获得全部有价值的心理学研究材料,也忽视了被试的身心健康与基本权利;在心身关系上,他坚持心身平行论,否认心理是大脑的机能,认为神经过程和心理过程是平行的对应关系,而不是因果关系，这已经被现代心理学的发展所否认。

不过，尽管存在这些缺点，铁钦纳构造主义心理学的存在，依然为其他学派树立了一个批判和超越的标准样板，在客观上成为了其他学派前进的铺路石。例如，机能主义学派反对构造主义学派描述意识的构成元素，主张研究意识的机能；行为主义学派反对研究意识，主张研究行为；格式塔学派反对研究意识的元素，主张研究意识的整体；精神分析学派则转向研究无意识。这些学派之所以存在和发展，在很大程度上应归功于对构造主义心理学的批判及后者因自身受到攻击而进行的"自我防御"。构造主义心理学曾是西方心理学体系中的一个重要组成部分，但是随着铁钦纳这一代表人物的逝世，构造主义的时代也随之终结，影响逐渐式微。

第二节 欧洲的机能主义心理学

欧洲机能主义心理学是机能主义在西方现代心理学史上的早期反映。上一章论述的布伦塔诺的意动心理学既与冯特的内容心理学明确对立，又是欧洲机能主义心理学兴起的重要标志。后来的欧洲机能主义心理学思想主要以英法两国的相关心理学家为代表，包括英国的沃德、司托特、麦独孤和法国的里博、比纳、沙可等人。英国的机能主义心理学家反对英国联想主义传统，主动接受德国意动心理学思想；法国的机能心理学则更多地受到医学心理学和心理病理学的影响，而受意动心理学的影响相对较少。

一、英国机能主义心理学

英国作为近代科学发展的先锋，在自然科学领域的成就有目共睹。但是英国的心理学发展保持着较强的哲学心理学传统，较晚转向实验心理学的现代道路。英国的经验主义心理学和联想主义心理学是17～19世纪哲学心理学的代表性理论，也曾为德国的实验心理学提供了主要的理论来源，但在德国的冯特等人开创了科学心理学的新道路后，英国的实验心理学却未能及时迈开步伐。英国机能主义心理学家更多地是走哲学心理学的传统路线，是在接受意动心理学思想、反对英国联想主义传统的过程中发展起来的心理学思想，其主要代表人物有沃德、斯托特和麦独孤等人。

1. 沃德

沃德（James Ward，1842—1925）被认为是英国最早的机能主义心理学家。

他曾在 1876 年前往德国莱比锡,在著名生理学家路德维希的实验室从事研究,并在当时英国心理学的重要期刊——《心灵》(Mind)杂志的创刊号上发表题为《试解费希纳定律》一文。同时,他因其此前撰写的《生理学与心理学的关系》一文而获得剑桥大学的教职。沃德早在 1877 年就曾提出建立一门独立实验心理学的建议,但遭到学校议会议员的反对。他们认为:"将人的灵魂放在天平上(即进行心理实验)将侮辱宗教。"(Hearnshaw, 1964:171) 1890 年,沃德才从学校获得 50 英镑的经费用于购置心理学仪器;直至 1897 年剑桥大学才最终成立了英国的第一个心理学实验室。它落后于冯特的莱比锡实验室 18 年,也比霍尔(Granville Stanley Hall, 1844—1924)于 1883 年在约翰·霍普金斯大学创办的美国第一个心理学实验室晚了 14 年。因此,英国的新心理学或实验心理学可谓起步蹒跚。1904 年,沃德与里弗斯(William Halse Rivers, 1864—1922,剑桥大学心理学实验室第一任主任)、迈尔斯(Charles Samuel Myers, 1873—1946,英国心理学会第一任秘书长)一起创办了《英国心理学杂志》。其最重要的著作为《心理学原理》(1918)一书,该书概括了其成熟的心理学体系。

  沃德认为心理学的研究对象与其他科学并无不同,都是"经验"。但心理学不是研究经验的某些部分,而是从个体经验者的特殊观点研究经验的整体。也就是说,心理学是研究个体经验(individual experience)的科学,它包括主观和客观两个方面。经验的自我或主体不能根据经验来解释,但可以解释经验的统一性和连续性。此前的联想主义心理学并未能解释这种统一性和连续性,原因就在于它忽略了自我的主动性和创造性。自我离不开心理的分析,是统一的主体活动,即"注意"(沃德也称之为"意识")。在沃德看来,主客体关系及主体的活动在本质上是一种心理意动;意识不是心理状态单纯的连续,而是一个统治着心理生活的核心或自我的表现。可以说,各种心理活动就是这样一种主体连续发展的活动在不同方面的表现。

  沃德从主客体关系进一步界定了认知、情感和意动。从主体的角度看:(1)认知是指主体非有意地注意于感觉连续体的变化;(2)情感是指主体感到愉快或苦恼;(3)意动是指主体有意地注意,使运动连续发生变化。从客体的角度看:(1)认知是感觉的客体表象,相当于洛克的观念,包括了感觉、记忆、思维等;(2)意动是运动的客体表象;(3)情感不是一种表象,而是感觉性表象的后果和运动性表象的条件。因此,意动和认知一样,也处于经验之内。

  沃德虽然是英国实验心理学发展中的奠基性人物,但他本人的心理学更多地还是一种哲学心理学,他本人也因而更多地是一位安乐椅上的心理学家而不是实验心理学家。从他坚持心理的主动性和统一性、强调心理活动和机能的观点看，其心理学是以德国意动心理学或机能主义心理学为取向的。

2. 斯托特

斯托特（George Frederick Stout，1860—1944）是沃德的学生，也是一位机能主义心理学家。其主要心理学著作有：《分析心理学》（2卷，1896）、《心理学手册》（1899）和《心理学基础》（1903）等。其《心理学手册》一书曾是20世纪初英国心理学教科书的经典，在大学使用长达20多年。斯托特通过他的经典心理学教科书在英国心理学史上产生了长期的影响，大多数英国心理学家都熟悉这本教材。

斯托特的心理学体系与沃德的思想十分类似，但其观点表述更为简洁通俗，因而比前者更为流行。他继承沃德的观点，反对机械的联想主义心理学而提出意动说（the doctrine of conation），强调心理主要是个体的活动；与此同时，心理学家关心的也不是产生这种活动的生理变化而是心理活动。

在布伦塔诺的基础上，斯托特把心理过程分为认知和兴趣两个过程，并进而把兴趣又分为感情、态度和意动或奋斗（striving）三种。心灵的统一性主要是兴趣的统一或是意动的统一，而不是认知的统一。在他看来，意动活动涵盖所有指向目标的生理心理过程：观察（对当前事物的清晰和完整的知觉）、回忆（对过去事物的重新构造）、想象（对未来可能性的理解）等一切认知活动，都是由意动在知觉水平上结合起来的。换言之，心灵是意动的。

斯托特又把意动分为实际意动（practical conation）和理论意动（theoretical conation）。前者是指向主体在现实世界中必须处理的客体和情境所发生的实际变化；后者是指向对这些客体和情境清晰而全面的理解。意动在所有的心理水平上都存在着，其特征就是具有期望或预期的性质。斯托特尤为重视心灵的意动和活动，认为思想和意志均是有机体保持平衡的努力和方式；感情有赖于这些努力是否遇到阻碍，无阻碍就快乐，有阻碍就痛苦。心灵总在追求一种目标，其发展只能用一种主动的统一性来解释。

3. 麦独孤

麦独孤（William McDougall，1871—1938）生于苏格兰，1890年至1894年在剑桥大学学习医学，获医学士学位；1900年任伦敦大学学院讲师；1904年任牛津大学心理哲学讲师；1912年当选为英国皇家学会会员。由于牛津大学当时没有设置心理学教授，1920年起，他像铁钦纳一样前往美国，担任哈佛大学心理学教授，后又转入杜克大学任教。其心理学理论体系最先称为"目的心理学"（purposive psychology），后改称"策动心理学"（hormic psychology[①]）。1908年，麦独孤和美国社会学家罗斯（Edward Ross，1866—1951）不约而同地发表了以《社会心理学》命名的专著，这是他最引人注目的著作，这一年也视为社会心理学诞生的年代。其他代表作还有《生理心理学入门》、《心理学纲要》、《变态心理学纲要》等。

麦独孤也是一位具有机能主义倾向的心理学家。但与沃德和斯托特相比，他已经不是一位哲学心理学家，而是一位实验心理学家。早在1905年，麦独孤就先于行为主义者首倡心理学应是研究"行为"的实证科学；在1908年出版的《社会心理学导论》中，更是力主心理学必须放弃内省法研究意识的取向，改为研究行为；只有以行为作为研究主题，才能使心理学成为一门实证科学。不过，麦独孤的"行为"和行为主义心理学的创始人华生的"行为"并不相同。后者将行为限于可观察的外显行为，而麦独孤则将内在心理活动也包括在行为之内。华生的行为主义因不考虑意识和经验的问题，被麦独孤视为"机械反射论"。而为了标明和行为主义的区别，麦独孤甚至在1923年把其心理学称为"人心的科学"（the science of human mind）。

麦独孤认为，行为并不等同于机械反射，更不能把行为归结为由感官刺激所引起的反射弧的纯物理过程。行为产生于身心交互作用，是一种心物过程，包括心理和物理的二重变化；只有从知、情、意三个方面才能对它充分的描述，因为每种行为都含有对某事物的知，对此事物的情，及趋向或躲避此事物的意。行为总是具有一定的非决定性和自由性，它有七个标志：（1）活动的自发性（而不是机械的 S-R 公式）；（2）活动的持续性（即使刺激消失，活动仍可进行）；（3）活动方向的变异性；（4）情境产生改变，运动即行停止；（5）对出现新情境的准备性；（6）由于反复，行为效果会有所改进；（7）机体反应的整体性（趋向目的）。凡是同这些标准相吻合的活动就是有目的的活动，而机械反射则缺乏这些标志，因此被排斥在行为之外。

同时，麦独孤认为，行为的基本动力在于本能。本能不是单个或成串的机械反射，而是"全人类活动的原动力"，是一种遗传的冲动倾向、完整的心理过程，是个人和民族的性格与意志逐渐形成、发展的基础。较重要的基本本能有逃避、好奇、好斗、性、饥饿、合群、获取和自我表现，等等。本能包括三个部分：（1）感觉受纳，它是一种注意特定刺激倾向；（2）运动部分，它是做出一定动作或朝向一定目的的倾向；（3）介乎这两者之间的情绪，它是整个本能

[①] "hormic"（形容词）的名词形式"horme"（源自希腊语）即为"有目的之行动"的意思。

的核心部分，包括有机体在受到刺激而运动时，给予运动以一定的动力。即使是一种最简单的本能动作，也是一个明显的生理兼心理的作用结果。在他看来，反射仅仅是一种生理作用，而本能动作则兼而有之。

在麦独孤看来，一些更为复杂的人类行为包含着两种或多种本能的结合。当若干本能指向同一客体时，这种混合情绪的复合就组合为情操（sentiment）。情操就是以一个对象的观念为中心的多种情绪的素质的有组织结合体。它是产生于人的内心，而不是在遗传或生理组织中固有的。情操不断地对我们情和意的生活加以组织，所以它对于个人和社会的品格和行为非常重要。如果没有情操，情绪生活就不过是一场混乱，变化无定，也就不会有秩序，更不会有任何种系的延续。在各种情操中，麦独孤尤为重视自我情操。他认为，低等欲望和理想欲望相比，低等欲望的冲动较强大于理想欲望。一个人如果放弃后者而满足前者，他便没有所谓意志的问题。因此，人的自我情操是意志活动的重要因素或决定性力量。

二、法国机能主义心理学

法国具有良好的生理心理学与医学心理学传统，其精神医学和精神病学也较为发达，我们已经在第二章提及过法国科学家（马戎第、缪勒、弗卢龙等人）对神经系统和大脑的生理学研究。受此传统的影响，法国早期的心理学家主要是本国的心理病理学家或变态心理学家，以研究心理疾病和病态行为而闻名，但其心理学思想带有机能主义的特征，因而成为广义的欧洲机能主义心理学的一部分。

1. 里博

里博（Theodule Ribot，1839—1916）是法国第一个提出把病理学与心理学联系起来的心理学家，创建了心理病理学这门学科。他早年毕业于巴黎高等师范学校，1865年获哲学教师资格，1875年以研究心理遗传问题获文学博士学位。1885年任巴黎大学教授，并开设实验心理学课程；1888年任法兰西学院教授直至1896年退休。其代表作有《当代英国心理学》（1870）、《注意心理学》（1889）、《论创造性想象》（1900）、《感情的逻辑》（1905）、《无意识生活和运动》（1914），以及心理病理学的三部代表作《记忆疾病》（1881）、《意志疾病》（1883）、《人格疾病》（1885）等。

里博在其早期向法国翻译介绍英、德两国的心理学著作时，就坚持心理学必须独立于哲学，从"形而上学的束缚"中解放出来的观点，强调必须从实验的、生物学的途径去研究心理学，从而排除依赖于内省法的局限。后来，他转向心理病理学研究，认为病态心理和紊乱行为不是由于不完善的大脑功能造成的，不能仅仅根据其正常的生物进化来研究，而要根据其病态的消除来研究。在记忆疾病的研究中，他发现了里博定律（the law of Ribot），即记忆的逐步丧失遵循从不稳定的近事记忆（短期记忆）向稳定的远期记忆发展的规律。此外，里博还是研究人格分裂的第一位心理学家。他认为变态行为就是正常的、整合的人格产生分裂所致。

里博在其职业生涯的后期，试图从心理病理学的基本原理出发研究正常心理和行为。里博认为，生理驱力能够激发人们基本的愉快与痛苦情感，而更加复杂和发展的驱力则激发更加复杂的情绪；感受先于意识，情感先于理智。在病理状态下，一旦人的情感生活被揭示出来，其经验、习惯、习得性反应和意志都会重新回到正常状态。

总体上看，里博不是一位实验心理学家而是临床心理学家，其发现源自临床观察，并从生物学和心理病理学视角来研究变态或常态的心理机能活动。因此，他把法国心理学引向的不是冯特式的实验心理学，而是心理病理学的发展道路。

2. 沙可

沙可（Jean-Martin Charcot, 1825—1893）是法国神经病学家、解剖病理学家，被称为"神经病学之父"，后期也因研究催眠和癔症而闻名。他曾在巴黎建立最著名的神经病诊所，吸引了众多学生前来学习和研究，其弟子包括让内（Pierre Janet, 1859—1947）、弗洛伊德、比纳等心理学史上的重量级人物。其代表作有《神经系统疾病讲演》（3 卷，1872～1891）和《大脑疾病定位讲演》（1875）等。

沙可因其临床诊断能力出众而闻名，且热心传授。他通过现场检查病人，将其临床诊断方法传授给学生。这种公开的示范和良好的诊断效果，为他赢得了"精神科（neurose）的拿破仑"之美誉。同时，他还对脑生理学作出了贡献。在当时的法国医学界中，占统治地位的是弗卢龙的大脑机能统一说，而沙可和其他学者则证明了大脑皮层的某些机能是在特定区域定位的。而从 19 世纪 80 年代开始，沙可又转向催眠和癔症的研究。他认为包括癔症在内的神经症，都是一种神经系统的疾病，而且是一种未知的躯体病变。它们是由基于神经疾病的"共同"躯体上的相同生理法则所控制。因此，躯体因素在神经症的产生中具有重要作用。

沙可进一步研究了癔症与催眠的关系。他在临床观察中发现，癔症和催眠状态是躯体的各种病变所致的，越是严重的癔症患者越容易得到深度的催眠状态。这一发现使他得出这样的结论：催眠现象是由癔症引起的，并且只有癔症患者才能被催眠。也就是说，催眠现象都是病理性的。另外，沙可对催眠状态的几种生理变化进行了研究。他提出催眠常呈三种状态，而每个状态都各有其特征。第一为昏迷状态，其特征为四肢松懈，五官麻木，唯筋肉呈现过度感动性；第二为萎靡状态，其特征为缺乏筋肉过度感动性，病人肢体完全受催眠者支配；第三为睡行（梦游）状态，其特征为锐敏的暗示感受性，催眠者发任何命令，受催眠者都听命唯谨。同时具备这三种状态的则为"大催眠状态"。由沙可代表的巴黎学派，是当时法国两大催眠学派之一，与以伯恩海姆（Hippolyte Bernheim，1840—1919）为代表的南锡学派①相互抗衡。1882 年沙可向法国科学院陈述了他的观点，但未被完全接受。而在此后的争论中，南锡学派逐渐占据了上风。

3. 比纳

比纳（Alfred Binet，1857—1911）是法国实验心理学家，一生出版著作 10 部，发表论文 250 余篇，对心理学的许多领域都作出了贡献。其中最著名的莫过于其对智力测验的研究。他是当今流行的智商测验的创始人。1889 年他与同伴创立了法国第一个心理学实验室，并于 1895 年至 1911 年担任主任；后又创办了法国第一本心理学专业期刊《心理学年刊》。其代表作有《暗示感受性》（1890）、《人格变异》（1892）、《论知觉》（1890）、《论听觉》（1892）、《论记忆》（1891）、《实验心理学导论》（1894），以及《智力的实验研究》（1903）等。

比纳早年受联想主义的影响，认为思维是一个观念到另一个观念的推进，即一种联想。后来，他通过研究儿童的思维过程否认了这一观点，其中许多证据来自对自己的两个女儿的实验和观察。一开始，比纳先让她们解决简单的问题，再让她们回忆解决问题的思维过程，并提出以下的问题：你们怎样思考那个对象？你们看见那个对象吗？你们看见时能说出那个对象吗？比纳的这两个"被试"有时正确地报告出有什么对象的意象，但是很多次却否认思维过程有意象的存在。这实际上就是符兹堡学派所谓的"无意象思维"。为此，比纳决定放弃冯特对思维的联想主义解释，转而接受机能主义的观点。由此他认为，心理学不应当像过去那样只研究细小的简单的心理元素，而应当直接面对重大的复杂的对象去研究。

同时，这项研究促使他形成"智力"的概念，并开始意识到儿童之间存在

---

① 南锡学派的基本观点为：催眠现象，包括催眠术是由暗示所引起的完全正常的效应，是非病理性的；催眠状态完全是暗示作用的结果，与病理无关。催成的睡眠与天然的睡眠，根本并无二致；但因为睡眠中的暗示受感力特强，所以观念立即实现为动作，造成了催眠状态。而且，大部分人都可以被催眠。

着相当大的个体差异。比纳的智力测验放弃了其前辈高尔顿（Francis Galton, 1822—1911）的生理计量法（biometric method），而改用作业法（performance method），即放弃严格的实验室方法，另创教育实验方法和临床方法。在比纳的测验中，被试就语文、算术等题目进行实际作业，并从作业结果来判定智力的高低。这样，比纳就把个体的思维（智力）与其行动（作业）结合起来，从中考察个体的智力水平。

为配合法国公共教育部对低能儿童的研究，比纳与精神病医生西蒙（Theodore Simon, 1872—1961）一起，编制了小学正常儿童与异常儿童的智力水平诊断方法，并发表于1905年的《心理学年刊》，这就是世界上第一份智力测验量表，即比纳—西蒙量表（Binet-Simon Scale）。该量表由从易到难的30个测验项目构成，通过做对题数的多少作为区分智力水平（如判断、理解、推理的能力）的标准，可将低能儿童区分为三个等级，并对正常儿童进行某种程度的区分。第二版比纳—西蒙量表发表于1908年，它在前一个量表的基础上增加并修改了测验的项目，并将全部项目按年龄水平分组，即采用了心理年龄（Mental Age, MA）的方法计算成绩。这一量表不仅能区分低能儿童与普通儿童，而且也可用于普通儿童与优秀儿童之间及其各自内部的分类。1911年，比纳—西蒙量表再次获得修订并延伸到成人阶段。比纳—西蒙量表引起了全世界心理学家的广泛注意，很快被译成多种文字并进行修订。其中以美国斯坦福大学特曼（Lewis Madison Terman, 1877—1956）主持修订的斯坦福—比纳智力量表（Stanford-Binet Scale）最为著名。该量表第一次将德国同行的"智力商数"（简称智商，Intelligence Quotient，IQ）的概念运用到智力测验中，以心理年龄与实足年龄（Chronological Age, CA）之比作为智商，即：智商（IQ）＝[心理年龄（MA）] /实足年龄（CA）]×100。现今修订和流行的智商量表虽然已经不再使用这种"比率智商"方式计算，但"智商"这一名词还是得以保留，成为心理学界为普通大众提供的最流行词汇之一。

第三节　美国的机能主义心理学

机能主义心理学在美国的兴起有其特定的社会历史条件，并受达尔文进化论和詹姆斯实用主义思想的两大思潮推动。冯特的美国学生把实验心理学带回美国，却没有继承冯特研究意识内容的传统，而是转向了研究意识的机能与适应价值，注重个人的心理能力的差异。这与19世纪美国的"拓荒者"形象是完全吻合的。他们不断适应外界环境,注重个人能力的发展,强调实际、追求实效的"时代精神",这些精神和主张同样反映在其学术事业中。达尔文的进化论所宣扬的自然选择、优胜劣汰、适者生存等观点更是迎合了当时美国人开拓疆土的需要和气质,因而对美国机能主义心理学的产生起到直接的促进作用。而实用主义作为美国土生土长的哲学,其基本观点是"存在就是有用",没有真理的客观尺度,唯一的标准就是成功。当这种哲学应用于心理学时,就要求科学的心理学去关注心理的作用、机能、功能和效用,而不是去做抽象的概念探讨。正如詹姆斯所倡导的,心理学是心理生活的科学,值得重视的是机能而不是内容。由此,美国的机能主义心理学开始成型且兴盛。

一、机能主义心理学的早期人物

1. 詹姆斯

(1) 詹姆斯的生平与著作

詹姆斯(William James,1842—1910)享有"美国心理学之父"的美誉,他是实用主义哲学和心理学的创始人,机能主义心理学的先驱。他是在美国第一个开设新心理学课程的人,并建立了世界上第一个心理学教学演示实验室。詹姆斯1869年在哈佛大学获得医学博士学位,1872年在哈佛大学开设生理学和解剖学课程,并开始研究心理学。1890年,他出版了著名的《心理学原理》一书,这是詹姆斯最重要的心理学著作。"在该书出版后的一个多世纪里,一直占据着美国心理学出版物之首的位置。"(布朗,2004:16)1894年和1904年,詹姆斯两次当选为美国心理学会主席。

《心理学原理》出版后,詹姆斯觉得自己所知道的关于心理学的一切已经倾囊而出,所以转向了哲学研究。在那本书以后,詹姆斯只写了《心理学简编》(1892)、《对教师讲心理学》(1899)以及《宗教经验种种》(1901~1902)三本与心理学有关的书,其余大部分时间集中在哲学研究和哲学著作的写作上。他的主要哲学著作有《实用主义》(1907)、《多元的宇宙》(1909)、《真理的意义》(1909)等。这些著作使詹姆斯和皮尔士、杜威等并肩成为美国实用主义哲学的倡导人。

(2) 心理学的研究对象与研究方法

詹姆斯认为心理学是描述和解释意识状态的科学,意识状态指感觉、愿望、情绪、认识、推理、决心、意志等的原因、条件和直接后果。詹姆斯反对将心理现象分割为若干元素,主张意识不是一些割裂的片断,而是一种整体的经验,一种川流不息的状态,称之为"意识流"。他总结出意识的五个基本特征:(1)

意识是属于私人的（主观性）；（2）意识是常变的；（3）意识是连续不断的；（4）意识必定有它自身以外的对象，而意识又具有对这些对象认识的功能；（5）意识具有选择性。

在意识状态的原因上，詹姆斯反对用灵魂来解释各种心理现象，主张思想自身就是思想者；在意识状态发生作用的条件方面，重视心理与脑的关系；在意识的直接后果方面，强调心理生活在有机体适应现实中的作用，主张意识的功用是指引有机体达到生存必需的目的。从这些论述中可以发现詹姆斯思想中浓重的实用主义和机能主义气息，这些思想对后来机能主义心理学的形成和发展产生了很大的影响。因此，詹姆斯被认为是机能主义心理学的先驱。

詹姆斯认为，心理学的研究方法主要有三种。一是内省法。詹姆斯认为内省法是心理学研究的基本方法。他把内省观察作为首先的和主要的，而且经常所需的和依赖的方法，反对那种受过专门训练的心理学家的内省法。二是实验法。詹姆斯对待实验法的态度非常矛盾。一方面从理论上证明并高度评价了实验法的作用，主张心理学家要用而且必须依靠实验法，因为实验法可以提供必要的心理学事实；另一方面又对当时实验方法的发展抱着不满、轻视和消极的态度，甚至讨厌实验工作。三是比较法。詹姆斯把比较法正式列入心理学的研究方法范围。他认为比较法可以补充内省法和实验法的不足。在他的影响下，以及后来在机能主义心理学家的积极倡导下，比较心理学、发展心理学、变态心理学的研究之风在美国特别盛行。

（3）詹姆斯的实用主义心理学理论

詹姆斯的心理学思想十分注重突出心理在适应环境中的作用，带着浓厚的实用主义哲学色彩。在詹姆斯的诸多心理学论述中，其自我观可能是最具生命力和影响力的一部分。无论社会学家还是心理学家对"自我"这一概念的认识，都有赖于詹姆斯在1890发表的著作《心理学原理》第10章中的相关论述，"所有想要系统学习自我理论的学生都必须从学习詹姆斯的理论入手"（布朗，2004:16）。

詹姆斯认为，人具有从经验情境中认知自己的能力，他将此过程称为"经验自我"（empirical self），或"客我"（me）。后一个术语后来也被米德直接采用。经验自我指的是人们对自己的各种各样的看法。詹姆斯把经验自我进一步分为物质自我、社会自我和精神自我三个部分。物质自我又可以分为躯体自我和躯体外的自我，前者表示个体的身体组成部分；后者指除身体和心理能量之外所有一切可以称做"他的"（his）东西的总和，如衣服、房子、妻子儿女、祖先和朋友、宠物和财产、名声和成果等，只要个体对它们投入了某种情感和关注，都可以认定它们可以成为构成自我的一部分。社会自我是指个体如何被他人看待和承认，"个体的社会自我是一种从同伴那时获得的认可。……有多少人认可并将个体的印象印入他们的心中，个体就拥有多少社会自我"（James, 1950:294）。在不同的社会情境中，自我是不同的。詹姆斯同时又强调，个体存在一个稳定的、持久的自我，詹姆斯称之为"纯粹自我"（pure ego），它能够把经验自我进行整合，并给个人以统一性和稳定性。精神自我是个体的内部自我或心理自我，是我们自己所感知到的心理能力、主观体验和性格倾向，它由除真实物体、身体、地方或社会角色之外的任何可以称为"我的"（my 或 mine）的东西构成。

本能论和习惯论也是詹姆斯实用主义心理学的重要组成部分。他比较重视本能的作用，把一切心理原因都归结于本能的冲动，认为本能是一种趋向一定目的的、自动的、无须事先经过教育就能完成的动作能力或者冲动行为。他扩大了本能的范围，把社会生活中的很多现象都归结为人的本能，认为人的很多行为都是被本能推动的，社会生活的样式也是由本能所决定的。同时他也认识到本能的力量不是盲目的和不变的，是可以为经验及习惯所矫正的，所以把习惯和本能联系起来。

詹姆斯认为习惯是物质受外力作用而产生的适应性变化过程，即在个体的毕生发展过程中，通过经验的作用，人发展出一种类似于本能的行为模式，无须任何意志的努力而自动发生的，就是习惯。其中先天的习惯是本能，教育形成的习惯是理性。他特别强调习惯的作用，认为习惯是功能性的，简化了行为，有利于有机体的生存，对社会而言习惯是稳定的制动机，能对社会稳定起保护作用。因而，詹姆斯强调习惯对行为的控制作用，重视早期教育在人的习惯养成中的意义。

詹姆斯在情绪理论上也做出了自己的贡献。在詹姆斯以前，人们一般认为情绪体验先于它的身体表现，如由于"羞愧"（情绪反应）而引起"脸红"（生理反应）。詹姆斯不同意这种看法，他认为情绪是对外界事物引起身体变化的感知，应先有身体反应而后才能有情绪反应。他认为，我们是因哭而悲、因殴打而怒、因战栗而恐惧；而不是因悲伤才啼哭、因愤怒而殴打、因恐惧而战栗。情绪的产生过程是刺激—身体反应—情绪，例如：看见熊—颤抖—恐惧。詹姆斯的这一情绪理论在后来产生了重大的影响，激起了有关情绪的大量实验研究，促进了人们对情绪更深入的认识。

2. 霍尔

霍尔（Granville Stanley Hall，1844—1924）出生于美国的马萨诸塞州，一

生贡献卓著，被誉为"心理学界的达尔文"。他是美国第一位心理学哲学博士（其学位的授予人就是詹姆斯，霍尔也是哈佛大学的第 18 位博士）、美国心理学会的创立者、发展心理学的创始人，曾两度留学德国，是冯特的第一个美国弟子。1882 年起任教于约翰·霍普金斯大学直到 1888 年。1889 年到新创办的克拉克大学担任校长，前后长达 36 年之久。霍尔不仅是一位优秀的学者，更是一名卓越的组织者和活动家。1883 年霍尔在约翰·霍普金斯大学建立了美国第一个心理学实验室；1887 年创办了美国第一种心理学刊物——《美国心理学杂志》。他还创办并主编了《教育研究》（后改为《发生心理学杂志》）、《宗教心理学杂志》和《应用心理学杂志》。他还是美国心理学会的组织者，1892 年就任第一届美国心理学会主席。他培养了包括卡特尔、杜威等人在内的众多杰出心理学家。其代表作有《青少年：他的心理学及其生理学、人类学、社会学、性犯罪、宗教和教育的关系》（1904）、《儿童的生活与教育方面》（1907）、《从心理学的观点看耶稣》（1917）、《衰老心理》（1922）等。

霍尔在心理学研究上的最重要贡献有两点。一是开创了发展心理学的研究。虽然霍尔在莱比锡大学接受过冯特的实验心理学训练，回国后也在约翰·霍普金斯大学设立了心理学实验室，但他的真正兴趣却在发展心理学研究。他认为，就心理学以研究人性目的观点而言，实验心理学所能研究的问题太狭隘。因此，他采取达尔文进化论和当时美国新兴的功能主义所倡"适应"和"应用"的观点，强调发展心理学的重要性。1893 年，霍尔在芝加哥世界博览会的一场演讲中指出，过去都到欧洲去研习心理学，从现在起应建立属于美国的心理学；美国心理学的特色就是对儿童心理发展的研究。霍尔提倡对儿童心理发展进行研究，并非要将发展心理学作为纯基础科学的研究，而主要是为了配合教育的需要，具有明显的实用主义特征。霍尔的发展心理学研究，摆脱实验法，转而采取观察法和调查法搜集资料。在供职于克拉克大学期间，他和同事共同制定了 194 种问卷。调查的内容包括儿童的心理和行为的各个方面。为了保证问卷法的科学性，霍尔要求三点：通过一定预测合理选择问卷题目，并将各种题目加以归类形成一定的系统；规范问卷行为，在施测中，使用统一的指导语训练教师、父母等主试者，使他们掌握一定的问卷调查技术；采用统计方法对结果进行数量分析。问卷法虽不是霍尔新创的，但他对问卷法的推广和应用做出了重要贡献。问卷法开了现代心理测量学之先河，也是今天心理学研究的重要辅助手段。其研究范围包括儿童、青年、老年，奠定了今日发展心理学以生命全程发展（life-span development）为研究取向的基础。

霍尔的第二个贡献是其提出个体心理发展的复演论（recapitulation theory）

观点。他运用当时的生物进化论和生物复演说的观点来看待个体心理的发展，认为：如果人类的胚胎发展是动物进化过程的复演，那么，出生后个体的心理发展则复演了人类进化的过程。他指出，生前胚胎期像蝌蚪形状，代表人类最初在水中生存的时期；婴儿期的爬行代表人类进化的猿猴时期；青年期情绪不稳定代表人类进化的混乱期，霍尔采用 18 世纪文学运动的"风暴期"（storm and stress period）加以命名；成年后身心成熟代表人类进化的文明期。霍尔认为青年期之情绪不稳是必然现象，故而他主张应特别重视青年教育。

3. 鲍德温

鲍德温（James Mark Baldwin，1861—1934）出生于美国南卡罗莱纳州。在普林斯顿大学肄业后到柏林和莱比锡留学一年，受过冯特指点，回国后到普林斯顿大学任教并获得哲学博士学位。不久任伊利诺伊州的湖林大学哲学教授。1889 年至 1893 年任加拿大多伦多大学逻辑学和形而上学教授，1893 年至 1903 年任普林斯顿大学心理学教授，1903 年至 1909 年任约翰·霍普金斯大学哲学和心理学教授，1909 年至 1913 任墨西哥国立大学哲学和心理学教授，1915 年至 1916 年任牛津大学斯宾塞讲座教授，晚年在墨西哥和巴黎度过。鲍德温曾任第 4 届美国心理学会主席、国际心理学联合会主席。曾与卡特尔合办过《心理学评论》、《心理学家索引》、《心理学专刊》和《心理学公报》等刊物。其代表作有《心理学手册》(2 卷本，1889、1891)、《心理学要义》(1893)、《儿童与种族的心理发展》(1895) 等。

鲍德温以"心理哲学"的传统为其思想基础，其主要目标是解释思想对于事物的一致性。他坚持心理是感觉运动过程这一机能主义观点，并强调心理发展过程中作为选择性工具的意向活动的重要性。在 1903 年至 1915 年间，鲍德温将黑格尔的哲学思想引入经验领域，试图根据意识结构连续的和本质上的差异性来解释心理的发展，从而创立了他的"发生逻辑"学说，即现在的发生认识论或进化认识论。在鲍德温看来，儿童的认知或意识，开始于生物过程，然后经过感觉运动和意念运动阶段，最后达到表象和观念的转换阶段。儿童经过"前逻辑"的意识和记忆阶段，达到"准逻辑"水平；再通过想象形成有关心理、躯体和自我的概念，从而达到进行理性判断的"逻辑"阶段；由此再进入道德品质的"超逻辑"阶段，最终达到"超常逻辑"的完美意识。

鲍德温认为，个体人格要经历社会性自我的发展过程，该过程是不断发展、持续终生的，因此，早期经验不会一成不变地决定一个人的人格。同时，人格的内部包括着自我和他人关系的两个部分，凭借着"循环反应"和"模仿"机制，自我逐渐地与别人及社会传统和谐一致，实现人格发展目标。此外，鲍德温也持类似于霍尔"复演说"的观点，认为发展包括个体发展和种系发展两种，而人类的种族心理发展和个体心理发展在阶段顺序上是大体相同的，人类心理的大多数有用的模式都能通过循环反应保留下来，从而保证其对环境的适应。但同时，个体发生与种系发生的关系也可能颠倒过来，个体发生中的变化可能预示或引起种系发生的变化。

二、机能主义心理学的芝加哥学派

机能主义作为一个心理学思想体系的名称，是1898年铁钦纳在《构造主义心理学公设》一文提出来的，铁钦纳不仅将自己的理论立场命名为构造主义，而且将其对立面命名为机能主义。因此，在此前的詹姆斯、霍尔等人都属于不自觉的机能主义者，而芝加哥学派则是有了明确的名称后才产生的机能主义心理学。

1894年，杜威和安吉尔来到芝加哥大学，积极从事心理学研究，使芝加哥大学成为机能主义心理学的领导中心，逐渐形成了机能主义心理学的芝加哥学派，该学派被称为狭义的机能主义心理学，直接与构造主义心理学相对立，先后与铁钦纳等构造主义心理学家发生过多次争论。

1. 杜威

约翰·杜威（John Dewey，1859—1952）是美国哲学家、心理学家、教育家，机能主义心理学的奠基人之一，也是20世纪对东西方文化影响最大的人物之一。

杜威生于美国的佛蒙特州，大学毕业后当过几年中学教师，并自学哲学。1882年到约翰·霍普金斯大学跟随霍尔学习，并最终取得哲学博士学位。1894年应邀到芝加哥大学任哲学教授，很快在该校的哲学及心理学圈子内成为中心人物，并形成了一个以他为核心的具有系统观点的学派。1900年被选为美国心理学会主席。1904年至1930年，杜威在哥伦比亚大学研究心理学及其在教育和哲学上的应用。杜威曾经到英国、前苏联、日本、中国等世界许多国家讲过学。他有关心理学的主要著作有：《心理学》（1886，这是美国人自己编撰的第一部心理学教科书，五年内出了三版）、《怎样思考》（1910）、《教育上的兴趣与努力》（1913）、《人性与行为》（1922）、《经验与本性》（1925）、《公众及其问题》（1927）、《人的问题》（1946）、《认知与所知》（1949）等。

杜威对心理学最重要的贡献集中在他1896年发表的《心理学中的反射弧概念》一文中，一般认为该文标志着机能主义心理学芝加哥学派的正式开始。这篇文章的出发点是反对构造主义心理学的元素主义，但杜威并不否认意识的作用，也不反对研究心理过程，而是坚持应该研究这些过程与生存的关系。他认为心理活动是一个连续的整体，不能把整个活动分析为反射弧以及把反射弧分析为刺激和反应，正像不能把意识分析为元素一样。杜威提出，心理学要研究的是动作机能，这种动作的机能表现为协调，实际上就是一种适应活动。他把意识看做是有机体适应生活的工具，人为了生活而思考，通过人的智力与现实的斗争，以达到进步。意识在这一斗争中正是为有机体的生存而发生作用。因而，杜威认为心理学的真正对象是在环境中发生作用的整个有机体的适应活动，心理学的目标应该是研究行为对适应环境的意义。

杜威是从其实用主义哲学立场出发来理解心理学的，但只为狭义的机能主义心理学提供了基本概念和理论基础，而机能主义心理学的芝加哥学派关于心理学问题的系统主张则是由安吉尔和卡尔提出来的。

2. 安吉尔

詹姆斯·罗兰·安吉尔（James Rowland Angell，1867—1947）生于美国佛蒙特州。早年就先后师从杜威和詹姆斯学习哲学和心理学，1892年获得硕士学位，后到德国莱比锡大学师从冯特，但因论文不合"德国口味"而未获博士学位。1894年，安吉尔进入芝加哥大学同杜威一起宣传机能主义，成为机能主义心理学芝加哥学派的主要领导人。1906年，安吉尔当选为美国心理学会主席，1920年，任耶鲁大学校长。

在芝加哥大学期间，安吉尔主持过芝加哥大学心理学实验室，从事过许多具体研究。1904年，安吉尔出版了一本体现机能主义心理学观点的教科书《心理学》，书中宣扬意识的基本机能是改善有机体的活动，而心理学必须研究心理是如何帮助有机体适应它的环境的。在1906年担任美国心理学会主席的任职演说《机能心理学的领域》中，安吉尔明确指出了构造主义心理学与机能主义心理学的区别，对机能主义心理学的概念、原则、任务及其特征作了概括。这是对机能主义心理学思想的第一次明确表述。安吉尔认为，机能主义心理学就是要分辨并描写在实际生活条件下意识的典型作用，它是关于心理活动的心理学。如果说构造主义心理学讨论心理是什么，那么机能主义心理学则在讨论心理是什么之外还要讨论怎么样和为什么。他认为，所谓心理的东西就不单单是一个心理感觉要素的总体，而且包括判断、情感等方面的活动，这些心理活动的机能是为顺应新事物而服务的，而这些功用的一切来源都可能最后归结为选择性的调节。由此，可以清楚地看到安吉尔的实用主义哲学立场和从进化论观点对心理学的基本阐释。

在谈到身心关系时，安吉尔认为机能主义心理学关于身心关系更注重从方法论的区别来处理,而不是从形而上学方面的存在论角度来处理。在这种前提下,机能主义心理学可以被看做是包括一切讨论身心关系的"心理物理学"。安吉尔将行为问题引入心理学,认为我们的精神生活或许可以被规定为客观的行为。这一思想转变具有重要意义,为行为主义心理学的兴起准备了思想前提。几年之后,他的学生,美国著名的心理学家华生就举起了行为主义运动的旗帜。

安吉尔主张心理学属于自然科学,而且是一门生物科学。关于心理学的研究领域,他主张应包括对儿童的、动物的及变态人的心理的研究。此外,他还重视应用心理学研究,如教育心理学、工业心理学、医学心理学等。所有这些都体现着机能主义的精神。安吉尔的上述心理学观点标志着芝加哥学派机能主义心理学体系的形成。

3. 卡尔

哈维·卡尔(Harvey Carr,1873—1954)生于美国印第安纳州,先在科罗拉多大学读书,后到芝加哥大学,成为安吉尔的学生,1905 年获得博士学位。从 1908 年起至 1938 年退休,一直在芝加哥大学工作,成为安吉尔的继承人。1926 年,被任命为芝加哥大学心理学系主任,1927 年当选为美国心理学会主席。卡尔的心理学体系更完满地体现了机能主义的特点,代表着机能主义心理学芝加哥学派的晚期倾向或完成形式,但这时的机能主义心理学已成为一个公认的、合格的体系,因而不再明显地表现为一个界限分明的心理学派别的主张了。卡尔在 1925 年发表的《心理学》一书中阐述了他的机能主义心理学思想,讨论了心理学的研究对象、研究方法、心理活动的心理物理性质以及从机能主义者的观点来看心理学与其他科学的关系。

卡尔认为心理学是研究心理活动的科学,主张心理学的研究对象是适应性的心理活动,心理活动的机能在于获取经验、确定经验、保持经验和评价经验以及它们在指导行为中所发挥的作用等。心理活动所表现出来的行为称为适应性行为,即有机体对于具有能满足其动机条件的那种特性的物理环境或社会环境的反应。由此可以看出从机能主义心理学向行为主义心理学过渡的征兆。除了适应性行为,卡尔还论述了人的神经系统、感觉器官、学习过程、知觉、推理、情感、意志、个体差异和智力测量等,题材范围十分广泛。卡尔认为,心理学的领域应该扩大,包含学习、动机、病理心理、教育心理、儿童心理等不同方面。

关于研究方法,卡尔认为心理学研究方法可以是多种多样的,如主观观察法(内省法)、客观观察法、实验法、社会研究法等,每种方法都有其优点和缺点,可以互相补充。内省法的优点是可以给予我们关于心理事件的较深入和较全面的知识,缺点在于其正确性往往不能测定。实验法也有其局限性,因为不是人类心理的一切方面都可以加以控制。还可以通过对人的活动产品的研究,如发明、文学、艺术、宗教习惯和信仰、道德传统、政治机构等来间接地了解人们的心理活动,这种方法可以称为社会研究法。此外,也可以从解剖学和生理学的角度来研究心理动作,日常生活中的观察资料也可以补充由其他方法所得资料的不足。

卡尔代表着机能主义运动的第三阶段。在卡尔的领导下,机能主义心理学的精神保持下来,并对美国心理学发展的总体趋势产生了持续的影响。由于机能主义心理学对心理的研究已从单纯主观方面扩大到心理的客观方面(外部行为),因此,这个学派为行为主义心理学的产生奠定了基础。在机能主义心理学的影响下,个别差异心理学、学习心理学、知觉心理学、各种心理测验等在美国有了明显的发展。

三、机能主义心理学的哥伦比亚学派

与芝加哥学派同时或稍晚些的时候,美国哥伦比亚大学也活跃着一些心理学家,包括卡特尔、桑代克在内,是美国的机能主义心理学的另一个研究阵营。虽然他们并没有明确打出机能主义心理学的旗号,其心理学主张和学术研究比较自由而广泛,但也有美国机能主义心理学的一些共同特点,因而可以归属于广义的机能主义心理学,一般称之为机能主义心理学的哥伦比亚学派。哥伦比亚大学从1884年至1948年授予的心理学博士学位多达344人,而且其中不少人都成为心理学界的知名学者。本书在此只介绍三位最主要的代表人物:卡特尔、桑代克和武德沃斯。

1. 卡特尔

卡特尔(James McKeen Cettel,1860—1944)机能主义心理学哥伦比亚学派的先锋。他曾到莱比锡大学跟随冯特学习,对高尔顿关于心理测量的方法与统计方法充满热情。卡特尔被任命为世界上的第一个心理学教授,美国科学院院士中的第一位心理学家,并于1895年担任美国心理学会主席。后来他积极从事编辑工作,创办了《心理学评论》、《通俗科学月刊》,任《科学》、《美国自然科学家》、《学校与社会》、《科学月刊》等杂志的编辑,并组织创建了服务于工业和社会事业的心理学社团。1929年,卡特尔被选为第九届国际心理学会主席。

卡特尔通过具体研究,从应用方面推动了机能主义心理学的发展,主要包括以下几个方面:其一,反应时的研究。卡特尔依据统计学规律进行实验设计,研究过的反应时类型包括辨别和认识的时间和选择"意志"的时间;控制联想

的反应时和自由联想的反应时。他依据自由联想的论文做了一个正常联想表，成为以后编制正常联想表的重要依据。其二，个别差异和心理测验的研究。卡特尔以个别差异和心理测验的研究对心理学产生了重要的影响。他用了许多改进的技术，如首先提出"心理测验"术语，用所收集的数据计算被试的测验分数与学习成绩的相关系数，发展了次序评量法，并将这种方法用于评价美国科学家的杰出程度，每年公布测评结果。其三，心理物理法的研究。在实验研究方面，卡特尔对高尔顿的方法非常热衷，对于内省法、均差法、最小可觉差法以及传统的心理物理方法中的常定刺激法等都有自己的看法，他还发明和改良了心理物理学的仪器。卡特尔对心理物理法的贡献在于使用反应时来测量感觉的差异量，这是传统心理物理学中所没有的。其四，知觉和阅读过程的研究。卡特尔研究过视知觉的网膜时间，研究过看见物体、形状、颜色、字母、字句时说出其名称所需要的时间，还研究字母及不同字形的阅读率，对这个领域的发展产生了重要的影响。

2. 桑代克

桑代克（Edward Lee Thorndike，1875—1949）是机能主义心理学哥伦比亚学派的主要代表、动物心理实验的首创者、教育心理学体系和联结主义心理学的创始人。他曾到哈佛大学受教于詹姆斯，但表现出不同于其师的研究兴趣，喜欢做各种各样的实验。后来转到哥伦比亚大学学习和工作，从事心理学研究，利用猫和狗等做实验。桑代克的著作有500多种，主要有《动物智慧》（1911）、《教育心理学》（三卷本，1903、1913～1914）、《智力测验》（1927）、《人类的学习》（1931）等。

桑代克首创用实验研究动物心理的方法，代替对动物的自然观察，为动物心理学及学习心理学开辟了新的研究道路。他先后用多种动物做了大量实验，其中以"猫走迷笼"实验最为著名。根据这些实验，桑代克提出了学习的"尝试错误说"，即动物的学习是一种尝试与错误的过程，也就是选择了联结的过程，明确提出"学习即联结，心理即人的联结系统"的结论。他进一步将动物的学习推广到人类的学习，认为教育的目的就是把其中的某些联结加以永久地保留，把某些联结加以清除，并且把另一些联结加以改变或利导。在此基础上提出了三条学习律：准备律指学习开始时的预备之势；练习律指学习需要经过重复才能完成；效果律指凡在一定情境中引起满意之感的动作就会和该情境发生联系。他还与武德沃斯一起提出了学习的迁移理论，认为学习效果的迁移是由于前后活动中存在着共同的因素。桑代克的动物实验无论在方法上还是在理论上都预示着心理学的一次重大转折。

桑代克从动物的实验中得到的"联结"仅指情境与反应之间的联结,否认在联结中有观念的成分,他认为人的心理不过是各种情境与相应的反应之间形成的复杂的联结系统,这就使他在限制意识的作用方面前进了一大步,这直接为行为主义心理学否认意识的做法提供了依据。此外,桑代克用动物做实验并将结论推广及人的做法也为行为主义心理学所直接继承。因此,有人将其视为行为主义心理学的先驱。不过,桑代克并未完全否认意识的存在,还不能称为严格意义上的行为主义者。

此外,桑代克还是教育心理学的创始人,他1903年出版的《教育心理学》一书,标志着教育心理学从教育学和儿童心理学中分化出来,成为一门独立的学科。

3. 武德沃斯

武德沃斯(Robert Sessions Woodworth,1869—1962)是机能主义心理学哥伦比亚学派的代表人物之一。他在哈佛大学受到詹姆斯的教导,后在哥伦比亚大学学习和任教,成为卡特尔的接班人。武德沃斯曾当选美国心理学会主席、美国国家科学院院士,1956年美国心理学基金会将第一枚金质奖章授予他。他著述甚丰,主要有《生理心理学》(1911)、《动力心理学》(1918,书中集中表述了他的机能主义观点)、《实验心理学》(1938)、《行为动力学》(1958)。此外,许多论文涉及心理学体系、变态心理学、差异心理学、运动心理学和教育心理学等。

武德沃斯认为心理学的研究对象是人的全部活动,包括意识和行为两个方面。但在具体研究中,他提倡必须从研究刺激与反应的性质开始,认为在刺激和反应之间还存在着有机体的作用,即通常所谓的 S-O-R 模式,后扩展为 W-S-O_w-R-W,其中 W 代表周围世界,S 代表刺激,O 代表有机体,附于 O 下的小 W 代表有机体对环境的调整及它对情境和目标的定势,R 代表反应。整个公式可以解释为:周围世界—刺激—有对一定情境和目标定势的有机体反应—改变了的世界。这样,该观点将心理活动与行为纳入同一系统来看待,这对以后的新行为主义产生了重要影响。

武德沃斯心理学的另一个重要特征是将心理动力观点引入心理学。他的《动力心理学》一书要求理解人的思想和行为的因果机制(也就是它的机能部分),以及决定内驱力的特殊性的动力刺激或情境。关于心理学的研究方法,武德沃斯主张既用客观的实验和观察,也用内省的方法。关于心理与生理的关系,他认为心理过程和生理过程不是两个互相平行的过程,而只是对同一过程的不同科学描述,心理学是研究过程的大方面,而生理学只是描述过程的小细节。

总的来说，机能主义心理学的哥伦比亚学派有以下共同特点：第一，重视个别差异，摆脱了心理学研究共同的通则的束缚，不仅仅研究心理的共同规律，更着重对个体智力和能力及差异的研究；第二，重视客观方法，主张多种方法并用，如实验法、测验法、统计法、等级法、评选法等，其中测验法是主要方法，内省法是很次要的；第三，主张研究意识活动，摆脱了心理学只研究意识的束缚，虽并不将意识排除在心理学之外，但认为意识是没有多大功用的，注重意识的功用而不是意识的内容；第四，主张心理学是一门应用科，把芝加哥学派提出的个体适应环境的一些原理加以具体化，使之应用于生活实际；最后，摆脱了心理学只是一门描述的科学的束缚，认为更重要的是了解机体活动的"为什么"，即采用与一个心理过程相对应的生理条件（神经过程）来解释这个心理过程。

四、构造主义心理学与机能主义心理学之争

构造主义心理学和机能主义心理学是西方心理学史上两个重要的心理学理论体系，在研究思路和方法上都存在着明显的对立，代表着两种不同的研究取向。就作为两个对立的理论而言，由于对心理的不同理解，两者具有很多不同的特点和观点；就心理学的整体看，他们的研究工作也有互相弥补的成分。但无论如何争论，他们都是共同研究意识的心理学，争论的焦点在于是研究意识的内容或结构还是意识的机能或功用，而此后理论的研究则超越意识的边界，研究行为、潜意识或认知等，如行为主义、精神分析、认知心理学等。

1. 构造主义心理学与机能主义心理学之争的历史背景

构造主义心理学与机能主义心理学作为两个互相对立的名称，是铁钦纳于1898年在《构造主义心理学的公设》一文中正式提出来的。两者的对立可以说是以冯特为代表的内容心理学和以布伦塔诺为代表的意动心理学之争，在19世纪末至20世纪初美国新的社会历史条件下的继续。

铁钦纳的构造主义心理学继承和发展了其导师冯特内容心理学中具有标志特征的理论和方法。但构造主义学派是由铁钦纳所创立的，而冯特仅仅是构造主义的前驱。铁钦纳虽在一般观点上接受了冯特的心理学思想，但他本人有具体的研究和著述，在一些具体的观点上也不同于冯特，他的构造主义心理学体系也没有包含冯特心理学的全部思想。同时，铁钦纳主要是用他的构造主义心理学与机能主义心理学进行论战。

机能主义心理学有广义和狭义之分。广义的机能主义心理学包括欧洲的机能心理学和作为美国心理学总倾向的机能主义心理学。前者主张心理学要研究

意识的机能而不是意识的内容,但并不特别强调意识在人对环境适应中的作用；后者则特别重视意识在人对环境适应中的作用，并注重个人之间的差异。狭义的机能主义心理学则是指旗帜鲜明地与构造主义心理学对立的心理学，即芝加哥学派的机能主义心理学，以及代表美国机能主义心理学总倾向的哥伦比亚学派的机能主义心理学。

2. 构造主义心理学与机能主义心理学的比较

首先，两种心理学理论的哲学基础不同。构造主义心理学把马赫的经验批判主义和英国的联想主义作为指导思想，而机能主义心理学的哲学和科学基础则是詹姆斯的实用主义思想和达尔文的生物进化理论。

其次，两者对心理学的功能认识不同。构造主义心理学坚持心理学是一门"纯科学"，而机能主义心理学则把心理学视为应用科学。构造主义心理学主张心理学应该研究心理或意识内容本身，不应该研究其意义或功用。机能主义心理学则认为科学的心理学要关注心理的作用、机能、功能和效用，心理学是心理生活的科学。

再次，两者对心理学的研究对象认识不同。机能主义心理学主张把人的心理和行为作为一个整体来研究，认为心理学的真正对象是在环境中发生作用的整个有机体的适应活动。而构造主义心理学认为心理学的对象是依赖于经验着的人的经验，更重视心理因素的分析。

最后，两种心理学的研究方法不同。构造主义心理学的研究方法是实验内省法，认为内省是对意识经验的自我观察。机能主义心理学认为心理学研究方法可以是多种多样的，重视客观方法，如实验法、测验法、社会研究法等，而将内省法降到了次要的位置。

3. 构造主义心理学与机能主义心理学的发展走向

在构造主义心理学与机能主义心理学的竞争中，心理学家最终的选择是放弃前者而选择后者。铁钦纳所倡导的构造主义心理学与当时美国的时代精神相去甚远，虽仍在康奈尔大学形成了以他为核心的构造主义心理学派，且与机能主义心理学长期对峙；但在铁钦纳逝世后，该学派后继无人，以他为中心的构造主义学派不复存在。构造主义心理学的严格、正统、狭隘的科学观，更是难以符合美国的实用主义氛围，从而注定了构造主义心理学的衰败命运。

作为与构造主义心理学对立的一个学派，机能主义心理学在其对手消失以后，也逐渐退出了心理学家的视野。但是，与构造主义心理学不同的是，机能主义心理学不是灭亡了，而是被美国心理学吸收、继承和发展了。当代的认知心理学对认知过程机能分析，学习心理学、动机心理学、人格心理学的发展，应用心理学的繁荣，研究领域、研究方法的多元化以及心理学家理论观点的折中化等等都表现了美国心理学的机能主义倾向。机能主义精神贯穿于整个美国心理学，直到今日，美国的心理学依然可以说是机能主义的。

主要参考文献

1. Hearnshaw, L. *A short history of British psychology: 1840-1940.* London: Butler&Tanner, 1964.

2. James, W. On some omissions of introspective psychology. *Mind,* (9): 1-26, 1884

3. James, W. The principles of Psychology, Dover Publications, 1950.

4. Titchener, E. The postulate of structural psychology. *Philosophical Review,* (7): 449-465, 1898.

5. Titchener, E. *Textbook of Psychology.* New York: Macmillan Company, 1909.

6. Titchener, E. *A beginner's psychology.* New York: Macmillan Company, 1915.

7. 布朗著，陈浩莺等译，自我，人民邮电出版社，2004年。

8. 车文博，西方心理学思想史，湖南教育出版社，2007年。

9. 杜·舒尔茨．西德民·舒尔茨．现代心理学史，江苏教育出版社，2005年。

第二编　西方心理学的经典流派及其当代发展

　　从第二编开始，我们将重点介绍经过早期发展之后西方心理学界出现的经典心理学理论流派。尽管西方心理学领域内理论繁多，但是行为主义、精神分析、人本主义以及认知主义四种心理学理论学派却是西方心理学发展的主体，它们共同构成了20世纪20年代到80年代西方心理学的主要格局。20世纪20年代到60年代期间，行为主义和精神分析盛行天下，60年代到80年代期间，人本主义与认知主义平分秋色。它们在理论假设、研究方法上相互区别、各有特色，其产生背景、代表人物、理论要点、相互纷争以及当代发展都是值得关注的重点。80年代以后，这些经典的理论学派并没有止步不前，而是与时俱进，积极寻求自我发展，拓展更广阔的研究空间。例如行为主义心理学的社会行为整合取向、精神分析心理学的客体关系理论、认知主义心理学的联结学说以及源于人本主义的超个人心理学都是它们不断发展的重要体现。

第四章 行为主义心理学[①]

当构造主义心理学与机能主义心理学还在为到底应该研究意识的内容还是意识的机能而争论不休时,在美国出现了这样一群心理学家:他们主张心理学要研究可见的行为,而非内隐的意识。如果说机能主义心理学还只是对心理学进行温和的改良,那么由华生所创立的行为主义心理学则掀起了一场激进的、极端的和颠覆性的革命。行为主义心理学以其新鲜的观点和势不可当的气势震惊了整个美国心理学界,并迅速席卷全世界。行为主义心理学在大行其道的半个世纪里走过了从产生、发展到鼎盛,直至逐渐衰退的历程,涌现出了包括华生、斯金纳、赫尔、托尔曼、班杜拉等人在内的一大批优秀的行为主义者,经历了早期行为主义心理学、新行为主义心理学以及新的新行为主义心理学等重要的发展阶段。在当代心理学界,行为主义心理学虽因其自身弊端而大势已去,但是它的研究方法、研究范式以及令人瞩目的研究结论至今仍为人所津津乐道。

第一节 早期的行为主义

行为主义诞生于20世纪初的美国绝非偶然,它的迅速兴起和被美国民众的认可与接纳已不仅仅是一种现象,更是美国当时时代精神的体现,也是心理学自身追求科学化的必然选择。

一、行为主义产生的背景

1. 社会背景

20世纪初的美国在工业生产的推动下经济空前繁荣,经济生产总值迅速赶超英法等国而跃居世界第一位,其工业生产总量更是占到了整个资本主义世界

[①] 行为主义心理学,有时也被简称为行为主义。在本书中,"行为主义心理学"与"行为主义"通用。

的一半。伴随着工业的迅猛发展，大批的城市也在迅速崛起，掀起了一股城市化运动的狂潮，大量农村人口涌入城市成为工人。从农村到城市的转变中发生变化的不仅仅是环境，还有生活方式及生活节奏。同时，欧洲移民的大量涌入也同样面临着适应问题，为了帮助这些流动人口尽快适应新的生活，政府希望能够为他们提供一些训练，使之在较短的时间内习得适应性行为。适应性行为也因此成为这一时期包括心理学在内的各门学科关注的热点。

此外，经历了技术革命的美国经济对于生产效率的渴望丝毫未减。通过技术革新和机器设备的更新已经将生产效率提升至一个新的水平，若想再有所突破实属不易。因此，企业主转而将目光转向劳动者，希望通过提高劳动力的素质来达到提高生产效率，促进经济增长的目的。这就需要进一步了解工人，熟悉他们的操作程序和身体特征，改进生产中的身体动作技能，提高他们在单位时间内的产量。华生倡导的行为主义心理学的目标之一正是提高工人的身体活动效率。

除了对适应性行为和劳动力素质的关注外，经历了南北战争的美国在政治制度上虽然已经统一，但在文化和思想上仍然处于分裂状态，这也是导致社会不稳定的因素之一。进步主义运动的倡导者们希望改革当时的社会管理方式，加强对社会的控制。此时，行为主义进入了他们的视野，对行为的预测、指导和控制与他们的需求不谋而合，通过控制个体的行为来管理社会为进步主义者提供了一条新的思路，行为主义也因此得到了巨大的支持。正是社会生活、经济发展和政治改革的需求将整个社会的关注点转向了人类的行为，行为主义便在这样的大背景下孕育而生了。

2. 哲学背景

虽然行为主义的创立者华生反对将哲学作为心理学的基础，但在他的行为主义理论中仍然能看到机械唯物主义、实证主义和实用主义哲学思想的痕迹。

18世纪的欧洲，是自然科学飞速发展的时期，牛顿的三大定律和万有引力定律架构出了力学体系的轮廓，也成为18世纪最有影响的自然科学成就。受到此时繁盛的自然科学的影响，同时代的哲学也或多或少带有机械论的色彩，笛卡儿提出的反射论便将人和动物的身体看做是一部机器，当刺激作用于外部感官时，神经通路将这种信号传至心灵，便产生了感觉。这种机械论的思想奠定了华生的基本理论基调，即将人视为对刺激作出机械反应的对象。

19世纪法国哲学家孔德的实证主义哲学不仅为自然科学的判定设立了标准，也左右了部分社会科学的发展方向。他倡导一切科学知识都必须建立在经验事实的基础之上，科学的任务就在于描述一切可观察到的事实，指出其中的规律，以达到预测和控制自然的目的。科学研究的方法应该遵循客观主义的原则，在观察和实验中获取知识的经验。孔德的实证主义哲学为华生放弃意识这一研究内容与主观内省的研究方法，坚持观察行为提供了充足的依据。

作为一个产生于美国的心理学派，美国本土的实用主义原则对行为主义的影响则更为直接和深刻。实用主义哲学不仅是行为主义的基础，更是机能主义的哲学根基，其创立者詹姆斯和杜威同时也是机能主义者，他们坚称，实用主义就是强调行为、实践、生活的哲学。实用主义对适应的强调与华生为了实现控制行为的目标，而将人的行为简化为"刺激—反应"的方式正巧不谋而合。

3. 心理学背景

华生师从于机能主义心理学大师安吉尔，他不仅继承了恩师的观点，而且将其发挥到了极致。机能主义心理学将人的心理、意识视为适应环境的工具，抹煞了人类行为的自主性，更将人类的高级活动等同于动物的本能行为。华生不仅继承了这些思想，更将其推向极端，彻底把意识、精神活动踢出了心理学范畴。正如安吉尔所预言的那样，美国心理学注定会在客观性的道路上走得更远。因此，在某种意义上说行为主义心理学是机能主义心理学发展的必然产物。

1872年，达尔文发表的《人类和动物的表情》一书在生物进化论的基础上，进一步提出动物与人类的心理发展也具有连续性，我们可以通过观察和分析动物行为来了解和预测人类行为。最先受到这一观点影响的是动物心理学，与以往的动物心理学家在自然情景下观察动物不同，桑代克首先开始了在实验室严格控制条件下对动物的观察，并创立了联结主义学说。联结主义不同于传统的联想主义，仅关注情境与反应之间的联结，而不关心观念之间的联结。桑代克在实验中所创立的实验设施（如迷津）和记录反应的指标（如动物逃离笼子的错误次数和所花费的时间）等都得到了华生的继承。华生宣称心理学应建立在对动物心理研究所获得的结论之上，行为主义心理学家采用的研究方法也正是对这一思想的贯彻，他们往往在动物实验（如小白鼠、兔子或狗）中归纳出人类行为的规律，但这一前提的弊端也是显而易见的，即片面强调了人和动物的共性而忽略了二者的差异。

尽管巴甫洛夫拒绝将他的条件反射学说与心理学联系起来，但他对整个心理学界尤其是行为主义的影响却是勿庸置疑的。华生用巴甫洛夫提出的肌肉运动、腺体分泌和肢体反应等生理学名词代替了传统心理学的感知觉、思维、情绪等概念；华生提出的"S-R"（制激—反应）是构成人类行为的最基本单元这一观点，正是建立在条件反射理论之上；而巴甫洛夫的条件反射概念更是"S-R"的原型，条件反射也作为经典研究范式被行为主义心理学保留了下来，并在不断运用中发扬光大。

二、华生的行为主义理论

1. 华生的生平与著作

约翰·华生（John Broadus Watson，1878—1958）早年跟随杜威攻读哲学博士学位，在此期间接触到心理学并迅速产生了浓厚兴趣，同时开始学习神经学、生物学和生理学。1903年毕业后就职于芝加哥大学，执教期间他做了大量的动物实验，并显露出以动物为被试开展行为研究的兴趣，1908年他获得了约翰·霍普金斯大学的职位，并一直在那里工作到1920年。在从事科研和教学工作的十几年间，他一直在思索心理学的基本问题，并寻求心理学未来的发展道路。1913年，他在《心理学评论》杂志上发表了一篇题为《行为主义者眼中的心理学》的文章，正式宣告了行为主义心理学的诞生。由于被迫离开学术界，此后的几十年华生没能开展新的研究，而是在商业领域为推广、普及和实践行为主义心理学进行着不懈的努力。他一生著有《行为：比较心理学导言》(1914)、《从一个行为主义者的观点看心理学》(1919)、《行为主义》(1925)等专著。可以说，华生发起了一场波及面广、影响深刻而又旷日持久的行为主义革命。

2. 心理学的对象

在华生看来，心理学就是自然科学的一个实验分支，在方法论上坚持实证主义是任何一门自然科学最重要，也是最基本的前提。实证主义原则规定了科学研究的内容和对象必须是客观的，理论应具有可证实性，研究结果可以重复验证。在这一科学目标的指导下，华生重新界定了心理学的研究对象、内容和方法。

华生认为传统心理学将意识作为研究对象是完全错误的，因为意识是既不可经验也无法观察到的内隐过程，只能依赖于个体的内省和主观报告，而内省法又具有很强的主观性和隐蔽性，无法重复验证。因此，华生主张将包括感知觉、情绪、思维在内的所有意识范畴都踢出心理学的领地，只留下那些能够观察、可以验证的——行为，正如他在《行为主义者眼中的心理学》中说的那样："我们所需要做的是开始进行心理学的工作，是把行为而不是把意识当作我们研究的客观对象。"（见冯特等，1983:158~177）行为是一种可观察到的机体反应，是有机体用以适应环境变化的各种身体反应的组合。华生把人的反应区分为外显的习惯反应（如开门、打球）、内隐的习惯反应（如思维、态度）、外显的遗传反应（如眨眼、抓握）和内隐的遗传反应（如内分泌腺的分泌、循环），这种界定和区分有助于明确行为主义的研究内容，即通过后天学习获得的习惯反应。

他还指出这种反应往往是由特定的刺激引起的，可能是简单的，如投射到视网膜上的光波，也可能是错综复杂的社会情境，如他人在场的紧急情境。而心理学的研究目的恰恰在于寻找刺激与反应之间的对应规律。"我对这些工作的欲望，就是要获得关于适应以及引起这些适应的刺激的精确知识。我这样做的最后理由，就是要学习一般和特殊方法，以便能够控制行为。"（见冯特等，1983：158～177）在华生眼中，我们根本不需要臆测头脑中发生的事情，只需直接观察个体的行为即可，行为才是拯救心理学的可靠途径，才能将心理学拉出只见树木不见森林的构造主义心理学和以功能替代内容的机能主义心理学的泥潭。

华生还批判了机能主义心理学虽反对构造主义心理学静态分解心理的元素论思想，但却仍沿用其专业术语的做法。为了避免外界将行为主义心理学术语与传统心理学中的意识范畴相混淆，他创造出一系列新的名词来替代传统心理学中表述意识的名词，他尽量避免使用"感觉"、"知觉"这样的传统名词，而用"刺激"和"反应"来代替人类的一切心理活动，如用"视反应"、"听反应"、"痛反应"来代替"视觉"、"听觉"和"痛觉"等含有主观色彩的感知觉术语。

而心理或意识则被华生视为内隐而轻微的行为，一向被认为是纯粹意识层面的情绪和思维也只不过是内隐和轻微的身体变化。他指出，情绪也是一种反应，只不过是一种内脏和腺体的反应，它伴随肌肉的运动和脸色的变化等，但内部反应仍然占据优势。恐惧、愤怒和爱是人的三种最原始、最基本的情绪，它们各有其发生情境和典型表现，如身体运动受阻会引起婴儿的愤怒情绪。个体在成长过程中，通过条件作用在三种原始情绪的基础上逐渐形成了更为多样复杂的情绪。并且华生也通过小艾尔波特的实验①证实了情绪是能够通过条件作用获得的。

华生认为思维也是感觉运动的行为，是喉头肌内隐和轻微的反应。思维是内隐的语言习惯，由外显的语言习惯即言语活动逐渐发展演变而来。儿童学习语言的初期总是用语言伴随着思考和行动，当外部环境要求儿童不能总是以出声的言语作为反应时，他便渐渐学会从小声讲话到不出声的思考。由此可见，思维只是不出声的语言，只要引发言语活动的肌肉组织发生作用却没有出声时，都属于思维的范畴。

华生还提出，人格是一切动作的总和，是各种习惯系统的最终产物。将一

---

① 华生以一个名叫艾尔波特的小男孩为被试，进行了习得性恐惧的研究。实验者反复在小白鼠出现时加以令人恐惧的声响，被试就通过巨大声响这一中介，建立起了玩具和恐惧的联系，以至于后来艾尔波特看到平常孩子都认为可爱的毛绒玩具时，也会产生不安和害怕。通过小艾尔波特的实验，华生认为有机体的学习实质上就是通过建立条件作用，形成刺激与反应之间的联结过程。

个人的动作留在某一年龄上切断所得到的横截面便是这个人在该年龄时所具有的人格。依照这些动作中占优势的习惯系统进行分类便可得到他的人格特征。他认为人格是可以改变的，因为人格是在环境的影响下形成的，只要改变一个人所处的环境，则他旧的习惯系统也必将改变，形成新的习惯系统，人格便借此得以改变，华生对改造人格持一贯的乐观积极态度，这也是他的观点深得广大民众之心的重要原因，他为群众描绘出一个充满希望的人生。

2. 心理学的任务

正如上文中提到的，华生认为人类的一切行为都可视做对一定刺激情境的反应，心理学的目的在于确定刺激和反应之间的对应关系，以便在已知特定刺激时预测会出现什么样的反应；或者在已知反应之后，推断受到了何种刺激的作用。这便是华生最为著名的 S-R 公式。华生认为心理学只有符合一般科学共有的预测、控制原则才能成为一门严谨的科学，正如他在《行为主义者眼中的心理学》一文中宣称的那样："行为主义的理论目标就是对行为的预测和控制。"（见冯特等，1983:152）只要摸清构成行为的最基本的刺激—反应联结，按照这一研究线路便能获得任何复杂行为的准确知识，进一步实现已知刺激预测行为和控制刺激改变行为的目标。正如华生在建立行为主义心理学之初所期望的那样，行为主义心理学在预测和控制行为方面的确比其他任何学派都做得更加出色。

3. 心理学的方法

华生主张研究可经验、可观察的行为而舍弃了意识，这一根本观点带来的直接结果就是研究方法上的变革，他用客观的方法取代了传统的内省法，并且只允许采用客观的研究方法。

（1）观察法

观察法分为借助仪器的观察和无帮助的观察两种。借助仪器的观察实际上就是通常所说的实验法，即运用设计精密的仪器有效地控制被试，更加精确地研究行为。无帮助的观察也就是自然观察，即不对被试施加任何干预的观察，这种观察可以获得在自然情境下刺激与反应间的联系，但由于未对无关变量进行控制，因而仅能获得粗略的信息，无法进行因果推论。观察法改变了传统心理学研究中被试既是试验者又是观察者的状况，由试验者扮演观察者角色，被试只需专心地对实验刺激做出反应即可。

（2）言语报告法

华生认为觉察自己身体的变化并用口头报告出来是人类特有的能力，不应该放弃这种获取可观察反应的途径，而且必须充分利用。他一方面强烈反对传统心理学的内省法而另一方面又倡导言语报告法的做法，在心理学界引起了巨大争议，有人认为华生把内省法从前门扔出去以后，又以言语报告法的形式把它从后门拾了回来。尽管华生辩解说语言也是行为反应的一种，同其他身体活动一样可以客观观察，言语报告法让被试报告的是自己机体的变化，而非心理和意识活动，这与内省法是完全不同的，并不违背科学的客观原则，但他的解释仍旧难以让人信服。

（3）条件反射法

条件反射法虽然不是行为主义心理学最早采用的但却是最重要的研究方法，一经行为主义心理学采用便极大地促进了心理研究的发展，这种方法的优势在于它不仅适用于正常的人，对于聋哑人、婴幼儿、病态被试以及动物等无法正常使用言语的被试也很有效。由于这一方法是从巴甫洛夫那里继承来的，华生因此特别感激巴甫洛夫和别赫捷列夫。条件反射法为在实验室中研究人类的复杂行为并将其分解为基本的单元提供了一条切实可行的途径。

（4）测验法

华生认为学术研究与应用研究之间的差异会逐渐缩小，测验法从应用领域进入学术研究也是一种必然趋势。但测验法也有着明显的缺陷，其中之一就是过分依赖于语言，对于那些有语言障碍的人来说测验法就不再适用了，因此，他主张开发和设计一些不一定需要语言的测验。

总的来说，华生以客观方法取代内省法的主张是一种进步，使得心理学研究获得的结果更加可靠，不同学者之间也可以相互交流，相互印证和比较。应该说，客观方法在心理学中的运用虽不是华生的首创，但他在客观方法的推广和扩充方面的确功不可没。

4. 环境决定论

华生最初承认先天遗传会影响行为，随后变为断然否定先天遗传的作用。起初，他认为本能作为一种遗传的类型反应，主要作用在于引发有机体的学习活动，即获得条件性反应的能力。后来，他却提出在心理学中取消"本能"的概念，认为行为最终都可还原为或分解为由刺激引起的反应，而刺激是不可先天遗传的，所以行为自然也不能由先天遗传获得了。在人类行为中那些看似像本能行为的方面，其实都只是在社会中形成的条件反应。而人类通过遗传获得的不过是构造而已，并非功能。至此，华生已经成为了一名彻底的环境决定论和教育万能论者，也因此诞生了那句被视为对行为主义心理学经典概括的言论："给我几十个健康而没有缺陷的婴儿，并在我自己设定的特殊环境中教育他们，那么我愿意担保，随便挑选其中一个婴儿，而把他训练成为我所选定的任何一种专家：医师、律师、艺术家、商界首领乃至乞丐和盗贼，而不管他的才能、嗜好、趋向、能力、天资和他祖先的种族。"（转引自叶浩生，2002:195）

5. 对华生心理学理论的评价

华生的行为主义理论另辟蹊径，避开了构造主义心理学和机能主义心理学之间的争论，把行为作为心理学的研究对象，使心理学获得了与其他自然科学所共有的客观性，更加贴近科学化的要求。他从方法和术语两个方面极大地推进了心理学研究的客观化进程，使心理学成为一门完全客观的行为科学。在某种层面来说，华生的行为主义心理学扩大了心理学的研究领域，改变了以往心理学关注意识和主观主义的现状，转变到注意行为和唯物主义上来。而他所提出的预测和控制行为的研究目标也极大地促进了心理学的应用，使行为主义心理学不仅成为众多心理学家竞相追逐的焦点，更引发了广大民众的浓厚兴趣。由于华生的行为主义心理学理论在客观化的道路上走得过于极端，必然会招致许多批评，其中最突出的便是本能理论的代表人物麦独孤对其否认本能和环境决定论的批判。正如波林说的那样，行为主义心理学作为一场运动已经死亡，但它已融入到了主流心理学之中，它大部分的客观方法和术语早已成为美国心理学的有机组成部分。

三、其他早期行为主义者的理论主张

作为行为主义心理学的创立者，华生自然是行为主义者中最具影响的一位，但当时的他却并不是一个人孤军奋战，行为主义者如雨后春笋一般在美国大地迅速涌现，他们虽在基本原则上坚持行为主义，但又都各自独立地提出了一些新的理论主张；他们虽不如华生这样为世人所熟知，却也是行为主义心理学学派的有力构筑者。

1. 梅耶的生理行为主义

马克斯·梅耶（Max F. Meyer，1873—1967）生于德国，早年师从艾宾浩斯学习心理学，后又在斯顿夫的指导下获得博士学位，毕业后执教于美国密苏里大学。他的研究兴趣主要在听觉和音乐心理学，认为真正的科学心理学必须研究耳和脑的机制，而不仅仅局限于意识层面。梅耶1911年出版了《人类行为的基本规律》一书，这比华生发表《行为主义者眼中的心理学》一文还要早两年。他在书中宣称，心理学只有采用与物理学相似的客观方法才能成为一门科学，主张通过揭示神经活动的规律和模式来解释意识经验和行为，可见他对于心理学客观方法的论述也先于华生。虽然他的理论主张早于行为主义的诞生，由于跟行为主义观点接近，他也因此而被列入行为主义阵营。

1922 年，梅耶又出版第二本专著《别人心理学》，顾名思义，他认为心理学的研究对象是"别人"，而不是自己。他主张抛弃把心理学视为研究自己的传统看法，提出别人才是心理学观察的对象，即心理学是研究别人的科学，过分关注自己的行为，难免有失客观，而且心理学必须要研究别人。虽然梅耶与华生都重视研究方法的客观性，但他与华生又有很大不同，他认为心理学家不必去否定心灵、意识的存在，在他看来，心理学的任务是研究公开的资料。如果意识、心灵等内容在公开的情况下，也可以对其进行科学的研究。他自诩是方法论上的行为主义者，而非形而上学的行为主义者，也被皮尔斯伯利（Walter B. Pillsbury，1872—1960）盛赞为"第一个对人的行为作了全面的行为主义解释的人"（Pillsbury，1929:290）。

2. 霍尔特的非正统的行为主义

艾德温·霍尔特（Edwin B. Holt，1873—1946）出生于美国，1901 年在哈佛大学获得博士学位，后留校工作，1926 年至 1936 年受聘于普林斯顿大学，任教期间一直致力于著述工作，著有《意识的概念》(1914)、《弗洛伊德的愿望及其在伦理学中的地位》(1915)、《动物的驱力与学习过程》(1931) 等。霍尔特的主要贡献是为行为主义提供了一个哲学框架，身兼哲学家（实在论者）和实验者两种角色的他学识相当广博，虽然他的观点在当时不为人所接受，但却对新行为主义者托尔曼产生了重大影响。

与华生不同，霍尔特并不排斥意识，而是将意识囊括在行为中，认为意识不过是使感知觉过程适应于物理对象的一个标记，意识状态就是把一个客体带到同有机体的某种关系中。环境事物具有多方面的属性，人们所意识到的只是事物本身所具有属性中的某个或某些方面，环境事物与意识在本质上是相同的，都具有物理属性。这样，心理活动和身体过程之间就没有任何区别了。

霍尔特还反对将行为分解为类似"刺激—反应"基本单元的做法，主张把反应看成是完成某种目标的整体。例如，我们不是说一个人沿着街道一步一步地走着，而是说他正在朝食品店走去。这样，行为中就有了目的，而且是一个整体。这与华生的观点也是截然不同的。在行为模式的问题上，霍尔特认为遗传在人类行为的形成中只起着次要作用，人的行为模式是通过学习和对童年时代行为模式的保持两条途径发展起来的。在他看来，动物和人类学习的起因在于对内部动因和外部动因的反应。他对内部动因的重视引发了后来的心理学家对内驱力如何影响学习过程的研究。此外，霍尔特还十分关注心理的意义，认为当一个人对某一事件作出适当反应时，就理解了其意义。

3. 魏斯的社会生物行为主义

艾尔伯特·魏斯（Albert P. Weiss，1879—1931）生于德国，幼年时移民美国。师从梅耶，一生从事儿童心理发展的研究。代表作有《人类行为的理论基础》（1925）和《汽车驾驶的心理学原理》（1930）。魏斯是一位激进的行为主义者。他认为，心理学是一门严格的自然科学，是物理学的一个分支，那些无法用客观的自然科学方法观察到的所有现象都应该清除出去。因此，他排斥一切有关意识、心理现象的描述和主观内省的方法。

魏斯的激进立场源于他所信奉的极端还原主义。他认为，人的行为、意识及人格和世界上的万事万物一样，最终都能被分解为物理的要素，直至电子的、质子的运动。其他超越物理实体的意识或心理是根本不存在的，因此作为自然科学的心理学当然不能把非物理实体的意识作为研究对象，应该去研究物理学界定的对象，因为心理学不过是物理学的一个分支。魏斯强调行为的生物成分，并进一步将其还原为物理要素，但却又无法回避人具有社会性这一事实。于是，他创造性地用"生物—社会的"一词去说明人类行为的特点。他主张心理学必须研究人的行为形成过程中生物的和社会的过程，即了解人类如何从婴儿发展为一个具有社会性的成年人。虽然他还为此制定了一份研究计划，但由于他的早逝，这份计划并未得到实施。

除梅耶、霍尔特、魏斯外，还有两位早期的行为主义者也是值得一提的。瓦尔特·亨特（Walter S. Hunter，1889—1953）同华生一样师出机能主义心理学大师安吉尔，他宣扬将心理学改造成"人类行为学"（Anthroponomy，"anthropo"的意思是人，而"nomy"指控制人的行为的法规），主张研究学习活动、言语活动等社会性行为。他虽然排斥、但并不否认意识的存在，同其他行为主义者一样反对内省的方法。卡尔·拉什利（Karl Lashley，1890—1958）是华生的学生，他秉承师训，高举行为主义大旗，以大脑的功能定位研究而著称于世。曾系统地阐述了大脑功能的两大原则：整体活动原则（Principle of mass action），即学习与记忆不依赖于大脑中特定的神经连接，而依赖于整个大脑，大脑以整体进行活动；等功原则（Principle of equipotentiality），即大脑皮层的不同部分在学习中的作用几乎是相当的，每一个部位都和其他部位一样重要。

第二节 新行为主义

以华生为代表的早期行为主义者无视有机体的内部过程，把心理学变成了没有"心"、没有"头脑"的心理学，其极端化和简单化的倾向不仅遭到心理学其他流派的强烈抨击，也引起了行为主义内部的不满。行为主义者用刺激—反应联结来解释人类的一切复杂行为，虽然在心理学向科学化迈进的过程中的确助了一臂之力，但在某种程度上也阻碍了对人类行为的正确认识。于是从上世纪 20 年代开始，许多心理学家在坚持行为主义基本原则的前提下，对其进行补充、修正和改良，他们在发展了客观实验的同时，也发展了客观的心理学理论。改良后的行为主义变得更加合理，被称为新行为主义（neobehaviorism），使已经穷途末路的行为主义又焕发出了新的生机。

一、新行为主义产生的背景

1. 哲学背景

新行为主义的兴起受到了逻辑实证主义和操作主义的影响。逻辑实证主义是在孔德激进实证主义的基础上发展起来的，修正了可被观察原则，提出直接观察并非获取科学知识的唯一途径，只要有可被观察的事实作为基础，通过间接观察或逻辑推理而得到的概念和命题也是可接受的，并可以在此前提下构建假设和理论。这一源自维也纳集团的逻辑实证主义观点一经引入美国便迅速得到了行为主义者的接受和欢迎。这也意味着作为中介变量而存在于刺激和反应之间的"心理"即使不能够被直接观察，也可以经由间接观察或逻辑推理而涵盖于科学心理学的研究中。

"操作主义"的概念源自 20 年代的美国实验物理学家布里奇曼（Percy W. Bridgman，1882—1961）。他提出，科学的概念就是科学家的一组操作活动，如果一个概念或定义无法用可观察到的操作来描述或取代，那么这个概念或定义以及在此基础上形成的命题都将是虚假的、不成立的和无意义的，因而也不再是科学的。新行为主义者正是受到这一观点的影响，主张采用操作化的定义来描述内在的心理与意识，认为用操作来重新界定心理学术语，可以避免很多无谓的争论，将有助于科学心理学体系的建立。新行为主义也因此又被称为操作行为主义。

2. 心理学背景

促使行为主义向新行为主义发生转变的最根本原因仍是行为主义自身的发展已陷入了困境。早期的行为主义心理学抛弃了心理与意识，仅关注于可观察到的行为，并将其还原为"刺激—反应"这一基本的单元，这种极端还原论和简单化的思想已将行为主义者引入了泥潭，使行为主义者在无限接近人类行为的同时却又永远无法触及人类心理的本质。在这种情况下，一些心理学家转而将目光投向介于刺激与反应之间的"中介因素",并且在逻辑实证主义和操作主义的支持下,获得了将"心理"重新引入心理学的有力证据,使行为主义发生了有益的转变。

新行为主义者们除了在方法论上吸收了当时新的哲学思想,也借鉴了心理学内部的理论主张。哥伦比亚机能主义心理学学派的代表人物武德沃斯提出的动力心理学对新行为主义者产生了明显的影响,他区分了人类行为的两个方面:机制和内驱力。机制指一种活动是如何执行的,而内驱力则指为什么执行这一活动。这两者是紧密联系的,都是有机体的反应。正是由于机制与内驱力之间存在这种对应关系,才使得我们可以通过对外显行为的观察研究推测其内部动因。此外,受机能主义心理学的影响,通过对学习过程的研究来探讨环境适应一直是心理学关注的热点,学习能力是适应水平的标志和体现。新行为主义者也致力于动物学习行为的研究,以期通过动物的学习行为来推测人类的学习过程,并进一步实现预测和控制行为的目标。

二、托尔曼的目的行为主义

1. 托尔曼的生平与著作

爱德华·托尔曼(Edward C. Tolman,1886—1959)的求学经历相当丰富,他早年在麻省理工大学学习工程,后改学心理学,曾先后在哈佛大学跟随霍尔特学习冯特、铁钦纳等人的传统心理学思想,到过德国在考夫卡的指导下学习格式塔心理学,又接触了华生的行为主义。因此,托尔曼的理论汲取了各家之精华。他最著名的成果是对小白鼠走迷宫的研究,发表了许多实验报告,论证动物能够学习关于世界的事实,并在后来灵活地使用,而不仅仅是对环境产生自动反应。他还非常关心心理学在解决人类问题上的应用,著有《动物与人的目的行为》(1932)、《战争的内驱力》(1942)、《小白鼠与人的认知地图》(1948)。

2. 整体行为说

尽管托尔曼的理论与内容心理学、构造主义心理学、格式塔心理学有着千丝万缕的联系,但他在基本立场上依然是行为主义的。他反对内省,不主张把意识作为心理学的研究对象,坚持研究行为,并建立了一套以整体性为突出特点的行为主义心理学学说。但与华生的行为主义不同,托尔曼认为,行为不应当被还原为刺激—反应这样的基本单元,正如一杯水的性质无法从水分子的性质推测出来一样,一个刺激所引发的人的整体行为才是心理学应该研究的对象,整个有机体的整体行为有其自身的特征,是单个反应所无法替代的。这种特征主要表现在:第一,所有行为都具有目的性,这种目的与意识无关,整体行为总是指向或躲避某个目标；第二，有机体在实现目标的进程中总能利用环境所提供的各种途径和手段，这标志着整体行为有认知性；第三，整体行为具有一种选择较短较近且容易达成的目标的活动倾向，如小白鼠在走迷津的过程中总是会越来越快地达到目标，即遵循最小努力原则（least effort principle）。

3. 中介变量

托尔曼认为整体行为之所以呈现出上述特征，是由于在实验变量（自变量）与行为变量（因变量）之间存在着中介变量，它正是行为的内部决定因素。起初，他认为决定行为的原因主要有五种变量：环境刺激（S）、生理内驱力（P）、遗传（H）、过去的训练（T）和年龄（A），行为（B）就是这些自变量的函数：

$$B=f_x(S, P, H, T, A)$$

1951年，托尔曼提出了中介变量的三种主要范畴：（1）需要系统，指特定时刻的生理剥夺（physiological deprivation）或内驱力情境；（2）信念价值动机，表示宁愿选择某种目的物的欲望强度和这些目的物在满足需要中的相对力量；（3）行为空间，指有机体在某一时刻感知到的具有不同方向和距离的客体。行为正是在个体的行为空间中发生的，行为空间中有些物体是吸引人的，而另一些物体则使人厌恶。

行为的原因和所引起的行为都是可观察、可操作的，因此可以对其进行科学的研究和观测，中介变量作为连接刺激情境和反应的内部过程虽无法直接观察到，但却的确是客观存在的。托尔曼提出，可以通过中介变量与实验变量或行为变量之间存在的精确的定量关系予以操作化，通过这种联系实现对中介变量的客观定义和准确测量。由此，托尔曼用 S-O-R 模型，即"刺激—中介—反应"模式代替了华生的 S-R 模型，其中的 O 代表有机体的内部因素，如动机、需要、价值观等，并进一步详细地阐述了对这一无法直接观察到的中介变量进行研究的科学途径。

4. 学习理论

托尔曼的学习理论在他整个理论体系中占有重要地位，他的学习理论与以往的学习理论最大的不同就在于他引入了认知的概念，他用"符号格式塔"（格式塔，Gestalt，其涵义是"整体"，或称"完形"）来表示有机体对环境的认知，他指出有机体在学习过程中不断习得环境中的线索和自身的期望之间关系的知识。如果有机体的期望得到证实，那么与这个目标联系起来的期望与该期望对应的环境中的线索所形成的符号格式塔便得到加强。通过不断地学习可以形成

"认知地图"（cognitive map）①，这种"认知地图"反过来又指导和调节着随后的行为。在托尔曼看来，学习只是一种认知过程，在没有强化的条件下也能产生，只是效果不明显而已，强化可使学习的效果表现出来。由于强调认知对行为的重要作用，托尔曼常常被视为学习理论中认知学派的代表人物，更有学者称他为认知心理学的开山鼻祖，因此托尔曼的理论有时也被称为认知行为主义。

5. 对托尔曼心理学理论的评价

托尔曼博采众家之长，对心理学的各家各派采取兼容并包的态度，他的目的行为主义的确为心理学，尤其是行为主义心理学的发展开辟了新的道路。他引入的"中介变量"的概念不仅对后来者产生了深远影响，也为同时代的其他行为主义心理学家，如赫尔等人所采纳。托尔曼也是将认知引入行为主义心理学的第一人，一方面唤起了行为主义者对认知过程的重视；另一方面也为认知心理学研究方法的客观化奠定了基础。此外，他精巧的实验设计也极大地启发了后继者的研究思路，为实验研究注入了一股新鲜的血液。尽管托尔曼没有把外显行为与内隐的机能（如认知状态）彻底、明确地联系起来，也未能建立起一个完全整合的理论体系，也有学者攻击他所使用的预言太过主观化，他的研究缺乏对行为的预测力，多为事后的解释，与华生所倡导的行为主义目标相去甚远，但这些不足都无法削减托尔曼对心理学的重要影响，他的思想在今天的心理学中依然能够看到。

三、赫尔的逻辑行为主义

1. 赫尔的生平与著作

克拉克·赫尔（Clark L. Hull，1884—1952）自幼家境贫穷，体弱多病，24岁时还因罹患小儿麻痹而终身残疾，身体上的缺陷并未阻挡他在学术上不断前进的步伐。他在取得采矿学硕士学位后转学心理学，由于对数学和逻辑学兴趣浓厚，他开创性地将数学语言应用于心理学理论中。他一生研究兴趣广泛，曾先后开展过概念形成、能力倾向测验、烟草对行为效应的影响、催眠和暗示感受性等研究，直至1927年第一次读到巴甫洛夫的《条件反射》一书，才将研究领域锁定为条件反射和学习问题。他是美国学习领域影响最大的心理学家之一，在心理学上最主要的贡献是对动物学习心理的研究，主要著作有《机械学习的数学—演绎理论：科学方法论的研究》（1940）、《行为的原理：行为理论导论》

---

① 认知地图是指"有机体习得的关于周围环境、目标位置以及达到目标的手段和途径的知识"（叶浩生，2002:234）。

(1943)、《行为纲要》(1951）等，一生成果颇丰。

2. 假设—演绎系统

赫尔认为心理学是一门客观的科学，心理学家的任务就是经过实验研究，分析并找出支配个体行为的法则。他将欧几里得和牛顿等人关于数学和物理的演绎系统视为典范，认为建立一条从简单的质子电子运动一直延伸到复杂的目的性行为（包括理性行为和道德行为）的连续链条是科学理所当然的目标，主张建立一种普遍的和形式化的行为系统，也就是假设—演绎系统。

假设—演绎系统是根据一系列先验的确定公式进行的严格演绎，它开始于假设，每个假设与一个逻辑系统完美地结合，尽可能严密地从中演绎出结论（定理）来，然后再用所观察到的事实、经验去检验，如果结论与经验事实相符合，假设就保留；否则，就需要对假设进行修正，直到证实后再把它们纳入到科学体系中。赫尔很希望经过假设—演绎系统的应用，使心理学能够像物理学、数学那样成为一门客观的科学，也倾尽全力致力于假设、定理的推理和演绎。他的心理学研究也因此具有了客观性和数量化的特征。

3. 行为的建立

赫尔与华生一样将动物的学习行为视为刺激—反应的联结，但他却并不赞同华生提出的刺激—反应模型，他吸取了武德沃斯和托尔曼的中介变量理念，对 S-R 模型进行了修改，将有机体的内部过程也纳入其中，提出 S-s-r-R 模型（其中 S 为外界环境中的刺激，s 为刺激在头脑中留下的痕迹，r 为运动神经冲动，R 是外显行为）。也就是说环境中的客观刺激并不直接导致有机体客观行为反应的出现，而是经过一系列复杂的、无法观察到的内部过程后才以行为反应的形式表现。而且，赫尔也意识到现实生活中的刺激不同于实验室中的刺激，通常不是简单的一种刺激，而是一组刺激的组合共同引发了运动神经的冲动和行为表现（如图 4.1 所示）。

赫尔认为，有机体生物需要的未满足状态是动机的基础，但他并未将生物需要的概念直接引入其理论中，而是假定了内驱力这一中介变量的存在，内驱力被视为一种由有机体的组织需要引起的刺激，它能够激发行为，并为一切行为提供能量，但并不引导行为，这一功能是由外部刺激完成的。内驱力的大小可由生理需要被剥夺时间的长短，或所激起行为的强度、力量等客观指标来确定。赫尔将内驱力分为两类：原始内驱力和继发内驱力。原始内驱力与有机体的生物需要相伴随，是维持生存所必需的，如：饥饿、口渴、性欲等；继发内驱力则因伴随着原始内驱力的降低，而获得了内驱力的性质。其实，这两种内驱力正是与巴甫洛夫的非条件反射和条件反射相对应的。行为有助于降低内驱

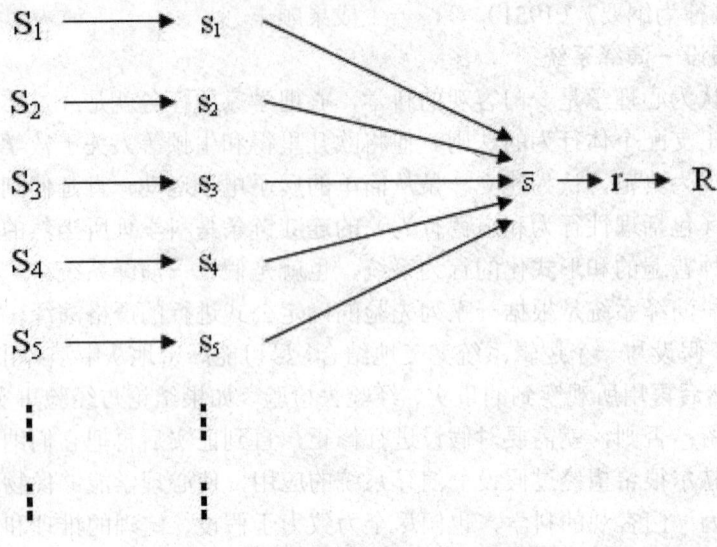

图 4.1 赫尔的多种刺激作用示意图

注：其中 $\bar{s}$ 表示多种刺激的综合影响。

力，恢复有机体所需的生物状态。

赫尔还指出，刺激与反应的时间接近性和强化是学习的两个必要条件，接近能增加刺激引起反应的可能性，而强化则是降低内驱力所必需的，这与华生对强化的理解是不同的。他将强化分为原始强化和继起强化两类。原始强化物主要是一些能够直接满足有机体生物需要，降低原始内驱力的物质，如食物、水等。而另外一些中性刺激，本身并无法降低内驱力的能量，但因为经常伴随原始强化物出现而获得了降低内驱力的效果，便成了继起强化物，如巴甫洛夫条件反射实验中的铃声或灯光。

赫尔用习惯强度（sH_R）来表示刺激与反应之间的联结力量，sH_R 可以通过接近和强化得到增强。他用公式来表示强化和习惯强度之间的函数关系。

$$sH_R = 1 - 10^{-0.0305n}$$ （n 为强化的尝试次数）

赫尔还创造了另一个概念——反应势能（用 sE_R 表示），指一个已经习得的反应发生的可能性，其大小由习惯强度和内驱力所决定，三者的关系为：

$$sE_R = D \cdot sH_R$$

从这个公式可以看出，当习惯强度（sH_R）和内驱力（D）中的任何一项为零时，反应势能即为零，表示某一行为不会发生。

4. 行为的抑制

运用函数公式详细地分析了行为的建立过程后，赫尔还假设了抑制性潜能的存在。在没有强化的条件下，一个不断重复的习得反应会逐渐减弱，以至消失，这正是由于发生了抑制的缘故。抑制有两种：反应抑制和条件抑制。反应抑制是指有机体不断重复活动而产生了疲劳，使该有机体削弱并最终终止该反应，当操作停止后，反应抑制亦逐渐消失；若在疲劳削弱反应的同时，人为地匹配一个刺激，使其与反应抑制相联系，则该刺激也获得了抑制功能，成为条件抑制。因此一个有效的反应势能（sE_R）除了由习惯强度（sH_R）和内驱力（D）所决定，还应考虑到抑制的削弱作用。即：

$$sE_R = D \cdot sH_R - (I_R + sI_R) \quad (I_R：应抑制；sI_R：条件抑制)$$

后期，赫尔又不断对其理论进行了修正，他认为强化、刺激强度、行为习惯和内驱力共同决定了行为的发生。此外，他还修正了内驱力降低起到强化作用的观点，认为不是内驱力本身的降低而是内驱力刺激的降低起到了强化作用。赫尔还创造了"零星期待目标反应"的概念，用以解释连锁反应的学习，即动物在达到目的物之前的每一刺激既是对前一反应的强化，又是引发下一反应的刺激，由此构成一个完整的行为链。

5. 对赫尔心理学理论的评价

赫尔力图使心理学体系数量化，以数学和逻辑学为工具，提出了一个系统、庞大而又复杂的理论体系，以期把心理学打造成一门完全客观的，像物理学和数学那样精确的自然科学，也正是由于对精确的过分追求使得其理论暴露出了严重的缺陷，也降低了研究发现的应用范围。他的努力虽未成功，但这一富有开创性的尝试仍然是值得肯定的，他也因此而成为一流的心理学家，培养了诸如多拉德（Dollard）、霍夫兰德（Hovland）、米勒（Miller）等一大批优秀的心理学家。他的工作所引发的研究也许超过了其他任何理论，仅这一点就足以说明他对心理学发展所作出的巨大贡献。

从20世纪30年代到50年代初，赫尔及其弟子在实验心理学中占据了支配地位，但随着实验证据的积累，他的理论也暴露出了严重的缺陷。赫尔把学习等同于刺激与反应之间关系的获得，他坚信只要遵循严格的科学步骤，按照实证主义有关逻辑演绎的方法，心理科学的进步便势在必得，心理学家可以解释一切复杂的学习现象，把取之于动物学习实验的结论应用于人类复杂的社会行为。但是，越来越多的实验证据表明，赫尔的理论体系充满了矛盾，由这一理论体系得出的推论在实验验证中屡遭失败。这一方面是由于他假设的内部状态变量过多，很多假设的中介变量难以证实；另一方面则与华生等行为主义者受到的抨击相似,以动物实验得出的结论来解释人类的高级认知活动,犯了还原主义的错误。

时至1950年,托尔曼和赫尔雄心勃勃地建造心理学体系的年代已经一去不复返了。这两个体系都未能成功地制定出一套长久的研究方案,托尔曼的理论过于简略,过于纲领化,使他忠实的学生们无法继承。而赫尔则因致力于深奥的理论术语的数量化而同样陷入泥潭。两人的理论体系不论在理论建设还是在实践应用方面都到了进退维谷、充满危机和矛盾的境地。然而行为主义却并未由于托尔曼和赫尔两个人的失败而一蹶不振,恰恰相反,行为主义在他们工作的基础上迎来了发展中的另一个高潮。

四、斯金纳的操作行为主义

1. 斯金纳的生平与著作

弗雷德里克·斯金纳(Burrhus Frederic Skinner,1904—1990)生于美国宾夕法尼亚州,自幼便展现出极强的动手能力,经常制造些小玩具。早年主修文学并立志成为一名作家,后为了创作需要,加深对行为的理解而开始学习心理学,这一学便是一生。他长期致力于研究鸽子和老鼠的操作性条件反射行为,与巴甫洛夫的条件反射进行了区分。他杰出的动手能力在研究中也大派用场,他发明的斯金纳箱是实验心理学中经典的研究工具。据不完全统计,他一生发表论文112篇,著作18部,其中包括《有机体的行为》(1938)、《科学与人类行为》(1953)、《言语行为》(1957)和《超越自由与尊严》(1971)等以及小说《沃尔登第二》(1948),研究成果相当丰硕。斯金纳无疑是最著名和最有影响的心理学家之一。

2. 描述行为的科学

托尔曼和赫尔的行为主义与早期的行为主义已经有了很大不同,虽然他们在基本立场上仍坚持行为主义,但为了解决发展中遭遇的种种障碍却都不约而同地引入了中介变量,即有机体的内部过程。这在斯金纳看来无异于死路一条,因为这种思路引导人们通过行为以外的一些变量间接地了解行为,而非直接研究行为本身,况且这些变量还是基于先验的假设理论,这无疑给行为研究设置了更多的困难。他主张将心理学的关注点重新拉回到行为上来,既然心理学是一门关于行为的科学,就应该直接对行为本身进行观察和描述,从大量的实验资料中找出行为的规律,而不进行任何预先的假设或推理。

斯金纳虽然先在哲学上接受了行为主义思想,但却并未因此而走上理论构建的道路,恰恰相反,他对行为的研究深受华生和巴甫洛夫的影响,具有浓厚的实证主义色彩。他反对把心理学看做是理论性的，主张采用完全不带任何理论结构、严格的、可观察的、实证的实验方法来研究行为，他把心理学看做是一门完全致力于行为研究的自然科学，只研究能够观察到的行为，而对于机体内部可能发生的活动则不作任何关注与推测，他的理论也因此被称为"没有有机体"的行为主义，或激进的行为主义。斯金纳还进一步强调，行为科学的研究必须在自然科学的范围内进行，而科学研究的任务就是在先行的、实验者控制的刺激条件（S，自变量）和有机体随后的反应（R，因变量）之间建立函数关系，即 $R=f(S)$，这一公式完全排除了自变量和因变量之间存在中介变量的可能性。他也承认一些因素会影响到 R 与 S 之间的函数关系，比如过去形成的条件（A），但他只将这些因素视作"第三变量"，而不是什么内驱力或中介变量，在他看来它们仅仅是一组操作而已，如饥饿，完全可以从上次进食时间（自变量）和找到食物后的进食速度和进食量（因变量）中观察到，这样刺激和反应之间的函数关系就可以表示为：$R=f(S, A)$。

斯金纳为了确定自变量、因变量和"第三变量"三者间的函数关系，不仅设计了一套完整的实验程序，还专门创造了一种实验装置——"斯金纳箱"，如图 4.2 所示。斯金纳箱主要由三部分组成，分别是箱体、箱底部的金属网以及由踏板（或杠杆）、与踏板（或杠杆）相连的食物仓所构成的机械系统，箱内的小动物只要一按压踏板（或杠杆）就会有一颗食丸从食物仓掉落到食盘内。在箱外还置有记录器，用来记录小动物按压踏板（或杠杆）的次数及频率。在试验中，实验者通过操纵自变量，观察实验对象的行为反应，将其记录下来并构建两者的函数关系，从而发现刺激和反应之间的规律。这套方法也被称为行为的实验分析体系。

3. 操作—强化理论

斯金纳将有机体的行为进行了区分：应答性行为和操作性行为。应答性行为是指由某一特定的、可观察到的先行刺激所引发的行为。这种行为是被动的对刺激物的回答，受刺激物的控制，巴甫洛夫的条件反射实验中狗听到铃声或看到灯光流口水的反应就属于应答性行为。而操作性行为则不同，是在没有任何明显的可观察到的外部刺激的情境中有机体表现出的行为，这种行为似乎是主动的、自发的，与任何已知的、可观察到的刺激都没有关系，体现了有机体对环境的主动应对。这两种不同类型的行为是通过不同的条件作用机制获得的，应答性行为是经典条件反射作用的结果，而操作性条件反射则塑造了操作性行为。在斯金纳看来，操作性行为在人类的生活中更具代表性，人类的大多数行为都是对环境的主动操作，因此研究人类行为的有效途径是研究操作性条件反

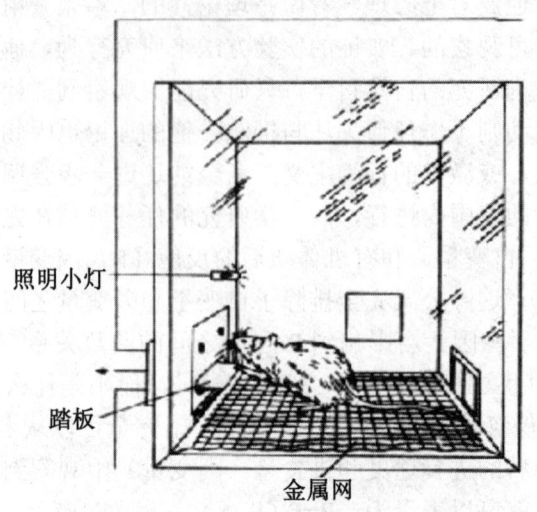

图 4.2 斯金纳箱

射的作用机制,而不是像华生那样关注应答性行为。

(1) 操作性行为的建立

斯金纳发现,斯金纳箱中饥饿的小白鼠开始时只是在箱中乱转,偶然按压了一下踏板,掉出一颗食丸,按压踏板这一偶然行为便得到了食物的强化,接下来小白鼠会越来越频繁地按压踏板以获取食物,这样一来,小白鼠便很快学会了按压踏板这一操作行为。同样,斯金纳在人身上也发现了操作性条件反射建立的规律,即在一个操作发生之后,如果紧接着给予一个强化刺激,那么这个操作反应就会增强,只不过得到增强的不是这一行为反应本身,而是它发生的概率,也就是说强化提高的是某种反应发生的可能性,而非赫尔说的那样降低有机体的生物内驱力。因此,行为获得的关键在于操作反应和强化物的伴随,只要巧妙地设置强化物和强化程序,个体便能够习得各种复杂行为。按照斯金纳的观点,行为的公式由华生的"S-R"变成了"R-S-R"。

(2) 操作性行为的消退

如果已经习得的操作性条件反应不再得到刺激物的强化,这一行为反应便慢慢消退,直至消失。如斯金纳箱中的小白鼠在学会了通过按压踏板获取食物这一行为后,若撤销强化刺激物——食丸,也就是说小白鼠再次按压踏板时不再有食丸掉出,那么它去按压踏板的次数就会越来越少,一段时间之后便不再表现按压踏板的行为,这时,已经建立起来的操作性条件反射便消退了。操作性反应消退过程的长短往往与行为建立时的牢固程度密切相关,操作性反应建立得越牢固,撤销强化刺激直至行为消失所需的时间越漫长。因此,消退时间的长短可以作为衡量操作性条件反应牢固程度的一个重要指标。

(3) 操作性行为的分化

针对有机体条件反应的某一特征设置强化物,可以达到使其区分刺激物,对刺激有选择地进行反应的目的,即操作性条件反射的分化。分化的前提必须是已经建立了操作性条件反射,然后只对其中具有某一特征的反应进行强化,例如小白鼠按压踏板的力度,只有当按压力量大于某一标准时才给予强化刺激,低于标准强度时则不提供食物,如此一来,小白鼠便学会了以某一特定强度的力量去按压踏板,它的操作行为变得更为精确。这实际上是对行为反应的进一步细化,对塑造动物和人类的行为具有重大作用。

4. 强化

不论是操作性行为的建立、消退,还是分化,其中最重要的因素都是强化,强化决定了一种行为得以保持还是逐渐消失。正因为如此,斯金纳的行为主义理论也被称为"操作—强化理论"。与以往的行为主义者相比,斯金纳对强化的研究更加细致、系统,也更加全面。

(1) 强化物

按照强化物作用的不同可将其分为积极强化物和消极强化物。积极强化物是指那些能够增强行为反应发生频率的,与反应伴随呈现的刺激物,比如:食物、水、奖赏等;而消极强化物则是指当撤销这种与反应相伴出现的刺激物时,行为反应得到增强,例如对斯金纳箱底部放置的金属网通电,只有当小白鼠按压踏板时才停止电击,很快小白鼠便学会了按压踏板以减轻痛苦的操作行为。这里的电击就是消极强化物,它的消失增加了小白鼠按压踏板的频率。除此以外,如刺激性气味、噪声、批评等能够给人带来厌恶性体验的事物均属此列。这里需要说明的是,惩罚与消极强化物是完全不同的范畴,以增强反应为目的刺激物都是强化物,对有机体来说施加一个消极强化物或撤销一个积极强化物都是惩罚,都能达到减弱反应的目的。

根据性质的不同,还可将强化物分为原始强化物、条件强化物和概括强化物。那些天然具有强化作用的刺激物是原始强化物,比如食物、水和电击;条件强化物是与一个原始强化物反复伴随出现,从而具备了强化性质的刺激物,与赫尔的"继起强化物"的概念是一致的。例如在小白鼠按压踏板时食物和灯光刺激同时呈现,重复多次后小白鼠便建立了操作性条件反射,此时当小白鼠再次按压踏板时,不再供给食丸,而仅有灯光刺激时,它按压踏板的行为也会增强,这说明灯光也具有了强化物的性质。当一个刺激物与多个原始强化物多次伴随出现,而同时具备多种强化作用时便称为概括强化物。比如:金钱通常与衣、食、住、行等生活中方方面面的原始强化物相联系,因而具有相当广泛的强化作用。

(2)强化程序

在日常生活中我们的操作行为往往并不总是伴随着强化物的出现,但我们的行为却仍旧被保持了下来,连续的强化更多地只是存在于实验室情境中的,而现实生活中我们接受的多为间歇强化。间歇强化又可分为固定强化和非固定强化两种,其中固定强化可以按照时间或比率来分配强化物。定时强化便是以反应时间为单位来实施强化的,比如每隔几分钟或几天给予一次强化,计时工资就属于这种强化模式。这种情况下,反应速度会由于是否接近强化时间而发生变化,在上一次强化刚刚结束时反应速率减慢,快接近下一次的强化时间时反应速率加快。定比强化则是以反应数量为单位来实施的强化。比如当反应出现多少次时给予一次强化刺激,计件工资正是采用了这种强化方式。定比强化对反应的增强效果比定时强化要更稳定,反应速度也更快些。非固定强化则克服了固定强化的各种缺陷,通过这种方式习得的反应既稳定又均匀,而且也更加牢固。斯金纳认为,将固定强化与非固定强化相搭配可获得最佳的强化效果。

此外,斯金纳运用操作—强化理论对更为复杂的心理现象也进行了解释,如人格形成和语言获得。他认为人格只不过是行为的总体,是一种稳定的行为模式。人格的差异,就是行为的差异,每个人以往受到了不同的强化而具有不同的行为特点。人的行为会随环境的变化而变化,那么人格也可以因行为的改变而得到改变。而言语行为跟有机体(包括动物)的一切行为一样,也是通过强化获得的。最初婴儿只是偶然发出一些类似于"ma"、"ba"或"pa"的音节,家长听到后便以为婴儿是在叫自己,会给予他们拥抱、亲吻或喜爱的食品作为奖励,这些语词便因为得到强化而保留下来。而另外一些不正确的语法或不确切的发音则因父母未做出反应或未给予积极强化而消失,他认为人类正是通过强化作用一点点积累起自己的词汇库并习得语言的。斯金纳的言语发展观受到诸多置疑,尤其受到语言学家乔姆斯基(Avram Noam Chomsky,1928—)的猛烈抨击。乔姆斯基指出,从幼儿语言的发展速度来看,根本不可能通过强化的方式逐个学习词汇,语言的发生有着更为复杂的内在机制。

5. 斯金纳行为主义理论的应用

斯金纳不仅是一位行为主义理论家和实验者,更是其理论的最好践行者。他将操作—强化理论应用在儿童发展和教育领域,发明了两种装置"空中摇篮"

和"教学机器",也正是这两项发明使他成为普通民众中的著名人物。"空中摇篮"是一个巨大的婴儿照料机械装置,虽然他用它健康地养育了他的第二个孩子,这个机器也得到了许多年轻母亲的称赞并拥有巨大的市场但却并未获得成功。"教学机器"则是斯金纳为了克服传统教育的弊端而设计的。它是一种儿童自主学习的机器,主要运用程序教学法进行教学,采用小步渐进和及时强化原理,把复杂的问题通过一系列小的、简单易懂的问题一步一步呈现给学生,当学生的回答与机器呈现的正确答案相符时继续呈现下一个问题。经过多次重复,直到学生完全掌握程序中的所有学习材料为止。这种程序教学有利于提升学生的学习主动性,也减轻了教师繁重的教学任务。到20世纪50年代计算机普及后,程序教学成了一种新的教学形式,即今天为我们所熟知的计算机辅助教学(CAI)。此外,斯金纳还对社会管理和控制提出了建议,这些建议也将他的环境决定论立场展现无疑。他主张通过控制环境中的刺激物来控制个体的行为,进而推进政治、经济、文化、制度等社会控制的实施,如果每一个个体的行为都得到了科学完善的控制,那么整个社会良性管理便得以实现。这些观点在他的小说《沃尔登第二》中得到了最好的体现。

6. 对斯金纳心理学理论的评价

毫无疑问,斯金纳是最伟大的心理学家之一。他严谨的治学态度、精确的实验技术,以及富有创造性的研究工作都给人留下了深刻的印象。他对行为主义基本思想的彻底贯彻虽稍显激进而极端,但却将行为主义心理学带到了一个新的高度,也进一步稳固了行为主义学派在心理学发展历史中的地位。斯金纳的贡献还在于他的研究已经超越了学术领域,极大地影响了现实生活的方方面面,例如"空中摇篮"和"教学机器"改变了我们对儿童照料和教育的传统模式;行为矫正技术在教育、罪犯改造以及心理治疗领域都发挥了巨大作用。与对他的赞扬和肯定同样醒目而热烈的还有批评和责难。首当其冲的便是他对待理论的态度。批评者们认为:第一,他的心理学研究不需要任何理论,只描述行为就足够了;第二,他完全否认主观因素在行为中的作用,用自变量和因变量等一些量化指标来替代有机体的内部过程,犯了还原论的错误;第三,用有限动物(小白鼠、鸽子)的有限行为(按压踏板)推测具有高级心理活动的人类,难免过于简单化和片面化;第四,他的操作—强化理论虽然能够很好地预测和控制人类行为,但对语言生成和人格形成等问题的解释着实难以令人信服;第五,他的环境决定论过于极端,完全忽视了遗传的作用和主体的能动性。

第三节 行为主义的新发展——新的新行为主义

20世纪60年代前后，行为主义心理学不断衰退，体系内部也出现了分裂，与此同时，人本主义心理学和认知心理学正在迅速兴起。面对这样的内忧与外患，有一群心理学家在坚持行为主义基本原则的同时，选择了一条折中的发展道路。他们将"心理"、"意识"重新带到心理学的研究对象中，这使他们行为主义者的身份已不像先前的学者那样鲜明，理论中的行为主义色彩也不再那么浓厚，但是这种取向的确已步入暮年的行为主义带来了一线生机。

一、新的新行为主义的产生背景

行为主义在统治了心理学近半世纪之后，其理论中的种种缺陷和弊端已暴露无疑，面对越来越多的诟病，渐渐显得力不从心。虽然新一代的行为主义者们仍在坚持不懈地为了收复行为主义的领地而奋力抗争着，但不论是托尔曼还是赫尔却都未能将行为主义继续发扬光大。托尔曼的理论过于简略和纲领化，赫尔则把精力放在了构建复杂深奥的理论体系上。与此同时，行为主义心理学赖以存在的基础——实证主义哲学，也面临着新一代哲学家的挑战。他们指出，通过客观方法获得的不一定是科学的知识，任何知识都打上了研究者的烙印，都带有研究者的主观色彩，都不可避免地会受到研究者的文化、价值观、个人经验等因素的影响。科学哲学态度的转变动摇了行为主义心理学的方法论基础，新兴的存在主义和人本主义哲学思潮也在猛烈抨击着行为主义。在四面楚歌的困境中，行为主义者们选择了两条完全不同的道路：一面是斯金纳的继续坚持，将行为主义推向极致；另一面则以班杜拉为代表，吸收了迅速崛起的认知心理学观点，将曾经为行为主义心理学所抛弃的意识、感知、思维、记忆等内部心理过程重新收纳回来，在行为主义心理学和认知心理学之间开拓出一条折中的发展道路。至此，继早期行为主义和新行为主义之后，行为主义的第三股力量——新的新行为主义诞生了。

虽然新的新行为主义的行为主义特征已经不再那么明显，对认知的引入和重视又使它带有很强的主观色彩，但在研究对象和研究方法上坚持客观主义的立场仍然是其行为主义身份的一个重要标签。新的新行为主义者认为，一切理论和实验研究的最终目的都是为了说明、预测和控制人类的行为。

二、班杜拉的社会学习理论

1. 班杜拉的生平与著作

阿尔伯特·班杜拉（Albert Bandura，1925—　）生于加拿大，早年就读于加拿大的不列颠哥伦比亚大学，后来为新行为主义所吸引，前往美国跟随赫尔的学生斯彭斯（Kenneth W. Spence，1907—1967）学习行为主义，他在上学期间就提出了社会学习理论，这在认知心理学和人本主义心理学平分天下的当代心理学领域独树一帜。他不仅高产，且作品的引用率也相当高，《青少年的攻击行为》（合著，1959）、《社会学习与人格发展》（合著，1963）、《行为矫正原理》（1969）、《心理学的示范作用：冲突的理论》（1971）、《攻击：社会学习的分析》（1973）、《社会学习理论》（1977）等，都是其中的典范之作。班杜拉对心理学最大的贡献在于他提出了社会学习理论和行为矫正技术，为了奖励他在心理学理论研究方面的杰出贡献以及将心理学知识应用于公益事务的热忱和成功，他曾获得学界内外的多项奖励和荣誉。

2. 观察学习

观察学习又称替代性学习，是社会学习的最主要方式，这一概念最早虽不是班杜拉所提出的，但却是为他所发扬光大的。班杜拉认为，倘若个体通过华生或斯金纳所说的直接强化的方式学习，那么行为的习得过程将是相当缓慢而漫长的，这种方式既不符合经济原则，也与现实生活中的实际情况不一致。因此，班杜拉受米勒（Neal E. Miller，1909—2002）和多拉德（John Dollard，1900—1980）等人思想的影响，提出人类最常使用的学习方式是观察学习。顾名思义，所谓观察学习就是指个体仅依靠观察他人的行为及结果，而不必亲自体验就能够学会某一行为反应的过程。也就是说，个体不必非得亲自接受食物或身体感受上的直接强化便能习得行为，这是与以往的行为主义者提出的强化学习或桑代克的试误学习完全不同的一种学习方式，表现在：第一，观察学习不一定具有外显行为；第二，观察学习不依赖于直接强化，而是靠间接强化，即通过观察他人的反应受到强化的过程，而使自己的行为反应得到增强；第三，观察学习具有认知性，观察者需要调动记忆和表象等内部心理活动来指导自己的学习；第四，观察学习不同于模仿，模仿只是观察者对行动者行为动作的机械复制，而观察学习则是观察者在观察动作的基础上除了模仿还要进行思考和总结，概括行为的规律，因此观察学习往往具有创造性。

班杜拉从信息加工心理学的角度对观察学习的过程进行了详尽的分析与阐述：

(1) 注意过程。在注意过程中，观察者需要确定在所面对的大量刺激中选取哪一个作为知觉和观察的对象，并对其进行深入的认知加工。观察目标的选定往往受到观察者个人经验、能力、心理定势以及期望的影响。此外，示范活动的特性（如显著性、复杂性等）、示范活动的实用价值以及观察者的交际网络、电视等新兴媒体的发展都对注意过程有着重要的影响。

(2) 保持过程。保持过程是指观察者把行为者的动作转换成表象或言语符号储存在记忆中。这些以符号形式储存的示范信息能够在示范活动不在眼前时，为观察者的行为提供指导。观察者心理上的模拟练习和行为上的实际操作都有助于示范行为的保持。

(3) 动作重现过程。前两个过程都是发生在观察者内部的心理过程，是示范信息由外界环境进入到观察者的头脑中并转移到记忆系统中的过程，而这一过程则是将脑中储存的示范信息以实际行为的方式展现出来，即从内到外的过程。观察者只有通过重现示范活动，才能根据结果的反馈调节自身的行为，使其与示范行为相一致。

(4) 动机过程。这一过程决定了哪一种通过观察习得的行为得以表现。行为的习得与行为操作之间并不总是一致的，毕竟人们不会将他学到的所有东西都表现出来，只有在积极诱因的刺激或激励的作用下，行为才会出现。

观察学习的这四个过程是相互联系、密不可分的，任何一个环节出了问题，都将干扰观察者示范行为的再现。

3. 交互作用论

个人决定论和环境决定论之争在心理学中由来已久，个人决定论者认为个体的内部心理要素，如本能、需要、驱力、认知结构、人格等决定了人的行为，人的行为完全是由个体自身的因素决定的；而在诸如华生、斯金纳这样的环境决定论者看来，人不过是环境的产物，只要控制了环境刺激便能达到控制人类行为的目的。也有心理学家持折中的观点，认为环境和人并不是孤立的，而是联合起来影响和决定了行为。在这一问题上，班杜拉的观点不同于上述任何一方，他认为个人、环境和行为三种因素相互影响、相互作用，构成了一种三角形的互动关系（见图4.3）。

班杜拉认为个人、环境、行为三者中任意两者都是相互联系、相互决定的。具体表现在：环境决定了哪些行为能够得以表现，行为反过来又能创造和改变环境；个人的期望和价值体系影响个体采用何种操作方式实现自己的目标，而行为的结果又会通过个体的评估系统使价值观、期待等认知成分发生改变；个体不同的性格或气质特征将激发不同的环境反应，环境反应又通过自我评价而

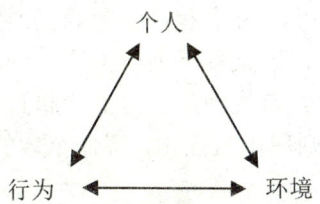

图4.3 个人、行为和环境的交互作用

影响性格、气质形成。总之，在不同条件下，对于不同的人来说，三者的影响力大小的权重都是不同的。认知因素作为个人因素中最重要的成分与环境、行为相互影响、互为因果。我们可以从中看出认知因素在个体内部以及班杜拉的整个交互作用体系中的重要地位。

4. 自我调节论

所谓自我调节即内部强化的过程，指个体通过将自己的计划和预期与实际行为的结果加以比较、进行评价，从而调节自己的行为。班杜拉指出，人的行为并非像斯金纳说的那样，完全由外在的奖励或惩罚决定，这种被动的方式不可避免地导致了行为的盲目性和随机性。而实际上，人类行为往往具有一定的计划性和持续性，这就意味着人是有能力依照实际情况为未来确立明确的目标并制订详尽的计划，激励自己朝着目标不懈地努力，这是与动物的不同之处，是人类所特有的能力。个体不断地对自己的行为表现进行评价，奖励或惩罚自己，接下来要么调整自己的行为或目标，要么激励自己继续努力，逐步达成目标。

由此可见，自我在决定行为上有重大作用，它虽然不是行为的动因，但却能为行为提供源源不断的动力。个体的自我是来自于外部的，通过模仿、榜样学习或内化标准等方式在成长过程中不断将他人的、外在的行为及行为标准吸收并融入到自己的信仰、观念、价值体系中去。因此，自我也并非一成不变，它也会随着时间、个体经验的增加，阅历的丰富而不断改变。

班杜拉认为自我调节包括三个过程：第一个过程是自我观察。由于行为可能会在较为广泛的范围内发生变化，如质量、速度、创造性、重要性等，人们往往需要根据不同活动中的不同衡量标准对行为表现进行观察，有选择地关注某些方面，而忽视另一些方面。第二个过程是自我判断。自我判断指人们为自己的行为确定某个目标，以此来判断自己的行为与目标之间的差距，并引起肯定性或否定性自我评价的过程。自我判断的核心是确立自我标准，自我标准可分为绝对的行为操作标准、个人标准和社会参照标准三种。第三个过程是自我反应。自我反应是个体对自己的某种行为做出评价后产生的自我满足、自豪、自怨和自我批评等内心体验。自我满足、自豪能起到正强化的作用，调动积极性；相反，自我批评、自怨则属于负强化，降低个体的积极性，增加负面情绪。

5. 自我效能理论

自我效能是班杜拉理论体系中另一个核心概念。自我效能，是指个体对于自己是否有能力完成某种活动的主观判断和预期。班杜拉把这种预期进一步细分为结果预期和效能预期。结果预期，是指个体对自己的某一行为可能导致的结果的推测；而效能预期，则是个体对自己能够顺利进行某一行为的能力的推测或判断。二者并不一定完全一致，比如一个人相信自己在某次外语考试中能够取得好成绩（结果预期），但却不一定对自己的外语应试能力有信心（效能预期）。自我效能通常具有领域性，它总是与某一特定的领域相联系，如一个学业自我效能感很强的人，对人际关系的自我效能感可能很低。自我效能的强度总是与个体的努力程度密切相关，个体的自我效能感越强，越可能付出更多的努力，当遇到困难或障碍时会主动去想办法解决；反之，自我效能感低的人信心不足，付出的努力往往也较少，遇到困难时很容易退缩或放弃。自我效能在本质上是一种自我生成能力，通过自我生成，个体能对自己的能力进行评价和判断，并进一步对行为进行自我调节。

自我效能的形成通常会受到五种因素的影响：

（1）以往行为的结果。以往行为的结果是成功还是失败，以及通过行为获得的信息和直接经验，对自我效能的形成影响最大。成功的经验可以提高自我效能，增强对自己能力的信心；相反，多次的失败则使人灰心丧气，自我判断和自我评价降低，低估自己的能力。

（2）替代性经验。替代性经验是指个体通过观察他人的行为获得的对自己行为表现的预期。当一个观察者看到与自己水平相当的示范者获得成功时，会预测自己的行为也能获得成功，从而提高其自我效能；反之，当看到一个与自己能力不相上下的示范者付出了很大的努力仍失败了，则会降低其自我效能感。

（3）言语劝说。言语劝说包括他人的暗示、告诫、建议、劝告以及自我规劝。言语劝说用来说服个体相信自己的能力，确立行动目标，尝试做某件事情。经言语劝说形成的自我效能往往不够稳固，当遭遇挫折时容易迅速降低，而且还会受到劝说者特征的影响，如年龄、地位、专家身份等。

（4）情绪的唤起。班杜拉认为情绪和生理状态也会影响自我效能的形成。

当心情愉悦时，个体更倾向于对自己做出积极的评价；而在紧张、焦虑、忧郁、悲伤等消极情绪状态下，则易于对自己形成负面评价，认为自己无法胜任某项工作。

（5）情境条件。不同的环境提供给人们的信息是不一样的，个体会认为自己对某些情境更熟悉，更具控制力，因此在这些情境下自我效能感增强；反之，当个体进入一个陌生而易引起紧张、焦虑的情境中，自我效能的水平会降低。

正因为自我效能对行为的影响大而直接，预测力强，所以如何提高个体的自我效能感也成为既具有理论价值又具有现实意义的问题。班杜拉认为适当的外部强化与及时的自我强化都是提高自我效能感的有效途径。

6. 对班杜拉心理学理论的评价

班杜拉对心理学最大的贡献在于他发现了为前人所忽视的观察学习，这是人类区别于其他动物最主要的学习方式。他提出的观察学习模式同经典条件反射、操作条件反射一起被称为解释学习的三大工具。此外，他在对观察学习的研究中引入了社会因素，改变了传统学习理论重个体轻社会的倾向；他还吸收了认知心理学的研究成果，把强化理论与信息加工理论有机地结合起来；在方法论上他注重以人为被试的实验，改变了传统行为主义以动物为实验对象，把从动物身上得出的结论推论到人的拟物倾向；他的社会学习理论建立在丰富坚实的实验资料上，方法严谨，结论有说服力，影响面广，对实验心理学、社会心理学、临床心理治疗等学术分支以及教育、管理、大众传播等社会生活领域都具有影响。

当然，如同其他任何经典的理论一样，班杜拉的观察学习理论也并非完美无瑕。他的理论虽然博采众家之长，涵盖的内容也很广泛，但各部分内容之间缺乏内在逻辑性和相互连贯性，显得零散；他的观点中忽略了成熟、发展因素的作用，缺乏对学习行为在时间维度上的纵向考察；他仅强调了内部心理因素中认知过程的作用，而忽视了动机、需要、情感及内心冲突等因素。

三、其他新的新行为主义者的理论

1. 罗特的社会行为学习理论

朱利安·罗特（Julian B. Rotter, 1916— ）生于纽约，父母都是犹太移民。1941年在印第安纳州立大学获得博士学位后，一直任教于俄亥俄州立大学，从事临床心理学的教学和科研工作。在求学期间，他受到阿德勒、赫尔、斯金纳、托尔曼等人得影响，工作后又接触了凯利（George A. Kelly, 1905—1967）的理论。他主要致力于将社会学习理论扩展到变态心理学、儿童心理学、临床心理学和人格心理学等众多领域,他最有影响的著作便是《社会学习与临床心理学》(1954)。罗特将控制点和人际信任等人格变量引入他的理论中,形成了他具有特色的社会行为学习理论。

(1) 人格结构理论

罗特将行为变量、认知变量、动机变量和情境变量融为一体,从这四者相互关系的角度来解释人格结构,预测个体的行为。他主要用"行为潜能"、"期待"、"强化值"和"心理情境"四个概念阐述了人格的形成和发展。

行为潜能,指一种行为在某一特殊的、追求特定目标的情境中发生的可能性,即任何一种特定行为的潜力。产生于追求某个具体强化或与一组强化有关的具体情境中,这里的行为除了指有机体的外在动作反应,也包括情绪体验、认知活动和言语等。

期待,是一种主观的心理状态,是指个体在某一具体情境中做出了某种行为反应后,而希望得到的某种特殊强化。在罗特看来,期待与强化发生的可能性并不一定一致,它是一种相对独立的认知变量。他将期待分为两种:具体的期待,即在某个具体情境下所产生的期待;类化性期待,是指由一种情境产生的期待可类推至其他情境中。

强化值,是指在每一种强化都可能发生的条件下,个体对某一强化产生的偏好程度。一般而言,人们总是优先选择那些能带来较好结果的行为。

心理情境,是指反映着的个体所体验到的有意义的环境,它是由个体的内外环境构成的,与考夫卡的行为情境、勒温的生活空间以及罗杰斯的现象场相类似。罗特认为,在任何特定的时间内,个体都能体验到一组情境线索,这些线索唤起了个体对获得具体行为强化的期待。他指出,在某种意义上讲,行为是心理情境的一种功能,它在预测行为方面起着重要的作用,要想对行为进行预测,就必须准确地描述行为发生之前个体的心理情境的性质。

(2) 控制点理论

罗特发现,人们对成功或失败的归因是大不相同的,有人将之归因为自身的努力、能力、特质或技能等主观的内在原因;有人则归于运气、机遇、命运或其他不可抗拒的外部客观原因。罗特将这种取舍机制称为控制点,认为它能反映出一个人对行为结果的认知方式是积极的还是消极的。他将控制点进一步分为两类——内在控制点和外在控制点。内在控制点指一个人所得到的强化或惩罚是其自身所用方法、智慧或努力的结果;外在控制点则指一个人所受到的强化或惩罚与自身无关,并非自己所能左右和控制的。他还设计了专门的量表用来测定个体的控制点。

罗特及其以后的学者开展的大量研究发现，具有不同控制点的个体对导致强化和惩罚的内在、外在因素的归因不同，将影响他们在行为表现上的差异，具有内在控制点的个体比具有外在控制点的个体更潜心追求知识、学习文化，还热衷于搜集资料和信息，成就动机水平高。罗特还指出控制点这样的类化性期待并非是一成不变的。他的内外控制点研究对后来的动机归因理论产生了深刻的影响。

（3）人际信任研究

罗特认为，人际信任是除了控制点之外的另一种类化性期待，是人们对他人的言行是否可以信赖的类化性期待，因人而异，某些人期待他人是可以信赖的、可靠的，而另外一些人则认定他人是不可相信的，无法依靠的。这种类化性期待的形成取决于父母、教师、同伴或媒体对待承诺的态度和做法。他认为，人际信任程度不同的人，在面对同一问题或情境时由于期待的不同，将采取不同的应对方法。个体的人际信任程度与他的宗教信仰、社会经济地位关系密切，也与他对人的期待有关，而且为测定个体的人际信任程度，罗特还开发出了专门的测量工具。

（4）对罗特心理学理论的评价

罗特的工作对包括人格心理学、临床心理学和心理治疗等多个领域在内的基础研究和实践应用都有着巨大贡献。他的社会行为学习理论涵盖了一系列有预测效用的概念。他特别注意概念的精确性，对每一个概念都努力给出操作性定义，以便进行实证检验。他的理论超越了传统的人格理论，采用简洁准确的概念、客观全面的理论以及科学有效的实验设计和量表对人格进行了量化的分析，这在人格心理学历史上是开创性的。他将心理学的关注点从动物转向人类，把研究的重点由实验室转移到临床应用领域；他倡导社会环境下的行为学习而非个体学习，他注重人际间的相互作用和相互影响。作为一名心理治疗家，他还发展了心理治疗理论。虽然在新的新行为主义者中班杜拉的影响是最大的，但罗特却是由传统行为主义向新的新行为主义转变过程中的发轫者，他的思想影响了包括班杜拉、米契尔、斯塔茨（Arthur W. Staats, 1924— ）在内的众多新的新行为主义者。

然而，罗特的社会行为学习理论也存在着局限和不足。首先，罗特的理论主张有失偏颇，他强调行为的表现而不是行为的习得。其次，他的理论缺乏内在统一性，他关心的课题和研究的内容过于庞杂、缺乏严密的系统性，难以形成一个完整的理论体系。再次，他的研究方法仍有一定的局限性，与其他新的新行为主义者一样，由于他一味强调研究方法的客观性，对同一性、人格的内在统一性、内部动机、社会认知等内容的实证研究便被忽略了。

2. 米契尔的认知社会学习理论

沃尔特·米契尔（Walter Mischel，1930—　）奥地利维也纳人，自幼生长在弗洛伊德的故乡，因此早期研究多受弗洛伊德理论的影响。后移民美国，于1956年获俄亥俄州立大学临床心理学博士学位。他的理论思想深受人格心理学家乔治·凯利和罗特两位心理学大师的影响，1968年出版的《人格及其评定》一书，确立了他在心理学界的地位。

（1）人格变量理论

米契尔对传统的人格研究范式——心理动力学理论[①]、人格特质理论[②]和传统行为主义心理学理论进行了批判，其中影响最大的是他对人格特质理论的科学地位发起了挑战。他认为，所有关于特质一致性数据的评价都有赖于评价时选择的标准和研究目的，且特质理论在研究方法上也存在严重的问题。鉴于已有人格理论的局限性，在认知革命的影响下，他提出了五种认知人格变量来解释人们是如何对刺激做出反应，又是如何形成稳定的行为模式及人格的。这五种个体变量分别是：

①认知与行为建构能力。即个体建构或产生特定的认知和行为的能力。

②编码策略与个人建构。通过编码和个人建构，个体能够对刺激进行认知转换，有选择地注意客观刺激的某一方面，并加以解释、分类，从而改变刺激的意义。对刺激意义的理解将影响个体行为的获得和随后的反应。

③行为结果预期与刺激结果预期。行为结果预期涉及特定条件下的行为与结果关系；刺激结果预期涉及刺激与结果之间的关系，是人们对一个特定事件能否引发另一事件的可能性的预期。

④主观上的刺激价值。是指个体主观知觉到的某类事件的价值。

⑤自我调节系统和计划。即对行为表现和复杂行为序列的组织和自我调节。

米契尔认为，尽管个体的行为在很大程度上是由外部施加的结果控制的，但个体也通过自己施加的目标、自我评价来调节和激发自己的行为。

（2）认知原型理论

米契尔试图用认知变量来解释个体间的差异，除了提出五种人格变量外，

---

① 心理动力学理论的创始人是弗洛伊德。心理动力学理论认为，强大的内在驱动力塑造人格并引发行为，因此心理动力学旨在理解行为的内在源泉和动因。

② 人格特质理论（theory of personality trait）起源于20世纪40年代的美国，主要代表人物是美国心理学家高尔顿·威拉德·奥尔波特和雷蒙德·卡特尔（Raymond Bernard Cattell）。人格特质理论认为，特质（trait）是决定个体行为的基本特性，是人格的有效组成元素，也是测评人格所常用的基本单位。

还和坎特（Jacob R. Kantor，1888—1984）共同探讨了个体对人和情境进行分类的认知原型方法。他们在对人的分类研究中发现，人们在判断某一物体是否属于某个范畴时，通常是用原型来判定。若物体同个人心目中存储的原型越相似，就越有可能被归为同一类。他们还发现，人们似乎容易形成并描述有关情境类别的意象，在描述情境时，人们虽然会注意到情境的自然属性，但更倾向于关注情境的社会属性，比如情境中人的特征、与情境相联系的情感体验、行为模式、规范、气氛等。

（3）认知—情感人格系统（Cognitive-affective System theory of Personality, 简称 CAPS）理论

米契尔等人在先前理论的基础上强调了情感和目标的作用，并将这些变量称为认知—情感单元。认知—情感单元是指个体可以获得的心理—情感表征，即认知、情感或感受，具体包括编码、预期和信念、情感、目标和价值、能力和自我调节计划。每个个体可获得的、可通达的认知—情感单元是不同的，各单元之间彼此相联，组成关系网络，这种独特的关系结构便构成了人格的基本结构，是个体独特性的基础。个体在认知—情感单元的可通达性上是不同的，即它们被激活的难易程度不同；不同个体在认知—情感单元之间关系的结构上也存在着差异。

（4）对米契尔心理学理论的评价

除上述理论外，米契尔还做了大量关于延迟满足的实验研究，对该领域产生了深远的影响。此外，他对特质理论的基本假设——跨情境一致性提出的严正挑战对于我们如何看待人格和改进人格测验是很有帮助的；他还运用认知心理学有关原型分类的知识，对人和情境的分类进行了研究，并提出了人与情境的交互作用观点；他的理论重视人与环境的交互作用、认知因素、中介调节过程对人格发展的影响。

米契尔理论的不足主要表现在：他的认知社会学习的个体变量和原型不一定能解释个体的行为，这些变量彼此之间有重叠，而且他也没有论述这些变量是如何联系起来的；他的理论对社会历史因素、生物遗传因素以及无意识过程的重视不足；对于一些影响人格的实质性问题，认知—情感人格系统理论没有或只是做了含糊其辞的回答，不能涵盖所有的人格现象；理论中的概念和术语多是借用过来的，缺少自己的阐述和特色；他的理论在一定程度上带有主观思辨色彩，缺少实验研究的验证。

第四节 对行为主义心理学的简要评价

不可否认,在心理学的历史长河中,行为主义以其强劲的发展态势和实证的、可操作性的研究方法独占心理学的统治地位达半个世纪之久,为心理学步入科学化的道路做出了不可磨灭的贡献。时至今日,美国历史上仍然没有一个学派能像行为主义那样对美国心理学及世界心理科学的研究产生如此持久的影响,行为主义心理学也凭借其强大的实力当之无愧地与精神分析心理学、人本主义心理学一起并称心理学的三大势力。

一、行为主义心理学的贡献

第一,行为主义扩大了心理学的研究领域。虽然华生在行为主义心理学创立之初就将意识拒之门外,看起来似乎是将心理学限定在了行为这个更为狭窄的领域,但综观心理学的发展历程,在行为主义心理学诞生之前,不论是内容心理学、意动心理学,还是构造主义心理学、机能主义心理学,其研究范围仅局限于意识。因此,可以说是行为主义心理学的出现使心理学的研究内容更加广泛更加全面了。

第二,行为主义极大地推动了心理学研究方法的客观化。行为主义者主张以实验法、测验法、观察法等客观的方法取代主观的内省法,这是历史的进步。这种进步表现在,心理学研究所获得的结果因此而更加可靠,且为不同学者间的相互交流、比较、验证提供了可能性。客观方法在心理学中虽不是行为主义者的首创,但确实在行为主义心理学中被极大地扩充和完善,得以发扬光大,行为主义心理学也由此确立了客观方法在心理学中的核心地位。行为主义心理学的很多实验设计和范式更是被奉为经典,沿用至今。

第三,行为主义促进了心理学在生活中的应用。由于行为主义将心理学的目标定位为预测和控制行为,因此,它从一开始便显示出比其他任何心理学流派都更强大的应用性和可操作性。从斯金纳的"空中摇篮"和"教学机器"到班杜拉的行为矫正术,行为主义者不仅是心理学知识的倡导者,更是践行者,是他们使心理学第一次如此贴近大众的生活。从教育到社会管理,从司法到医疗,他们的工作涵盖了社会生活中的各个领域。

第四,行为主义为心理学的统一提供了思路。在心理学界内,对心理学的分裂与统一问题的关注和思考由来已久,不同理论流派的学者都在为心理学的整合而努力，而这其中最有影响的是行为主义者斯塔茨。他一生致力于推动心理学统一的工作，不仅在行为主义理论的基础上提出了整合心理学的理论——心理行为主义，还提出了解决心理学分裂危机的具体方案——多水平的理论与方法。这也成为行为主义在统一心理学的道路上的一次大胆而不懈的尝试。

二、行为主义心理学的衰退及其原因

行为主义心理学曾经取得的辉煌是激动人心的，但在经历了近50年的发展之后，作为一个学派或一种运动已经走过了它的全盛时期，逐渐销声匿迹，再没有一个心理学家愿意宣称自己是行为主义者。如同任何发展变化中的事物一样，行为主义的存在和发展壮大有其合理性，而这种合理性也恰恰是导致它逐渐衰落的关键，衰退和消亡是符合事物的自然发展规律的，行为主义心理学的衰退也便成为了一种必然，在感叹的同时对它的衰退保持冷静而正确的态度，总结其中的规律和教训对心理学未来的发展无疑是件益事。

1. 内因——基础的动摇

行为主义心理学有两个赖以生存的基础：一是实证主义的科学哲学，它为完善的科学研究提供了一种普遍性的方案；二是动物实验研究，主要是对小白鼠学习过程的研究，行为主义者认为，通过对小白鼠的研究可以获得包括人类在内的适用于一切动物的一般性的行为规律。

上世纪五六十年代，这两个根基都发生了动摇。首先是在40年代和50年代末至60年代初，以批判理性主义和历史主义为代表的科学哲学获得了新发展，并且这两种流派都建立在反对经验主义的基础之上（实证主义是经验主义的一种表现形式）。批判理性主义反对可证实性原则，提出证伪性原则，主张科学的进步要靠批判。而以托马斯·库恩（Thomas S. Kuhn, 1922—1996）为代表的历史主义对逻辑经验主义的抨击则更为剧烈，处处反其道而行之。

实证主义哲学的创始人孔德认为科学的任务在于描述一切可观察到的事实，然后根据这些事实发生的频率总结出因果规律，达到预测和控制自然的目的。华生以是否可被观察为准绳，将可观察的行为归入心理学研究，而观察所不能及的思想、意识则被无情地踢出心理学的大门；传统的内省法由于主观色彩太浓厚，缺乏客观的指标，而被斩断与心理学的联系；原有的抽象的心理学概念因难以操作化而被彻底地替换或改造……坚持实证主义的行为主义心理学不仅引起了其他心理学流派学者的抨击，连行为主义心理学内部也出现了分歧，如托尔曼等人重拾意识，强调个体的内部心理因素对行为的影响，正是对这种极端实证主义的挑战和对心灵主义的回归。

行为主义心理学对实证主义的极力推崇已经给西方心理学带来了恶果。心理学在实证主义的影响下追求严格与实证的同时也转向了另一个极端，以致于片面追求可观察的事实，完全排斥主观的心理现象，使心理学成了一门无头脑、无心理的学问，把人类的行为降低到动物的水平。同时，对方法和技术崇拜也必然会导致对理论的排斥，乃至抛弃，其结果是面对已经取得的大量实验结果和资料却难以做出科学的概括，难以对心身关系这样一系列心理学的基本问题做出科学的回答；众多的理论看似欣欣向荣，实则琐碎而分裂；研究工作涵盖的范围虽广，却无法整合成一个系统且有内在逻辑的整体。在某种意义上说，实证主义的哲学观既为行为主义提供了基石，也成了它的桎梏。

其次，作为行为主义心理学另一个支柱的动物行为研究在20世纪50年代也受到了冲击。行为主义心理学从一开始就将动物实验中获得的行为规律推论至人类，其中斯金纳箱中开展的研究更是令人瞩目。毋庸置疑，大量的动物实验研究为行为主义心理学的发展提供和积累了丰富而宝贵的经验材料，但却使行为主义在自己设定的圈子里陷入了困境，人们发现这些实验也不都是可靠的，例如在1961年，斯金纳的两位年轻合作者白朗特夫妇发表的一篇名为《有机体的不规则行为》的实验报告中，就提出在许多情况下动物会被一些"强烈的本能行为限制住"，推翻已经学会了的行为。这个实验及类似的研究颠覆了行为主义对动物和人类学习过程的三大假设：第一，环境决定论，动物像白板一样纯洁，它的行为完全是后天习得的；第二，有机体之间的个别差异可以忽略；第三，同样的刺激在任何情况下都能够引发相同的反应，即 S-R 公式成立。

而人类的行为规律无法按照行为主义的设想完全通过动物实验获得的原因在于：首先，行为主义者所观察到的动物行为是在严格控制的实验条件下进行的，他们所得到的只是实验室中观察到的人为设计的行为模式。而具有社会属性的人在纷繁复杂的生活情境中则会受到众多因素的影响。其次，行为主义者虽然接受了达尔文进化论关于动物与人类行为发展相似性的观点，却只注意到进化论中关于生物在自然选择中的适应规律，把行为看做是有机体对环境的调整和适应过程，而忽视了对行为进化的研究。基于物种的连续性前提只能推知人类一些简单的低级心理活动，倘若扩展到人类的高级活动中去，必然导致错误的结论。最后，行为主义者在用巴甫洛夫的条件反射和强化方法全副武装自己的同时，却完全抛弃了构成巴甫洛夫高级神经活动学说中精髓的东西——对神经过程的动力进行分析，这是心理现象的物质基础。条件反射是巴甫洛夫用来研究初级心理过程的工具，而行为主义者却拿来推演到心理活动的高级形式中去，这种还原主义的作法也是行为主义无法推导出正确结论的重要原因之一。

2. 外因——人本主义心理学和认知心理学的兴起

行为主义心理学在方法论上的缺陷，显然妨碍了心理科学的进步。在 20 世纪 50 年代，行为主义阵营内的许多后来者做出了让步和妥协，比如新行为主义者在意识问题上的退让便是一例，当然更彻底的改革是完全突破行为主义的框架创立新的学派。到了 60 年代，行为主义作为一个一统天下的理论流派正处于风雨飘摇之中，而新的学派正在崛起，这就是人本主义心理学和认知心理学。

人本主义心理学是 20 世纪五六十年代在美国兴起的一个心理学流派，由于受到西欧存在主义哲学思潮和现象学方法论的影响而迅速发展，特别在反对行为主义方面，在社会上引起了轩然大波。人本主义心理学研究的主题是人的本性及其与社会生活的关系，强调人的尊严和价值，反对行为主义心理学将人动物化机械化的倾向，主张心理学要研究对个人和社会的进步富有意义的问题。在方法论上，人本主义者反对将动物实验的结果推论到人类的做法，他们强调研究方法要和研究对象相适应，科学研究应以问题为中心，而不是以方法为中心。而行为主义在反对抽象思辨时，过分地强调实验方法，甚至不惜以牺牲对内部意识活动的研究为代价，它的行为实验方法在生理心理和学习心理等方面虽然取得引人注目的成功，但是却以牺牲研究领域为代价，当涉及人格或社会心理等方面的问题时，或者完全回避，或者勉强推论，因而陷入了机械论的错误。人本主义心理学的发起者马斯洛提出了整体分析方法论，他认为，整体分析并不一定反对实验，实施一种方法的根本要点是先要对作为整体的人有所理解，但这种理解不可能一开始就很完善，因此，需要有一个对整体和部分进行反复研究的过程，这一过程被马斯洛称为反复研究法，以这样的方法论为指导开展个别案例研究，包括访谈、问卷调查、档案传记研究、人格测量和评估法等。

当人本主义以西方心理学"第三种力量"的身份迅速崛起时，在计算机科学的发展带动之下，人们不得不再次面对人类的心理黑箱——人的内部心理活动规律，信息加工的认知心理学（狭义的认知心理学）作为对行为主义的反抗也应运而生了。它是由许多接受信息加工观点的美国心理学家共同创立的一个学派，如：以研究注意和记忆著称的米勒，以研究思维著称的西蒙和纽艾尔等等（详见第七章）。他们的共同点在于，一是反对行为主义心理学由动物研究推论人的做法，主张直接研究人的认知过程（从感知到思维）；二是在研究方法上，他们认为，在把人看成计算机式的信息加工器的前提下，需要用较为抽象的分析原则研究人的认知过程，而不能企图依靠了解人的行为赖以发生的生理机制去达到这一目的。在具体研究中，采用实验、观察（包括自我观察）和计算机模拟等方法，尤其以反应时和作业成绩为指标的实验而著名，利用被试出声思考的观察法也在认知心理学中得到了发展。认知心理学强调将条件与结果加以对照，即将输入和输出联系起来进行推理，以发现某一心理现象的内部机制，这一做法完全冲破了行为主义心理学对内部心理过程的禁忌和忽视。

主要参考文献

1. Bandura, A. *Social learning theory*. Englewood Cliffs, NJ: Prentice Hall, 1977.
2. Bandura, A. *Self-efficacy: The exercise of control*. New York: Freeman, 1997.
3. Pillsbury, W. B. *The History of Psychology*. London: George Allen and Unwin, 1929.
4. Skinner, B. *The behavior of organisms*. New York: Appleton-Century-Crofts, 1938.
5. Skinner, B. Can psychology be a science of mind? *American Psychologist*, 145: 1206—1210. 1990.
6. 波林著，高觉敷译，实验心理学史，商务印书馆，1980年。
7. 冯特等著，张述祖、陈泽川等审校，西方心理学家文选，人民教育出版社，1983年。
8. 叶浩生，西方心理学的历史与体系，人民教育出版社，2002年。

第五章　精神分析心理学

精神分析心理学是西方心理学中体系庞大、影响深刻的一个学派。它由弗洛伊德创立，后经荣格、阿德勒、霍妮、埃里克森以及弗洛姆等人的发展，队伍不断壮大，理论日渐丰富。精神分析心理学经历了几个明显的发展时期：弗洛伊德是经典精神分析心理学的主要代表人物，其理论强调性和本能的力量，生物性色彩比较浓厚；之后经典精神分析心理学出现了最早的分裂和发展，主要代表是荣格的分析心理学和阿德勒的个体心理学的产生与发展，它们被称为"新精神分析心理学"；继而是精神分析的社会文化学派的兴起，出现了霍妮的文化神经症理论、沙利文的人际关系理论、埃里克森的自我发展理论以及弗洛姆的社会批判理论，它们不再单纯强调本能的作用，而是关注社会文化对人格发展的重要作用，体现出明显的社会文化色彩。如今的精神分析心理学也没有止步不前，而是相继出现了自我心理学、客体关系理论、自身心理学等新的理论，而在本书中我们将重点介绍客体关系理论和自身心理学理论的发展。

第一节　弗洛伊德与精神分析的诞生

精神分析心理学是由弗洛伊德创立的心理学体系，通常被称为"分析心理学"或者"弗洛伊德主义"，其理论主要从临床实践中来，是人类认识自身的一个重要突破。尽管精神分析理论从其产生开始就经受着对它众说不一的评价，但精神分析心理学已经被世界所认可和重视，不但对心理学的发展产生了巨大的影响，而且还深刻影响到了文学艺术、语言、宗教、哲学和伦理学等众多领域的研究。

一、精神分析产生的背景

精神分析的产生是与当时的社会生活状况紧密联系在一起的。19世纪的奥地利是一个动荡不安的社会。资本主义社会的阶级矛盾和阶级斗争日益尖锐，不同阶级之间存在着巨大的差异。处于顶层的大资产阶级其生活富裕奢侈，处于中间的阶级以及底层的大众则面临着艰难生活的困境。生活在压力之中的人们日益感受到不安和焦虑，精神非常紧张，心理不健康和病态状况接连不断地出现。与此同时，当时的社会文化一直延续着维多利亚时代的传统，这种传统的、封建的、表里不一的、道德伪善的文化给人们的生活，尤其是性生活提出了种种严格的束缚，使人们的精神处于极度的压抑状态。可以说，在当时的社会生活和文化背景下，对人们的精神压力、精神疾病的关注成为整个社会的重点，而精神分析就是顺应社会发展需要而产生的。

精神分析的产生也离不开当时科学研究的进步，其中包括了哲学、心理学、生物学等领域的理论发展。在哲学方面，弗洛伊德受到了叔本华和尼采的思想影响。叔本华和尼采都是德国著名的非理性主义的典型代表。其中，叔本华的无意识概念对弗洛伊德产生了重要的影响。弗洛伊德在他的无意识学说以及泛性论中，都强烈地表现出了反理性的倾向。在心理学方面，弗洛伊德受到了布伦塔诺意动心理学思想与赫尔巴特无意识理论的重要影响。意动心理学是由布伦塔诺提出的把意识活动作为研究对象的心理学派。弗洛伊德曾经是布伦塔诺的学生，接受意动心理学的思想后使弗洛伊德的动力观点深受影响。赫尔巴特提出了"意识阈"的概念，认为一个观念若要由一个完全被抑制的状态进入一个现实观念的状态，便须跨过一道界线，这界线就是"意识阈"。这种思想对弗洛伊德的精神分析学说产生了直接的、重要的影响，弗洛伊德的无意识概念显然是来源于赫尔巴特。在科学发展方面，弗洛伊德受到了德国物理学家赫尔姆霍茨能量守恒理论的影响。赫尔姆霍茨提出了能量守恒原理，从这个观点出发可以认为，人也是一个能量系统，生命机体是一个动力系统，弗洛伊德借用这种动力生理学的思想来研究人格结构中能量的转换和改变。当然，弗洛伊德的精神分析理论还受到了重视生物体的本能作用的达尔文生物进化论的影响，以及当时医学、精神病学研究的影响，强调性在疾病的起因中具有的重要作用。

二、弗洛伊德及其经典精神分析

1. 弗洛伊德的生平与著作

1856 年，西格蒙德·弗洛伊德（Sigmund Freud, 1856—1939）出生于捷克的摩拉维亚。由于父亲生意的原因，4 岁时举家迁居奥地利的维也纳。青年的弗洛伊德聪明睿智，17 岁就考入维也纳大学医学院，1881 年获得博士学位，并开始在医院工作。1985 年，弗洛伊德向巴黎的沙可学习使用催眠术，1986 年创立了自己的心理诊所。之后的几年，弗洛伊德在临床实践过程中，主要从事对癔症的治疗，提出了自由联想疗法以及自我分析法。1900年，弗洛伊德出版《梦的解析》一书，标志着精神分析心理学的诞生。虽然，弗洛伊德对于梦的分析所提出的观点备受争议，但是不可否认，他理论已经开始在心理学界崭露头角。1908年，弗洛伊德在奥地利召开了第一次精神分析大会，慕名的追随者纷纷前来，其中包括了荣格、阿德勒等人。之后，弗洛伊德本人也不断受到著名大学的邀请进行演讲，精神分析理论越来越受到国际上的重视。1938年，晚年的弗洛伊德由于战乱的原因被迫离开自己生活了近80年的维也纳迁往英国，次年因口腔癌在伦敦逝世，享年83岁。

弗洛伊德对心理学的重大贡献就是利用催眠术揭示了人类的无意识过程，提出了人格结构理论、人类的性本能理论以及心理防御机制理论，分别阐述了他关于自我、人格、本能等的看法。弗洛伊德一生著述丰富，主要代表作有《梦的解析》(1900)、《日常生活中的心理病理学》(1904)、《性学三论》(1905)、《精神分析运动史》(1906)、《图腾与禁忌》(1913)、《论无意识》(1915)、《超越唯乐原则》(1920)、《群体心理学与自我的分析》(1922)、《自我与本我》(1923)、《焦虑问题》(1926)、《自我和防御机制》(1936)、《摩西与一神教》(1939)等。

2. 本能理论

本能又称为驱力，是弗洛伊德精神分析理论中一个非常重要的概念。弗洛伊德认为，人的精神活动能量来源于本能，本能是推动个体行为的内在动力，是有机体最为基本、最为原始的动力，这些本能的需要可能与食物，也可能与性联系在一起，趋向于这些东西是为了满足个体的需要，维持个体的内部平衡。归纳起来，任何本能都具有四个方面的特点，即本能的根源、目的、对象和动量。本能的根源主要指身体的需要或冲动；本能的目的就是满足身体的需要和冲动，消除身体的紧张状态，达到机体发展的平衡；本能的对象就是身体所需要的事物，而本能的动量则取决于身体需要的强烈程度。

弗洛伊德对人类本能的认识经历了前后两个发展阶段。在早期，弗洛伊德认为，人类基本的本能分成两种，即性本能与自我本能。性本能通常也被称为"力比多"，这是人类行为的重要动力源泉和内驱力，而自我本能则是为了保持生存，免受伤害而产生的自我保护。后来，弗洛伊德发现，人类除了繁衍和维持生存的性本能与自我本能之外，还有一种趋向于死亡和毁灭的本能，即死亡本能。因此，弗洛伊德将人类最基本的本能重新划分为两类：一类是生的本能，另一类是死亡本能或攻击本能。生的本能包括性本能与个体生存本能，其目的是保持种族的繁衍与个体的生存。死亡本能则是促使人类返回非生命状态的力量——死亡。死亡是生命的最后稳定状态，是所有生命的最终目标。死亡本能可以派生出攻击、破坏、战争等毁灭行为。当它转向机体内部时，导致个体的自伤或自杀，当它转向外部世界时，导致对他人的攻击、仇恨和谋杀，尤其是在战争中，会让人们深刻体会到死亡本能的巨大力量所在。

3. 人格理论

（1）人格结构

弗洛伊德的整个理论研究都是建立在其潜意识理论基础上的。他认为，精神分析的研究对象不仅是意识，还应当包括更广泛的潜意识内容。研究初期，弗洛伊德将人类的意识分成了潜意识、前意识与意识三个层次。潜意识又称无意识，通常是指人类自己觉察不到的那些动机或能量，是整个精神分析的重点对象。在潜意识和意识之间还存在着一部分前意识，相比潜意识来讲，它的内容更容易被召回意识层面中，而相对于意识而言，它的内容却是需要努力才能被觉察到的。通常人们所谈论的是意识，它是可以被人们直接感知到的，相比潜意识而言，这只是心理活动非常有限的一部分。弗洛伊德使用了一个比较形象的比喻，认为意识行为仅仅是冰山在水面上露出的一个小角，而潜意识的心理活动才是冰山在水下的绝大部分。

弗洛伊德认为，作为心理活动基础的三种意识结构之间保持着一种动态的平衡。前意识和意识之间不存在不可逾越的界限，前意识的内容可以较为容易地进入到意识之中，而潜意识的内容要想进入到意识层面上来却是一件非常困难的事情，因为前意识是介于潜意识和意识之间的一个严格的"守门员"，它按照现实的和道德的原则来检查来自潜意识领域的内容。深藏在潜意识领域的动机、本能、冲动以及欲望随时随地都要求得到满足和实现，但因为它们大都有悖于社会和现实的准则，必须要对其进行抵抗和压抑。所以，弗洛伊德认为，人类的心理活动最主要的斗争就是能量的灌注和反灌注。潜意识能量不断地向外、向上运动，而意识却是不断地向内、向下抵抗，从而形成了压抑。只是被压抑的各种内容并未消失，虽然不在意识层面上表现，却是一直潜伏在潜意识之中。

在后期，弗洛伊德在潜意识理论的基础之上，将人格的结构分成本我、自我和超我三个组成部分。本我（Id）又称伊底，是指人格中最原始、最隐蔽的部分，包含生存所需的基本欲望、冲动和生命力。本我对个人的行为具有很重要的影响作用，它是一切心理能量之源。本我也是人格中最难掌管的一部分，它总是想方设法满足自己的需求，总是按照快乐的原则行事，而不会在乎社会道德的约束、外在现实条件的限制或者社会秩序的规范。弗洛伊德认为，本我是个体不易觉察到的一部分，完全处于潜意识之中，它完全是由本能所组成和控制的，是非理性的，它唯一的要求是趋乐避苦，只要满足本能的需求，实现本能的愿望，获得个体的舒适就是最大的目的。

自我（Ego），是自己可意识到的、能够进行思考与判断的人格部分，它是从本我中分化出来的，但是又与现实条件联系在一起，自我在人格结构中具有非常重要的作用。本我是遵循最大快乐的原则行事，而不顾现实条件的限制。而自我则是尽量地满足本我的需求，为本我服务，同时又要遵循现实的原则。较之本我的非理性，自我是理性的，是现实化了的本能，可以在现实原则的指导下，既能够满足本我的要求，减少痛苦，又能够适应现实的环境。

超我（Superego），也称为理想自我，是人格中最为崇高的部分。超我是从自我中分化出来的被道德化了的自我，它根据社会道德的规范和约束来行事，遵循的是道德原则。超我的作用是来监督和管理自我，是依照社会标准和良心来监管自己的行为。超我是个体将道德规范、社会文化价值观念进行内化而形成，它的目的就是追求完美，要求自我按社会所认可的标准与行为方式去满足本我的需求。

（2）人格发展

按照弗洛伊德的观点，人格发展的动力来自性本能。人格的发展就是不同成长时期性本能在不同部位的投注，据此他将人格发展分为口唇期、肛门期、性器期、潜伏期和生殖期五个时期。每个时期都会产生与性本能有关的任务，如果这些任务没有得到顺利解决，个体以后的人格就会受到严重的影响，从而停滞在这个时期的某些行为上。一旦个体遭遇到挫折时，就容易出现这个阶段的人格特点与行为。

口唇期（0~1岁）：婴儿出生的第一年是人格发展的口唇期阶段。这个时期的性本能主要投注在口唇部位，本能满足的快感主要来自唇与舌的吮吸、咬、吞、嚼等活动。如果在这一时期，婴儿的口唇活动受到严格的限制，成人后的性格倾向于被动、悲观、猜疑和退缩；反之，成人后的性格则倾向于主动、乐观和开放。

肛门期（1~3岁）：从出生的第二年开始，性本能主要投注在肛门区域。这个时期的儿童要接受大小便的训练，要学会控制生理排泄，养成良好的卫生习惯。在肛门期，快感主要来自对粪便的排出与控制。如果这一时期的儿童排泄训练严格，成人后的性格倾向于出现吝啬、计较、保守、强迫、过分讲究卫生等特点；反之，成人后的性格则倾向于出现浪费、不讲究卫生等特点。

性器期（3~5岁）：这个时期的性本能集中投注在生殖器区域。这个时期的儿童出现了"恋母情结"（又称"俄狄浦斯情结"）和"恋父情结"（又称"爱拉克屈拉情结"）。男孩子开始对自己的母亲产生浓浓的依恋，想和母亲亲近，但又因为父亲的存在而使自己产生"阉割焦虑"。在这种挣扎的过程中，男孩逐渐与自己的父亲产生认同作用，学习男性的行为方式，形成社会认可的男性价值观。女孩子身上也会发生类似的反应，即想和父亲亲近，称为恋父情结，但最终还是会认同母亲的角色，模仿女性的行为，形成女性的性格。

潜伏期（5~12岁）：随着年龄的增加，儿童开始对自身之外的环境产生兴趣，开始投入到学习、游戏等其他方面。所以，这个时期的儿童性本能不再投注于自身，个体行为较少与身体某一部位快感满足有直接的关系。这个时期的儿童更倾向于和同伴交往，但往往是以同性伙伴为主要游戏伙伴，男女界限较为明显。

生殖期（12~20岁）：人格的最后发展阶段就是生殖期。随着年龄的增大，生理功能得到完善，性能量需要得到释放，个体的兴趣开始转变为与异性建立关系，并从中得到满足，这标志着个体已经成人。这个时期的个体开始考虑离开父母，男女两性都需要与异性建立长久的婚姻关系，开始自己的生活。

弗洛伊德认为，在五个心理发展阶段中，口唇期、肛门期与性器期这三个阶段是人格发展的重要阶段，而潜伏期与生殖期则对人格的发展影响较小。这是因为，弗洛伊德认为，成人的人格在人生的前五年就基本形成，五岁前的童年经验基本决定了整个人格的特点。

4. 梦的分析

弗洛伊德对于人类的梦具有深刻的分析，《梦的解析》一书是其对梦进行研究的主要结晶。弗洛伊德认为，梦是可以解释的，梦是具有意义的。梦与潜意识存在密切的关系，通过了解人类的梦可以了解人类潜意识中被压抑的东西。弗洛伊德指出，人们在睡眠时，自我与超我对本我的检查就会松懈下来，那些被压抑在潜意识中的欲望或者冲动就会以某种方式得以在梦中表现出来或者在梦中得到实现。所以，梦的重要作用就在于，通过它可以了解到个体在清醒时压抑到潜意识中的那些欲望，梦就成为了解个体潜意识愿望的一条重要的途径。有的时候可以通过梦的内容和形式了解到个体所压抑的本能欲望，但是有的时候，人类的潜意识冲动或者愿望在梦中是以一种比较委婉的、被纹饰的方式所表现出来的，不容易被看出其本质的需求。弗洛伊德认为，大多数梦都是与人的性本能相联系的，可以通过剥去梦的层层伪装而抓住梦的真正含义和本质，从而能够探索人的潜意识精神领域，但这是一项非常困难的工作。

5. 焦虑理论

弗洛伊德所指的焦虑与恐惧是有区别的。焦虑是一种泛情绪化的反应，它可以没有特定的焦虑对象，是一种不安、紧张、惊恐、忧虑交织在一起的情绪体验。弗洛伊德最初认为，焦虑是自我对本我性本能压抑的结果。后来，他进一步作出修正。他认为婴儿出生时与母体的分离是人类体验到的最早、最大的焦虑，这种诞生时所经历的创伤才是后来出现的所有情感焦虑的基础。他根据造成焦虑的原因，将焦虑分成三种类型。

现实的焦虑。它是由外部世界中真实存在的、客观的危险所引起的一种害怕的情绪反应。比如洪水猛兽、考试测验等，都会引起人们的焦虑。只要消除造成焦虑的来源或者采取某种措施来控制某种危险的存在，就可以降低现实的焦虑。

神经症的焦虑。由于本我的力量比较强大，所以个体总是担心自我不能够监控和管制好本我，不能够战胜本我的冲动从而使自己产生不合现实情境的行为，这种由于担心本我的冲动会战胜自我，并导致个体受到惩罚的一种焦虑称为神经症焦虑。

道德的焦虑。如果自我的行为不符合超我的标准就会导致个体良心上的不安从而产生道德的焦虑。道德的焦虑促使自我的行为不要违背超我的价值观和道德观，从而能够减少和降低因为违背道德标准所带来的罪恶感以及痛苦体验。

6. 自我防御机制

弗洛伊德认为，要想缓解焦虑带来的不愉快情绪，就需要自我发展出一套有效的解决焦虑的方式。自我在人格发展中是身兼多职的角色的。尤其在面对焦虑时，它要发展出一套心理机能来解决当前的心理冲突，来调节焦虑对心理发展造成的影响。所以，自我防御机制是自我的一种防卫功能，是为了解决本我与现实之间种种矛盾造成的痛苦和焦虑而产生的。自我防御机制能够使本我以某种形式得到满足，但是个体在运用自我防御机制的时候通常是在不知不觉中进行的，并没有被个体意识到。弗洛伊德提出了压抑、否认、投射、退化、合理化、幽默、反向作用、升华等多种自我防御机制。

压抑：个体将那些超我所不能接受的，社会道德所不允许的本能冲动不自觉地压制在潜意识之中，这种机制称为压抑。实际上，被压抑的本能需求并没有消失，仍然存在并寻求适当的机会得到满足。

否认：指个体潜意识地拒绝承认那些使个体感到痛苦和焦虑的事件曾经发生过，以达到自我保护的目的。比如，难以接受亲人的死亡，坚持承认他没有去世。

投射：当个体具有某种不符合超我标准的本我需求而又不想承认时，往往将自己的欲望转移到他人的身上，宣称他人具有这种动机或者愿望，以获得心理解脱。

退化：也称为退行，是指当个体受到挫折而无法应付时，就会使用看上去较为幼稚的行为方式来满足自己的欲望。

合理化：个体在遭受失败、挫折或者目标没有实现的时候，通常会不自觉地使用有利于自己的理由来为自己的失败辩解，从而达到解脱的一种心理防御机制。

幽默：是指以诙谐的语言或行为来表达个体潜意识的欲望。幽默诙谐的表达方式可以不必担心社会规则的约束，可以谈论很多关于性、攻击等受到压抑的话题。

反向作用：将一些不符合超我标准的欲望或者某种冲动掩藏起来，转而表达出与之相反的行为。如潜意识里具有同性恋倾向的人可能表现出对现实中同性恋者的极度厌恶和鄙夷。

升华：指个体将不被认可或者不能直接实现的本能冲动或欲望借助那些符合社会要求的方式表达出来，比如通过艺术创作或者做大量的运动等形式来得到本能冲动的发泄。

7. 心理治疗理论

由弗洛伊德创始的精神分析疗法是西方心理学界第一个系统的心理治疗范式，它对后来整个心理治疗领域的发展产生了极为深远的影响。经典精神分析疗法认为，潜意识是一个非常值得探究的领域，它占据了个体心理的绝大部分空间，储藏着巨大的能量，除了被压抑的创伤性经历之外，本能的冲动、欲望以及无法在现实中满足的愿望也都深藏其中。所以，要对人之深层意识状态进行探索，疏导和发泄压抑在潜意识之中的心理能量，否则就会导致心理疾病的产生。本我是储存能量的地方，由一切与生俱来的本能冲动组成，这些本能随时要求释放，不懂得遵循道德和规则的制约，而是按照快乐的原则行动。这时候，自我就会遵循现实的原则监控着本我能量的释放，而超我则担负着控制主体依照社会道德的标准行事的责任。本我、自我、超我之间是一个能量平衡的系统，一旦出现失衡的现象，心理问题就会产生。换句话说，人的心理疾病皆由为社会道德所不容的"本我"的欲望和冲动受挫所致。只要有欲望存在，就会有满足欲望的需求，从而也就会有压抑的存在，满足欲望与抑制欲望的冲突由此形成。其中，最强劲有力就是本我能量，它成为潜意识冲突的核心，众多的心理问题都是因为本能的压抑所导致的。精神分析治疗的关键便是让患者了解到，自己的病症与病症后面的潜意识本能有着深刻的关联，一旦患者在意识层面上获得对于自己内心冲突的理解和领悟，潜意识领域内的冲突上升到意识层面，病症就可以得以消除。精神分析疗法的主要技术包括梦的分析、自由联想等。

三、对经典精神分析的评价

首先，弗洛伊德建立了精神分析体系，勾勒出了精神分析的理论框架。精神分析心理学开创了潜意识研究的先河，扩展了心理学研究的空间，这是弗洛伊德对于心理学的重要贡献。产生于临床实践的精神分析心理学与产生于实验室的行为主义心理学不同，它关于潜意识、人格结构、焦虑以及自我防御机制的研究，以及它所创立的经典精神分析心理治疗体系，都为人类认识自身提供了一种与众不同的视角和途径，作为一种心理理论和一种治疗技术，都极大地丰富了西方心理学的学科内容，完善了心理学的学科体系，促进了心理学学科的建设。

其次，精神分析思想深刻影响了社会科学领域的发展。它对于人之内心的深刻分析、对于潜意识内容的挖掘以及对于文明与禁忌的探讨都对社会科学的研究与发展具有重要的启发作用。弗洛伊德的精神分析不但在心理学领域内具有非常重要的影响，而且它还对心理学领域之外的哲学、社会学、文学、人类学、文化学、管理学等社会科学诸多领域具有极其重要的影响作用。可以说，精神分析思想已经成为整个西方文化的重要组成部分。

但是，弗洛伊德的精神分析理论也面临着一些批评，这些批评主要集中在两个方面。其一，精神分析理论的生物性色彩太过浓厚，对于本能的过分看重导致了泛性论的嫌疑。人类不仅是生物体的存在，同时也是社会性的存在，将人类的诸多行为动力都归因于性本能的驱使未免有些牵强附会。其二，精神分析的研究方法不够科学。与遵循科学主义原则进行研究的行为主义范式不同，精神分析心理学是来源于临床实践和心理治疗领域的理论，主要使用梦的分析、自由联想以及催眠术等途径以达到对人类心理和行为的认识与治疗。而这些不够科学的方法导致了研究结果具有不可验证性，主观性色彩浓厚。这也是精神分析心理学在美国这样的注重科学和实用的社会中一直被看做是非主流心理学的缘故。

第二节 经典精神分析的分裂与发展

精神分析心理学创立之后，受到了很多学者的追捧。不少人投到弗洛伊德门下学习精神分析理论，其中包括荣格和阿德勒。但后来，因为在精神分析观点上存在分歧，二人相继与弗洛伊德分道扬镳，分别建立起自己的心理学体系。荣格的分析心理学和阿德勒的个体心理学是经典精神分析体系最早的分裂和发展，他们的理论被视为经典精神分析心理学的新发展，故又被称为"新精神分析心理学"。

一、荣格的分析心理学

1. 荣格的生平与著作

卡尔·古斯塔夫·荣格（Carl Gustav Jung，1875—1961），著名的瑞士心理学家和精神分析医师，分析心理学派的创始人，精神分析心理学发展过程中的重要人物之一。1875年，荣格出生在瑞士东北部的凯斯维尔。十几岁时就广泛阅读过经典的哲学和神学著作，这对于他后来从事人类心灵问题的研究打下了坚实的基础。1899年，荣格选择了精神病学领域作为自己的研究方向。1902年，他以"论所谓神秘现象的心理学和病理学"为题的论文获得了博士学位。1906年，荣格结识了弗洛伊德，并与弗洛伊德有过较长时间的交往，结下过深厚的友谊。1911年，弗洛伊德推荐荣格担任了国际精神分析学会的第一任主席。1912年，荣格发表了《力比多的变化与象征》，其中关于"力比多"的观点与弗洛伊德理论产生了分歧。1914年，荣格辞去国际精神分析学会主席的职务，脱离弗洛伊德，之后多年，荣格一直致力于建立和发展自己的分析心理学体系。1961年，86岁的荣格在瑞士的库斯那赫特逝世。

荣格一生著作极丰，其中包括《心理类型学》（1921）、《寻求灵魂的现代人》（1933）、《分析心理学的理论与实践》（1958）、《记忆、反思、梦》（1961）等，这些著作阐述了关于人格结构、心理类型、心理发展阶段、情结、原型以及集体潜意识等重要理论。

2. 荣格的分析心理学思想

（1）人格结构理论

荣格认为，心理学既不是生物学也不是生理学亦不是其他种类的科学，而是关于心灵的知识，对于心灵世界的探讨应该成为心理学研究的己任。心灵包括所有的思想、情感和行为，具有系统性和层次性，总体上可以分成意识、个体潜意识以及集体潜意识，三个结构相互作用，从而构成心灵的整体，即人格的整体结构（荣格［成穷等译］，1991:10~44）。

①意识

荣格认为，心理学首先是一门关于意识的学科，其次才是一门关于潜意识产物的学科。意识是整个心灵整体中唯一能被个体直接感知的部分，具有外部和内部两种功能。意识的外部功能首先表现在其感觉方面，即通过感官获得关于外部世界中事实和事物的存在的感知。其二是意识的思维功能。思维是一种复杂的心理活动，它可以用概念进行理解和判断，它的功能是告诉人们这是什么。其三是意识的情感功能。情感功能负责告诉人们什么事物是具有价值的。意识的第四种功能应该被称为直觉。直觉是在正常生活中经常使用到的一种意识功能，它能够使你看到实际上还看不到的事情，也常被称为预感。如果说意识的外部功能是指向外部系统的，而意识的内部功能则是指向心理内部的，起到连接意识和潜意识内容的作用，比如记忆功能。荣格认为，意识的发展过程就是个体化的过程。而在个体化的过程中，能够在意识领域内具有选择、导向以及整合功能的应当是处于核心位置的意识——自我。自我不但能够筛选进入意识领域的事实材料，还能够协调意识的内部和外部功能，使意识具有统一性和连续性。

②个体潜意识

荣格强调，虽然研究意识是心理学的重要任务，但是意识具有内容的狭隘性和有限性，我们不能凭借意识获得关于整个世界，包括内心世界的全部认识和图景。因为除此之外，还有大量的心灵领域被潜意识所占有，而潜意识又可以分为个体潜意识和集体潜意识两种类型。个体潜意识的主要内容是情结。情结现象的发现得益于荣格的词语联想实验。实验者拿一张词表，每念出一个词，就要求被试用出现在头脑中的第一个词对实验者所念的语词做出反应。结果，荣格发现，实验中总有些被试在某些时候需要花费很长的时间才能做出反应，被试也不能对自己出现这种现象作出合理的解释。荣格认为，产生这种反应拖延现象的原因大概是由于个体潜意识中存在着与情感、记忆等相关的各种情结，只要触及这些情结的相关内容就会让个体产生比较缓慢的反应，情结在一定程度上控制着个体的情感和行为。

人们在日常生活中也会经常使用"情结"的概念，用来指称那些使个体沉溺于其中而不能自拔与开脱的一系列观念或思想，具有某些情结的个体容易表现出花费很多的时间和精力去做那些与情结相关的活动。至于情结产生的原因，荣格提出了两种观点。早期时候，他与弗洛伊德的观点一样，认为个体潜意识中存在的某些情结通常是由童年的创伤经验而导致的。但后来他逐渐认识到，情结一定程度上源于人类本性之中某种更深处的存在，这种存在要比童年早期的创伤性经历渊深的多。情结的深层来源位于潜意识更深层次的集体潜意识。

③集体潜意识

集体潜意识也是心灵（人格）的一部分。集体潜意识是个体生命历程中永远不可能知晓的那一部分经验内容，它有着超越个体的更为久远的来源，它看似并不存在，实际上却起着非常重要的作用。荣格认为，原型是集体潜意识最重要的构成内容。集体潜意识反映了人类在以往历史进化过程中的集体经验，它的构成需要通过"原型"的概念来解释。这里主要阐述"人格面具"、"阿尼玛和阿姆尼斯"、"阴影"以及"自性"四种原型。

第一，人格面具（Persona）。人格面具的含义是演员的面具，荣格用它来指称个人按照社会期待所扮演的角色。人格面具即指一个人在公众场合向人公开展示的一面，扮演着一个社会承认和悦纳的角色，其目的就是到达"从众求同"。人格面具对于个体生存是有利的，要想在社会以及团体生活领域内得到更多的认可，就必须利用人格面具来尽量扮演着他人认可的角色，以保证自己不会孤立于群体之外，保证与他人的和睦相处，实现个人的目的。每个人都具有很多种人格面具。在家庭里、工作中、游戏时、朋友圈里、陌生人面前，尽管展现了不同的个人侧面，但总体上都是利用了人格面具的作用达到与社会更融洽的目的。

第二，阿妮玛（anima）和阿妮姆斯（animus）。个体要想获得和谐平衡的人格发展，就要允许男性人格中的女性气质和女性人格中的男性气质在人的意识和行为中得到某种程度的展现。阿妮玛和阿妮姆斯是指男女两性倾向，阿妮玛是男性心理中的女性一面。如果一个男人展现的完全是男性的气质，而他的女性气质就无法得以展现，所以那些表面最富有男子气概、刚强坚硬的人，内心往往十分软弱和敏感。另外有些男人则反其道而行之，过分突出阿妮玛以至显得过于女人气，俗称"娘娘腔"，显得优柔寡断，儿女情长。阿妮姆斯则是女性心理中男性的一面，它为女性提供了一个英勇强悍、聪明机智、能力超群、才华横溢、体格健壮的理想化的男性形象。所以，女性长大以后容易将这类男性作为自己爱慕的对象。

第三，阴影。阴影是心灵中最隐蔽、最具破坏性、最邪恶的一种原型，它根植于进化的历史中，含有巨大的动物性倾向。由于它的存在，人类会形成不道德的、具有攻击性的和易冲动的趋向。为了更好地抑制阴影中那些不和谐的、动物性的力量，最有利的做法就是发展一种强有力的人格面具，降低和掩盖阴影中的那些消极的、邪恶的想法和现象，进而让个体变得更加文明，扮演符合社会规范的角色。

第四，自性（self）。自性是人格理论中关键、核心的一个概念。区别于"意识自我"（ego），自性是一种潜意识自我，可以协调人格各个部分以达到整合与统一，实现自我的完整性。荣格认为，通过发展潜意识自我，人可以有目的地去增强其知觉力、知解力、理解能力，明确自己的生活方向。

（2）人格动力说

力比多是一种心理能量，用来促进人格的发展。力比多不仅是一种生物的性欲力量，而且也是一种更为广泛、更为一般的生命力量。这些力比多能量来源于生活经验，然后转化为心理能量，促进人格的发展。心理能量的分配遵循两条原则：等量原则和等熵原则。等量原理用以说明心理能量在心灵系统中的分配情况，即一种能量怎样从一种人格单元转移到另一种人格单元；而等熵原理则用以指明这些心理能量在分配时的流动方向。

心灵是一个相对封闭的能量系统，而不是全然封闭的状态。它就像是一种只许进而不许出的系统。外部的生活经验能够赋予心灵一定的能量，一旦进入心灵系统，能量便不可能消失掉。心理能量在一种人格单元中的消失肯定会是转移到了另一种人格单元中，而不会在心灵中流散。心理能量在人格单元中分配而不会消失的原理就是等量原理。心理能量的流动方向依据的是等熵原理，从高能量的心理结构流向低能量的心理结构，以寻求心理能量在心灵结构之间达到平衡状态。如果心灵结构之间的能量不均衡，就会产生紧张、冲突和压迫的感觉。通常状况下，心理能量的动态转移不会造成个人系统的混乱，但是如果不能很好地调节能量的均衡性，则容易出现人格的病态。

（3）人格发展阶段理论

荣格将人的生命历程分成四个阶段。童年期（从出生到青春期）：这个阶段儿童的主要变化是从最初的无序、零散、混乱的意识发展出意识自我，从依赖成人逐渐变得独立自主。青年期（从青春期到中年）：这个时期是个体面临任务最多的时期，是学业、职业、事业、婚姻等一系列问题需要做出选择和决定的时候。所以个体也最容易出现矛盾、困惑的心理，这就需要个体努力培养意志力使自己在社会上找到合适的位置，以便在社会上生存和发展。中年期（从35岁或40岁开始到老年）：这个时期是个体容易出现问题的时期。在事业取得成就、家庭稳定幸福之后，个体往往会感到自己暂时失去了人生价值的追求，失去了生活的兴趣，仿佛找不到了人生的意义，导致个体产生中年期危机。荣格认为，要想顺利度过这一时期，就要把心理能量从外部转向内部，多去体验一下自己的内心，从而深刻理解自己存在的意义。老年期：老年人喜欢回忆过去，考虑来世的问题。只有在死后的生命中才能实现个人的生命汇入到集体的生命中，个人的意识汇入到集体潜意识中。

（4）心理类型说

荣格的心理类型学说是基于态度和心理功能两个维度而建立的。其中，态度具有内倾和外倾两种类型，内倾型的个体心理活动指向内部心理世界，外倾型的个体则喜欢探索外界事物；心理功能具有思维、情感、感觉和直觉四种类型。荣格将两种态度类型和四种心理功能类型结合，得到八种不同的人格类型。

外倾思维型。这种人能够比较好地控制自己的感情，对于外部事物非常关注，喜欢探索事物之间的关系。生活具有规律性，能够客观、冷静地思考问题，独立性强。

内倾思维型。这类人喜欢将注意力投注于自己内心的世界，喜欢离群索居，不喜欢交际。由于过多地思考与内心思想有关的内容，这类人会比较敏感、忧虑，极端的情况下会不顾实际，严重脱离现实。

外倾情感型。这种类型的人往往受制于外部世界的标准和评价，以女性较为常见。她们的情感变化的频率较快，反复无常，容易受到外部环境的影响。她们的理智受制于情感，所以生活环境中的细小刺激都能够引起她们的情感波动。

内倾情感型。这种人的情感通常是由内部心理条件所唤起，不跟随于外在标准的变化而变化，所以她们的表现会出现两种情况，要么会比较新颖独到、不同寻常，要么会稀奇古怪、不可理喻。

外倾感觉型。这种人容易接受外部现实世界，而不喜欢对问题和事物作深层次的思考。他们比较现实，讲究实际，喜欢寻求刺激，情感肤浅，对问题和事物的看法浅尝辄止。

内倾感觉型。这种人喜欢关注和相信自己的内心世界和感受，对外部世界的看法比较极端。他们喜欢用艺术来表达自己内心深处的感觉，容易沉浸在自我的主观感觉中。由于具有感觉型的特点而缺乏深沉的理性，所以思维和情感大都不够深沉。

外倾直觉型。这种类型多见于女性，表现出非理性的幻想特征。她们对待外部事物的兴趣不稳定，不能坚持干完一件事情；喜欢新奇的事物，见异思迁。

内倾直觉型。这种人的想法在别人看来比较不可思议，难以捉摸，比较古怪。他们不善交际，不善于与社会沟通，而是沉溺于自己的内心直觉之中，清高怪僻。

3. 对荣格分析心理学的评价

荣格的分析心理学丰富了精神分析的理论体系。虽然受到弗洛伊德理论的影响，但荣格并没有对弗洛伊德的观点照单全收，而是创造性地修正了经典精神分析，另辟蹊径，提出了关于心灵的独到见解。他首先因为如何看待力比多的作用而与弗洛伊德分道扬镳，接下来又勇于打破了弗洛伊德关于意识与潜意识的分类方法，进而提出了个体潜意识和集体潜意识的区分。集体潜意识理论的提出和研究，扩展了精神分析心理学研究的领域，同时也开阔了心理分析的思路，这对后来的民族心理学、群体心理学研究起到了重要的启发和借鉴作用。其次，荣格对于人格发展阶段的划分已经扩展至整个生命历程，而突破了弗洛伊德人格五阶段理论，这是一个重要的进步。再次，荣格还广泛涉猎了神话、宗教等领域，以达到从深层上来理解人类心灵的目的。虽然这些有关宗教研究的成果远未受到人们的重视，但也在一定程度上给理解心灵提供了一种视角和途径。

但也有批评指出，荣格的分析心理学理论缺乏严格的科学性，科学依据不足，神秘色彩浓厚，研究方法带有强烈的主观性。应该承认，荣格的著作理论通常是比较晦涩难懂的，对于概念意义和理论内容的理解也是颇为困难的，甚至让人觉得很神秘。荣格坚持认为，心理学是一门关于心灵探究的学科，所以他的很多理论体系并没有合适的证据来说明。后期的荣格致力于研究神话、梦、超感觉、宗教等问题，更为其理论增添了神秘的色彩。另外，分析心理学的许多概念也是比较模糊的。比如情结、原型、原始意象、集体潜意识等，在荣格的著作当中通常会不加区分的使用，这在一定程度上阻碍了对分析心理学的确切理解。

二、阿德勒的个体心理学

1. 阿德勒的生平与著作

艾尔弗雷德·阿德勒（Alfred Adler，1870—1937）是奥地利著名的心理学家和精神病医生。1895 年，阿德勒在维也纳大学获得医学博士学位，后转向精神病学，1899 年开设了个人诊所。1902 年，受邀加入弗洛伊德周三讨论会，成为核心成员之一。1910 年，阿德勒成为维也纳精神分析协会继弗洛伊德之后的第二任主席，并担任《精神分析学刊》的编辑。1917 年，阿德勒发表了引起很大争议的文章《器官缺陷及其心理补偿的研究》，标志着他与弗洛伊德的分歧已经明显化了。之后，阿德勒提出了独特的人格理论，突出强调社会因素的作用，公开批评弗洛伊德的泛性论。1911年与弗洛伊德分道扬镳后，他率领一群追随者组成"自由精神分析研究学会"，后改称"个体心理学会"，颇有影响力。1920年后，阿德勒任教于维也纳教育学院，成立儿童指导中心。1927年应邀到哥伦比亚大学讲学；1932年受聘为长岛医学院教授；1934年定居美国；1935年创办了《国际个体心理学学刊》；1937年应邀到欧洲讲学，由于过度疲劳，心脏病突发，逝世于苏格兰的阿伯登，终年67岁。

阿德勒的主要著作有：《神经症的性格》（1912）、《器官缺陷及其心理补偿的研究》（1917）、《个体心理学的实践与理论》（1919）、《生活的科学》（1927）、《理解人性》（1929）、《自卑与超越》（1932）、《社会兴趣：对人类的挑战》（1933）、《儿童的教育》（1938）等。

2. 个体心理学体系

个体心理学的"个体"（individual）并非是相对于"社会"而言，而是取其拉丁文"不可分"的原意。所谓的个体是各个部分为了一个共同的目的而合"的有机统一体，是与社会和他人不可分割的，即人格是有机统一的，具有内在一致性的，每一个人都是独一无二和不可分的。

（1）追求优越

"追求优越"是个体心理学的核心概念，阿德勒认为它是人类行为的根本动力之一。人具有一种先天的、潜意识的追求强力的欲望，这种内驱力将人格汇成一个总目标，这个目标就是高人一等的优越感。追求优越是生命的固有需要，个体常常在潜意中与他人比较，并向着强力、优越的方向努力。每个人都有自己独有的优越感目标，这取决于他赋予生活的意义。这个意义是在生命开始的最初四五年获得的，并建立在他的生活模式之中。个体通常并不了解其生活目标的真实意义，它常常是潜意识的。优越感的目标也同样如此，没有哪一个人能精确且完整无缺地将其描绘出来，但是个体却能借此产生一种动力和优越感。

（2）自卑及其补偿

自卑及其补偿是个体行为的原始决定力量，是追求优越的基本动力。最初，阿德勒的研究受弗洛伊德生物决定论的影响，"自卑"和"补偿"的概念是指生理机能上的缺陷与弥补。后来，阿德勒进一步扩大了自卑感及其补偿的外延，将其从生理学领域扩大到心理学领域，研究重点也转向了心理上的自卑感。他认为自卑感是所有人的共同属性，每个人都有不同程度的自卑感，因为我们都会发现自己所处的地位是有待于去加以改进的。就个体而言，这种自卑感在生命之初就或多或少地隐藏着。每个儿童都必须在成人的环境中长大，各种活动都要依赖成人对他们的怜悯和照顾，这使他们意识到自己的娇弱和渺小，从而产生自卑感。从更广的范围来看，人类的全部文化都是以自卑感为基础的。因为在某些方面，人类不像有些动物那么强壮，也不像有些动物那样独立，儿童需要多年的照顾和保护才可以独立。但这种自卑感不是对人类弱点的叹息，而是人类进步的动力，人的潜能和创造力在对自卑感的补偿与超越过程中得到了充分的发挥。

自卑感是个体在追求优越地位的过程中正常的心理反应，关键在于如何克服或补偿自卑。没有人能够长期忍受自卑之感，个体一定会采取行动缓解这种紧张状态。他若能直面困难和挫折，通过努力不断自我完善，就能得到更完整的发展和自我实现。反之，个体若放弃了改变客观环境的希望，不再设法克服障碍，而是用一种优越感来自我陶醉，那么真正的问题就不会得到解决，自卑感也不会得到适当的补偿，从而导致自卑情结的产生。一个人在面对问题时无所适从的表现，愤怒、眼泪、道歉都可能是自卑情结的表现方式。相反，如果个体由强烈的自卑感而产生过度补偿的倾向，就会不顾他人的利益，忽视社会的需要，而只专注于自我的优越，形成优越情结。

（3）生活风格

生活风格是个体心理学中一个重要的概念，是个体在对各种方法进行总结、归纳、概括之后，逐渐固定下来并持续存在的独特的行为模式。生活风格整合了个体所有的行为、动机、价值观以及对自己、他人和生命的知觉，在生活的各个方面流露出来，体现了人格的整体性和统一性。一个人的生活风格包含着一整套行为方式，是个体独有的。

生活风格在四五岁时就已经形成并固定下来且难以改变。儿童的弱小无力以及对成人的依赖使其产生自卑体验，在追求优越这一基本动力的驱使下，儿童通常能发展出一种连贯且具有强烈目的性的补偿方法。个体一旦形成了能够适应环境和生活的独特的生活风格，一切行为都将受其影响。在生活风格的形成过程中，家庭环境具有重要的作用。父母的作用、出生次序、家庭氛围等都会对儿童的生活风格产生重要的影响。父母的教育方法成功与否，将直接影响儿童对生活意义的认识及其所有潜能的发展。有先天器官缺陷的儿童、娇宠儿童以及被忽视的儿童最容易产生错误的生活风格。

阿德勒描述了四种主要的生活风格：①支配统治型，这一类型的人倾向于支配和统治别人，缺乏社会意识，为了达到自己的目标不惜牺牲他人利益，需要借助控制他人来体现自身的强大；②索取型，这一类型的人对自己的能力缺乏自信、遇事被动，习惯依赖他人照顾他们并满足他们的要求；③回避型，这一类型的人习惯通过回避困难避免可能的失败，沉醉于自我的幻想世界里；④

社会利益型，这种类型的人能够正视困难，能够与他人合作，以积极的方式奉献社会。前三种都是错误的生活风格，只有第四种才是正确的。

（4）创造性自我

在个体心理学理论中，阿德勒突出强调人的自主性，并在晚年提出"创造性自我"的概念。创造性自我是指个体构建独特的生活风格以决定自己人格的能力。

与弗洛伊德不同，阿德勒虽然承认遗传因素对人格发展所起的作用，但同时也指出这种作用不是决定性的，而是要受到个体生活环境影响的。相对于遗传因素，阿德勒更强调社会环境特别是家庭环境的影响，但是，即使有相同的遗传和环境因素，个体也很难发展出相同的人格。遗传和环境只是人格形成的基石，真正起决定作用的是个体"有意识的主动力量"——创造性自我。生活风格对人的影响可能是潜意识的，但创造性自我则体现着个体对如何看待并解释生活经验、如何适应环境、如何发挥潜能等有意识的选择。比如在对自卑感进行补偿的过程中，不同个体会采取不同的方式。有的人被自卑感压倒，深深陷入"自卑情结"不能自拔；有的人急于改变自卑、专注于自己的优越目标而不顾社会责任，形成"优越情结"；而另一些人则能正视自卑，不断完善自我，寻求与他人的合作，最终超越自卑。究竟选择哪种补偿自卑的方式，创造性自我起了决定性的作用。

另一方面，创造性自我的积极性还体现在它的未来指向上。弗洛伊德认为，个体的人格完全是由儿童时期的经历决定的。阿德勒用目的论取代了决定论，关注行为的目的性。他认为是未来的期望而不是过去的经验推动着人的行为。经验本身并不能决定人格，关键是我们如何根据自己的真实或虚构的目标有选择地看待并解释这些经验。总体看来，阿德勒关注未来，但也并不忽略过去。个体的行为是建立在过去经验、目前环境及未来目标的基础上的，寻求一种连续性，关注个体生命中的主题——追求优越。

（5）社会兴趣

社会兴趣是个体对他人产生的情感和认同，并愿意与他人合作以实现个人和社会目标的固有潜能。它具有非常广泛的内涵和多样化的表现形式，如在平时或困难情景中与他人合作，准备帮助他人；保持着一种"予大于求"的情操；以及理解他人的思想、感情、经验的能力，个体社会兴趣的发展水平与他对生活意义的理解是紧密联系在一起的。我们赋予现实的意义比现实更重要。虽然追求优越是人类的共性，但是并非所有人最终都能超越自卑，这就取决于个体是否持有对生活意义的正确理解。生活意义应该是能够与他人分享并对他人也有意义的。因此，真正的生活意义不是追求个人优越这种属于个人的意义，而应是寻求一种社会的优越、寻求整个人类的和谐。生活的意义应该是"奉献，对别人发生兴趣和互助合作"。

个体对生活意义最深层的感受体现在他对生活中三个重大问题的反应上。其一，职业活动：个体需要通过劳动在资源有限的环境中使人类得以延续、社会得以发展。其二，社会任务：我们需要与他人合作，因为我们生活在与他人的联系之中，假如我们变得孤独，将无法生存下去。其三，爱情和婚姻：这是为人类繁衍和社会延续所必须面对的问题。个体是否能良好地应对它们，可以反映出个体的社会兴趣是否得到了充分的发展。

（6）出生顺序

生活风格与出生顺序具有一定的关系，即便是出生在同一个家庭中的儿童，由于出生顺序的不同，每个儿童的心理环境和他在家庭中的地位亦不同，从而会形成不同的生活风格。第一个出生的儿童具有极强的权力欲和优越感、高度焦虑和过度的防御倾向。因为在很长一段时间里，他是家庭中唯一的孩子，是父母关注和期望得最多的承受者，且容易对这种受关注的位置习以为常。因此长子具有较强的责任心、良好的组织才能和成就动机，能照顾和保护其他人。第二个孩子通常雄心勃勃、具有反叛和嫉妒心理，总是企图超过并压制兄长或姐姐。但他们一般具有较好的社会调适能力。这是因为第二个孩子从未使父母之爱独属于自己，他们自小就生活在有益于合作和社会关注的良好情境中。当最小的孩子出生时，父母已经更加胜任父母的角色了，很少再对照料孩子遇到的日常问题感到焦虑，最小的孩子体验到的是一种轻松的家庭氛围。但他们往往是被宠坏的孩子，可能具有强烈的攻击性和依赖性，有抱负却懒散，目标远大却不切实际，希望在任何事情上都取胜，因此他们成为问题儿童的风险最高。但由于有兄长们作为楷模，他们也可能会受到激励，进而在某个领域成为有成就之人。

独生子女在竞争中处于一种独特的地位，不是与兄弟姐妹们对抗而是与父母抗争。由于父母将希望全放在唯一的孩子身上，并且通常会特别谨慎，对孩子不免表现出过度的担心，所以独生子女往往产生一种过分的优越感，一种膨胀的自我概念，并把世界看成一个充满危险的地方，所以对每一项需要独立自主去完成的工作都感到困难。

（7）早期记忆

除了出生顺序以及与之相关的家庭环境外，阿德勒将早期记忆和梦作为理解个体生活风格的另外两条有效的途径。阿德勒认为，早期记忆的内容可以为理解患者的生活风格提供线索，但需要注意的是，他从不认为早期记忆的内容是生活风格形成的原因。

记忆是始终与生活风格一致的，用来稳定情绪。如果一个人遇到挫折、感到沮丧，他会回想起以前的挫折经历。但当一个人兴高采烈、充满勇气时，他回想的事都令人愉快，使他更为乐观。倘若一个人的优越目标要求他感到"其他人总是羞辱我"，他会选择只记住那些他认为是羞辱的事情。上述情况中没有一个能说明早期经验是决定生活风格的。阿德勒相信，早期经验的记忆并不是现在生活风格的原因，相反，现在的生活风格为早期经验的记忆确定了基调。并且随着生活风格的改变，个体的记忆也会改变，他会记下不同的事，或对记住的事产生不同的解释。

3. 对阿德勒个体心理学的评价

个体心理学带有浓厚的社会文化色彩，促进了经典精神分析向精神分析的社会文化学派的转变。首先，个体心理学强调人格的统一性和内在统一性。阿德勒选择了"个体心理学"这一名称，承认个人是独立的生命有机体，认为人的意识与潜意识、主观性与客观性、个体性与社会性是不可分割的，而个体的一举一动都代表着他自己独有的生活风格。其次，个体心理学注重自我的主动性以及创造性自我的作用。阿德勒最早提出了"创造性自我"的概念，认为个体可以通过自己的主观目的、依照设定的目标改造自我，主宰自己命运，人作为追求优越的、具有主动性、能自我创造的人，与动物有着根本的区别。最后，个体心理学开创了精神分析社会文化学派的研究先河。个体心理学带有明显的社会文化倾向，强调人格形成和发展过程中社会因素的影响，认为人是天生的社会动物，人的行为受社会驱力所推动，社会兴趣是人格形成的要素。这种思想深刻地影响了作为新精神分析社会文化学派代表的霍妮、沙利文和弗洛姆，使后来的心理学者注意到社会因素的重要性。个体心理学被认为是"心理学历史中第一个沿着我们今天应该称之为社会科学的方向发展的心理学体系"。

但阿德勒的个体心理学理论也有不足之处。首先，理论体系过于分散，缺乏系统性和连贯性。阿德勒更像一位令人难以忘怀的演说家，他的大部分著作通俗易懂且包含着激励人心的人生哲学，但相对缺乏一致性和条理性。其次，很多概念缺乏精确的操作定义，使以后的心理学家无法进行更严密的相关研究。比如"优越目标"和"创造力"这些概念都没有科学的定义，而且他所提出的有些观点也不能被验证。最后，它仍然没有摆脱精神分析生物学化的窠臼。尽管阿德勒反对弗洛伊德对于潜意识的过分强调，重新恢复了意识在心理学中的地位，但其个体心理学仍属于潜意识心理学的范畴。阿德勒的"自卑与补偿"、

"社会兴趣"等概念仍然是以潜意识为理论基础的,是潜意识中的一种补偿机制。而"追求优越"和先天的"社会兴趣"潜能等,均带有弗洛伊德主义生物学化的烙印。

第三节 精神分析的社会文化学派

20世纪30年代,精神分析心理学的发展方向发生了改变,即从注重生物本能转向了重视社会文化的作用,到40年代初,精神分析社会文化学派正式形成。精神分析社会文化学派是对经典精神分析的继承、修正以及发展。他们普遍反对弗洛伊德学说中极端的本能论思想,而将文化、社会条件和人际关系等因素纳入到心理分析中来,充分考虑这些因素在人格发展以及治疗实践中所具有的重要作用。精神分析的社会文化学派主要包括霍妮的文化神经症理论、埃里克森的自我发展理论以及弗洛姆的社会批判理论。

一、社会文化学派的产生背景

20世纪30年代的美国在经济、政治以及社会生活等诸方面与经典精神分析产生的社会背景具有明显的不同,与之相随的社会问题和精神问题也大不一样。社会工业发展所带来的文化变迁,以及文化变化所带来的新的心理和行为问题开始成为更值得去关注的问题。三四十年代的西方国家动荡不安,他们先后经历了史上最严重的经济危机。大量的失业、贫困现象接连出现,各种社会和心理问题也层出不穷。同时社会的政治形势也不容乐观,以德国为中心的法西斯主义崛起,第二次世界大战爆发并席卷了众多西方国家,人们的正常生活受到困扰。面对社会上心理问题患者的不断增多,一些精神分析学家从切身经验中感受到,在临床实践上,弗洛伊德的理论对于新出现的众多精神症状的解释效力大大降低了,迫切需要寻找一种崭新的、能够有效解释人们精神状况的病理治疗学理论。结合当时的社会状况,精神分析学家认为,应该重新认识新的社会环境中造成人们精神问题的主要原因,那就是关注社会文化变迁、经济生活困境以及人际关系失调等所造成的众多心理问题。

精神分析社会文化学派的形成也根源于时代的学术背景。弗洛伊德接受的是19世纪物理学和生物学的思想与研究范式,尤其是物理学的发展以及达尔文的生物学进化论思想都对其理论产生了重要的影响作用。而20世纪不断发展的社会学、社会心理学、文化人类学则深刻地影响了精神分析社会文化学派的理论。精神分析社会文化学派接受了20世纪兴起的新的社会科学研究范式。这些学科提供了不同于弗洛伊德的新发现,主张把人看做是各种社会文化因素的产物,而不是受本能驱使的动物。"由于人类学家研究了各种各样的文化,这就使我们清楚地知道,弗洛伊德所假设的神经病的症状和禁忌并不像他认为的那样具有普遍性……再者,社会学家和社会心理学家发现许多人类的行为,与其说是出于本能的生物学的因素引起,不如说是社会制约的结果。"(舒尔茨,1981:365)当时社会科学的研究成果已经在很大程度上证明了人类成长的社会文化特征。社会文化学派的理论普遍认为应该放弃生物论思想而把人看成是社会文化环境的产物,主张把人格解释为个人对社会环境的适应,把理论和治疗实践的重心从人体内部的本能力量转移到人与社会、人与文化之间的相互作用关系上。

二、霍妮的神经症理论

1. 卡伦·霍妮的生平与著作

卡伦·丹尼尔森·霍妮(Karen Danielson Horney,1885—1952)是精神分析社会文化学派的主要代表人物之一。霍妮1885年出生于德国的伊贝克小镇,1906年进入弗赖堡大学学习医学,1909年由于抑郁症和性问题的困扰,开始接受弗洛伊德的嫡传弟子亚伯拉罕的精神分析。1913年,她获得柏林大学医学博士学位,1914年至1918年在柏林精神分析研究所接受精神分析训练,之后作为一名精神分析医生于1919年私人开业。1920年至1932年间,霍妮在柏林精神分析研究所任教,此外还创办了一家私人诊所。1932年,她应亚历山大的邀请赴美,担任芝加哥精神分析研究所副所长。1952年9月14日逝世。霍妮的著作包括:《当代的神经质人格》(1937)、《精神分析新法》(1939)、《自我分析》(1942)、《我们的内心冲突》(1945)、《神经症和人的成长》(1950)以及《女性心理学》(1967)。

2. 霍妮的文化神经症理论

霍妮认为,神经症乃是对正常行为方式的偏离和畸变。神经症患者是如何产生的呢?霍妮认为,其一是神经症患者的恐惧比常人更深刻。每一种文化所提供的生活环境都会导致一些恐惧,比如对鬼神的恐惧、对传统禁忌的恐惧等。在特定的文化当中,这种恐惧都是所有人共有的,由大家共同承担。但是在神经症患者身上,他们不但分担了每个人都具有的那些恐惧,而且由于他个人生命环境的不同,他们所体验到的恐惧在量与质上都超越了普通人。其二,这些存在于一定文化当中的恐惧都会因为某些保护性措施而得以抵消,比如说通过祭祀鬼神免除灾难而减少恐惧感，但神经症患者却无法做到这一点。一般来说，保护性措施是整个文化当中所有成员都共用的防御措施，不会损害个体自身的潜能，但是神经症患者由于要应对偏离了文化模式的种种恐惧，他们就发展出与常人不同的防御措施，这些防御措施最终会对个体的生机与活力造成损害。由此可见，神经症患者的内在动力是过分恐惧引发的焦虑和不当的防御措施。

（1）焦虑与恐惧

焦虑是引发神经症的重要原因之一。焦虑和恐惧都是对危险情况做出的情绪反应，都可能伴随颤抖、出冷汗等生理反应，但焦虑与恐惧的根本不同在于，恐惧是个体对其所面临的危险做出恰如其分的反应，而焦虑则是对危险的不相称的反应，甚至是对想象中危险的反应。比如说母亲因为子女身患不治之症而感到害怕，这种害怕叫做恐惧，而仅仅因为子女患上轻微的感冒，就害怕他们会死去的时候，这种害怕就叫做焦虑。霍妮认为，摆脱或者逃避焦虑的方式有四种。

第一种方式是把焦虑合理化，把焦虑合理化的实质在于把焦虑转变为一种合理的恐惧。比如前面提到的那位处于焦虑之中的母亲，她总是担心子女的安危，即使告诉她这种担心是多余的，她仍然坚持自己的看法，并且寻找种种证据证明自己的担心是合理的。

第二种方式是根本否认焦虑的存在，这种方式虽然在一定程度上减缓了神经症患者的焦虑，但其实质是将这种焦虑排除在意识之外了，个体根本不能真正摆脱焦虑。例如一个处于青春期的女患者，她一直受到与强盗有关的焦虑的折磨，却自觉地决定不考虑这种焦虑，甚至一个人在无人的空宅中行走。虽然她成功地消除了对强盗的恐惧，但由于激发她焦虑的内在因素没有任何改变，焦虑产生的其他后果也仍然没有消除，她仍然孤僻内向，羞怯胆小，老是觉得自己不受人欢迎，没有人需要自己。

第三种方式是麻醉自己。比如说对孤独的焦虑，神经症患者为了麻醉自己，通常过分积极地参加社会活动，或者拼命工作以忘记孤独，还有人通过长时间的睡眠来解除焦虑。更有甚者，还有人通过性行为使焦虑得以缓解，如果他们没有机会得到性的满足，哪怕只是片刻没有得到满足，他们也会烦闷不安、急躁易怒。

第四种方式是避免一切可能导致焦虑的处境、思想和感受。比如说，神经症患者通常无意识地在那些与焦虑有关的事情上拖延时间，不去找医生、不动手写信、不做出决定，等等。如果过度使用这种策略的话，就会导致一种抑制状态，抑制状态就是不能够去做、去感受、去思考某些事情，它的作用就在于避免由此而可能引发的焦虑（霍妮［冯川译］，1987:22～40）。

事实上，每个人都会为自己建立以上种种防御机制，但并不是每个人都罹患神经症，只有那些过分地、单一地、刻板地使用以上防御机制的人才会深陷神经症而不能自拔。

（2）基本焦虑与基本敌意

霍妮确信，神经症是由不适当的人际关系造成的，并把分析的重点置于儿童和双亲的关系即亲子关系上。她认为，儿童最基本的需要是获得安全感，而这种安全感恰是由父母提供的。若父母能给予子女以真正的安全感，他们的需要得到满足，其身心便可得到正常的发展；相反，若父母出现冷漠、拒斥、敌意、冥落、羞辱、怪僻、不守诺言等行为，就不能提供给儿童安全感，将会导致神经症的产生。霍妮把父母的这种不能提供安全感的行为称之为基本罪恶。父母如果总是采用上述某种或几种方式对待儿童，儿童就会产生出一种对父母的敌意，霍妮称这种敌意为基本敌意。然而对父母有敌意是社会文化所不允许的，所以儿童必须要压抑它。由此，儿童就会被置于一种矛盾的处境之中：一方面对父母怀有敌意；另一方面为了生存而不得不依赖他们，因此又必须压抑敌意。更不幸的是，由父母不当的教养方式所造成的敌意还会泛化和投射到周围世界和其他人身上，儿童会认为身边的一切人和一切事情都是不可信赖的，都存在危险。在这种情况下，儿童势必会体验到一种"基本焦虑"，即一个儿童在互相敌视的世界里所产生的那种孤独无援的情感。基本焦虑隐藏在所有人与他人关系的下面，构成了这些关系的基础。由于基本焦虑的存在，个体不时体验着情感的隔离和孤独。因为这种孤独不但会打击个体的自信心，还会引发内心的冲突，一方面他希望依赖别人，另一方面由于对他人深深地不信任和敌意，他又不可能依赖别人。在这种极度的冲突当中，他不得不把绝大部分精力都花在寻求安全保障上。

在社会文化当中，个体所找到的安全保障的方式主要有四种，这四种方式是：爱、顺从、权力和退缩。首先，获得别人任何形式的爱都是一种对抗焦虑强有力的手段。其基本想法就是：如果你爱我，你就不会伤害我。其次，顺从一切人的潜在愿望，避免一切可能招致的敌视也是一种对抗焦虑的方式。在这种情况下，一个人通常压抑他自己的一切需要和对别人的评价，宁愿遭到别人辱骂而不还击，并且随时准备好不分好坏地帮助任何人。他们通常不能够感受到这种隐藏在行为下面的焦虑，且坚信自己这样做是出于一种大公无私的自我牺牲精神。他们的基本想法是：如果我放弃自己，我就不会受到伤害。第三种方式是通过获得实际的权力、成就、占有、崇拜和智力上的优越来赢得安全感。

在这种获得保护的企图中，其基本想法是：如果我拥有权力，就没有人能够伤害我。第四种保护手段是退缩。退缩是指脱离他人，不让他们对自己的外部需要或内部需要发生影响，他们通常会对外界事物有强烈的占有欲，这种占有欲不是为了对占有物的享受，而是为了独立于他人，不依赖他人，以避免他人的评价和控制。

（3）神经症倾向

当儿童产生基本焦虑以后，就会采取上述一些策略帮助自己克服孤独和不安全感。久而久之，当这种策略成为其人格的一部分时，也就自然而然地形成其对待焦虑、降低焦虑的一种防御机制。霍妮称这种防御机制为神经症需要或神经症倾向。

神经症有文化和心理的双重内涵，神经症不只是心理问题，与个体所在的文化传统也是息息相关的。在不同的文化当中存在着不同的心理模式，因此在一种文化之中被视为正常的行为反应可能在另一种文化之中就显得反常了。实际上，我们的生活环境——交织在一起的文化环境和个体环境在很大程度上可以决定个体的喜怒哀乐。如果我们对于个体生活于其中的文化环境有所了解，就可能更深刻地理解偏离正常行为的畸变，更深刻地理解患者的神经症症状。霍妮强调，从实际的角度考虑，只有当这种心理紊乱偏离了特定文化中共同的模式，我们才应该将它叫做神经症。

霍妮认为存在两种神经症类型：一种是情景神经症，一种是性格神经症。情景神经症是对一时的情景适应困难而导致的，并没有改变患者的正常人格。情景神经症也是较为简明和单纯的，通常实际的冲突和患者的症状有一一对应的关系，只要解除冲突，患者就会明显好转，恢复到以前的状态。而性格神经症则是由于性格的变态导致的。性格上的变态通常形成于童年时代，并且影响到人格的各个方面，而霍妮所关注的正是这种性格神经症。

霍妮列举了十种基本的神经症倾向或者神经症需要，每一种倾向都有自己的特征。后来，霍妮将这十种神经症倾向归结为三种类型，即趋向他人、反对他人和逃避他人。趋向他人的需要包括对爱和被赞许、对需求于伙伴和对囿于自己狭隘生活圈子的神经症需求。反对他人的需要与趋向他人的活动模式刚好相反，它是由对权力、对剥削他人、对社会声望、对个人倾慕和对个人成就等神经症需求组合而成的。避开他人的需要包含对自立自足、对尽善尽美的神经症需要。实际上，这些需要或倾向的内容本身并非神经质的，正常人也有对爱、称赞、伙伴、成就、完美等需要，但是神经症病人的这些神经症倾向却有一个特点，即它的强迫性特征，神经症病人总是不加选择地、丝毫不考虑现实和自身情况地去追求这些需要的满足,一旦这个过程受到阻碍,他就会不断地产生挫折感和焦虑,认为自己的安全受到了威胁。

(4) 神经症自我

霍妮认为,人与生俱来有一种不断发展的建设性力量,她认为人无所谓善恶,如果环境适当,这种建设性力量就会自发地实现人的潜能。

霍妮将人的自我分为真实自我、理想自我和现实自我。其中真实自我就是蕴涵这种建设性力量的自我,这种自我是人类共有的,是每个人生长和发展的根源和原始动力。真实自我也不是一成不变的,它是一组内在的潜在可能,需要在适合它们的环境中发育。因此,霍妮的真实自我实际上就是潜能的自我,它为个体的发展提供动力。每个人都拥有现实自我和理想自我,就正常人而言,二者是有机联系在一起的:现实自我决定了个体如何选择理想自我;而理想自我又给现实自我的发展提供指导和动力。但是在神经症患者那里,二者的关系却与此迥然不同。霍妮指出,由于父母不适当的对待方式,如前面提到的冷漠、拒斥、敌意和羞辱等造成个体对现实自我产生歪曲的印象和负面的估价,神经症患者的现实自我通常是低下的、被人瞧不起的;相反,理想自我是完美的、能够被接受和认可的,是对现实自我的摆脱。这样,一端是自卑低下的现实自我,另一端则是美好不真实的理想自我。神经症患者会倾尽全力把自己的活动方式指向理想自我,从而让飘渺虚无的理想自我支配了自己。

3. 对霍妮文化神经症理论的评价

霍妮在发展精神分析社会文化心理学的过程中表现出对真理的执著追求,她对传统的精神分析进行了深刻的批评,反对弗洛伊德生物决定论的思想,将社会文化因素引入精神分析,在当时这是一个很大的进步。

首先,霍妮的神经症理论突破传统精神分析的性本能理论,强调人格发展的社会文化因素。霍妮强烈地批判了传统精神分析赖以存在的基石:人格发展依赖于永不变化的本能力量。她否认了性的突出地位,抛弃了"力比多"的概念和弗洛伊德式的人格结构,认为这些概念是精神分析的负担而不是它的基石。霍妮认为,人具有自我实现的建设性力量,导致神经症的原因是社会文化的不适,社会文化问题引起的人际关系失调才是神经症产生的真正根源。其次,霍妮的心理学理论对人本主义心理学的发展具有启迪作用。人本主义心理学家马斯洛曾经说到,霍妮是人本主义第一人。霍妮提出的真实自我和自我实现都被马斯洛所接受并加以发展,成为人本主义心理学的核心概念。在霍妮的理论当中,虽然她首次提出了"自我实现"的概念,但是她的整个理论体系主要是围绕着个体的防御机制发展起来的,对于人自我实现的积极方面强调不足。马斯洛正是在这样一个基础之上来强调健康人的人格发展的。

但是霍妮的理论也有不足之处。首先，霍妮非常重视社会文化因素在个体成长中的作用，认为由于文化环境的不适导致的人际关系失调是神经症产生的根源，并且强调儿童与父母关系的失调是神经症发生的最初根源。然而，社会文化是极其复杂的，从人们的衣食住行到哲学宗教无不是一个社会文化的具体体现。这样，单纯强调人际关系的因素不免显得简单化了。其次，霍妮虽然提出了自我实现的概念，但是通篇都在讲人格的变异，强调潜意识的冲突是其变异的动因，忽视了建设性力量在正常人格中的作用。霍妮和弗洛伊德一样，对潜意识的过分强调让人们看不到意识或理性的力量。

二、埃里克森的自我发展理论

1. 埃里克森的生平与著作

埃里克森（Erik Homburger Erikson，1902—1994）是当代著名的精神分析学家，新精神分析自我心理学的知名人物之一。1902年，埃里克森生于德国的法兰克福。1927年是埃里克森一生的转折点。那年，他有幸接到朋友的邀请到维也纳的一所学校工作，并在那里结识了弗洛伊德最小的女儿安娜·弗洛伊德。安娜在得到埃里克森的同意之后，安排埃里克森接受了儿童精神分析的培训课程。1933年，为了逃避纳粹对犹太人日益加剧的威胁和迫害，埃里克森举家迁往丹麦，之后又迁往美国波士顿，在那里开办了一家精神分析的私人诊所。1936年到1939年间，埃里克森一直在耶鲁大学精神病学系医学院任职。1939年到1950年期间，埃里克森曾担任过研究助理以及心理学教授等职务。1951年后，埃里克森在他原有的思想体系基础之上，开始重点研究青少年"自我同一性"的问题。埃里克森一生著作颇丰，除了《童年期与社会》（1950）、《同一性：青少年与危机》（1968），还有《青年路德：一个精神分析和历史的研究》（1958）、《领悟与责任》（1964）、《甘地的真理：论好战的非暴力根源》（1969）、《新的同一性维度》（1973）、《杰斐逊演讲集》（1974）以及《同一性与生命周期》（1980）。

2. 埃里克森的自我发展理论

根据埃里克森的理论，如果将个体的一生看成是一个生命周期的话，从出生到死亡共需要经历八个阶段的发展。而且阶段之间的发展顺序是不能打乱的，因为个体心理发展阶段的顺序性是一种渐次进化的过程，每个个体的心理发展都会遵循这个发展顺序。人生的发展既有阶段性又有连续性，每个阶段都有与众不同的任务和危机需要解决，但是阶段之间具有密切的关系，前一阶段任务的顺利完成或者危机的顺利解决是后一阶段发展的必要基础。在发展的连续过程中，社会文化环境可以影响每个阶段任务的完成以及危机的解决。在不同的社会文化环境中，每个阶段出现时间的早晚以及持续时间的长短是不一样的。

（1）基本信任对基本不信任（0～2岁）

这个时期儿童刚刚出生，面临的首要任务就是适应社会，获得基本的信任感和安全感。由于这个时期的儿童各方面能力很差，往往表现得比较弱小，对成人的依赖性很大。他们的生活需要成人的全力照顾和帮助。如果成人能够以温柔、关爱、积极的方式来回应儿童的需要，能够较为及时地满足儿童的需要，他们会感到这个世界是充满温暖和关爱的，是一个能让他安心舒服进行生活的地方，进而就会对这个世界产生安全感以及基本的信任感。如果成人不能够积极地回应他们的需要，总是拒绝或者迟钝地对他们的需要做出反应，儿童就会产生一些不安感以及不确定感，从而形成对外部世界的不信任感。埃里克森认为，婴儿期的主要危机就是信任感能否形成。如果这个危机得到积极的解决，就会形成希望的美德。希望能够给个体的自我发展提供力量来源，促进自我积极适应社会。具有信任感的儿童会对未来的生活充满希望，具有敢于冒险的勇气，不会被绝望和挫折所压垮。

（2）自主性对羞怯和疑虑（2～4岁）

这个时期的儿童较之前一个阶段来讲，具有相对独立的能力，形成了一些最为基本的技能。他们不但能够走、爬、推、拉，还能够掌握语言进行简单的交谈。儿童对周围的事物表现出浓厚的兴趣，总是喜欢主动尝试着去做一些事情。这个时期是孩子最难看管的，他们喜欢自主做一些事情，随心所欲却坚持不让成人插手管理，总是与成人的意愿产生冲突和矛盾，成人既要按照社会要求的方向控制和规范儿童的自主行为，又要考虑到给儿童一定程度的自由，激发儿童对事物探索的浓厚兴趣，培养他们探索事物的积极自主性，不要破坏他们自主行动的美好愿望，伤害到儿童的自尊心。如果父母对儿童严格管教，经常使用体罚的方式惩罚儿童或对其过分溺爱，不给他们自由行动、自我控制和自主行动的广阔空间，儿童就会因为过多受制于外部环境而缺乏必需的自我控制和自主能力，从而感到疑虑并体验到羞怯。这个阶段危机解决顺利的话，儿童会形成意志的美德。在今后的生活中，个体就会具有良好的自我控制能力以及意志品质。反之，个体则会怀疑自己的能力，进而感到羞怯。

（3）主动对内疚（4～7岁）

这个阶段相当于弗洛伊德性器期，儿童的主要任务就是获得主动感，克服内疚感。在这一时期，儿童能更多地也更熟练地运用语言，并开始较为主动地运用自己的想象力。所以，生活中的他们容易出现各种各样的行为以及想象。

这个时期的儿童对很多事情都产生了浓厚的兴趣，并保持着强烈的好奇心，他们精力充沛，探索范围超出了自己能力所及。如果父母能够正确对待和培养儿童的探索意识和精神，积极鼓励儿童的独创性行为，鼓励他们大胆想象，儿童就会获得健康的独创性意识和主动做事的能力。如果父母不能正确对待儿童出现的这些行为和想象，总是不屑并讥笑儿童的独创行为和想象力，严格控制儿童主动探索的行为，那么儿童就会缺乏自信心和自主性，体验到内疚感，今后的生活中就不能很好地开拓自己的生活空间。埃里克森认为这一阶段危机的顺利解决可以使个体获得目的的优秀品质。

（4）勤奋对自卑（7～11岁）

这个年龄阶段的孩子刚刚入学，开始了正规的学校教育。他们大部分的时间都是在学校里度过的。进入到学校环境里，儿童就要学会遵守学校的各种规则，完成学校布置的各种任务，要不断地付出努力，才能体验到自己获得成功之后的喜悦感。儿童在这一时期逐渐培养的是他将来对待各种事情的勤奋态度。由于勤奋而体验到的成功感，或者因为失败而体验到的自卑感，都会在很大程度上影响到个体对待学习以及今后各种事情的态度。学习上的勤奋习惯也会泛化到其他社会活动中去。如果儿童没有形成这种勤奋感，他们就会对自己能否有能力成为一名社会有用的成员产生怀疑，从而失去信心，体验到强烈的自卑感。

（5）同一性对角色混乱（11～20岁）

青少年时期的个体在生理和心理上发生了很大变化，他们的生理功能开始完善，同时开始面临着承担多种社会角色的现状。他们在心理上会非常在意外界社会的评价，也会积极地将外在的评价和自身的感觉联系起来进行自我思考。他们会更深刻地思考自己的社会使命和社会角色，开始设置生活的目标，积极选择生活的策略，找到一种社会所期待的自信感。青少年正在经历自我同一性的形成过程。同一性实现的结果就是形成了忠诚的品德，就是一种不管千难万险仍能够坚守目标的能力与自信。反之，如果不能很好地解决这一时期的危机，就会出现人格的不确定感，不能够选择合适自己的生活角色，这个阶段对人格发展来讲非常重要。当然，并不是每个人都能在这个时期形成稳定的自我同一性，自我同一性的形成是一项长期复杂的任务，个体同一性的发展允许有一个合法延缓期。在心理延缓期，个体可以去尝试各种各样的角色和人格，可以去体验各种经历以找到自己在社会中的正确位置，获得自己对未来生活任务和社会责任的准备意识。埃里克森认为，合法延缓期为青少年提供了更多的机会让他们采用多种方式追求同一感的形成，以形成重要的、有意义的自我同一性人格。

(6) 亲密感对孤独感（20~24岁）

这个阶段称为成年早期。成年早期的个体开始有能力建立一种亲密关系。他们会选择与别人进行更多的交往，参加各种社会活动和社会团体组织，开始更多地与群体进行沟通交流。他们不但具有与异性交往的要求，还具有与他人共同分享一切的信任感。埃里克森指出，具有牢固同一性的青年人才会有能力去积极寻求与别人建立亲密关系，他们热切的希望，并乐意把自己的同一性与其他人的同一性融合在一起。他们已具备了与他人亲密相处的能力。如果个人在这个阶段形成亲密能力，他们就会形成爱的品质。反之，个体就会离群索居，回避与别人亲密交往，从而产生强烈的孤独感。

(7) 繁殖对停滞（24~65岁）

这个阶段也称为成年中期。这个时期的个体开始有了新的任务，那就是成家立业、生儿育女、培养后代，担负起社会赋予每个成员繁殖延续的重要责任。所以，他们的兴趣关注点开始集中到下一代人的身上。繁殖任务是头等要事，"繁殖"这个概念也包含了生产能力和创造能力的含义，这是成年时期所必需的一种重要能力，由此他们会获得此阶段的生活意义和生活充实感与满足感。没有产生繁殖感的人在生产能力、创造能力以及人际关系能力方面会体验到失败。如果个体的繁殖感较强，就会形成关心的品质，具有这种品质的人就会对他人的困难和疾苦报有同情的心理，能给人以温暖和关怀。

(8) 自我整合对失望（65~死亡）

这个阶段称为成年晚期。按照埃里克森的理论，只有回顾一生感到所度过的日子是成功的、有成就感和满足感的个体，才不会惧怕死亡，才会体验到一种圆满感。这种人觉得自己的一生是充实的，没有遗憾的，所以就会怀着一种完美的、坦然的感觉面对死亡。而那种回顾一生充满挫败感的人则非常容易体验到失望，回想过去自己一事无成，没有实现任何重大的目标，没有完成自己的社会使命，没有扮演好自己的社会角色，对很多事情都不能释然，内心就会对死亡充满畏惧感，对死亡的恐惧让他们体验到焦虑。依照埃里克森的理论，这个阶段的体验和感想会循环影响到人格发展的第一个阶段。成人对待死亡的态度会直接影响儿童的信任感。如果个人获得的自我整合感胜过失望感，那他就会形成一种智慧的品质。

3. 对埃里克森自我发展理论的评价

埃里克森的自我发展理论的创新之处在于：第一，强调生物、社会、文化的相互作用。埃里克森认为，应该重视自我在人格发展中的积极作用，并将自我从本能力量的控制中解放出来。他比较敏锐地意识到了弗洛伊德精神分析心理学中由于对性本能的过度重视而出现的牵强和不足之处，也明确提出了自己的看法。埃里克森认为，生物因素固然重要，但自我更是受到生物、心理、社会环境三个方面的交互作用而发展的。所以，不能一味地强调生物本能对自我的控制作用，更要重视自我在社会环境中是如何发展自身的。埃里克森的这种观点是对经典精神分析理论自我心理学的修正与扩展。第二，将人格研究扩展到整个人生周期。埃里克森将人格的发展扩展到整个人生周期，并详细论述了人生每个发展阶段上的社会化任务、矛盾以及危机。而且他还指出，阶段之间并非是完全独立的关系，每一个阶段的任务完成得顺利与否，危机解决与否都可能会影响到后一个阶段的顺利发展。

埃里克森的自我发展理论也有不足之处。首先，埃里克森的理论由于受弗洛伊德思想的影响，仍然有过分强调本能，相对忽视人的意识、理智等在发展中作用的倾向。其次，他对发展阶段的划分以及每一对矛盾中主要矛盾的确定是否合理？依据是什么？是否适合不同的文化背景？这是值得思考的。再次，埃里克森的理论也被贴上了缺少科学性的标签，主要矛头指向了他的同一性理论。埃里克森自己也承认自我同一性的概念缺少界定，内涵和外延没有明确的阐述，这在一定程度上招致了人们对其理论是否具有科学性的质疑。

三、弗洛姆的社会批判理论

1. 弗洛姆的生平与著作

弗洛姆（E. Erich Fromm，1900—1980），著名的德国精神病学家、社会学家、新精神分析学家，是精神分析社会文化学派最杰出的代表人物之一。1900年，弗洛姆生于德国法兰克福。1918年，弗洛姆进入法兰克福歌德大学学习法学，1919年转入海德堡大学学习社会学，1922年获哲学博士学位，进而到慕尼黑大学专攻精神分析学。1925年至1930年期间，他在柏林精神分析学会接受并完成了精神分析训练，开始临床实践，并加入法兰克福社会观察学会。1934年，进入美国纽约的哥伦比亚大学。在美国，弗洛姆先后从事了教学、理论研究以及精神分析实践活动。1950年，弗洛姆迁居墨西哥首都墨西哥城，直到退休。1974年弗洛姆迁居到瑞士。1980年，他因心脏病发作而在家中去世。弗洛姆的著作主要包括：《逃避自由》（1941）、《为自己的人》（1947）、《健全的社会》（1955）、《爱的艺术》（1956）、《在幻想锁链的彼岸》（1962）、《精神分析的危机》（1969）以及《占有还是生存》（1976）等。

2. 弗洛姆的社会批判理论

（1）人类存在的矛盾性

弗洛姆从生物、社会、历史三个层面入手，深入分析了人类存在的矛盾性。

第一，生物存在意义上的矛盾。相比其他动物来讲，人类具有生存的脆弱性。比如人类从出生以来就对父母具有很强的依赖性，本能行为的退化使得人类从出生到成长的过程中要不断要寻求帮助。第二，社会存在意义上的矛盾。人在社会生存意义上面临着生与死的矛盾、实现生命潜能与生命短暂的矛盾、个体化与社会化的矛盾。这三种矛盾是人类的存在所无法逃避的。一是生与死的矛盾，动物不能意识到自己终将死亡，而人类却清楚死亡是必然结局。对生的眷恋和对死的恐惧折磨着人类。二是追求潜能的实现与生命短暂的矛盾。人不仅是为生存而生存，而且希望最大限度地实现自己的潜能。但生命的短暂又不可能完全实现他的潜能。三是个体化与孤独感的矛盾。人一方面追求独立性和力量感，另一方面又在感到自身与自然、与他人甚至与自己日益疏远，从而产生孤立无助感。

（2）人类生存的需要

人类在生存意义上的脆弱性、生活意义上的生命短暂性以及个体的孤独感处境，都是人类存在无可否认与质疑的状况，但正是由于这些矛盾才导致了人类的需要，这些需要包括：爱的需要、超越的需要、寻根的需要、身份的需要以及献身的需要。人类要通过满足这些需要而生存，同时也要改变现实来满足自己的需要。那么，什么是来源于人类生存的需要呢？

相关的需要——爱。与他人联合在一起，与他人相关联的需要，是人的迫切需要，这种需要是否满足决定着人的精神健全问题。这种需要存在于人表现出来的各种亲密关系、全部感情的后面，从广义的角度讲，这些关系和感情就是爱。爱是来源于个体内心的积极主动的力量，不管是在思维、行动、情感哪个方面，爱都可以体现出人类所具有的与自己、他人以及社会建立关系的主动性。爱可以使自我独立，也可以促使个体与周围世界建立积极的关系。人类只有创造性的爱，才能保持自我的完整和自由，同时才能与他人融为一体。

超越的需要——创造与破坏。人类虽然一生之中不停地接受文明和主动改造社会，但人类终究摆脱不了死亡的结局，同样会像其他生物一样悄无声息地终结生命，这是没有人能逃脱的命运和终极结果，死亡是唯一的真实事实。这种生命的被动性和终结性促使了人类产生一种超越和创造的需要，进行真正的创造活动，比如艺术、宗教，自由进入到创造性的领域，实现人类的主动性。弗洛姆认为，并不是所有的人都能够体现出创造性的需要，只有产生爱的个体才能够真正具有创造性能力,反之就会走向另一个极端,即破坏性。

寻根的需要——友爱与乱伦。人类作为生物群体在经历社会发展的过程中,在不断的社会化过程中逐渐远离了自然,与自然的关系变得疏远。作为个体的存在,我们又从出生开始就要脱离母体的环境,长大之后要脱离母亲的保护,这些分离焦虑一直让人类产生一种失去根基的焦虑与恐惧,同时也会产生积极寻求新根的需要,与自然、母亲之外的其他事物建立积极的爱的关系,以此获得安全感。友爱关系并不仅仅是与母亲之间,而是可以延伸到所有与血统有关的人、家庭和家族以及后来的国家、民族、教会等。个人希望自己融入其中,而不是孤立的个体,以重新获得新的根性感。

身份的需要——个性与顺从。在人类的发展过程中,而个体身份的获得是在脱离母亲和自然的"原始束缚"过程中而实现的,是一个逐渐意识到自己是独立个体的过程。文化的力量就在于教育个体真正去解放自己的思想,体验到自己是力量的主体和行动的中心,但是很少有人真正达到这种境界。大多数的情况是,人们借用一种新的身份感来代替所谓的自我,也就是说,我们的身份感获得更多的与群体或者社会的经验协调起来,这种身份感同样已经变得越来越重要。

献身的需要——理性与非理性。弗洛姆认为,理性是人类的一种本能,它需要培养,以便能够达到客观地认识自然、他人、社会以及自身的目的。由于人类是肉体与思维的结合体,所以,任何思维系统都不仅包含了理智因素,也包含了感情及感觉等非理性的因素。有的人追求符合实际的目标,而有的人则相信和追求那些非理性的、脱离现实的目标(弗洛姆[孙恺祥译],1994:23~50)。

(3)社会性格理论

性格有个人性格和社会性格的区分。个人性格是从个体的角度出发,探讨个体独特的心理特征,这些性格特征的形成受到家庭、社会以及教育的重要影响。而从社会集体的层面上来看,存在一种社会性格。弗洛姆认为,"社会性格"的概念不是指某一文化中大多数人的性格特征的简单总和,而是一种公共性的、普遍性的社会群体心理状况,它是社会对人们行为规定的表现。社会性格在特定的社会中能够锻造与调节人的能量,规定了社会成员的行为按照社会制度所要求的方式行事,而不是由人们自行决定行为方式,对社会秩序的巩固和稳定具有很重要的作用。当社会性格与当前的社会发展相协调的时候,就会促进社会的稳定和发展,反之就会阻碍社会的进步。

西方工业化的社会状况决定了西方人的社会性格特征。弗洛姆依据社会性格的不同功能区分出五种不同的类型：接受型性格、剥削型性格、囤积型性格、市场型性格和创生型性格。接受型的性格具有被动接受所需东西的倾向；剥削型的性格具有通过不当手段来得到所需东西的倾向；囤积型的性格具有不断囤积和积累东西的倾向；市场型的性格则具有跟随市场变化而变化需要的倾向。其中前面四种类型是不健康的，而创生性的性格则是弗洛姆希望的人类社会未来的理想性格类型，也就是强调自我真正需要的满足以及潜能的实现。

现代人的社会性格还表现在不同的生活方式之中。其一，顺从匿名的权威。这一特点主要在消费领域内表现得尤为突出。人们的消费理念和行为不断地受到匿名权威的支配，看似自由选择的表面之下隐藏着不自由的权威影响。其二，每一个欲望都必须满足，任何愿望都不得受挫。现代人具有强烈的物欲，而且希望自己的物欲能够很快得到满足。为了满足这些欲望，个体会不停地工作，却逐渐失去了真正的自我体验。我们把太多的时间花费在如何满足这些贪婪和欲望方面。其三，重视占有而忽视存在。现代人试图将世界上的一切东西，包括每一个人，甚至包括自己在内都据为己有，变为自己的财产，却不重视存在的生活方式，即不重视自我独立性、创造性、主动性的实现，不能利用理性，不能与世界建立起爱的关联，忽略了自己真实的存在。

（4）社会潜意识理论

社会潜意识理论将关注个体的视角转移到关注社会的层面上来。弗洛姆大胆地假设，人们普遍存在着一种未觉察到的被社会所压抑着的意识，也是社会通过各种方式不想让它的成员所意识到的内容，有些事不可言说、不能做、甚至不能想，目的是维持现有的社会秩序。

所谓社会无意识是指那些对于一个社会的绝大多数成员来说都是相同的被压抑的领域，当一个具有特殊矛盾的社会成功地发挥作用的时候，那些共同的被压抑的因素正是该社会所不允许它的成员意识到的内容。其实，每一个社会都具有一套过滤系统，通过这一系统的筛选，让那些符合并有利于巩固现存社会秩序的经验提升到意识层面，反之，就会被压抑下去而不让人们去意识到它的不合理性。社会潜意识具有掩饰社会统治真正动机的作用。"社会意识或者意识形态具有双重功能：一是为了把人们的思想蒙蔽在意识形态之中，它必须制造和传播各种社会神话或幻想，二是为了阻止人们认识事实的真相，它就必须把事实真相加以掩盖，使之不得进入人们的意识之中，即成为社会无意识。"（凌晓风，1992）在弗洛姆看来，不管是社会性格理论还是社会潜意识理论，都是在社会的生活秩序中形成的，它们的存在都对现存社会秩序的维护具有非常重要的作用。

（5）现代西方社会的精神困境

弗洛姆重视关注现代西方社会的现实、人的精神状态以及心理健康状况。在他对西方工业社会的批判之中可以体现出他对身处其中的现代人所具有的精神危机的深切关心。

弗洛姆从人的心理、社会因素和人性结构三者相互影响的总体探讨了自由对现代人的意义。人类在错综复杂的社会关系体系中实现个性化，社会历史条件及其环境决定了人的性格结构和特点。一方面，由于人的个性化日益加强，获得越来越多的自由；另一方面，则由于人们之间的关系日益残酷和淡漠，人与自然、与他人的关联淡化，导致了在心理上感到更多的孤独和不安。人们追求自由，却忍受不了这种伴随自由而来的孤独和焦虑，由此试图通过各种方式来逃避这种社会的自由。逃避自由的消极方式，比如憎恨世界，克制孤独的做法会导致丢失真正的自我，而最好的逃避方式是自发地去爱、去工作，从而使个性得以完善地发展。弗洛姆描述了三种逃避自由的途径：权威主义、破坏主义以及服从权威。实际上，人类的本质是自由的，所以以上任何一种逃避自由的做法都是在疏离我们自身。

弗洛姆在马克思的异化理论基础之上，对现代资本主义社会以及现代人的全面病态进行了剖析。异化状态主要是指人作为与客体相分离的主体被动地体验世界和他自身，即一种感到与世界、与他人、与自身疏离的心理体验。弗洛姆认为，作为一种病态的心理形式，它是自古就有的，人类历史就是一部不断发展又不断异化的历史。现代西方的资本主义社会使得异化的程度更为强烈和深刻。现代西方社会的异化现象无处不在，异化是全面的、普遍的，存在着劳动异化、政治异化、文化异化、科技异化、消费异化、人际关系异化、生活方式异化以及人自身的异化。现代社会中的人们在这种无处不在的异化状态之中，丢失了自我，丢失了家园的归属感以及根的固定感，有一种漫无目的、不知何去何从的失落感。

3. 对弗洛姆社会批判理论的评价

首先，弗洛姆的理论拓展了心理学的研究主题和范围。他将心理现象放置到更为宽广的社会空间中，并积极结合当时的社会状况，深入分析了人的处境、需要、性格、意识状态，试图在更广泛的学科背景中来了解人类心理的本质。社会批判理论的各种观点更丰富了心理学的知识，拓展了心理学的研究范围，同时为后人继续研究这些主题提供了更多值得借鉴的成果以及继续开拓的巨大空间。其次，弗洛姆的理论是精神分析社会文化学派的综合发展。在弗洛姆之前的众多精神分析学家，比如荣格、阿德勒、霍妮等人都还是没有脱离出弗洛伊德精神分析的理论窠臼，即使受到了人类学、文化学等研究成果影响，也没有将更多、更广的社会科学知识融入到心理学的研究中去。弗洛姆的社会批判理论则融合了哲学、社会学、心理学等诸多领域的知识，并与当代西方社会的现实紧密地结合起来，深入分析了现代西方社会的精神危机以及逃避自由、全面异化的现象，具有很强的现实价值。

弗洛姆的理论体系也有不足之处。首先，弗洛姆对社会的批判态度是很强硬的。不能否认，他从心理学角度对西方现代文明进行的深刻批判，挖掘出了现代社会的一些结症，他的理论和思想对人类反省自身、重新思考社会的价值问题具有重要的启示意义。其次，"虽然他从人性和人的心灵受到伤害的角度，对现代资本主义社会进行了尖锐深刻的批判分析，但是它的社会革命纲领充斥着十足的道德说教，因而空想韵味也极为浓厚"（欧阳谦，1992）。他希望通过社会改革而建立的人道主义的乌托邦社会是空想而不切实际的。所以，在这一点上，弗洛姆的理论还是欠缺现实价值。

四、精神分析社会文化学派的其他发展

精神分析社会文化学派的代表人物除了霍妮、埃里克森、弗洛姆之外，还有沙利文（Hary Stack Sullivan，1892—1949）以及卡丁纳（Abram Kardiner，1891～1981）两位心理学家。沙利文提出了精神病学领域的人际关系理论。沙利文的精神医学理论非常重视人际关系的重要地位。他甚至认为，精神医学要以研究人格和人际关系特质为核心任务。人际关系具有相当的普遍性，不但包括现实中的人际关系，还包括与想象中的人物关系，比如电影、杂志、已经逝去或者还未出生的人物之间的关系。人际关系具有相当的重要性，个体的心理过程以及个体的生活过程都离不开人际情景，都涉及人际关系的存在。他认为精神分裂症主要由于患者的童年人际关系的失调，产生了严重的焦虑，从而导致经验组织的分裂。沙利文始终坚持以人际关系心理过程为主要内容的精神医学，创建了一种新的精神分析理论体系。而卡丁纳则致力于对土著民族的现场调查材料进行精神分析的阐释，认为不同文化的基本制度造就了不同的基本人格结构，而人格也会对文化变迁产生反作用，形成不同的宗教和禁忌系统，他主要关注的是文化与人格的相互作用。

五、对精神分析社会文化学派的评价

精神分析的社会文化学派是以经典精神分析理论为基础的。首先，精神分析的社会文化学派继承了弗洛伊德的潜意识概念，研究潜意识成为精神分析学

派发展的一个重要特点。其次，精神分析的社会文化学派同样延续了重视童年经验或亲子关系的传统。尽管他们批判弗洛伊德的理论过分重视童年经验和亲子关系，但他们并不否认童年经验和亲子关系在人格发展中的重要地位和作用。再次，精神分析的社会文化学派继承了经典精神分析的人格动力观点。对于人格结构、人格发展等方面的分析也并没有完全脱离经典精神分析的人格理论。

1. 对经典精神分析的修正与发展

精神分析的社会文化学派并非是一个统一的学派，在这个阵营中不同的心理学家所持有的观点也不尽相同，但是他们在修正弗洛伊德的经典精神分析学方面却存在着一致性。

首先，精神分析的社会文化学派重视社会文化因素对人的影响作用。精神分析社会文化学派批判弗洛伊德泛性论和本能论思想。弗洛伊德以性理论和本能力量来解释各种人类心理的现象的做法是过于简单和笼统的，重视了人类的生物本质却忽视了人类的社会文化特征。而社会文化学派的理论体系和分析问题的视角明显重视社会文化因素对人格的影响作用。比如，霍妮试图从社会文化的根源入手来分析神经症形成的原因，从文化与人的矛盾入手来寻找解决神经症的方法。埃里克森注重社会文化对自我发展的重要作用。弗洛姆则更是将多种社会科学的理论综合起来，重视社会处境中个体的精神状况和群体心理状态。

其次，社会文化学派注重自我的独立发展。在弗洛伊德的经典精神分析理论中，自我并不具有独立的地位，而是受制于本我的力量并为本我进行服务的，为本我和外在现实之间的冲突充当调节工具而存在。但精神分析社会文化学派认为，自我在人格发展中能够起到重要的作用，而且在发展过程中也并非受制于本我的力量。尤其是埃里克森，他在自我和人格的发展研究中提出，应该重视自我独立的功能与自主性，自我担负着人类调节心理功能以及适应社会环境的重要作用，而不是受制于本我的力量，也不再处于从属于本我的地位。

再次，社会文化学派的人性观更加积极乐观。弗洛伊德的经典精神分析理论是建立在人性悲观论基础之上的。他指出，人类与其他动物一样受本能力量的驱使而行动，人类并非是仁慈和友善的，而是藏有强烈的攻击、性、毁灭等种种欲望与冲动的。人类生活所遵循的是追寻最大快乐的原则，只不过因为与现实和社会文化发生冲突而被压抑了而已。这种对于人性的看法让人们对自己后天的发展充满了无能为力之感。精神分析的社会文化学派对人性的理解、对人的心理现象的分析都发生了重要的改变。他们认为，人类能够在后天的发展中不断解决冲突，朝着积极的方向发展，应该对人类的发展持有乐观的态度，要充分相信人类积极的建设性的力量。这种人性乐观主义给精神分析分析的发展带来了更为明朗的气氛。

最后，社会文化学派扩展了早期经验的研究，关注整个生命历程的发展。在弗洛伊德的人格发展理论中，一个人的童年经验在其一生发展中具有非常重要的影响。弗洛伊德甚至声称，五岁前的经验决定了一生的发展。所以，弗洛伊德的人格发展理论中只有从出生到性成熟五个阶段的划分。而精神分析社会文化学派则认为，人格发展是贯穿于一生的任务，除了要重视童年的经验之外，还应当继续探讨整个人生的经验，关注人类一生的发展，因此他们都尝试着将人格的发展阶段扩展到整个生命周期。

2. 对精神分析社会文化学派的评价

精神分析的社会文化学派在心理学发展史上具有三方面的学术贡献。其一，精神分析社会文化学派突破了经典精神分析生物本能、泛性论的理论束缚，转而主张社会文化对人格发展的重要作用，这是一种非常重要的进步。它认识到，将个体与动物等同起来的做法是过于简单的，人类是社会的存在，永远脱离不了社会文化的深刻影响，只有认识到人的社会属性才能真正理解和解释人的心理现象，而对于人的精神问题的分析更应该从其所处的社会文化环境中寻找根源。其二，精神分析社会文化学派勇于挑战行为主义学派。20世纪三四十年代的美国是行为主义的天下。在行为主义主张严格、客观的实证研究的氛围中，精神分析社会文化学派转而重视社会文化的作用。虽然，社会文化学派的理论也未能逃脱被行为主义的滚滚浪潮推到边缘的命运，但不能否认，重视社会文化作用的研究对当时的行为主义是一种冲击。其三，精神分析社会文化学派对于社会文化的重视延续了心理学中的人文主义的研究传统。尤其是在主流心理学在遵循纯自然科学的研究范式过程中遭遇到发展困境、心理学的科学地位遭受诘难之时，更是积极促进了研究者扭转思维方式，成为心理学寻找发展出路的重要启发点，推动了当代心理学的文化转向。

当然，主流心理学的实验心理学家们对任何一种非主流心理学的批评也适用于精神分析的社会文化学派。对它的批评主要集中在其科学的有效性与准确性方面。精神分析社会文化学派与经典精神分析一样，主要关注在心理和精神问题的分析与矫治，它们的理论建构并非依靠科学意义上的标准，而更多地是来源于临床的经验、个案研究或者日常生活的观察，这些经验材料并没有经过重复验证，也不是在严格控制的条件下获得的，所以缺乏精确的、客观的科学方法论基础。而它们的很多研究主题，比如潜意识理论、人格动力、童年经验等也带有主观和神秘的色彩，很难进行科学实验证明，这就必然降低了理论的解释效力和影响力。

第四节 精神分析心理学的当代发展

精神分析心理学自从弗洛伊德创立以来的百年发展历程是一个不断分裂与整合的过程,经历了经典精神分析、新精神分析、精神分析的社会文化学派等重要的发展阶段。不同的心理学家对弗洛伊德理论的不同方面进行了更加深入的研究,建立了精神分析的不同理论体系。而同时也在积极整合精神分析心理学中的重要内容和观点,促进精神分析心理学的不断发展。其中,客体关系理论、自身心理学等代表着当代精神分析心理学的新发展。

一、客体关系学派

我们一直比较熟知经典精神分析、新精神分析以及精神分析的社会文化学派等理论,但是对于欧洲精神分析发展的研究却了解甚少。最近几年,国内陆续将关注点转向了欧洲国家的心理学发展,客体关系心理学由此进入了人们的视野。客体关系学派是在英国发展起来的精神分析分支,是以英国女性心理学家克莱茵为早期代表,后经过了包括科恩伯格、温尼科特等人发展而形成的一个学派。客体关系学派是精神分析发展中比较重要的组成部分,是当今精神分析学派中最强盛的理论之一。但客体关系理论并不是一个统一的理论,而是一群客体关系心理学理论的组合,是一个比较大的客体关系研究阵营。这个阵营中的心理学家强调"关系"在人格发展中的重要作用,重视研究儿童内部客体的形成和发展。

1. 客体关系学派的主要观点

客体关系学派理论在 20 世纪 80 年代之后越来越受到关注。客体关系学派的"客体"并非是弗洛伊德所指的本能欲望的对象,而是指人际关系中的他人。狭义层面上讲,客体关系(object relationship)是指人际关系,但实际上要比人际关系广泛许多。客体关系理论主要的核心理念是相信人最初的动机在于寻求与他人(客体)建立关系,而非寻求本能的满足,客体关系的建立和发展是人格形成的重要基础。这一学派围绕"自我—对象客体之间的关系"展开,将"客体关系"应用于解释人类动机,强调人类互动中情感关系的重要心理作用。不同于弗洛伊德的驱力理论,客体关系理论是一个关系模式理论。在客体关系中,母亲与儿童之间的关系是所有关系产生的重要基础和最初原型,母亲在这个关系中的角色和地位非常关键,她影响甚至决定了儿童将来与外在世界的互动方式。客体关系理论还注重将其理论运用于心理治疗实践之中,形成了一套自己的实践技术,具有非常重要的影响。

2. 客体关系学派的主要代表人物及理论

(1)克莱茵的客体关系理论

克莱茵(Melanie Klein)是英国客体关系学派的早期主要代表人物之一,她的理论对后来客体关系学派的温尼科特、科恩伯格等人的理论具有非常重要的影响。克莱茵的客体关系理论比较重视早期的母婴关系在儿童心理发展中的作用,强调客体存在的重要性,而且重视儿童的潜意识幻想,提出了客体关系发展过程中出现的偏执分裂状态和抑郁状态,为人们理解一周岁之前儿童的心理结构提供了概念框架和研究工具,深化了精神分析的儿童心理学思想。

首先,克莱茵分析了作为儿童自我发展基础的最初客体关系。她认为,从第一次喂食经验起,婴儿的自我便开始发展。婴儿刚刚来到世界上时,对她的成长最重要的客体就是母亲的乳房。当她能被喂饱,并体验到爱与安全感时,她所经验到的就是好的乳房、好的母亲;但当照顾者没有出现或没有提供奶水、爱或安全感时,婴儿所经验到的是坏的乳房、坏的母亲。然后,婴儿会将这种对乳房和母亲的经验进行内射,这些内射经验所形成的意象为儿童今后自我的发展提供了重要的基础。婴儿与最初客体(乳房)的关系是未来自我发展与日后人际关系的原型。

其次,克莱茵分析了客体关系发展过程中的基本状态:偏执—分裂状态与抑郁状态。她指出,婴儿刚出生时拥有一种积极的幻想生活,这些幻想是潜意识本能的精神象征,它不同于意识层面的幻想,所以称之为无意识幻想。初生婴儿就开始具有潜意识的"好"和"坏"的形象之分。这种潜意识里的好坏之分可以在婴儿的客体关系发展的基本状态中得到体现和发展。客体关系的发展过程中首先出现的是儿童的偏执—分裂状态,开始于一岁。在此期间,母亲在幼儿的内心世界所具有的形象是相对分离的,这些形象是通过在不同情境下母亲的各种表现的而产生。也就是说,当婴儿从母亲处获得满足体验时,婴儿就会将母亲的形象内向投射为"好对象";但是当母亲不能使其产生满足体验时,婴儿就会在其内心世界将母亲内向投射成了虐待性的"坏对象"。在正常的心理发展中,婴儿的这些幻想性心理结构会逐渐发生变化。他逐渐意识到母亲作为一个单一的对象,既有让自己感到满足的好部分,又有使自己感到挫折的坏部分,当好与坏在同一个对象身上会合时,婴儿就会感到,原来自己在幻想中对坏对象的攻击也会伤及自己所认为的好对象,因为二者是同一个人,于是婴儿就产生了罪恶感与悲哀,逐渐出现了抑郁状态。抑郁状态开始于一岁半,这种抑郁状态的痛苦可以通过否认自己的攻击性而暂时得到减轻。

由此可见,克莱茵通过分析潜意识幻想中的好与坏的经验内射、婴儿与外界客体关系建立过程中两种状态的分化,进而研究了婴儿一周岁之前的心理发展状况,这些观点发展和丰富了精神分析的儿童心理学理论,也对整个客体关系学派的发展提供了重要的理论基础。

(2)温尼科特的客体关系理论

温尼科特(Donald Woods Winnicott)是奠基英国客体关系理论的重要代表人物之一,受克莱茵理论的影响很大,对客体关系理论的发展做出了重要的贡献。他对于母婴关系进行了详细的观察,提出了自己的观点,这对后来的客体关系心理学有深刻的影响。

首先,温尼科特强调婴儿自我形成时环境所具有的重要作用。他认为,足够好的环境可以促进婴儿的成熟过程。而母亲的存在是婴儿成长过程中最早的有利环境,母亲不仅是能够满足婴儿需求的客体,而且也是具有支持功能的环境。环境中的最重要因素是母亲的照顾。温尼科特接着提出了一个非常重要的概念,即够好的母亲。他使用这个概念试图说明,如果想提供给婴儿一个好的人生开始,一个够好的母亲应该具有哪些亲子功能。够好的母亲要能够充分提供给孩子在发展的某一特别阶段中和母亲间建立关系时所需要的东西,够好的母亲能够根据其孩子各种不同的需求随时调适与改变。

其次,温尼科特认为,在婴儿与环境不断建立联系的过程中,也会形成真自我与伪自我,它们都是从孩童和环境的互动中发展出来的。在孩子逐渐放弃自己对外在世界的幻想与错觉的历程中,够好的母亲能够确认并积极地对孩子的那些幻想和错觉做出适当的反应,由此让孩子发现了环境中"非我的"与"我的"世界划分,从而建立了真自我与伪自我的意识。

再次,温尼科特还提出了"过渡性客体"的概念,这是介于主观性客体和真正客体关系之间的一个中间性的经验领域。过渡性客体并不是一个内在的或主观的客体,也不仅是一个外在客体,它是第一个"非我"所有物,比如孩子的某个玩具。过渡性客体对孩子的内在现实及外在生命都有重要的影响。婴儿正在从幻想转到现实情景中来控制自己,在这个过程当中,婴儿需要过渡性客体,以便创造出一个在某种程度上带有主观性特点的、以现实为导向的中间情境。因此,过渡性客体作为是客观可感知的事物,对幼儿的心理成长来讲非常重要。

温尼科特与克莱茵一样,都非常关注在婴儿时期孩子与母亲之间良好的建立,与克莱茵不同的是,他强调了婴儿成长过程中环境的重要性以及母亲作为环境中的一部分所具有的重要功能。在某种程度上讲,温尼科特的客体关系心理学是客体关系学派的综合与发展。

二、自身心理学

1. 自身心理学的产生与发展

海因兹·科赫特(Heinz Kohut,1913—1981)是自身心理学派的首创人。自身心理学旨在理解和解释自身(self)的发展以及在人际交往情境中自身对个体心理健康的影响。它更为准确地认识到了自恋在正常成人心理发展中的作用,不仅在个体水平上,而且在团体水平上阐述了常态和变态心理现象,自身心理学是对经典精神分析学派的新发展。

(1)对经典精神分析理论的批判

自身心理学在很多方面对经典精神分析理论进行了批评。其一,科赫特批评了弗洛伊德的唯本能需要理论。弗洛伊德认为,个体受性本能和攻击本能的驱使,会积极寻求满足他们对各种目标的欲望,而这些目标通常指的是他人。自身心理学却指出,个体与他人建立联系主要不是为了满足本能的需要,而是满足人际交往的基本需要,建立良好的人际关系。其二,科赫特批评了弗洛伊德夸大本能需要的观点。弗洛伊德相信对性和攻击本能进行压抑和阻挠会引起病态行为,但他过于强调了人的本能需要,相对忽视了人们有与他人建立联系与建立依恋关系的需要。而科赫特则认为,父母与儿童间情感联结的发展是非常重要的,它是个体发展过程中一个重要的、独立的方面,表明人具有与他人建立联系的需要。

(2)对自我心理学的修正

科赫特的自身心理学修正和拓展了自我心理学的一些重要观点。弗洛伊德最早提出了自我的概念,他认为自我受制于本我,是本我的服务者。其女安娜·弗洛伊德在研究中继承了其父亲经典精神分析理论中研究自我的传统,开始重视自我的重要作用,并赋予了自我独立自主的特征。埃里克森进一步发展了自我研究,他认为,自我已经在人格发展中具有非常重要的作用,不但具有独立的位置,而且还具有自主性,在不断完成社会文化任务的过程中得到发展和完善。对埃里克森而言,自我具有整合与指导人格发挥机能的作用。但在科赫特的理论中,发挥整合和指导功能的是自身而不是自我。他认为"自身"和"自我"是两个不同的概念,不可以相互替换使用。"自身"是一个更基本的概念,本我、自我和超我都是自身的组成部分,当自身功能完好时,它可以控制和指导本我、自我以及超我的活动。自身结构协调地发挥功能会让个体产生幸福感，同时也能增强自我的力量。

（3）对客体关系的强调

科赫特对"客体关系"这一术语的含义一直有着不同的理解。在经典精神分析理论中，对象—客体指的是本能的目标，也就是性和攻击驱力的目标。然而，科赫特认为对象—客体应被界定为他人，为了表明与弗洛伊德理论的区别，也被称为自身—客体。成为自身—客体的这些他人可能存在于个体内部或个体外部，可以是现实存在的也可以是想象出来的。外部对象是真实的人，内部对象是对存在于自身中的人或事物的心理表征。自身—客体一般是指在心理上对个体非常重要的人物，个体视他们为完整自身的组成部分。这些对象可以帮助个体缓解他们所面临的难以应对的压力。对婴儿来说，自身—客体是他们的父母，因为父母能够满足他们的需要，能降低他们的紧张和压力。对儿童来说，这些自身—客体可能会变成与之经常积极交往的亲戚朋友、兄弟姐妹、邻居或教师之中的某些人。到了成年期，自身—客体的范围进一步扩大，可能包括朋友、伴侣以及政治、宗教、军事或学术上的权威。由此可见，自身—客体的需要并不会因为个体的成熟而消失，在人的一生中始终需要这些不同阶段的自身—客体对象来帮助我们应付遇到的特殊问题，这充分体现出科赫特对关系客体重要性的突出强调。

2. 自身心理学的内容观点

自身心理学理论中具有很多基本的、与其他精神分析心理学不同的概念。其一，自身。它指一个人精神世界的核心，只能通过对外显现象的内省和观察才能发现它。其二，自身—客体。它指的是被个体精神内在化的他人表象，是自身需求的拓展，也是完整自身的组成部分。自身—客体的无能力或缺失是个体人格病理形成的主要原因。其三，转变内化作用。它指的是个体将与自身—客体关系的经验内化并转化为自身结构的一部分。这些基本的概念构成了自身心理学理论的基础。在此基础上，科赫特研究了人格的发展，提出了核心自身的前俄狄浦斯发展、前俄狄浦斯发展、俄狄浦斯发展以及后俄狄浦斯发展四个人格阶段。

核心自身的前俄狄浦斯发展：从严格意义上讲，新生儿还没有自身。通过与照看者进行交往，一个发育不成熟的自身开始形成。这时的自身很有依赖性，父母照料孩子，对他们微笑、讲话，同他们玩耍，难过时给予安慰。儿童与父母间这种积极的相互作用将有助于儿童在两三岁前，也就是在前俄狄浦斯期形成核心自身。核心自身是一个坚实的基础，在此基础上更有组织、更完整的内聚的自身才能得以建立。内聚的自身只是核心自身的一种特性，它是指核心自身的结合、连贯和生动的程度，有助于个体获得精神健康的进一步进展。

前俄狄浦斯发展：相当于弗洛伊德理论的口唇期和肛门期。与弗洛伊德不同，科赫特认为，弗洛伊德所提及的这个阶段的人格固着是儿童对由照看造成的对核心自身的创伤进行防御的结果，而不是儿童的性目的受挫的结果。比如，口唇期的儿童要求在情感上给予支持、提供食物的自身—客体对象来悉心满足他的需要。如果母亲对此需要表现出冷漠或拒绝，就会对儿童的自尊造成伤害，儿童就会因此倒退至追求口唇刺激的享乐，变得口唇固着。

俄狄浦斯发展：相当于弗洛伊德理论的生殖器期。科赫特重新阐释了弗洛伊德精神分析对俄狄浦斯过程的解释。他认为，只有那些在前俄狄浦斯时期与神入（神入是指父母与儿童关系良好，能够满足儿童的需要）的父母交往，具有了内聚核心自身的儿童才能成功解决俄狄浦斯冲突。成功解决了这一冲突，个体在进入潜伏期时才会是一个更完全的男性自身或女性自身。

后俄狄浦斯发展：相当于弗洛伊德理论的潜伏期和生殖期。科赫特认为，个体的人格在五岁以后仍然会有相当大程度的改变。他认为，超我不仅在潜伏期，在青少年时期也是脆弱的、容易变化的。青少年在这个阶段的性固着几乎都是由于不负责任、不神入的父母伤害了青少年的自身造成的。父母的这些做法让青少年感到缺少爱，感到孤单和脆弱。为克服这些感受，他们就会变得好出风头、做坏事。科赫特认为，个体同他人建立起亲密的、爱的关系，在此基础上拥有坚强而有力的自身，只有这时候个体才会健康发展（Ryckman［高峰强等译］，2005:119～122）。

科赫特的理论具有很高的启发性。他引入了"自身"这一概念，而且提出了自身心理学的一套理论，强调了一系列儿童的发展性需要在人格健康完善中的重要作用，同时也引起了治疗领域的广泛兴趣。但自身心理学理论也受到了其他心理学家的批评。同经典精神分析理论一样，科赫特的自身心理学也有概念含糊不清的特点，比如，自身—客体这个概念就有些模棱两可，缺少明确性。另外，自身心理学的解释基础有限，依赖少数几个概念，比如自恋和自身—对象等，导致了理论过于简略化，因而难以建立宏大的理论解释体系。

主要参考文献

1．Richard M. Ryckman 著，高峰强等译，人格理论，陕西师范大学出版社，2005年。

2．弗洛姆著，孙恺祥译，健全的社会，贵州人民出版社，1994年。

3．卡伦·霍妮著，冯川译，我们时代的神经症人格，贵族人民出版社，1987年。

4．克莱尔著，贾晓明、苏晓波译，现代精神分析"圣经"——客体关系与自体心理学，中国轻工业出版社，2002年。

5．凌晓风，弗洛姆"社会意识"思想述评，辽宁大学学报，1992年6期。

6．欧阳谦，弗洛姆的人本主义哲学述评，中国人民大学学报，1992年4期。

7．荣格著，成穷、王作虹译，荣格心理学的理论与实践，三联出版社，1991年。

8．舒尔茨著，沈德灿等译，现代心理学史，人民教育出版社，1981年。

第六章　人本主义心理学

20世纪中期，心理学内部产生了一股新的思潮，其支持者主张研究人的本性、潜能、经验、价值、创造力及自我实现等问题，反对行为主义的机械决定论和精神分析的生物还原论，因而被称为"心理学的第三势力"，这就是人本主义心理学（Humanistic Psychology）。人本主义心理学的诞生、成长与壮大由一系列标志性事件组成。1961年，马斯洛和萨蒂奇创办的《人本心理学杂志》正式公开发行。1963年，美国人本主义心理学会（American Association of Humanistic Psychology，简称 AAHP）建立，这是标志着人本主义心理学正式诞生的里程碑。第三思潮的心理学改革运动在上世纪六七十年代得到了迅速发展。目前，它已成为当代西方心理学中一种有重要影响的研究取向和理论流派，在教学、管理、咨询、治疗等各种社会领域得到了广泛应用。

第一节　人本主义心理学产生的背景

第二次世界大战后的社会问题，与心理学内部的思想演变，使得西方心理学亟需一场革新运动，在这样的前提下，人本主义心理学逐渐走上历史舞台。

一、社会背景

人本主义心理学诞生于20世纪中期的美国，有其历史必然性。首先，在经历了两次世界大战之后，战争的沉痛创伤给人们的心理留下了挥之不去的阴云。此时，大发战争横财的美国更是极力扩充军备，开发核威慑力量。美苏军备竞赛和核大战的威胁对民众畏惧战争的心理无异于是雪上加霜。

其次，"二战"后的美国科学技术和社会经济高速发展，一方面是高度发达的物质文明，另一方面却是生命意义和价值的丧失。经济繁荣的背后难以掩盖其日益严重的社会问题：精神空虚、道德堕落、少年犯罪、吸毒、种族歧视和失业率居高不下。许多人感到，人就像动物或机器那样，盲目空洞地生活，因而产生了强烈而持久的精神压抑。

再次，时代精神推波助澜。青年人对现实的不满，到20世纪60年代发展成了一场反主流文化运动。运动主体是由大学生和"落后者"（嬉皮士）组成的，他们中的某些人依赖诱发幻觉的药物去刺激和扩展他们的意识经验。作为一个群体，他们的理想，在某些方面同人本主义心理学是一致的，即关注个人实现、相信人性完美、强调眼前和享乐（满足个人寻求愉快的本能）、倾向自我展示（自由地说出自己的想法）以及注重情感胜于注重理性和智能。

此外，异化的社会生活使得学校教育面临严峻的挑战。社会各界强烈要求改革传统的灌输式教学，发现自我、重塑尊严、提升创造力的呼声日益高涨。面对上述社会现实，反对机械主义和物质主义、倡导探索心理生活"内部空间"、以恢复人类尊严和价值为己任的人本主义心理学应运而生。

二、哲学背景

作为一场运动，人本主义心理学的兴起有一个较长的酝酿过程。其中，存在主义和现象学思想的历史积淀是其早期的哲学理论准备。

1. 存在主义

现代西方有两大哲学思潮：一个是科学主义（实证主义），包括孔德实证主义、马赫主义和逻辑实证主义等；另一个是人本主义（非理性主义），包括意志主义、生命主义、存在主义和法兰克福学派等。

存在主义是一种人生哲学，又称"生存哲学"，是人本主义心理学主要的哲学来源。它起源于19世纪丹麦哲学家克尔凯阔尔，他反对以黑格尔为代表的理性主义哲学，主张以孤独的、非理性的个人存在取代客观物质和理性意识的存在。他从探讨真理的主观性及其对个人的意义出发，表述了一种悲观主义的存在哲学。他的思想被公认为是存在主义的萌芽，但始终未形成系统的哲学流派。

第一次世界大战之后，德国哲学家海德格尔等人进一步发展了存在主义思想。他用解释学的方法探讨了本体论的存在，把人类看做是一种能够意识到自己存在的特殊存在，因此应该通过主客体关系的分析来理解人的存在及其实质。海德格尔等人的思想是存在主义哲学流派的正式开端。"二战"后，存在主义的中心从德国转向了法国，萨特、马塞尔等人成为此阶段的主要代表。他们用存在主义的观点探讨了当时西方社会普遍存在的空虚和孤独感，探讨了人类困境的荒谬和意识的虚无，试图通过人的自由行动和自由选择来超越自我，摆脱危机感。

到上世纪50年代后期,存在主义逐渐流传到美国、日本等地,其观点被许多其他学派吸收,人本主义心理学家正是在这种状态下接受存在主义的。美国心理学家奥尔波特说过:"美国心理学家需要'输入'或'慷慨地注射'存在主义,这主要是因为美国心理学不研究主观所致。"(DeCarvalho,1991:61)其实,简单地把人本主义心理学视为欧洲存在主义"输入"的产物是不确切的,许多人本主义心理学家是并行地在心理学界提出存在主义思想的"内核"。人本主义心理学和存在主义在研究对象、宗旨、方式及一些涉及心理学的问题上,其基本精神是完全一致或相符的。

罗洛·梅认为,存在主义是追寻人类存在的一种态度,一种研究方法。它不关心专门的技术,而是一种人本主义的态度,是对忽略人类精神的修正,也是从事独特心理治疗的一种态度。因此,罗洛·梅非常重视对人及其存在感的研究。有鉴于此,人们往往把罗洛·梅视为具有存在主义倾向的人本主义心理学家。

马斯洛和罗杰斯喜欢引用克尔凯阔尔的话,即人生的目的是"成为真正的自我"。因此,一个人要想自由地成长和实现内在的潜能,就必须做出正确的"选择"。但和存在主义不同的是,大多数人本主义心理学家认为,自我实现的人总是选择对他们来说最美好的东西,这主要是因为其真正自我的内核是美好的、值得信任的和有道德的。因此,马斯洛等人对人性持积极乐观的态度,这与存在主义的悲观倾向截然不同。

2. 现象学

现象学也是人本主义心理学的哲学方法论之一,是20世纪初由德国哲学家胡塞尔创立的。胡塞尔在吸收和利用布伦塔诺意动心理学的基础上,提出了现象学哲学的基本构想。他试图一方面以超越自我的方式对认识外部现象的基础结构进行深入的分析,另一方面从自我的立场对这些现象的"意向性"结构做了深入的分析。其目的是力求复活思辨哲学对于经验科学的绝对权威,为揭露事物本质的认识活动奠定基础,最终建立一门凌驾于各门科学之上的严格科学的哲学,并以此来"重建全部人类的精神生活"。

现象学的基本特征,就是现象学方法论原则以及建立在此原则之上的反科学主义的人道主义。因为现象学哲学是以人为目标的崇高事业,它通过对"纯粹意识存在"的研究,进而揭示人的生活世界的本质,从纯粹主观性出发达到"交互主观性"的世界。现象学的方法和人学的观点,不仅为存在主义哲学家所接受,而且成为现代西方许多人文科学的基本方法论。

通过美国的一些现象学家和其他二手资料,人本主义心理学创立者们汲取了现象学的诸多观点，他们把现象学等同于一种研究主体的直接经验和内省报告的方法。

马斯洛反对心理学的实证主义和还原论，认为现象学方法更适合于研究人类个体的现象，因为它更强调自我的内在感受，所以现象学应成为心理学适用的方法。罗杰斯的来访者中心疗法也是以现象学为基础的。他认为人的自我是一个解释结构，是在不断变换的经验世界组织中，以及在现实知觉中的一个格式塔或内在参考框架。因此，要想治疗获得成功，就必须用无条件积极关注使个体意识到其自我解释结构的运作。在这种思想的引导下，罗杰斯及其同事发展了"Q 技术"，用来客观处理从个体主观经验中获得的资料。罗洛·梅在 20 世纪 60 年代末则以其意向性研究阐释了他的现象学思想，并通过对梦的解释、潜意识、神话和象征、爱与意志的研究等对现象学方法做了创造性的发展。人本主义心理学的其他代表人物，如布根塔尔和奥尔波特提出了一种折中主义的观点，主张采用部分现象学、部分数量化的方法来研究自我。

总之，人本主义心理学家在运用现象学方法探讨人类心智的问题上做出了特有的贡献，使心理学研究更接近人类现实生活。但另一方面，它也暴露出依赖意识经验、缺乏有说服力的科学材料支持的弱点。

三、心理学背景

人本主义心理学是在继承、发展德国整体心理学、完形心理学，同时批判行为主义和精神分析的基础上产生的。

1. 整体心理学和完形心理学的影响

整体心理学和完形心理学（格式塔心理学）的整体论对人本主义心理学的影响很大。它们认为，人的心理现象是对事物整体的反映，而非单纯决定于个别刺激物的累加；人的行为也不是决定于个别刺激物的性质，而是决定于对事物总体的反应。

人本主义心理学受其影响主要表现在两方面。首先表现在人格心理学上。在德国狄尔泰（Wilhelm Dilthey，1883—1911）、斯特恩（William Stern，1871—1938）、斯普兰格（Edward Spranger，1882—1963）等人的人格心理学思想影响下，人本主义心理学强调以整体分析和经验描述取代元素分析和实验说明；此外，人本主义心理学也同美国人格心理学家奥尔波特等人的思想有着天然的联系。其次表现在机体论心理学的影响上。机体论心理学创始者、德裔精神病学家戈尔德斯坦（Kurt Goldstein，1878—1965）主张人格不可分割，必须作为整体进行探讨，这一思想成为了人本主义心理学的先驱思想。"自我实现"一词，也是由戈尔德斯坦首创，从而奠定了马斯洛"自我实现"概念的理论基础。罗杰斯也公开承认，人的"实现倾向"或"成长倾向"类似于戈尔德斯坦的机体论心理学。马斯洛明确指出，他的健康与成长心理学是完形心理学的整体论、精神分析的动力论以及机体心理学的整合。

人本主义心理学继承了整体心理学和完形心理学的衣钵，坚信有机体是一个统一的整体，具有自己独一无二的"风格"，它由部分所构成，但不是部分相加之和，相反部分要受整体的统摄。因此必须把有机体作为一个独特的、统一的整体来研究，不能孤立地研究其中任何部分。

2. 对行为主义心理学的批评

行为主义心理学是上世纪60年代以前西方心理学的主流，属于第一势力。人本主义心理学的诞生是从和行为主义心理学的论战开始的。自从心理学成为独立学科以来，一直把自然科学奉为楷模，为了进入自然科学的行列，它不惜采用研究物的模式来研究人，这种倾向到了行为主义心理学可以说达到了顶点。

由于行为主义在心理学中坚持非人化、绝对客观化的原则，把可观察到的行为视为唯一的研究对象，把自然科学的客观法作为唯一研究方法，结果不仅导致了心理学抛弃对人的内部心理过程的研究，抛弃某些必要的非客观非量化方法的应用，而且还导致了人的尊严、价值、地位的降低以及人的潜能与自主权的丧失，大大缩小了作为人性探索的心理学的研究范围。对于人本主义心理学家来说，行为主义心理学是研究人性的一种狭隘、人为和枯燥的方法。他们相信，把注意力放在外显行为的分解上是非人性化的，因为这种做法把人降低到了机器的地位，是以牺牲人类尊严为代价的。

概括起来，人本主义心理学家对行为主义心理学的批评主要有下述四个方面：(1) 批评S-R的机械观，坚持S-O-R公式，特别重视中介变量O（如动机、兴趣、态度、价值观等）的功能；(2) 批评过分强调客观的、量化的、可验证的方法和动物模型，肯定对非器质性的、非物理性的人类本性的研究；(3) 批评环境决定论，肯定人具有自我理解、指导或控制自己命运的能力；(4) 批评将人类看做是只能对刺激做出反应的空洞的有机体，肯定人的自我同一性和内在的整体性。

3. 对精神分析心理学的批评

人本主义心理学对待心理学第二势力——精神分析的态度，与对待行为主义的态度有所不同，是既有批评，又有肯定和继承。人本主义心理学和精神分析同属动力心理学，即致力于探索人的本性，认为外显行为是由内在动因（动机、需要等）引发的，这是双方不同于行为主义心理学的根本之处，但双方在动因理解上存在着很大的分歧。以精神分析学派代表弗洛伊德和人本主义心理学代表马斯洛的思想为例：（1）弗洛伊德认为本我与道德、理性相对立，体现了人的动物性，马斯洛则相信人的内核是健康积极的，也是人之所以为人的原因；（2）弗洛伊德认为"性驱力"贯穿人的一生，强大而不可控，马斯洛则提出层次需要理论，认为处于不同阶段的行为受不同需要的主导，人的需要越高级越柔弱，恶劣的环境会挫伤乃至扼杀它们；（3）弗洛伊德认为操纵行为的力深藏于潜意识之中，往往不为当事人所知，马斯洛却相信人类个体有感知自己内在潜能与价值的能力。

其实，作为19世纪传统心理学向人本主义心理学发展的过渡形态，新精神分析学者已逐渐认识到人具有与动物不同的特性，学派内部已经出现了反对贬低人性的声音。从自然角度来看，人是处于劣势的生物：人既无食肉动物的利齿，又无敏锐的视听觉，耐力与速度更是无法与长期生活在蛮荒之地的物种相提并论。于此之中，阿德勒看到了最初的"自卑"来源：人之生物性劣势——生理上与生俱来的不安全感伴随着人的意识，成为永久性刺激，迫使人寻求新的方法，以使自己适应自然，消除劣势。于是，在与严酷环境的斗争中，人发展了最高贵的工具——心灵，它成为一种思考、感受和行动的器官，人优于动物的界限由此产生。这是人类独一无二的优越性，具体表现在：能意识到自己是一独立的整体，有回忆往昔、设想未来的能力，会使用符号，还具有超越自身种种感观的局限而无限飞升的想象力，具有认识和理解世界的理性。也正是这些自我意识、理性和想象力使人变得与"众"不同。

但是，从新精神分析到人本主义心理学还有很长的一段路要走。随着生物科学自达尔文进化论以后的长足发展，旧有的心理学理论在解释很多人类独有的心理现象上已经遇到了无法跨越的阻碍。比如说，神经解剖学家已经提出，我们的脑内有着负责感情的中枢，也就是说，"爱"就是"爱"，它是原发的，而非"性"的衍生，也不是"恨"的背面。因此，亟待一种新的心理学理论来完善弥补旧有心理学的不足，人本主义心理学的诞生无疑顺应了科学的呼唤。

作为一场独立的运动，人本主义心理学是非常年轻的。但在短短的几十年中，却迅速成为影响西方心理学的巨大力量，深入到西方心理学研究的各个领域。直到今天，人本主义心理学家的队伍仍在不断壮大，而其中，马斯洛、罗杰斯、罗洛·梅则是公认的领袖人物。

第二节 马斯洛的层次需要理论

美国心理学家马斯洛在1943年发表的《人类动机论》中,首次提出了需要层次理论,该需要理论是人本主义心理学的一种重要动机理论,对心理健康、教育、管理等领域产生了重要影响。

一、马斯洛的生平与著作

1908年,亚伯拉罕·马斯洛(Abraham Harold Maslow,1908—1970)生于纽约的布鲁克林区。他的童年生活是不幸的:父亲酗酒、花心,曾经一度失踪;而母亲偏心于两个弟弟,常常因为小过失责罚年幼的马斯洛。马斯洛回忆说,她曾将他带回家的两只小猫杀死,残忍地将小猫的头撞到墙上。马斯洛一生都未曾原谅母亲对待他的方式。马斯洛自小身材瘦弱,却长了一个大大的鼻子,连父母都不时地评论他缺乏吸引力的长相,这使得他长期生活在自卑的童年阴影中。

1926年,他进入康奈尔大学,接触的第一门课程是铁钦纳的构造主义心理学,但这门课是如此的"可怕和枯燥,同人一点联系都没有"(见霍夫曼,2003:27),因此三年后他转学进入威斯康星大学学习,并于1934年取得哲学博士学位。研学期间,他转攻了华生的行为主义心理学。但当他用行为主义方法教育自己的第一个孩子时,却发现毫无成效,出于失望,他又抛弃了行为主义。

转折点是1943年,马斯洛到布兰克林学院任职,此间他陆续接触到霍妮的社会文化精神分析、弗洛姆的人本主义精神分析以及韦特海默的完形心理学,这些理论对马斯洛产生了深刻的影响,促使他从早期的行为主义学者转变为动力心理学的拥护者。在马斯洛心目中,完形心理学家韦特海默和文化人类学家露丝·本尼迪克特就是最完美人性的典范。当他转到布兰戴斯大学继续从事科研与管理工作后,他开始对健康人或自我实现者的心理进行研究。1967年,马斯洛被推选为美国心理学会主席,1970年因心脏病去世,享年62岁。

马斯洛一生著作等身,其中最著名的论文是《人类动机论》,该论文首发于1943年《心理学评论》杂志,后被马斯洛收入《动机与人格》(1954),这也是他的第一部专著。他的主要著作还包括:《人格问题和人格发展》(1956)、《宗教、价值和高峰体验》(1964)、《科学心理学》(1966)、《存在心理学探索》(1968)、《人性能达到的境界》(1971)等。

二、马斯洛心理学的研究原则

马斯洛的人本主义心理学理论是以经验着的个人及其潜能和价值作为研究的对象,它关心的是人的尊严与提高,强调人的选择、创造和自我实现。因此他反对把实证主义和行为主义作为心理学的方法论基础,认为实证主义和行为主义把人当作物体和机器,排斥人的心灵和价值,用它来研究人,即使堆积起来无数细小的事实不是虚假的,那也是琐碎的,根本不能揭示人类特有的心理规律。马斯洛更赞赏现象学的整体原则,该原则强调人存在的意义和人的情感意向,要求理解人的各个方面,包括人的潜能和价值。

马斯洛同时还继承了存在主义的一些思想,比如强调心理学应把独特的个人及其尊严和成长作为自己的研究对象以及强调个人的自由选择、创造与责任等。不过他并没有全盘接受存在主义的观点,他反对法国存在主义者萨特否认人的生物本性的观点。马斯洛主张人具有生物学上的潜能和价值,并认为人的这种本性不是恶的,而是善的,或至少是中性的,它有选择健康发展的天然倾向,因此马斯洛倡导研究健康的人类个体,并对人类前途命运抱有乐观的态度。马斯洛从人本主义关于人的基本观点出发,在心理学研究上提出了以下几个主要的原则。

1. 健康人原则

马斯洛针对传统精神分析和行为主义只看到人与动物界的连续性,无视或否认人的特点的偏向,强调指出心理学是人的科学,它不同于自然科学而具有自己的特点。他说:"人类的心理规律与非人类的自然规律在某些方面是相同的,但在某些方面又完全不同,人类有内在的规律,有愿望、担忧、梦想、目的和表达感情的倾向,它完全不同于非人类的自然界。"(马斯洛[许金声等译],1987:8~9)他认为行为主义者研究白鼠、鸽子、猫等动物,在了解人与动物的共性上虽然有它的意义,但对揭示人类独一无二的特征则不仅无益,而且有害。传统的精神分析以畸形的"不成熟的和不健康的人为研究的对象也只能产生畸形的消极的心理学和哲学"。传统心理学研究平常人或统计学上平均数的人,也只会导致人们形成关于"适应得好"的人的概念,而不是"发展得好"的人的概念。因此马斯洛所说的心理学是人的科学,不是指一般的人,而是强调要以健康的人或自我实现的人为研究对象。他说:"假如我们想知道人类精神成长、价值成长或道德发展的可能性,那么我们要坚持,只有研究我们最有德性、最懂伦理或最圣洁的人才能有最好的收获。"(马斯洛[许金声等译],1987:12)

2. 好问题原则

马斯洛针对当代"科学心理学"囿于现有的科学方法只捡芝麻而丢弃西瓜的研究偏向，强调指出心理学应该研究对个人和社会富有意义的问题，主张以问题为中心，反对以方法为中心。他提出有两个冠盖一切的终极大问题应该优先引起人们的关注：一是"造就好人"，二是"造就良好社会"。此外，关于价值、正义、幸福、真善美、责任感、道德、愿望、自发性、自律性、自我选择、潜能的实现、民主、宗教等也是对个人和社会有意义的重要问题，应该予以研究。

为了贯彻问题中心论的观点，马斯洛一方面指出传统科学哲学中的道德、价值中立的纯客观的观点回避诸如伦理、是非、幸福、健全和病态等我们社会急于解答的重要问题，是错误且危险的；另一方面，他还尖锐地批评方法中心论的危害，指出方法中心论过分强调技术设备和数量关系，视方法为目的，用问题适应技术，因果倒置。此外，方法中心论还会在科学家与其他追求真理的人之间，在他们理解问题和寻求真理的各种方法间制造分裂，将科学分成等级，在这个等级中物理学比生物学更"科学"，生物学又比心理学更"科学"，心理学又比社会学更"科学"。对心理学与社会科学要求使用自然科学和生物科学的技术，同时为了追求纯客观性，会对科学的范围加以越来越多的限制，把价值、目的、宗教等一些重要的问题排斥于科学大门之外。

因此，马斯洛强调要以对个人和社会有意义的问题为中心，主张用更开阔的、更综合的、多学科的方法去研究人的问题。方法要适合问题，为问题服务，同时也不能受缚于现有的科学方法，被精确的数量化捆住手脚，坐等惯常可靠的材料，而放弃对一些重要问题的探索。

3. 整体动力学原则

马斯洛反对在心理学研究中照搬自然科学所用的静态的原子论分析方法，并针锋相对地提出了整体动力学的研究原则。他综合了杜威的机能主义、韦特海默和戈尔德斯坦的整体论与弗洛伊德和阿德勒等的动力论，在《动机与人格》一书中明确提出整体动力学的观点："这里所要阐述的一般观点是整体论的而不是原子论的，是功能型的而不是分类型的，是能动的而不是静态的，是动力学的而不是因果式的，是目的论的而不是简单机械论的。"（马斯洛[许金声等译]，1987:363）其具体的涵义可概述如下：

首先，马斯洛认为人类有机统一体是原发过程和继发过程、无意识和意识、深蕴的自我和自觉的自我共同起作用的，它的认识、意动和情感是相互联系相互制约的，因此用静态的原子论分析方法不能揭示人类特有的心理规律。

其次，有机体不是一个孤立的系统，在重视它的内部动力学时，也要考虑它的外部动力学。具体说即是有机体的各部分相互联系，能够对外界难题（如生活困境、人际压力）作出共同的反应，从而促使有机体产生变化。

此外，马斯洛还指出，整体论并不一味地反对分析，而是反对还原分析法，倡导整体分析法。这种整体分析法要求研究人类有机体时，首先必须了解整个有机体，然后才能进而研究某个部分在整个有机体中所起到的作用。并且分析主要是把整体分析为层次和等级。这种分析是"包含在内"而不是"分离出来"，它能使我们有可能对细节和整体、特性与共性都有充分的了解。

4. 从质到量的分析原则

这个原则是整体动力学原则的具体化和补充。它要求通过临床经验和个人主观经验，借助直觉对整体进行直接把握，然后一步一步地趋向"越来越高的确定性、越来越大的可靠性、越来越客观的外部证实运动"。马斯洛对健康人、自我实现者的研究就是这个原则最具体最生动的体现。他说："在研究健康人、自我实现者等等时，一直有一种稳定的运动，从公开规范的和坦率个人的，一步一步趋向越来越描述性的、客观的词汇，直到今天有了一个标准化的自我实现测验。现在对自我实现已能在操作上做出界定，像智力通常的界定一样，即自我实现也是可以用测验测试的……我用直觉的、直接的、个人的方式所看到的，现在大都正在由数字、表格和曲线进行证实。"（马斯洛［许金声等译］，1987:34）

马斯洛认为，用这一原则来研究人的科学，一是可以更好地贯彻好问题原则，更客观更完整地把握人类的心理规律；二是可以避免安于现有科学方法的缺陷，束缚自己的手脚，不敢大胆去探索新的重要领域；三是因为现有的数学和逻辑学是建立在原子论之上的，不适合于心理学的研究目的。运用这个原则有利于创立一些同现代心理科学性质更为协调一致的逻辑和数学的体系。

三、需要层次理论

马斯洛根据上述原则制定了一套具体的研究方法，主要有个案法、临床法、谈话法和历史法，并力求把经验法与实验法结合起来，扩大实验法的内涵和运用，以适应研究课题和目的的需要。在此研究原则的指引与研究方法的协助下，马斯洛提出了闻名于心理学界、管理学界以及教育学界的需要层次理论。

1. 基本概念

20世纪50年代，马斯洛提出人类需要有五个层次（见图6.1），即需要层次理论。

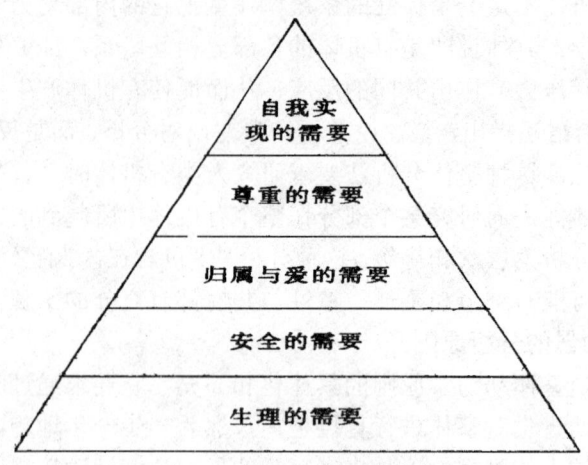

图 6.1 需要层次理论

（1）生理的需要

生理的需要指维持个体生存和种族发展的需要，是人的各种需要中最原始、最基本、最需优先满足的一种，如饥、渴、性和休息等。

（2）安全的需要

安全的需要指保护自己免受身体和情感伤害的需要，具体包含了对稳定、安全、秩序和保障的需要，也包含了免受恐吓、焦虑和混乱的折磨等的需要。这种需要得到满足，人们就会产生安全感，否则便会引起威胁感和恐惧感。

（3）归属与爱的需要

归属与爱的需要指个体对朋友、家庭的需要和受到组织、团体认同的需要。如：希望成为某团体的一员，得到团体成员的认可，和同事保持友好关系；希望有知己（或伴侣），能够与其保持亲密无间的感觉；希望得到爱，并给予别人爱。这种需要若得到满足，就会产生良好的归属感，感受到来自特定团体的温暖，否则便会引发孤独感和爱的缺失感。

（4）尊重的需要

尊重的需要指个人追求自己尊严和价值的需要，包含两层涵义：一是希望得到来自他人的尊重，如被赞许、欣赏、支持和拥护等；一是来自自身的尊重，如自信、自强、好胜等。这种需要若满足，就会产生强烈的自信心，觉得自己有能力、有价值、有成就，否则就会引发自卑、软弱或无能的体验。

(5) 自我实现的需要

自我实现的需要指实现个人理想，充分发挥内在潜能，成为自己所应该成为的人物的需要。不同的个体，自我实现需要的内核也不同：有人想成为科学家，有人想成为画家，也有人想成为电影明星，等等。只有实现其最高理想，才能体会到最高级的快乐。

1954年，马斯洛在《激励与个性》一书中探讨了他早期著作中提及的另外两种需要：求知需要和审美需要，他认为这二者应居于尊重的需要与自我实现的需要之间，从而构成了新的七层次需要理论，但70年代后又归并为五层次。

2. 对需要层次理论的理解

除了每种需要都有其特定的涵义外，对需要层次理论的理解还应注意如下几个方面。

（1）基本需要和心理需要

基本需要，又称匮乏性需要（deficiency needs），此类需要因缺乏而产生，包括生理需要、安全需要、爱与归属的需要、尊重需要，它们属于低层级需要，在人类生活中能普遍观察到。这类需要通常在获得满足以后便停止其需求。心理需要，又称成长需求（growth needs），包括七层级中的认知需要、审美需要和自我实现的需要，存在较大的个体差异。这类需要产生实现潜能、超越自我的动机，因此越是被满足，越会产生更强的需要。

（2）似本能需要

马斯洛将其提出的各类需要称为似本能，这包含了两层涵义：人类需要和物种本能类似，来源于遗传，是先天获得的；但人类需要又不似物种本能那般强大，而是需要小心呵护的。

通过田野调查，马斯洛发现，需要层次理论涵盖了人类几乎全部的需要，而这些需要具有跨文化的一致性，即使在原始部落的土著民身上，也能观察到这些循序渐进的需要层次。因此在某种程度上，人类的需要是由体质或遗传决定的。但是，人类的这些需要，又不能简单地等同于物种的生理本能，因为人类满足这些需要的方式，深受其所处的社会文化的影响，不同的文化价值培养出不同的需要满足方式。

另一方面，动物的本能需求对其行为起着强大的支配作用，而人类的需要却敏感而脆弱，很容易被环境中的恶劣因素破坏，严重的破坏会导致似本能需要不可恢复。

（3）各层次间的关系

首先，低层次需要是高层次需要的基础：低层级需要得不到满足，难以发展出高层级的需要。例如，一个十分饥饿的人可能会采取铤而走险的方式获取食物，这是因为当生理需要未得到满足时，他顾不上安全的需要。又比如小孩子因未受关注而哭闹，就是因为归属与爱的需要没有得到满足；一个在温暖和睦的家庭氛围中成长起来的小孩，其生理需要、安全需要、归属与爱的需要依次得到满足，那么他就会渐渐地以受人尊重的需要为行为动机，成为一个自信自强的人。

另外，在马斯洛看来，所谓需要的满足，是相对意义上的。对于社会上大多数正常人而言，其全部基本需要都部分地得到了满足，却又都在某种程度上未得到满足。因此，每一种新需要并不是突然地诞生，而是从无到有、循序渐进地波浪式发展。比如说，当安全需要满足了5%时，归属与爱的需要或许还未出现，但当安全需要满足了50%以后，归属与爱的需要或许已经满足了20%，尊重的需要满足了10%，而自我实现的需要也崭露头角。

（4）自我实现和高峰体验

马斯洛在继承荣格特别是戈尔德斯坦思想的基础上，全面建构了自我实现的理论。他认为，自我实现是一个人力求变成他所应成为、能成为的样子。正如"一位作曲家必须作曲，一位画家必须绘画，一位诗人必须写诗，否则他始终无法安静。一个人能够成为什么，他就必须成为什么，他必须忠实于他自己的本性"（马斯洛［林方译］，1987:53）。

马斯洛曾用一群小鸡做实验，发现物种与生俱来就有自我选择的能力，健康的个体能够识别出那些更有利于成长的食物。基于此，他提出了心理学的研究对象应该是健康人而非病患者，越健康的个体越能代表人类区别于其他物种的特征。通过一系列的研究，马斯洛从历史和现实中选出了能够代表优秀人类的极少数个体，他们包括物理学家爱因斯坦、作家和社会活动家罗斯福、完形心理学家韦特海默、文化人类学家露丝·本尼迪克特等。

自我实现具有以下几方面的本质特点：自我实现的需要是在人的各种需要得到充分满足后才会出现的高级需要，是人的真正状态；自我实现的人听从于主体内部的自我选择，他们在其热爱的领域显示出巨大的潜能；他们摒弃了自私、狭隘的观点；自我实现是人的创造性的最终实现。

在马斯洛看来，自我实现的人"天真地欣赏基本的幸福生活，而不管这些经验对于他人可能变得多么枯燥乏味……因此，每一次日落都像第一次那样壮观，每一朵花可能都是那么令人惊叹的美丽……即使他结婚40年后，他的妻子已经60岁了，他仍然相信他在婚姻方面的幸运，并且为妻子的动人而吃惊"。在社会兴趣上，自我实现的人"对普通人怀有一种深深的认同、同情和关爱……他们有着真正的愿望帮助人类种族,仿佛他们都是一个家庭的成员"(见舒尔茨,2005:387~389)。概括起来,自我实现者具有下列共同倾向:

①对现实的客观直觉和对自己本性的完整接受;
②奉献投入于某种工作;
③行为简单、自然;
④对自主、隐私、独立的追求;
⑤对人性充满关爱和同情;
⑥对顺从的抵制;
⑦民主的性格结构;
⑧创造性的态度;
⑨有较高程度的社会兴趣;
⑩强烈的高峰体验。

高峰体验是一种神秘的主观感受,越接近自我实现的个体越容易产生高峰体验。这种体验不是经常出现的一般性感受,而是在自己生活最幸福的时刻迸发出的一种短暂的极乐感受。它可以产生于作家完成了自己的一部得意之作,也可以产生于音乐家的一次成功演出,或者是某次愉悦的家庭聚会,抑或来源于对自然景观的迷恋……正如马斯洛在《动机与人格》中描述的那样,在这种神秘体验中,个体感受到世界无限拓展开来;感觉自己更强有力,同时也比以往任何时候更感到无助;进入一种出神入迷、惊奇、敬畏,时空感的丧失,并最终感觉某种极为重要的、富有价值的事情已经发生了。在马斯洛的调查对象中,并不是所有的高峰体验都那么强烈,发生的频率也各有不同,大部分个体的神秘体验都是中等程度的,在少数受到这种体验宠爱的个体那里,这种中等程度的体验是经常的,甚至可能天天发生。

四、对马斯洛心理学理论的评价

马斯洛曾这样描述自己一生的成就:"我对生命哲学的全部追求和我的研究以及理论工作都植根于对她(马斯洛的母亲)所代表的一切的怨恨和厌恶。"(Hoffman,1988:9)当他的母亲逝世时,他甚至拒绝参加她的葬礼。这或许能帮助我们理解,马斯洛为什么如此关注人类成长的基本需要,以及为什么强调人性本质的善良和外界环境对柔弱本性的破坏作用。他相信,自我实现的先决条件是在童年期得到足够的爱,以及在生命的头两年里充分满足生理和安全需要。纵观马斯洛的一生,当他因对自己体貌深深的自卑而努力发展运动技能并且未果后,才转向书本,这种动机强烈的补偿行为,最终成就了他一生的哲学和心理学思想。

1. 马斯洛理论的主要贡献

从积极方面看，马斯洛人本主义心理学在西方心理学发展中别开生面并引人注目的地方主要有以下几个方面：

一是马斯洛特别强调要研究健康人、自我实现者，并具体地描述了自我实现者的特征，也指明了研究的目的、途径和手段，为开发人的潜能指出了方向和前景，增强了人类的自信和希望。

二是马斯洛强调心理学研究应以问题为中心，反对方法中心论，主张心理学必须更有成效地解决真善美及价值等复杂而重要的问题，指出科学没有权利把任何经验论据关在门外，同时也不应以"终结的"知识标准去评判"知识的开始阶段"。这为人本主义心理学争得了心理学研究的一些新的权限，并在一定范围内填补了传统心理学的空白，因此马斯洛在扩大心理学研究的对象和范围上被认为是继精神分析和行为主义之后的又一个里程碑。

三是马斯洛吸取了生物学、人类学和系统论等一些新的科学成就，在心理学研究上打破了科学主义和实验主义的机械还原论的束缚，提出了整体动力学原则和从质到量的分析原则，为心理学开辟了一条新的可行的研究途径。

尤其要提出的是，马斯洛理论中的需要层次理论陆续被科学实验证实。研究者发现，那些在安全、归属和尊重需要方面获得满足的人比那些没有满足这些需要的人，表现出更少的神经症行为，如焦虑、暴躁、紧张不安。同样，那些在自尊方面得分高的人，在自我价值、自信和自我效能的测量上得分也比较高。这些研究都间接支持了需要层次理论的等级排序。因此，许多企业家都愿意接受马斯洛的理论，接受自我实现作为员工动机和工作满意度的一个源泉。除此之外，马斯洛的理论也广泛地被应用于教育、心理咨询和治疗。

2. 马斯洛理论的主要局限

从消极方面看，马斯洛人本主义心理学明显地存在以下一些主要的缺陷：

首先，过分强调人性向善的一面，片面夸大人类有机体自我认识、自我指导、自我管理和自我选择的能力，因而强化了个人主义和自由主义的滋长。如在儿童教育上主张任其"实现自我，为所欲为"，照此办理，教育工作者正面的引导作用将无法实现，儿童发展过程中萌生的向恶的可能性无法被矫正，导致对儿童的发展及其社会化产生不良的后果。

其次，强调生物因素在人性及其发展中的决定作用。马斯洛不仅把不同层次的需要看做似本能，而且也把存在价值如真善美、完美人格、正义秩序等都看成是似本能，是人所固有的内在潜能。因此在马斯洛看来，完美人格似乎只是内在潜能自由而充分的实现而已,社会条件只起限制或促进的辅助陪衬作用。马斯洛贬低社会关系的决定作用和社会生活实践与交往的中介作用,对人的实质和发展的理解走向了片面。

再次,马斯洛虽然致力于创立一种适合西方社会的新理论及其研究方法,但由于方法论的缺陷,所以实际成就不大,目前仍处在他自己所说的"知识的开始阶段",在研究方法上有许多待完善之处,比如其"自我实现"理论,样本筛选困难,数量贫乏,且覆盖地区不全面(几乎都是西方人);而他选择心理健康者作为研究对象,但对"心理健康"的界定模糊含混、前后不一致。马斯洛自己也承认其研究不符合科学研究的严格标准,但同时又坚称,这是研究自我实现的唯一方式。

第三节 罗杰斯的自我理论及其应用

在 1927 年以来的半个多世纪中,罗杰斯主要从事咨询和心理治疗的实践和研究。他以首倡来访者中心治疗而驰名。他还在心理治疗的实践基础上,提出了关于人格的"自我理论",并把这个理论推广到教育改革和其他人际关系的一般领域中。

一、罗杰斯的生平与著作

卡尔·罗杰斯(Carl Ransom Rogers,1902—1987)出生于芝加哥郊区的一个中产阶级家庭。他的父母信奉严格的基督教原教旨主义观点,他们的宗教信仰和对任何情感表露的压抑迫使罗杰斯循规蹈矩,没有个人的自由。正如罗杰斯自己所言,在整个童年时代和青少年时代,父母就像握钳子那样控制着自己的一举一动,这些限制在多年之后演变为他的反抗思想。另一方面,罗杰斯的父母偏心于他的哥哥,年幼的罗杰斯一直生活在与哥哥不断的竞争中,这使得他的童年非常孤独。父母施加控制却不给予充足的关爱,在这样的成长环境下,罗杰斯变得内向、孤僻、寡言少语,继而将精神寄托于阅读与自然之中。12 岁的时候,全家搬迁到一个农场,在那里,他阅读了大量的农业实验类书籍,这些阅读将他引入了学术生活。

中学毕业后,罗杰斯考取了威斯康星大学农学院,加入了基督教青年会社团。22 岁时,作为美国 12 名学生代表之一,赴北京参加"世界基督教同盟大会"。在北京 6 个月的生活学习期间,他开始相信,人们应该通过自身的经验和对生活的理解,来指导自己的生活,而不是依赖他人的理论或观点,并且在此基础上,每个人都应该努力完善自己。这使得他从父母的原教旨主义中解脱出来,确立了一种更自由的生活哲学。两年后罗杰斯大学毕业,进入当时比较自由的纽约市联合神学院。在那里他结识了两位重要的心理学家——华生和纽科姆,发现咨询比宗教工作更符合他的兴趣,于是又赶赴哥伦比亚大学转攻心理学,同时结识了著名的精神分析学家阿德勒和临床心理学家霍林沃斯。1928年,获心理学硕士学位,同年受聘于防止虐待儿童协会,开始了长达9年对行为过失和缺陷的青少年的教育工作。一边工作一边学习的罗杰斯于1931获心理学博士学位。

从1940年起,罗杰斯先后受聘于俄亥俄州立大学、芝加哥大学、威斯康星大学,担任心理学教授职务。1962年起,又在斯坦福大学行为科学高级研究中心任研究员,1964年至1968年,在加利福尼亚州西部行为科学研究所任常驻研究员。

罗杰斯是美国应用心理学会的创始者之一,1944年至1945年任该学会主席;1946年至1947年,他担任美国心理学会第55届主席;1949年至1950年,担任临床和变态心理学分会主席;1956年,荣获美国心理学会首次颁发的杰出贡献奖。根据吉尔森的一项调查,罗杰斯在"二战"后最有影响的100名心理学家中名列第四。1987年,他死于手术后的心脏衰竭,享年85岁。

罗杰斯一生笔耕不止,著述甚丰,共发表了二百多篇文章,出版了16本专著,其中最主要的有《咨询与心理治疗》(1942)、《来访者中心疗法》(1951)、《个人形成论》(1961)、《择偶:婚姻及其选择》(1973)、《卡尔·罗杰斯论个人力量》(1977)、《一种存在的方式》(1980)、《在80年代学习的自由》(1983),等等。

二、自我理论及其应用

1. **人格的自我理论**

(1)自我概念

"自我概念"是罗杰斯自我理论的结构基础,意指个体对自己的觉知和认识,即实际经验中的自我。自我概念的特点有:自我概念属于对自己的觉知,包括对自己特点的觉知,及与自己有关的人和事物的觉知的总和,它遵循一般认知规律;自我概念是有组织的,连贯的,相对稳定的结构,随着新的知觉要素的加入而变化,但其整体性性质仍保持不变;"自我"不是弗洛伊德所说的人格结构要素;"自我"并不是控制个体行为的主体;"自我"是个体经验的整体,包括潜意识内容，但主要是意识的或可以进入意识的东西。

(2) 价值条件化

刚出生的婴儿并没有自我的概念，随着他（她）与他人、环境的相互作用，他（她）开始慢慢地把自己与非自己区分开来。当最初的自我概念形成之后，人的自我实现趋向开始激活，在自我实现这一股动力的驱动下，儿童在环境中进行各种尝试活动并取得大量的经验。通过机体自动的估价过程，有些经验会使他（她）感到满足、愉快，有些即相反，满足愉快的经验会使儿童寻求保持、再现，不满足、不愉快的经验会使儿童尽力回避。

在孩子寻求积极的经验中，有一种是受他人的关怀而产生的体验，还有一种是受到他人尊重而产生的体验，不幸的是儿童这种受关怀尊重需要的满足完全取决于他人，他人（包括父母）是根据儿童的行为是否符合其价值标准，行为标准来决定是否给予关怀和尊重，所以说他人的关怀与尊重是有条件的，这些条件体现着父母和社会的价值观，罗杰斯称这种条件为价值条件，儿童不断通过自己的行为体验到这些价值条件，会不自觉地将这些本属于父母或他人的价值观念内化，变成自我结构的一部分，渐渐地儿童被迫放弃按自身机体估价过程去评价经验，变成用自我中内化了的社会的价值规范去评价经验，这就是价值条件化。

价值条件化的结果使得儿童的自我和经验之间发生异化，当经验与自我之间存在冲突时，个体就会预感到自我受到威胁，因而产生焦虑。这就是不良适应、出现各类心理问题的心理病理机制。罗杰斯认为，一个健康的人，需要将原本不属于自己的、经内化而成的自我部分去除掉，找回属于他自己的思想情感和行为模式，用罗杰斯的话说，即是"变回自己"、"从面具后面走出来"，只有这样的人才能充分发挥个人的机能。人本主义的实质就是让人领悟自己的本性，不再倚重外来的价值观念，让人重新信赖、依靠机体估价过程来处理经验，消除外界环境通过内化而强加给他的价值观，让人可以自由表达自己的思想和感情，由自己的意志来决定自己的行为，掌握自己的命运，修复被破坏的自我实现潜力，促进个性的健康发展。

2. 来访者中心疗法

罗杰斯对心理学的最大贡献莫过于创立了来访者中心疗法（client-centered therapy，又译作受辅者中心疗法、患者中心疗法），该疗法已成为人本主义心理治疗的重要内容，并且对其他流派的心理咨询和治疗也产生了深远的影响。

(1) 治疗目标

如果把心理咨询和治疗的目标分为两类：问题解决目标和人格成长目标，

那么，罗杰斯的来访者中心疗法显然属于后者。"问题解决"类目标常用下列概念表述，如"减少痛苦症状"、"选择更好的职业"等；而"人格成长"类目标则常采用"发展积极的生活方式"、"完善人格"等语言阐释。而且衡量目标的价值不是外界力量，如父母、社会权威，而是依赖于机体经验。按罗杰斯的观点，咨询和治疗的基本目标可以说是"去伪存真"，去掉那些受外界价值条件左右的思想、行为方式，使来访者按照其本性去思想、感受和行动。一旦"去伪存真"的工作得以完成，来访者似乎变成了一个新人，一个"充分发挥机能的人"，并将在以下几方面发生根本变化：他对任何经验都较为开放，也就是说，他不再对经验进行取舍，歪曲和否认某些经验；他的自我结构变得与其经验相协调，并能够不断变化以同化新的经验；他变得更信任自己的机体，充分利用机体，而不是价值条件来评价经验；他愿意成为一个变化的过程，而不是追求一种理想、满意然而固定不变的状态。

在《成为一个人意味着什么》一文中，罗杰斯曾这样谈到来访者身上的变化："他……变得越来越接近他真正的自己。他开始抛弃那用来应付生活的伪装、面具、或扮演的角色。他力图想发现某种更本质、更接近于他真实自身的东西。"

（2）咨访关系

罗杰斯认为，来访者中心疗法的成功并非依赖于治疗师技巧的高低，而是依赖于治疗师是否具有某种态度。1957年，他在《治疗性人格改变的充分必要条件》一文中，提出治疗师应以真诚、无条件积极关注和共情的态度对待来访者。他认为治疗师主观态度影响着咨访关系的质量，而咨访关系对来访者人格改变所产生的影响远远大于治疗技术本身。

①真诚一致（congruence）

真诚一致，指治疗者表里如一，不虚假做作，以真诚开放的态度对待来访者。其中包括：从角色中解放出来，即治疗者在治疗关系中应是真诚的，不应隐藏在专业角色的背后；自发性交流，即治疗双方的言语交流应是自然的，不应受某些规则和技术的限制；非防御的态度，即面对来访者的消极情绪时，治疗者应理解、接纳，从而帮助来访者进行自我探索，而不是忙于抵御这些消极体验带来的影响；一致性，即治疗者应言行一致、表里如一；自我暴露，即治疗者应坦率表达涉及治疗关系的体验，以此促进来访者的思考和自我探索。

②积极关注（positive regard）

积极关注，在罗杰斯早期的文章中被称为"无条件积极关注"，意指治疗者以积极的态度看待来访者，对来访者表示真诚的关心、尊重和接纳。这又包含两层涵义：其一，当来访者在叙述某些可耻或令人焦虑的感受时，要尊重他自由表达的权利,以关注的态度接纳他,既不鄙视或冷漠,也不给予评价或纠正,相信来访者能够找到改正的途径和方法;其二,对来访者的言语和行为的积极面、光明面或长处给予有选择的关注,利用其自身的积极因素促使来访者发生积极变化。

在具体临床实践中,要做到上述要求并非易事。这要求治疗者在任何情境中都必须放下防御,唯有如此,来访者才能畅所欲言,从而形成良好的咨访关系。由于这种关系,治疗便取得了进展。不论来访者的叙述多么不可思议,治疗者都表示关注和理解,来访者感受到治疗者对他的全盘接受,渐渐就能学会以同样的态度对待自己,就会一点一点地与自己的内心交流,把过去排除在意识之外的经验或体验重新整理出来。随着被来访者歪曲、否认的经验越来越少,其自我概念和自我经验更趋于一致,来访者就在这样的过程中改变和成长起来了。

③共情式理解(empathic understanding)

"共情"(empathy)一词,中文有多种译法,如"神入"、"同理心"、"同感"、"共感"等。按照罗杰斯的观点,共情是体验别人的内心世界,就好像那是自己的内心世界一样的能力。具体说来,共情包含以下内容:治疗者从来访者内心的参照体系出发,设身处地地体验来访者的精神世界;运用治疗技巧把自己对来访者内心体验的理解准确传达给对方;引导来访者对其感受做进一步思考。

治疗者的共情可以从两个方面表示出来。一个方面是非言语行为,例如治疗者的身体姿势、面部表情、语气语调、与来访者的目光接触等。有时,一声恰到好处的叹息也能准确地传达出治疗者对来访者的理解与支持。为此,治疗者应善用非言语信息表达共情与关注。另一个方面是咨访双方的言语交流。一般认为,共情式理解应包括对来访者言语的情感和认知面同时进行理解与反馈。如:

来访者:那次考试之后我感觉非常坏,我没想到我考得那么差。

治疗者A:你对这次考试感到很失望。

治疗者B:你对这次考试情况感到惊讶和失望,特别是因为你曾希望自己做得更好一些。

在这里,治疗者A只是重复了来访者原话之意,治疗者B的反应则有助于启发来访者对其自我、自我概念及自我体验之间的关系进行深入探索。来访者中心疗法借助于共情式理解,一步步引导来访者在自我探索的历程上向前迈进,同时也能稳固来访者对治疗者的信任,加强治疗关系。

(3)治疗过程

罗杰斯曾将治疗过程分为 12 个步骤，但他强调这些步骤并非截然分开，而是有机地结合在一起的。

①来访者主动求助。来访者承认自己需要帮助并主动前来求助，是产生改变的重要前提。

②治疗者说明治疗情况。治疗者要向来访者说明，治疗只是提供一种有利于来访者自由成长的氛围，帮助来访者找到答案或解决问题。治疗者本身不知道答案，解决问题的方法、治疗的时间都由来访者支配，因此疗效依赖于来访者的自身努力。

③治疗者鼓励来访者自由表达情感。来访者开始时所表达的，大多是消极含混的情感体验，如焦虑、愧疚、疑虑等，治疗者均须以友好、诚恳的态度接纳，以促进对方情感的自由表达。

④治疗者要能够接受、认识、澄清对方的消极情感。治疗者对所接纳的消极情感进行反应时，不应只是对表面内容的反应，而应深入来访者内心，发现对方影射或暗含的情感体验，如矛盾、敌意等。并以接受对方的态度进行反应，有时也需要澄清，使对方认识到这些消极情感也是自身的一部分。这是治疗中很困难也很微妙的一步。

⑤来访者成长的萌动。当消极情感充分暴露后，模糊试探性的积极情感变萌生出来，成长由此开始。

⑥治疗者认识和接受来访者的积极情感。对待来访者的积极情感，治疗者应像对待消极情感那样，不做道德评价，只是接受、澄清与反馈，使来访者在其生命之中，能有这样一次机会去了解自己，而无须为消极情感采取防御措施，亦无须为积极情感自傲，从而促使来访者开启自我领悟之门。

⑦来访者开始接受真实自我。由于社会评价的作用，一般人对任何事件的反应常常有几分保留，这种外在的价值条件化，使得人们有一个不正确的自我概念，导致否认、歪曲若干情感和经验。如父亲认为"我应该是家庭有力的依靠"，于是将遇到工作挫折、资金困境时的恐惧担心隐藏起来，否认那些属于自己的负性情感，久而久之，适应不良的问题就会产生。而在罗杰斯的治疗中，通过治疗者的全盘接纳与澄清，能够鼓励来访者接纳自己所有真实的情感，包括那些消极的和积极的情感，使其自我概念和自我经验在新的水平上达到一致。

⑧治疗者帮助来访者澄清可能的决定及应采取的行动。新的领悟的产生，势必涉及新的决定和行为方式，此时治疗者要协助来访者澄清所有可能的选择和决定。

⑨产生疗效。新的整合与领悟导致了积极的、尝试性的行动，疗效由此

产生。

⑩扩大疗效。当一些新行为已经产生后,治疗者需要帮助来访者进一步扩大领悟范围,加深领悟层次,使其产生更完全、更接近真实的自我了解。

⑪来访者全面成长。来访者不再畏惧选择,积极探索自我发展的新方向。此时咨访关系达到顶点,来访者常常会主动提出问题与治疗者探讨。

⑫治疗结束。来访者感到无须再寻求治疗者协助时,治疗即告结束。通常来访者会对占用治疗者这么多时间表示歉意和感激,治疗者采用治疗步骤中相似的方法澄清这种感情,接受治疗即将结束的事实。

3. 教育改革

上世纪60年代后,罗杰斯的"来访者中心疗法"扩展到了心理治疗领域之外,对教育的影响尤为明显。《学习的自由》一书系统地阐述了他的人本主义教育观。

(1) 教育目标

有感于社会的迅速变化,罗杰斯提出教育的目标应该是培养学生成为适应变化、知道如何学习的"自由"人。在罗杰斯看来,"自由"不是通常意义上"从外部可供选择的事物中做出自己的抉择",而是指"能使人敢于涉猎未知的、不确定的领域,自己做出抉择的勇气"(瞿葆奎,1988:710)。

罗杰斯认为,只有学会如何学习和学会如何适应变化的人,只有意识到没有任何可靠的知识、唯有寻求知识的过程才可靠者,才是有教养的人。现代世界中,变化是唯一可以作为确立教育目标的依据。这种变化取决于过程而不是取决于静止的知识。

为了达到教育目标,促进学生人格的充分发展,教师必须具备四种特质:充分信任学生能够发展自己的潜能;表里如一,以真诚的态度对待学生;尊重学生的个人经验,重视他们的感情和意见;深入理解学生的内心世界,设身处地地为学生着想。可见,罗杰斯的教育观与他的治疗观高度一致,重点都在互动双方的关系上,或者教师(治疗者)的态度上。

(2) 教育观

罗杰斯批评传统的"以教师为中心"的教育模式,主要集中于以下几点:只重视智育,不重视整个人的全面发展;教师是知识与权力的拥有者,单纯灌输知识,学生只能接受和服从;学校实施强制管理,师生关系不平等,缺乏民主和信任感,学生常处于怀疑和惧怕的状态之中。

相应地,罗杰斯提出了"以学生为中心"的教育模式,其基本要点包括:

①教师要以真诚、关怀和理解的态度对待学生的情感和兴趣,创造一种促

进学习的良好氛围;

②课程计划和管理方式等决策由师生共同参与,双方都对决策后果承担相应责任;

③学习重点是发展学习过程,学习内容退居第二,一堂课结束的标志不是学生"掌握了需要知道的东西",而是学生学会了"怎样掌握需要知道的东西";

④课程形式主要采取自由讨论,使学生能形成和表达自身看法、感受;

⑤教师是非强制的知识资源,在学生询问时提供有价值的评论和参考读物;

⑥自律是达到学习目标的必备条件,对学生进行自律的训练,用自律代替强制纪律;

⑦学习成绩采取自我评价形式,由学生提供表明个人学业进展的证据,老师和其他学生对自我评价予以热心反馈,以促进自我评价的客观性;

⑧促进学习以更深入、更高效的方式进行下去,并渗透到学生日常行为中,使学生终生受益。

罗杰斯"以学生为中心"的教育理念在人本主义教育思想中占有重要地位。该理论以培养机能充分发挥的人为教育目标,提倡运用非指导性的方法,促进学生学习了解自己的直接经验,并要求教师秉持真诚、信任、接受和同感理解的态度与学生建立平等的教学关系。此主张使教育的立足点重新回归以人为本的立场,对我国现时的教育改革与未来的教育发展都有很大借鉴意义。

三、对罗杰斯心理学理论的评价

1. 罗杰斯理论的主要贡献

罗杰斯坦言自己曾是存在亲密关系障碍的一个人。青少年时期的罗杰斯情绪生活常常处于混乱之中,他写道:"这个时期我的幻想的确是稀奇古怪的,或许诊断专家会认为这是精神分裂,但幸运的是,我从来没有同心理学家进行接触。"(Rogers,1980:30)这样的经历,或许能帮助我们理解罗杰斯对传统心理治疗和教学模式的抵触和批评,同样也能帮助我们理解罗杰斯对人本主义的支持,以及对来访者、对学生的尊重。

罗杰斯创立的来访者中心疗法对后世心理治疗产生了深远的影响。如今在各种流派的心理咨询与治疗中,治疗者都把建立信任、温暖、理解性的咨访关系当作咨询或治疗过程中的首要任务,所有的治疗技术都是在此关系的基础上得以施展。《以人为中心评论》杂志的主编凯恩曾这样评价罗杰斯对心理咨询与治疗的影响:"强调治疗关系的重要作用;相信人有充分的潜力并自我实现;发展了聆听来访者叙述的技巧;用'来访者'代替'患者',增强了对来访者的尊敬；将治疗过程录音，以便于他人学习及进行非正规研究；倡导对心理治疗过程及结果的科学研究；为心理学家及其他非医学专业人员从事心理治疗工作铺平了道路。"

在教育方面，罗杰斯的"以学生为中心"教育，着眼于学生独立性、创造性的发展和人格的"自我实现"，成为"二战"以来最有影响的三大教育学说之一。最近在关于"教育模式"的归类研究中，"非指导教学"被列在"个人模式"之首。他对教育的影响可见一斑。

2. 罗杰斯理论的主要局限

（1）研究对象范围的局限

虽然与马斯洛不同，罗杰斯理论观点不是从对健康个体的研究中获得，而是来源于治疗实践，但在罗杰斯发展来访者中心疗法理论期间，他的临床对象主要是大学生，这是年轻、聪明、有较高语言技能的一个群体。一般来说，这个群体的主要问题是社会适应不良，而不是严重的情绪障碍。这个被试群体同弗洛伊德和其他临床心理学家在临床实践中所见到的那个群体是极为不同的。

（2）哲学基础的片面性

罗杰斯的整个理论体系都是建立在存在主义哲学和现象学的方法论之上的。存在主义过分夸大人的主观能动性和突出人的"自由"，即罗杰斯所言的"自我选择"、"自我设计"，而忽略了社会对人心理、行为的制约性。舒尔茨对此有精辟之见："这个理论……重点完全放在为自己的体验、感受和生活上，而没有把重点也相应地放在……对事业、目的或人的热爱、献身或义务上。这个健康人格的眼界，缺乏对别人和社会的那种关心的、主动负责的关系感。这个充分起作用的人似乎是世界的中心……他关心的事情似乎仅仅是自己的生存，而不是促进另外的人的成长和发展。"（舒尔茨，1988:78）

而在现象学的影响下，罗杰斯注重的不是客体环境中实际发生了什么，而是个体认为正在发生什么。如果将个体知觉当作唯一的现实，就会陷入唯心主义的泥潭。这可能是罗杰斯过分强调自我潜能而忽视人的社会性的主要原因。"以学生为中心"的教学，固然在克服以教师为中心、以学科结构为中心以及提高学生尊严等方面做出了"彻底的革命"，但是学校生活过分民主，也许就会形成自由放任、我行我素的现象，课堂环境的松散结构并不是对所有孩子都是有益的。而罗杰斯本人在晚年也对自己的思想产生了怀疑：处于某种气氛中的学生究竟是否真的会"自我主导"？真的会"发现自我"吗？大量实践证明，教育中"人文精神"和"科学精神"融合才能产生符合人性和社会发展的教育模式。

第四节 罗洛·梅的存在分析理论

为了研究"真正的人",罗洛·梅将存在主义哲学与对人的精神分析密切结合在一起,形成了一种新的人本主义心理学取向。这种新取向的特点,不是仅仅限于对人的存在作出哲学解释,而是要在人们面临各种困境与焦虑的时候,能够提供支持和指导,能够对加强自我治疗提供支持。因此,作为存在主义心理分析学派的主要倡导者,罗洛·梅又被誉为"存在心理学之父"。

一、罗洛·梅的生平与著作

罗洛·黎斯·梅(Rollo Reese May,1909—1994)出生于美国俄亥俄州的艾达镇。父亲是基督教青年会秘书,父母感情并不融洽,先分居后离婚,导致他的姐姐精神崩溃。由于父母没有受过良好教育,对子女教育不关注,加之感情破裂,使得梅早年的家庭和教育环境都是很差的。童年生活的不快乐,可能是梅以后研究咨询心理学的原因之一。

罗洛·梅从小就喜爱文学艺术,在密西根大学就读时,因参与一份激进学生杂志的出版工作而遭退学。后转入俄亥俄州欧伯林学院艺术系就读,并于1930年获文学学士学位。毕业后,赴希腊亚纳托利亚大学教授英文三年,此期间,他也兼做游历四方的艺术家,其画作造诣颇高;值得一提的是,他还参加了阿德勒在维也纳山区举办的暑期培训班,对阿德勒的学说总体上非常赞同。可以说,梅最初对心理治疗的兴趣以及他早期心理咨询与治疗实践,都受到阿德勒的影响。

回到美国之后,他从事了一段短暂时间的学生心理咨询员的工作。随后即被纽约联合神学院录取,并在研学期间,有幸结识了当时已很有名气的德国存在主义哲学家和神学家保罗·蒂利希(Paul Tillich)。通过他,梅第一次系统地接触了存在主义思想。在以后的频繁交往中,他们成了终生好友。在梅的著作中经常可以看到与蒂利希有关的内容。1938年,梅获得了神学学士学位。

20世纪40年代初,梅到纽约怀特学院研学精神分析,此间与沙利文、弗洛姆的交往密切,这使他们的思想发生了深刻的交互影响。1946年,梅开业从事私人心理治疗工作,并在哥伦比亚大学进修。梅曾患肺结核濒临死亡,不得不入疗养院静养三年,然而此病反成为他生命的转折点。面对死亡、遍览群书之余,梅尤其醉心于存在主义宗教思想家克尔凯阔尔的著作。病中他精研精神分析和存在主义中所讨论的焦虑问题，病愈后即向哥伦比亚大学提交了一份关于焦虑问题的研究论文，于 1949 年获得了哥伦比亚大学授予的第一个临床心理学博士学位。这篇论文在 1950 年以《焦虑的意义》为书名发表，成为梅的成名代表作。

1952 年，梅成为怀特学院的研究员，1958 年任院长，1959 年任督导和训练分析员。他先后担任过心理治疗与咨询联合委员会主席、高等教育中的全国宗教委员会委员、纽约心理学会会长等职。在 20 世纪 50 年代，美国人本主义心理学兴起时，梅已初步确立了存在分析的心理学思想，通过与人本主义心理学代表人物如马斯洛、罗杰斯、戈尔德斯坦、奥尔波特等人的长期接触和思想交流，梅和人本主义心理学取得了共识，成为人本主义心理学创始人之一。1994 年，梅病逝于美国加利福尼亚州蒂伯龙镇，享年 85 岁。

罗洛·梅一生著述颇丰，共发表了一百二十多篇论文，出版二十余部专著。其中著名的除了上文提到的《焦虑的意义》外，《存在：心理学与精神病学的新维度》（1958）成为存在心理学的研究者必读书目之一，《爱与意志》（1969）成为美国畅销书之一，并被授予"爱默生"奖。此外，梅的主要著作还有《人寻求自我》（1953）、《存在心理学》（1961）、《心理学与人类困境》（1967）、《权利与纯真》（1972）等。

二、存在分析观

1. 存在的六种本体论

梅首先是一个存在分析心理学家，他毕生致力于将存在心理学引入美国，因此他的人本主义心理学思想中最基本的仍然是存在主义哲学观。他相信存在六种本体论：自我核心、自我肯定、参与、觉知、自我意识和焦虑。

自我核心是指一个人不同于别人的存在，指一个人的独一无二性，自我就处在这个存在的核心。

自我肯定指一个人保存其自我核心的勇气。

参与是因为人不可能独立地存在于这个世界上，必须与周围的环境发生联系，通过合理的"社会整合"来增强自身的存在感和存在的价值。

觉知是指人对"自我核心的主观认识"，他把觉知看做是一种对自身感觉、愿望、身体需要和欲望的体验，这种体验比自我意识更为直接和具体。

自我意识就是觉知表现在人身上的一种独特形式，梅认为前四种本体论特点是所有生物都有的，而自我意识则是人所独具的。与觉知相比，自我意识具有更加抽象和间接的性质，它是更为整合的一个整体，它可以使人有能力超越直接具体世界，而生活在"可能"的世界里，它是人的所有其他特点，如自由意志、抽象观念、象征作用、责任感、罪疚感和超越时空等的基础。

焦虑是指人的存在面临威胁时所产生的一种痛苦的情绪体验，是指个体对有可能丧失其存在的一种担心。

2. 焦虑与自由

梅对焦虑实质的看法主要有以下几点：

（1）焦虑是对存在受到威胁的一种反应，这种存在包括人的生命和与生命有同等重要性的信念，如个人的职业、名誉和地位。

（2）焦虑是对人的基本价值受到威胁的一种反应。梅认为价值观是一个人生存于这个世界的基本支柱，个人是把这种价值观与作为一种自我的存在相认同的，威胁了价值观，就如同威胁到本人的存在一样。

（3）焦虑是对死亡的恐惧。人终有一死，这是每个人都无法改变的事实，对于普通人来说，当死亡近在眼前时，恐惧是必然的，而当死亡的威胁不那么强烈时，这种对于死亡的恐惧就会转化为焦虑。

在心理治疗方面，梅将自由和焦虑连在一起解释。他认为自由是人性的重要本质，但个人在现实生活中自由选择时，选择的后果非但未必使人心安，反而使人感到焦虑。原因是：

（1）选择之后将带来不确定后果，可能成功，也可能失败，因此面对选择情境时，个人就可能在心理上产生既想求成又想避败的困境。

（2）选择既由自己决定，选择的结果，亦必由个人承担，因而产生心理压力。由此观之，在现实人生中，焦虑是无可避免的。如何面对焦虑是人生必须学习的课题。

梅将因自由选择带来的焦虑分为两种，一种是健康的焦虑，另一种是神经质焦虑。

所谓健康的焦虑（healthy anxiety），是指个人在现实生活中有所选择时（如升学、就业、转业、婚姻、投资等），如能以积极乐观的态度面对选择不确定后果带来的焦虑，并心甘情愿地承担起自己选择后的责任，即使选择结果未必尽如人意，但至少克服了焦虑的威胁，使危机化为转机。健康的焦虑是与威胁相均衡的一种反应，是人成长过程中的一部分。人的成长过程必然伴随着对原有意义结构的挑战，伴随着向更大的可能性的开放，向未知领域的探索，这些都会产生焦虑，如果人可以正确的理解挑战和变化中包含的意义，能够合理地调动自身的力量来应对这种挑战，能使价值观在相对稳定的情况下逐渐向更全面的方向发展，那么在此过程中的焦虑就是健康的，它是人走向成熟的动力。

所谓神经质焦虑（neurotic anxiety），是指个人在现实生活面临选择情境时，因过分恐惧选择会带来失败的结果而犹豫不决，不是冀求别人支持，就是畏惧退缩或但求安于现状，不敢遽下决定。一旦因放弃选择而丧失成功机会，却又悔恨交加倍感痛苦。如此，焦虑不但未能免除，而且愈积愈多，最后难免因无法承担过重的心理压力而导致精神疾病。神经质焦虑是一种与威胁不均衡的反应，它包含着心理压抑和其他形式的内部心理冲突，并受各种活动和意识障碍的控制，是不能合理的应对挑战和变化的结果。如果个体采取遵从他人的意见，放弃自由，放弃个人成长的可能性的方式来进行应对，此时焦虑并不会真正消失而只是转变为神经质焦虑，它依然会困扰个体。梅认为，心理治疗的目的正是帮助那些因患得患失而不敢选择以致陷入神经质焦虑的人，使他领悟到自由选择和勇于负责两者间的必然关系，以期其面对现实人生去实现自己。

当然，现实人生中有些境遇是无法自由选择的，像死亡就是最具体的例子。梅在其1961年出版的《存在主义心理学》一书中指出，即使个人对死亡无可选择，但如何面对死亡的态度，仍有选择的余地。设想如果人类真的永生不死，人类可能就会不珍惜生命，不努力向美好追求。正因为人生有限，在短暂的人生中选择自己的生活方式，才会显得更有意义。因此梅认为，学习不畏不惧面对死亡，是人生在世存在的一个重要课题。

3. 爱与意志

爱是与对方在一起时的喜悦以及对自己和对方价值和发展的肯定。

把爱降格为性是当前的一个重要问题。性应该作为爱的基础之一，但是却不应该是爱的全部。把爱降格为性只能使两者都变得越来越了无生气，越来越缺乏个性和原发性。单纯靠性维系的关系，在激情退去之后，只会感到空虚。性行为中最正常最基本的要素，是通过给予对方，来获得自我肯定的体验和乐趣（这是一种更特有的付出方式），而不是从对对方身体的占有和控制中来寻求与他人结合的可能。要通过爱来赋予性活动更多的意义从而使性得以升华，使性活动成为个人向更高的意识水平迈进的途径。

在爱与性行为中，自发性都是很关键的因素，人的主体性和自由正是体现在这种自发性之中，没有个性的爱和依赖于技术的性活动都只能把人变为千篇一律的机械，这正是工业文明最大的危害。

爱是连接存在和生成（becoming）的桥梁，爱情依赖于过去，但更应该指向未来，指向双方在未来的更大的可能性。意志则以意向性（intentionality）为基础。意向性首先意味着延伸，其次是计划和目的。意向性是含有意义的。它是指在理解客体的意义的基础上，通过主体的价值判断而产生对客体的某种趋向,产生一定的计划和目的。而意志则把某种意向性具体化为行动。愿望是意向性和意志的先决条件。个体需要对自身的愿望有明确的意识,才能产生意向性,进而通过意志而付诸行动。意志不能简单地理解为强力意志,强力意志很可能是建立在扭曲人性的基础之上的。

爱与意志都是与他人形成联系的方式,爱与意志都表现了个人向对方的延伸、拓展和趋进,表现了个人希望影响他或她或它,而与此同时又敞开自己,以期被对方所影响。自我肯定和自我确证——意志最明显的方面——对于爱是极其重要的。一个人只有在对自身的存在抱一种肯定的态度,只有真正地认识到自己的价值,他才具有爱的能力,否则的话只能是对爱的对象的依赖。

4. 原始生命力

原始生命力是能够使个人完全置于其力量控制之下的自然功能。它既可以是创造性的,也可以是毁灭性的。原始生命力是一切生命肯定自身,确证自身,持存自身和发展自身的内在动力。原始生命力需要指引和疏导,要把非人格的原始生命力转化为人格化的原始生命力。人的心灵是善与恶一体的。如果一味地压抑原始生命力,则必然导致它的暴力形式的反击,关键在于如何引导原始生命力,以达到善恶同一的水平。把原始生命力引导到建设性方向上的办法有两个,一是与其他人的对话,二是自我批判。如果原始生命力处于无个性状态,则就会把它诉诸集体的非理性行为,如果敢于正视自身存在的原始生命力,把它整合到人格结构之中,那么它就可以成为建设性的力量。正是在这一意义上,梅认为人是善恶兼具的,这也是他与其他人本主义心理学家观点的最大分歧之处。

三、对罗洛·梅心理学理论的评价

1. 罗洛·梅存在分析理论的主要贡献

在心理学史上,梅是介于存在主义和人本主义心理学之间的桥梁人物。他在1958年出版的《存在:精神病学与心理学的新面向》一书中,首次将德国哲学家海德格尔的存在主义思想介绍到美国,从此一方面建立了他的存在心理治疗体系,另一方面为以后人本主义心理学的发展奠立了基础。梅在心理学上的贡献,主要在于他所提倡的两个核心观念:自由意志的人性本质观和焦虑。

作为存在主义心理学家,梅非常看重个体的自由,所以他对古典精神分析的潜意识决定论以及行为主义的环境决定论都持激烈的批评态度。他认为,在现实中个人根据自己的条件做的自由选择,个人的潜力才会获得充分发展,亦即自由选择是个体自我实现的先决条件。此一理念与人本主义心理学主要领导人马斯洛和罗杰斯的思想是一致的。但梅关于原始生命力的理解,受到了存在哲学悲观主义的影响,认为人性中既有善的一面,更有恶的一面,这与马斯洛、罗杰斯等倡导的乐观人性论有所分歧。

梅的另一个显著贡献在于系统地阐述了存在的焦虑本质,使"焦虑"一词跨越心理病理专有名词的局限,而被引入一般心理现象的范畴,用以描绘现代科技发展对人类整体生活处境的彻底改变,如何导致现代人所共有的心理情绪问题。在梅的心理学思想中,"焦虑"与"自由"是两个核心概念。自由意味着人可以选择自己的人生道路,但也正是因为个体是自由的,他就必须为自己的选择负责。正是由于选择意味着风险、存在必然会死亡,焦虑成为贯穿人一生的命题。

2. 罗洛·梅存在分析理论的主要局限

首先,梅的存在分析论受限于其所依赖的哲学基础——现象学和存在主义,这使得他的学说成为一种以主观唯心主义为基调的心理学思想。

其次,由于受宗教神学教育的影响,梅的学说从一开始就带有浓厚的宗教神秘色彩,并在心理治疗中,把神经症的原因与宗教相联系,相信宗教生活能成为一种指导人生的力量。

再次,如同其他遭到质疑的人本心理学研究一样,梅的研究方法被认为是非科学性、且缺乏测量标准的。总体看来,这些研究基本上是描述性的,许多人批评其学说是哲学而非心理学;他所使用的术语,很多不能进行客观的检测。梅的学说受到很多人的欣赏和关注,他们希望能在这些结论中找到科学依据,但在这点上,梅的努力显然是不够的。

第五节 人本主义心理学在当代的新发展

人本主义心理学被称做心理学发展中的第三势力,与前两大势力不同的是,它并不是一个思想完全统一、组织十分严密的学派,而是一个由诸多观点相近的心理学家组成的联盟,其基本观点可概括为"四个坚持":(1)坚持以人的经验为出发点,强调人的整体性、独特性和自主性;(2)坚持以人的价值和人格发展为重点,强调把自我实现、自我选择(self-selection)和健康人格作为人生追求的目标;(3)坚持以机体潜能为基础,强调人的未来发展的可能性及其乐观的前景;(4)坚持以广泛的社会问题为内容,强调实施心理治疗、教育改革、犯罪防治和社会改造。

从研究对象、内容、原则和方法上看，人本主义心理学主要有以下特点。

在研究对象上，不是从动物、患者或一般人中去选取，而是从精英、名人或心理健康者中去抽样。人本主义者反对行为主义以动物和幼儿的简单行为和精神分析以患者为研究对象，而主张以健康成年人为研究对象。其特点是：（1）强调研究整体的人或人的整体（人格）；（2）强调研究健康人的心理或健康人格；（3）强调研究人类中出类拔萃之辈或精英。

在研究内容上，不是探讨低级心理现象和认知历程，而是专门研究人的高级的整合的动力心理，如人的本性、潜能、价值、尊严、创造力和自我实现等富有意义的根本问题。

在研究原则上，不热衷于传统心理学的学院式研究，而重视结合广泛的社会现实问题开展研究。因此，人本主义心理学从其诞生、发展、到最后的应用，都离不开其所处的社会历史背景。

在方法论上，兼收并蓄，采取了折中融合的方法论原则，即不拘泥于自然科学的实验方法，而采用整体分析（holistic analysis）和现象学方法（phenomenological method）。在具体的研究方法上，人本主义心理学认为只要某种方法能对人的本性做出符合实际的说明，这种方法就是可以接受的。

一、超个人心理学

超个人心理学（Transpersonal Psychology）是上世纪60年代末在美国人本主义心理学发展中兴起的一个新的心理学派。它以人本主义心理学为母体和基础，是人本主义心理学充分发展的结果，也可以说是人本主义心理学的派生物（Sutich, 1996:9-13）。该流派主要探究人类心灵与潜能的终极价值和真我圆满实现的问题。

1. 缘起

20世纪七八十年代以后，人本主义心理学家发现他们没有成功挑战心理学中传统的科学概念与研究方法，无力从根本上影响主流的学院心理学方法论的变革，因而开始为人本心理学运动的前景担忧。他们意识到，一旦人本主义心理学发展不出关于人的非还原论模型及与之相应的研究方法，人本主义运动在心理学发展中的地位也许会流于单纯的对于行为主义和精神分析研究的"抗议"。罗杰斯曾指出：如果人本主义心理学仅仅是一种抗议运动，那么它的效果是暂时的。人本主义心理学正值很重要的时期，创建者一代年事已高，除非后继者当中有人接过火炬，创造性地处理当前的困境，否则这场运动完全可能停止。有鉴于此，人本主义心理学家对于发展其流派做了更多的研究和尝试。早在20世纪60年代中期,一些人本主义心理学的领袖人物,包括马斯洛和苏蒂奇等人经常讨论超越人本主义的问题,他们越来越不满人本主义心理学只关注个体的自我及其实现,意识到应该将自我与个人以外的世界和意义联系起来,这个领域属于超越的领域或超出自我关怀的精神生活领域。于是他们开始酝酿一种关注这一领域的心理学,自称这种心理学为第四势力心理学,或超个人心理学。

如果从方法论和学术渊源上下定义,那么,超个人心理学可以被理解为这样一个学派,它试图将世界精神传统的智慧整合到现代心理学的知识系统中。世界精神传统和现代心理学是两种关于人自身的知识体系,前者是指世界各民族文化的传统宗教和哲学,其中包含着对人及其精神生活的理解和践行方式,但不是以现代科学的方法和系统化的表达方式存在的;后者包含着对人的身体与心理的科学研究,但这种研究在很大程度上割断了与世界精神传统的联系。超个人心理学对世界精神传统和现代心理学持同等尊重态度,试图将二者结合起来,并加以创造性的综合,进而提供一种包含身体、心理和精神(body-mind-spirit)的架构来全面地认识我们自己。简言之,超个人心理学就是关于个人及其超越的心理学,是试图将世界精神传统的智慧整合到现代心理学的知识系统中的一个学派。

2. 基本假设

超个人心理学有三个关键性主张:第一,超个人心理学家认为人除了生理和心理两个层面以外,还有精神(或灵性)的层面;第二,超个人心理学家揭示了一般人的自我迷失,即大多数人盲目和错误地认同自己所扮演的某种角色、自己的人格、自我观念,或认同自己在平常清醒的意识状态下所含含糊糊觉察到的所谓"我",但这些都不是我之所以为我,也就是说,都不是"真我";第三,超个人心理学家强调,每个人都不是绝对独立的个体,而是属于"大我",并根植于"大我"的,因此,人的使命不只是人本主义心理学所强调的自我实现而已,人还需要自我超越(李安德,1994)。归纳起来,超个人心理学的基本假设主要有如下几点(Cortright,1997:16-20):

(1)人的本性主要是精神的。超个人心理学家坚信,只有将现代心理学和世界精神传统关于人性的理论结合起来,才能形成完整的人性模型。我们在本性上既是心理的(psychological),又是精神的(spiritual),但在超个人观点看来,精神处于首要地位,正是精神为自我(self)提供支撑性的架构。

人类确实具有精神追求的强烈驱力,表现为通过进入个体、社会和超越意识的深处而寻求全体(wholeness)的倾向。精神的寻求不仅是健康的,而且是个体的整体健康及其自我实现的实质。心理健康的定义必须包括精神的维度才是完整的。

精神追求变得越来越重要并成为人类生命的中心。大多数宗教也指出,人类存在的最深层动机是精神的追求。心理学已经关注到动机的层次——生存需要、性与攻击、整合感的需要、亲密关系、形成一种内聚的自我(cohensive self)、通过有意义的工作和活动实现自我的潜能。但在超个人心理学看来,自我实现的层次还有待进一步提高,这就是精神的追求。这样动机发展的历程就是从低级需要到自我实现的需要,最后达到精神的或超越的境界。当然超越的境界又是无止境的。

很难理解以试图发现人类经验的真谛为己任的心理学,却如此长时间地忽视了精神的领域,因为这一领域始终是每一种文化的贯穿历史的核心所在。西方历史上,天主教会的陈腐思想统治了若干个世纪,到文艺复兴时期科学与宗教的分离极大地解放了人的怀疑精神,西方科学就逐步将形而上的沉思放到一边而仅仅将焦点集中在可观察的实验上。心理学作为后来兴起的科学,要获得独立科学的地位,效仿其他科学的榜样,对一切宗教与哲学敬而远之,也就不足为怪了。然而现在是我们将精神带回到科学和心理学思想中来的时候了。

(2)意识是多维的。超个人心理学倡导研究意识的不同状态。在传统心理学中,意识的变异状态不是被看成病理学的枝节问题(例如神秘结合被视为假性精神分裂症),就是被当作简单的白日梦而遭到忽视。用致幻剂改变意识的研究、非药物技术的运用(如通过静修等途径导致意识状态的改变),以及关于世界宗教的研究等,都证明大多数人通常状态下的意识只不过是表面的。精神体验常常将一个人送到一种扩展的意识状态,从而显示出通常状态下的意识的局限性。

意识的其他维度或方面显示出传统的智慧真谛,宇宙间所有存在的连通性,一切外在多样性之间的统一性,意识的敏感领域和层面更加朝着这样的境界敞开:澄明、宁静、明朗、爱、知识以及内在的力量感。将意识的这些维度中的任何一个排除于心理学之外都会导致意识理论的贫困。

(3)人的内在生命是智慧之源。几千年来宗教传统都宣称我们的本性是巨大的智慧之源,我们能够而且应该寻求内在的真正的智慧。弗洛伊德将潜意识看成是盲目而混乱的欲望之仓库,荣格则认为潜意识深处蕴藏着丰富的智慧。超个人心理学发展了荣格的思想,更明确地指出为了获得更大的心理整合,必须进入内在智慧,进入自我或有机体智慧之源。这种内在智慧就是生命深处的精神本体。因此,我们的自我(self)往往是一些生命的表象,并非生命的真相。

必须沉静下来，不断地向内寻求，才能发现真我之所在。

（4）生活是有意义的。我们的行为、欢乐和悲伤对我们的成长和发展是有意义的，它们不是任意的、无意义的事件。超个人心理学使我们用更开阔、更积极的眼光看待生命。严格的存在主义立场认为健康是在一个无意义的世界里创造意义的结果，与此相对照，超个人的观点认为健康是我们揭开生命固有的意义的结果。超个人的观点看到人一方面要不断发现深层意义，同时又试图不断地建构和解释这种深层意义。发现生命的意义具有非常重要的治疗价值：一个人可以应付任何事，只要它是有意义的，无论它多么可怕。生活的创伤和悲剧往往提供了进入精神世界的动力。在黑暗中，心灵最痛苦之处可能会出现一抹补偿的光芒，一种安慰、康复和新的成长可能由此开始。

（5）精神之路是多样的。在精神寻求中，对治疗者至关重要的一点就是尊重一切精神之路。教条地执著于任何一种特殊的灵修（spiritual practice）之路对超个人实践来讲都是十分局限的。如果需要遵循某种教条的话，那就是不要遵循教条。通往神圣的道路不是单一的。既然精神之路是多种多样的，那么具有渊博的知识并且尊重所有不同的道路（包括无神论）是至关重要的。整合世界各种文化传统的宗教、哲学及其践行的知识并将其纳入现代心理学的架构就成为超个人心理学的使命。

3. 对超个人心理学的解读和评价

尽管超个人心理学的研究成果及其对社会生活的影响与日俱增，但它不像行为主义心理学和人本主义心理学一样，一旦形成很快就对主流心理学产生冲击，并作为一种新范式为心理学界所接受。超个人心理学从诞生至今30多年了，从一种学术的发展而言，时间也许不算长，但作为一种新思潮，其冲击力和被接受的程度毕竟不够理想。这可能有多方面的原因，其中的一个原因就是人们对超个人心理学还存有一些误解。澄清这些误解对我们了解究竟什么是超个人心理学是有帮助的。不仅了解它是什么，而且清楚它不是什么，这样才能获得一种正确的认识。根据罗曼（Rowan，1993:10-13）、李安德（1994:175～186）和斯考特（Scotton，1996:3-8）等人的观点，要了解什么是超个人心理学，还需要做如下的澄清：

（1）超个人心理学不是超心理学。将超个人心理学等同于超心理学（Parapsychology），是一种最常遇到的误解。产生这种误解的人士大多从未听说过超个人心理学，对这种心理学一无所知，所以才望文生义。罗曼指出"超个人不是超人（extrapersonal）"。他所说的"超人"，就是指那些具有超心理能力的人，他列出一个表用来比较二者之间的差异，并认为基本的差异在于：超个人经验中具有某种神圣的东西，而超人的经验，基本上不具备神圣性（Rowan，1993:10）。当然，不是说超个人心理学与超心理学完全没有联系，而是说它们是两种不同的领域，在某种维度上它们的研究对象之间可能会有联系。

（2）超个人心理学不仅仅是心理学的一个分支。超个人心理学是一种心理学研究的新范式，它首先关切的是作为整体的心理学，它将一种新的世界观和方法论带进具体的研究之中。这种取向的研究可以深入到心理学的许多分支中去，除意识研究、人格和心理治疗等受影响最大的领域外，其他如教育、管理、社会等领域的心理学研究也不同程度地受到影响，超个人思潮已经渗透到心理学的很多领域。所以不能将超个人心理学仅仅视为心理学的一个分支。

（3）超个人心理学不是一种哲学。超个人心理学家的专业背景是心理学的，不是哲学的，他们使用的仍然是通用的心理学方法，如观察、测验、实验、访谈、问卷调查等，并用统计工具处理所得数据。他们是从心理学的角度来探讨人的经验和行为的，也是在心理学刊物上发表研究报告的。即使超个人心理学与哲学有较密切的关系，那也不是它所特有的，因为任何心理学派别或理论都有自己的哲学假定。这已经是一个无须再加以论证的命题。只是有的学派的心理学家（如行为主义者）有意识地拒绝哲学，而有的学派的心理学家（如存在主义心理学家）则明确宣称自己的哲学立场。超个人心理学对哲学不采取回避或拒斥态度，而是特别注重吸收自古以来各种哲学关于人及其精神生活的理论解释与经验总结，将哲学与科学心理学在生命和精神的契合点上加以整合。

（4）超个人心理学不是宗教。将超个人心理学视为宗教，是对超个人心理学最严重的误解。由于"超越性"、"精神"这些超个人心理学的研究主题通常也是宗教主题，所以会产生这样的误解。但超个人心理学所研究的超越性经验或精神领域，远比宗教经验广泛，例如各种审美经验、科学家追求真理的入迷和惊喜，甚至日常生活中对弱小生命的关爱，都属于超越性或精神性的，当然也包括宗教经验，但宗教经验只是各种超个人经验的一种。宗教经验属于超个人经验，但并非所有超个人经验都属于宗教经验。这里问题的实质是，研究宗教的学科本身不是宗教，更不能将宗教哲学、宗教社会学、宗教人类学、宗教心理学视为宗教。宗教与宗教研究的根本区别在于，宗教研究不提供特定的教义和宗教价值系统以及相应的仪式，也没有带宗教色彩的组织（如教会）。其中宗教心理学是从心理学诞生之初就有的，著名的有冯特的《民族心理学》（1900～1920）中的有关章节、詹姆斯的《宗教经验种种》（1902）、霍尔的《从心理学的观点看耶稣基督》（1917）等。霍尔还于1904年创办了《美国宗教心理学与教育杂志》。弗洛伊德是著名的反宗教的心理学家，他将宗教看成集体神经症的表现，但他一生写了三本宗教心理学名著，即《图腾与禁忌》(1913)、《一个幻觉的未来》(1927)和《摩西与一神教》(1939)。至于后来的心理学家，如荣格、弗洛姆、埃里克森、马斯洛等人的宗教心理学著作，以及有关宗教心理学的质的研究与量的研究的报告更是不胜枚举。仅以英文出版的宗教心理学杂志至少就有9种，美国心理学会第36分会就是"研究宗教问题的心理学分会"。因此，宗教心理学研究本来就是心理学的一个分支，不是超个人心理学运动兴起的结果。

但超个人心理学家研究宗教与其他心理学家研究宗教确有不同。超个人心理学家试图将各种宗教传统中有关精神成长的理论、经验和灵修技术（如瑜珈、禅修等）整合到心理学中，特别是心理治疗的理论与实践中。同时关注与宗教有关的心理病理学问题，研究因宗教的消极作用而导致的有害心理健康和人性成长的预防措施和治疗途径。

（5）超个人心理学不只研究高级的精神活动。超个人心理学可能被人们误解为只研究最高级的精神现象，忽视了较低层次的心理现象。事实上，超个人心理学并不否定较低层次的心理活动，反而强调超越的精神层面要以较低的层面为基础。它的立场是，所有的层次，身体、情绪、心智及精神，都应予以尊重、发展和整合。一方面，较低层次的健康发展是进入超越层次的基础；另一方面，超个人的取向又为较低层次的发展指明了方向，并注入了精神性的因素。如果只着眼于最高的层次，势必造成对低层次的压抑，而压抑低层次的心理生活，也不会有健康的精神生活。超个人心理学将越过或回避较低层次的问题，而直接进入超个人领域也视为一种防御机制，因而是一种病理现象。这是超个人治疗者要特别警惕的问题。所以超个人治疗者不只着眼于精神的层次，而是要着眼于所有的层次。

从认识论的发展来看，超个人心理学以更高的超越性和更广的涵括性补充和发展了早期人本主义心理学的研究领域，更多地探究人类心灵与潜能的终极本源，包括非常广泛的内容，如：超阶级越自我的意识状态、高级动机、人生价值、生活意义、人类幸福、宗教经验、宇宙觉知、内在协同、生死体验、意识领悟、精神通道、禅宗的理论与实践，等等。与早期观点不同，超个人心理学不研究现实水平的心理健康和意识状态，而以超自我、超时空的心理现象为研究对象；不是渴望以人为中心，崇尚自由和尊严的心理学，而是以宇宙为中心，超越人类和人性的心理学；不是一般地研究人的本性、潜能、价值和自我实现，而是探究人类心灵与潜能的终极本源和终极实现。

超个人主义心理学抨击了西方心理学中心论和本位主义，肯定了研究人的超越性心理层面的重要价值及深远意义，建构了一种比人本主义心理学更宽阔、更开放的新范式，扩展了超个人心理学的应用，促进了管理心理学、心理治疗学、教育心理学以及宗教心理学的发展。但是，其理论中也存在某些神秘的表述和解释，有些课题研究非常晦涩和令人费解，具有神秘主义的迹象。

二、积极心理学

一些人本主义心理学家深受主流心理学的自然科学方法论的影响，认为自然科学方法要优于语言学方法，他们强调在研究中运用统计方法来分析资料，包括语言资料，主张设计使用数据和统计方法的方案，并运用数据和统计分析来研究人本主义心理学的变量。如罗杰斯使用数字方法来调查同情、热情和真实性的人本主义建构。吉尔吉（Giorgi）就曾指出，在《人本主义心理学》上刊登的实证研究中，所使用的方法与主流心理学研究中所使用的方法几乎没有差别。

人本心理学方法论的这一发展取向，也促使其理论和概念被其他心理学派的研究所吸收和引用，在一定程度上实现了人本主义心理学与其他心理学派的融合，积极心理学将人本主义心理学的概念引入到主流心理学中就是典范之一。积极心理学的倡导者塞利格曼（Seligman）批评美国传统的科学心理学是以修复人的损伤和纠正人的弱点为主的"病理学"模式，是一种典型的"消极心理学"。塞利格曼认为，社会科学把人的力量和美德——利他主义、勇气、忠诚、职责、愉悦、健康、责任和快乐——看做是衍生的、防御性的和纯粹错觉的，而把弱点和消极的动机——焦虑、贪婪、自私、偏执、发怒、障碍和悲伤——看做是真实的。出于对心理学前途和人类命运的深切关注，积极心理学以普通人为研究对象，运用科学的方法研究人的幸福感、力量和美德等人的积极面和积极品质，以建立和完善积极的人格成长模式，促进个体、社会和整个人类的幸福为目标，以成为解决人类面临的诸多现实问题的一门"积极的社会科学"。积极心理学代表了当代科学心理学的最新发展，体现了认知心理学与人本心理学的初步融合。

三、研究手段的新进展

到 20 世纪晚期，时代精神的变化带给建构主义更大的权力和威望去反对占统治地位的科学主义的方法，一些受传统的人本主义心理学理论影响的心理学家则更倾向于坚持采用语言学方法研究人的现象。他们反对采用量化和计算分析的方法来研究人，主张运用语言性数据和分析方法来取代心理学中的传统研究方法，认为数字化方法歪曲了对人的研究并最终导致对人的误解。这些人本主义心理学家们提出发展具体的、具有人本主义特色的方案，并在 20 世纪 90 年代，开展了一场新的人本主义运动。

在这场运动中，寻求新的研究方法，研究富有意义的人类经验成为人本主义心理学未来发展的一个重要趋势。众多的人本主义心理学家在与从事社会科学与医学的同事们的合作研究中获益匪浅，发展了多样化的以严密的、经验的方式来研究意义复杂性与丰富性的创新性研究方案。这些人本主义心理学家们提出了许多专业术语，以更好地将其研究成果与由美国心理学家运用自然科学方法所获得的研究成果区分开。这些区分包括对人文科学与自然科学的区分、道家思想与控制科学的区分、实用知识与理论知识的区分、专业知识与学术知识的区分、理解性研究与因果研究的区分，等等。

最近十多年来，一些国外的研究机构，例如，赛布鲁克研究所、人本主义心理学指导方案和研究中心，均致力于教授各种研究方案。在这些方案中，现象学方案在不断完善、改进，描述性方案从各种侧面描述故事，把描述故事作为研究的工具。新实用主义也曾建议一种方案，这个方案以评估有关知识的使用或以对实践意义的真实陈述为基础，而不是基于对现实情况的假设。作为一种研究方法，或者说是一种作为质的研究的"风格"的扎根理论（grounded theory），主要宗旨是从经验资料的基础上建立理论。研究者在研究开始之前没有理论假设，直接从原始资料中归纳出概念和命题，然后上升到理论。扎根理论不仅强调系统地收集和分析经验事实，而且注重在经验事实上抽象出理论，因此被认为较好地处理了理论与经验之间的关系问题。

主要参考文献

1. Cortright, B. *Psychotherapy and spirit.* New York: State University of New York Press, 1997.

2. DeCarvalho R. *The founders of humanistic psychology.* New York: Praeger, 1991.

3. Hoffman, E. *The right to be human: A biography of Abraham Maslow.* Los Angeles: Tarcher, 1988.

4. Rogers, C. *A way of being.* Boston: Houghton Mifflin, 1980.

5. Rowan, J. *The Transpersonal: Psychotherapy and counselling.* London: Routledge, 1993.

6. Sutich, A. Transpersonal psychotherapy: History anddefinition. In

Boorstein, S. (Ed.). *Transpersonal psychotherapy.* New York: State University of New York Press, 1996.

7. Scotton, B. W. *Introduction and definition of transpersonal psychiatry.* In Scotton, B. *et al.* (Ed.), *Textbook of transpersonal psychiatry and psychology.* N.Y.: BasicBooks, 1996.

8. 霍夫曼著，许金声译，马斯洛传，华夏出版社，2003年。

9. 李安德著，若水译，超个人心理学，台北桂冠图书股份有限公司，1994。

10. 马斯洛，许金声等译，动机与人格，华夏出版社，1987年。

11. 马斯洛，林方译，人性能达的境界，云南人民出版社，1987年。

12. 瞿葆奎，教育学文集，人民教育出版社，1988年。

13. 舒尔茨，成长心理学，三联书店，1988年。

14. 舒尔茨著，叶浩生译，现代心理学史，江苏教育出版社，2005年。

第七章　认知主义心理学

在心理学的发展历史上，以人的内部认知过程为主要研究对象的心理学派包括格式塔心理学、勒温的场论以及发生认识论等。这些学派之间不但存在一定的传承关系，还共同构成了当今人们普遍认可的认知主义心理学派在相关领域的主要研究范式和观点。随着科学技术的发展，认知主义与新的理论以及新的研究技术相结合，所产生的新的研究领域和范式代表着认知主义在当代的主要发展方向，也使认知主义学派有了新活力。20 世纪 50 年代末至 60 年代初，西方心理学界涌现出一股研究认知过程的潮流，其中有理论将人看成类似于计算机的符号信息加工系统，这便是狭义的认知心理学，即信息加工心理学。本章将综合介绍广义与狭义的认知主义心理学体系。

第一节　格式塔心理学

格式塔心理学又称完形主义心理学，是现代西方心理学的主要流派之一。它靠批判传统的构造主义心理学和行为主义心理学起家，强调心理现象的整体性，认为整体不能还原为各个部分、各个元素的总和，整体则大于部分之和。格式塔心理学重视心理学实验，他们在知觉、学习、思维等方面的大量研究成果至今仍是心理学的重要财富。

一、产生背景和主要人物

20 世纪初，随着经济在全国统一后的快速发展，德国逐渐成为欧洲最强硬的政治帝国，谋取对整个欧洲乃至全世界的统治权的野心越来越大。当时德国国内唯意志论、整体决定论的动力观等社会意识形态得到宣扬和普遍的认可，这使德国的政治、经济以及文化等方面都倾向于一种整体观。格式塔心理学正是在这样的社会历史背景下产生的。

格式塔心理学主要以康德的先验论和胡塞尔的现象学为哲学背景。康德把世界分为"现象"和"物自体"两个不同的世界，并认为这两者之间存在着不可逾越的鸿沟。人们可以通过先验的范畴认识"现象"。在知觉对象时，组成心理状态的元素是以先验的形式有意义地组织起来的，而不是通过机械的联想过程组织起来，原始的知觉材料是由心理给予形式和组织。"物自体"是人们认识不能够达到的，它离开人们的意识而独立存在。先验是一种心理中的形式天赋，空间、时间、因果性等都属于先验范畴。先验范畴是使经验成为可能的先天条件，因此，先验范畴也就是主体处理来自"物自体"的经验的先验形式。康德还认为，先验范畴可以通过直觉的方式认识到。康德的这些思想正好与格式塔心理学关于时间和空间"形式"是心理现象的存在方式这个中心论题相似。胡塞尔的现象学主张用自然观察去研究纯粹的意识，要求按照经验现象完整的本来面目观察和描述纯粹意识结构，反对现象—本质的双重世界，坚持现象即本质或直接经验的呈现，认为知觉是现象学的完全独立的领域，强调运用自然观察（或"本质直观"）和"意向分析"的现象学方法与理论来研究和把握纯粹意识及其结构。这些观点都与格式塔心理学的研究逻辑相同。

格式塔心理学的产生也有一定的自然科学背景和心理学背景。19世纪以来，物理学采用场的理论，而抛弃了机械论的观点。所谓场就是一个限定的域，是一种整体的存在。场的每个部分的性质都是由场的整体所决定，但场的整体性质又不是各个组成部分性质的简单相加。格式塔心理学正是应用了场的理论，提出了一系列的包括"行为场"、"环境场"、"物理场"、"心理场"、"心理物理场"等概念，认为场就是完形或格式塔，以后又发展成勒温的心理动力场学说。其时心理学内部也存在关于"完形"问题的长期探讨。其中马赫和厄棱费尔的研究对格式塔心理学最有影响。马赫认为时间和空间的感觉不是由其内容和要素决定的，而是由其独立的形式和关系所决定的。厄棱费尔在马赫的研究基础上提出"形质说"，认为"形质"即空间形式和时间形式，它不是感觉的简单组合，而是感觉成分之外的另一种组织形式的新的性质。马赫和厄棱费尔的学说不仅为格式塔心理学创造了一套完整的形质的概念，而且还为格式塔心理学的理论架构提供了一些论证的证据。

格式塔心理学产生以来，韦特海默、考夫卡和苛勒被公认为该学派的主要代表人物。他们三人的观点虽然有些不同，但对格式塔基本原则的认识却是完全一致的。

韦特海默（Max Wertheimer，1880—1943）集格式塔心理学的创始人和领袖于一身。他生于布拉格，先在当地的大学预科学习到18岁后，又在该大学学了两年半法律。此后转入柏林大学学习哲学和心理学，1904 年在符兹堡大学师从屈尔佩，并以最优异的成绩获得博士学位，1912 年到 1916 年在法兰克福大学讲课。1929 年，他接受了法兰克福大学教授的职务。1933 年，由于不堪纳粹迫害而举家迁往美国，此后一直在纽约市社会研究学院工作至去世。韦特海默的著作相对比较少，主要有《视见运动的实验研究》（1912）、《格式塔说三论集》（1925）以及《创造性思维》（1945）等。

考夫卡（Kurt Koffka，1886—1941）是这三个人中最多产的一个。他生于柏林，1903 年到 1904 年在爱丁堡大学读书时对科学和哲学感兴趣。1905 年回到柏林后，研究心理学，并在斯图姆夫的指导下于 1909 年获得博士学位，1910 年在法兰克福与韦特海默和苛勒开始长期的合作。1911 年，他被任命为吉森大学的讲师。第一次世界大战时期，考夫卡主要在精神病医院从事脑损伤和失语症病人的研究工作。"一战"后，美国心理学界已模糊地意识到正在德国发展的这一新学派，于 1922 年请考夫卡写了一篇题为"知觉：格式塔理论导言"的论文，发表在《心理学通报》上。论文根据许多研究结果提出了一些基本的概念。1924 年起，考夫卡先后任教于康奈尔大学和威斯康星大学访问教授，1927 年作为史密斯学院的心理学教授，一直工作到 1941 年去世。主要著作有《心理的发展》（1921）、《格式塔心理学原理》（1935）等。

苛勒（Wolfgang Kohler，1887—1967）是三个人中最年轻的一个，他是格式塔运动的发言人，也是最著名的一个。他出生于波罗的海的雷维尔，先后求学于杜平根大学、波恩大学和柏林大学等著名学府，1909 年在斯图姆夫的指导下以一篇心理声学论文获得博士学位。1910 年，任教于法兰克福大学，1913 年受普鲁士科学院的邀请，到康那利群岛的西班牙属地特纳利夫岛研究黑猩猩，1922 年在柏林大学继任斯图姆夫的职务一直到 1935 年。此后因纳粹迫害而移居美国，任斯瓦太摩学院教授。1956 年，获得美国心理学会杰出科学贡献奖，1958 年任新罕布什尔州特劳斯学院教授，1959 年当选美国心理学会主席。主要著作有：《人猿的智力》（1917）、《静态的物理格式塔》（1920）、《格式塔心理学》（1929）、《价值在事实世界中的地位》（1938）、《心理学中的动力学》（1940）、《图形后效》（1944）等。

二、主要的理论和研究

1. 研究对象

格式塔心理学把心理学看成是"意识的科学、心的科学、行为的科学"，反对构造主义和行为主义，认为心理是一种格式塔或者说是一种组织的产物，心理现象是完整的格式塔,是完形,它不能被人为地区分为元素,整体不是简单的部分之和,部分不含有整体的特性。

格式塔心理学从现象学的理论基础出发,主要以"直接经验"为研究对象。苛勒把意识和直接经验视为同义词,认为直接经验的观察是一切科学的来源和基础。直接经验和物理现象不同,是指一个人直接感知到的知识经验,可能与物理世界相符的,也可能不相符。在格式塔心理学看来,直接经验有两种:一种是客观经验,一种是主观经验。前者是指可共证的经验,即彼此可取得一致的客观经验,它是物理科学的基础;后者指不可共证的经验,即他人不能直接经验的自我觉察和感受,它是心理科学的基础。格式塔心理学认为,心理学既要研究主观经验也要研究客观经验。与研究的对象相对应,物理学采用客观的研究方法并进行量的测定就行了,而心理学则还需要质的分析与推测。比如,在一个比较重要的情境下观察一个人的讲话,看他声音是正常还是颤抖。直接的观察使我们可以知道他的声音的不稳定意味着什么,但仅仅的对其声音的物理测量则不涉及这个方面。

格式塔心理学也将行为作为主要的研究对象。考夫卡认为,从行为出发为意识和心去找一个位置要比从心或意识出发为行为找一个位置更容易。心理学应该研究整体行为,而不是研究分子行为。整体行为是在一种环境中的活动,而分子行为则是在有机体内部的活动。考夫卡进一步将环境分为地理环境和行为环境两种,其中行为环境即指心中意识到的环境。考夫卡曾经提供了一个例子来说明人的行为主要受行为环境的影响:"某冬夜,大雪纷飞,寒风凛冽,平原一片尽被冰雪所蔽,径途莫辨。一人飞骑而过,幸抵一旅舍,得避风雪之所。店主人出户相迎,惊问道:'君自何处而来?'此人指向来处,店主人惊愕万状,告曰:'君岂不知已飞骑渡过康斯坦湖耶',客闻言惊恐乃毙。"根据考夫卡的分析,此人骑到旅舍之前,他的行为环境是平原,而当店主人告诉他骑马经过的是大湖时,他竟然吓死了。显然,如果他事先知道这是一个大湖,他的行为肯定会不同。因此,考夫卡认为,人的行为主要是受到行为环境的调节。

行为环境只是直接经验的一部分。直接经验既包括行为环境,还包括自我以及主观经验等。行为环境也包含在心理物理场中。心理物理场是考夫卡根据"场"的概念提出来的一个概念,它包括自我和环境两部分。自我包含诸如需要、决心、态度、意志等,环境包括行为环境和地理环境。考夫卡明确指出,心理学的任务就是研究行为与心理物理场的因果关系。

2. 研究方法

在研究方法上,格式塔心理学认为,构造主义的内省法和行为主义的客观观察法都是心理学的基本研究方法。但它反对行为主义学派那种排斥意识和直接经验而只强调对"刺激和反应"的观察方法,也反对构造主义排斥意义、对象和事物只强调感觉元素分析的内省方法。

格式塔心理学家采用的是现象学的方法。这种方法是一种纯粹的观察。它要求对在特定时间内主体所观察到的经验材料不加任何修饰,力求如实而详尽地进行描述。运用现象学方法的原则是:把直接经验作为心理学的研究对象,对其进行自然的、不加干扰的观察;对经验进行如实的描述;对经验进行质的分析;按照整体性而不是元素分析的方法研究经验(叶浩生,2006:258)。

格式塔心理学在反对用那种自然科学定量的和间接的方法来研究人的直接经验的同时,认为质的观察对分析人的心理特别有用。其代表人物之一苛勒还认为,语言和口头报告在心理学研究中也有重要意义,它们都可以作为被试直接经验的指标。

3. 同型论原理

格式塔心理学家们在确定了知觉是有组织的整体之后,便开始研究涉及知觉的生理机制,同型论便是它们对心物和心身关系的一种观点。所谓同型,即"经验到的空间秩序在结构上总是和作为基础的大脑过程分布的机能秩序是同一的",也就是说,一切经验现象中共同存在的"完形"特征,在物理、心理和生理之间具有对应的关系,三者彼此是同型的。

在关于似动现象的最初研究中,韦特海默就认为皮质活动是一种定型的整体过程。人们经验到的似动和真动是一样的,因此实现真动和似动的皮质过程就应该是类似的。他声称:"我们发现许多过程,从其动力形式看,不管它们的元素材料的特性如何变化,都是相同的。当一个人胆怯、害怕或精神饱满、高兴或悲伤时,时常表现出他的身体过程的进程和这些心理过程所进行的进程是完全相同的格式塔。"(舒尔茨,1981:301)

苛勒也表达了同样的观点,他认为,脑中发生的生理事件与由它引发的主观事件在形式上是相互对应的,心理现象的格式塔过程与这些现象后面的脑过程是相似的。比如,如果一个人感知到灰色背景上的白色圆形,也意味着他的脑内也存在着一个具有圆形的有限区域,一些强电荷沿着这个圆的轮廓不断运动,而环绕着这个区域的是一个电荷较弱的区域,它对应于灰色的背景。

对于格式塔心理学来说,同型论理论有两点意义:第一便是表明格式塔心理学家对心物和心身关系所持的是一种心身平行论的观点;第二,同型论的概念能够帮助格式塔心理学家证明物理学、化学、生物学以及心理学都和格式塔有关。

4. 知觉组织原则

格式塔心理学认为，一个人像知觉似动现象一样，也采用直接而统一的方式把事物知觉为统一的整体而不是一群个别的感觉。知觉的组织原则主要有下面的五种。

（1）图形与背景

在一个视野内，有些对象突出出来就形成了易被感知的图形，其他的对象则成为了背景。如绿草丛中的一朵红花，红花则由于突出而成为易感知的图形。一般来说，图形有形状，背景没有；图形均在背景之前，图形离观察者较近，有确定的空间位置，而背景则较远，好像没有确定的位置；图形和背景的区分度越大，就越容易将图形和背景分开。图形和背景也可以互换，格式塔心理学家鲁宾最早用两可图形说明图形和背景之间的关系。

（2）接近原则

靠近在一起的成分倾向于组成知觉单位。如图7.1（a）中，人们通常把它知觉为由两条垂直线构成的一组，共四组的图形。图7.1（b）也是这样，因为黑色小点在竖排中比在横排中更为接近，所以人们把它知觉为五条竖形而不是看成五个横排。

（3）相似原则

类似的部分有被看成一群的倾向。如图7.1（c）中，我们知觉到的是横行而不是纵列的图形。

（4）闭合原则

我们对那些不完好的图形，倾向于将其知觉为完好的。如图7.1（d），方形虽不封闭，但我们在知觉时，倾向于把它组合成封闭的完形。

（5）连续原则

刺激中能够彼此连续成为图形者，即使其间无连续关系，人们也倾向于组合在一起看成整体。如图7.1（e）。人们把它知觉为两条线，一条从A到B，另外一条从C到D，尽管没有理由回答为什么不能说是另两条线，即从A到D和从C到B。这是由于从A到B的线条比从A到D的线条有更好的连续性，所以产生了这种知觉效果。

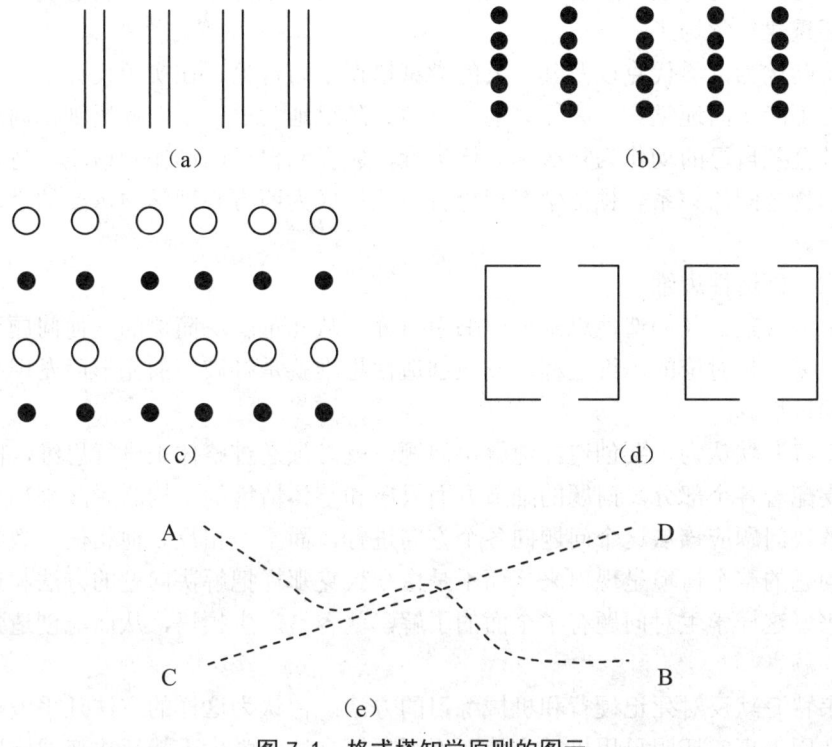

图 7.1 格式塔知觉原则的图示

5. 学习理论

格式塔心理学家主要的兴趣是对知觉的研究,但他们对学习问题的研究也很有影响力。这主要表现在他们以对猩猩的学习以及关于人类的创造性思维的研究来反对桑代克的尝试错误的学习以及华生的刺激—反应的学习模式上。

（1）顿悟

从 1913 年到 1917 年,苛勒一直在特纳利夫岛从事黑猩猩的问题解决研究。他发现,学习并不是尝试错误这样的方式,而是一种顿悟,即通过重新组织知觉环境并突然领悟其中关系而发生学习。相应地,苛勒认为,解决问题,也就是重建知觉场的问题。苛勒的实验从简单到复杂共包括六大类,这些研究都被苛勒作为解释顿悟的证据。

例如,在一项试验中,研究者把香蕉放在猩猩刚好拿不到的地方。这时,如果把一根棍子放在笼子栏杆的附近（向着香蕉）,那么棍子和香蕉会被看做同一情景的两部分,猩猩便很快用棍子把香蕉拉回来。但如果把棍子放在笼子的背后,这两个物体就不容易被知觉为同一情景的两个部分,这时要解决问题,就需要重建知觉场了。

苛勒认为,桑代克以及其他人的尝试错误学习理论,在实验设计上使问题解决者不能全面地觉察,因而只能盲目地、随机地尝试错误。顿悟则使问题解决者领会到自己的动作为什么和怎样进行,领会到自己的动作和情境,特别是和目的物之间的关系。顿悟学习理论目前已经成为西方心理学中重要的学习理论之一。

（2）创造性思维

韦特海默在《创造性思维》一书中研究了从儿童解决简单的几何问题到爱因斯坦创立相对论的思维过程,发现创造性思维就是打破旧的完形而发现新的完形的过程。

韦特海默认为,要创造性地解决问题,就必须通过整体来进行思维,因为整体支配着各个部分。问题的细节方面只应和整体情境的结构联系起来加以考虑,解决问题应该从这个问题向各个方向进行,而不是相反。他相信,教师应该把问题的整个情境呈现出来,而不是像桑代克那样把解决问题的方法和途径藏起来,这样学生对问题有了全面的了解,就容易产生顿悟,从而能创造性地解决问题。

韦特海默反对死记硬背和机械练习的方法。他认为这样的方法几乎没有创造性,因为事实证明只用机械方法而不用顿悟方法,学生不能解决变式问题,而一旦学生掌握了从整体来进行思维的原则,就很容易迁移到其他的情境中去。

三、对格式塔心理学的评价

格式塔心理学对心理学的发展产生了强劲而持久的影响,它在知觉、学习等许多领域都取得了丰硕的成果。同时,它的研究也伴随着一些不足。

1. 格式塔心理学的贡献

正是在格式塔思想的影响下,心理学开始有条不紊地研究动机、人格和社会心理等问题。而此后心理学一些有影响的学派和研究范式的兴起,或多或少都与格式塔心理学有一些关系。

格式塔心理学对反对以构造主义为代表的元素主义具有积极意义。他们认为,元素主义用内省的方法将人的心理还原为分子、原子,这是人为的,没有任何意义,不能揭示心理的任何东西。格式塔心理学重视整体、重视部分之间的联系,冲破元素主义的束缚而进行的大量研究,取得了许多引人注目的成果,这些都促进了心理学的发展和进步。

格式塔心理学的整体论对人本主义心理学的发展产生了很大影响。该学派的创始人马斯洛就是在韦特海默的指导下学习整体分析的方法的，并以此来研究人的经验。另一位代表性人物罗杰斯也主张用整体的方法来研究人的心理事件或直接经验。这些都表明，人本主义心理学受到了格式塔心理学的影响。

格式塔心理学的研究奠定了认知心理学的理论基础，它对知觉以及学习的研究强调整体、模式、组织、结构等机制的作用，注重人们对感觉输入的组织和解释的主动性，特别是格式塔心理学对知觉的卓越研究才导致知觉心理学脱离感觉心理学而成为一个独立的分支。这些都为认知心理学的发展和研究思路提供了良好的基础。认知心理学也正是在格式塔心理学的基础上，应用信息加工的观点对人的认知的内部机制和过程进行研究。

格式塔心理也奠定了实验社会心理学的方法论基础。社会心理学中"场"的思想最早是由格式塔心理学家引入心理学的。格式塔心理学的现象学研究方法为后来的社会心理学的发展提供了方法论基础，实验现象学方法及其变式已成为当前社会心理学研究普遍采用的有效方法。

2. 格式塔心理学的局限

许多人认为，格式塔心理学的局限和不足主要体现在其理论主张具有明显的唯心主义倾向；它的实验也不够严谨和规范；其中一些概念的界定也不甚明确等。这些问题确实是存在的，比如它的确排斥了经验的作用，把物理世界看成现象性的客观存在；许多实验人为性比较大且缺乏数量化的资料；理论涉及的一些数理概念，以及格式塔心理学的一些重要概念如组织、行为环境等并没有被严格地界定；等等。这些不足都使人更深入理解格式塔的理论显得困难。

第二节　勒温的拓扑心理学

勒温（Kurt Lewin，1890—1947）是拓扑心理学的创始人，也是实验社会心理学的奠基人。他生于德国的摩角诺，先后求学于弗赖堡、慕尼黑，研究心理学、数学和物理。在斯顿夫的指导下，于1914年在柏林大学获得心理学的哲学博士学位。其后服兵役，期满后回到柏林大学，成为格式塔团体中的一个多产而有创造性的成员。1922年，勒温被聘为柏林大学讲师，1927年任教授，1932年在斯坦福大学做了六个月的访问教授。由于纳粹的威胁，1933年定居美国并在康奈尔大学任教，1935年作为衣阿华大学的教授指导一系列关于儿童的实验社会心理学的研究。由于他在社会心理学中努力取得的优秀成果，1944年，勒温被聘为麻省理工学院团体动力学研究中心主任,并兼任加利福尼亚大学伯克利分校和哈佛大学客座教授。虽然他到达那里不久就去世了,但他的研究规划深有影响。勒温的主要著作有:《人格动力学》(1935),《拓扑心理学原理》(1936),《心理动力的概念表述和测量》(1938),《解决社会冲突》(1948)等。

勒温根据动力场说,采用拓扑学图形,主要以需要、人格和社会因素为中心,更多地把心理学视为一种社会科学。当时他与柏林的格式塔学者联系密切,而且他的观点与格式塔体系也更符合,因此,心理学史专家都认为,勒温的拓扑心理学是格式塔心理学的一个分支。

一、场论

场论主要使用了一种建构的或发生的方法,强调对心理过程的研究。它也是一种动力的研究,认为要根据对环境作为一个整体的那种分析,并以数学的形式叙述心理环境。场论是一种区别于历史研究的系统研究。

1. 心理场

心理场,也称为心理生活空间或生活空间,是勒温拓扑心理学的一个基本概念和核心内容。他借鉴物理学中"场"的概念,认为场是相互依存的事实的整体。人就是一个场,人的心理活动就是在心理场中发生的。人的心理场主要是由个体需要和他的心理环境相互作用的关系构成,由个人生活的过去、现在和未来的一切事件经验和思想愿望组成。

在勒温的心理学中,因个体需要、意志等具有重要的动力作用,所以心理场也称为心理动力场,并且还常用心理生活空间这个基本概念加以陈述。勒温认为,心理学就应该讨论人和环境的关系,心理生活空间这个概念表示特定时间内影响个体心理和行为因素的总体。

勒温把决定行为的所有事实分为三种:第一种为准物理环境,即指心目中的自然环境;第二种为准社会环境,即指心目中的社会环境;第三种为准概念事实,即指思想概念与现实的差异。勒温认为,准事实并不是纯自然、纯社会、纯概念的事实,而是指在人与环境的相互作用中,对人的行为可能产生影响的那些事实,勒温称之为"心理环境"。因此,准事实与客观事实有时是对应的,有时是不对应的。

在勒温的研究中,行为和心理事件是并提的,他的行为公式是:$B=f(PE)$。在这个公式中,B 代表行为,f 代表函数,P 代表人,E 代表环境。这个公式表明,行为是个人和环境的函数,即行为随着人与环境这两个因素变化而改变。从这个公式也可以看出,不同的人对同一环境可产生不同的行为,同一个人对不同的环境也可产生不同的环境，同一个人在不同的情境下，对同样的环境也可产生不同的行为。这样的描述显然比较符合行为的真实情况，因此具有较大的解释力。

2. 行为动力

行为动力系统是勒温场心理学的重要研究内容之一。研究主要涉及了诸如需要、紧张、效价、向量、障碍和平衡等概念。

需要是指由生理条件引起的动机状态，它是联想的火车头，也是行为的动力。勒温认为需要有两种：一种是需要，指客观的生理需要，如吃饭、喝水等；另一种是准需要，指心理环境中对心理事件起实际的影响作用的那些需要。勒温一般所说的需要是指对心理事件起实际影响的准需要。

紧张是与需要伴随的情绪状态。勒温认为，当一个人具有某种动机或需要时，在人的身体内部就会出现一个紧张系统，这个紧张系统的出现就破坏了原来个人和其环境之间的平衡。当这种平衡被打破时，人们就力图恢复平衡，而随着需要的满足，平衡的恢复，人们的紧张就会解除。反之，如果需要得不到满足，平衡就得不到恢复，紧张也将持续，从而促使人具有努力满足需要的意向。这一点得到著名的蔡加尼克效应（Zeigarnik Effect）的支持。研究者发现半途被终止的任务要比已完成的任务在回忆时具有更显著的优势，这是因为已完成任务紧张已经解除，而未完成的任务引起的紧张系统则仍在继续。

勒温认为，当心理环境的事实被人感知后，人就希望达到或离开某些地方，希望获得或躲避某些东西，这些东西对人来说就具有一定的效价。效价有正负之分。那些能够满足人的需要，有吸引力的对象产生正效价，相反地，威胁人的需要满足的对象则产生负效价。

某种已产生的需要，最初在人体内部引起的是一种无确切方向的紧张，当它和一定的对象发生联系后，就会形成一种推动人的行为趋向目标的向量。在勒温看来，向量是一种有方向的吸引力或排斥力。吸引力的向量使人趋向目标，而排斥力的向量使人远离目标。个体的运动方向往往是两个以上的向量的合力作用。各个向量的方向可能相同的，也可能是相反的，这就出现了冲突，勒温总结出了三种冲突类型，即趋近—趋近冲突、回避—回避冲突以及趋近—回避冲突。

勒温认为，按照拓扑学原理，生活空间可以分成若干区域，各个区域之间有边界相隔。个体要达到目标，必须由一个区域进入另一个区域，从而需要跨越边界。图 7.2 所示是一个要做医生的人所处的情境。虽然经过这些区域的移动，最后是为了实现成为开业医生，但目前的生活空间中却是要消除的达到目

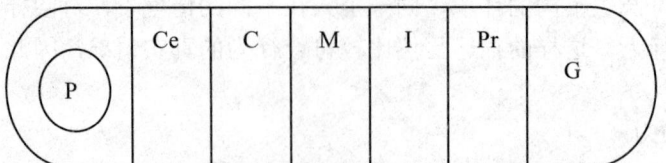

P 代表人；G 代表目标；Ce 代表大学预科；C 代表大学医科；
M 代表医学院；I 代表实习医生；Pr 代表开业医生

图 7.2　一个要做医生的人所处的情境

标的障碍。因为你的生活空间不只是在你当前所处的地方，而是在你期待将要去的地方。在预料的环境中你的移动决定着动作的路径，并借助现实向量的合力来推进你的移动（车文博，1998：438）。

因此，正是个体的需要和紧张系统决定场中每个部分的动力态势。勒温在他的理论体系中，用向量概念表示场或生活空间中动力作用的方向和力度，用拓扑学的语言来描述各种动力之间的关系，其理论充满源于数理科学的隐喻，为学院气息的格式塔心理学注入了新活力。

3. 人格组织

勒温将人格描述成一个直观的空间系统（如图 7.3）。聚集于内圈和外圈之间的格子（M 区）包含认识环境变化的知觉系统和把人的内部区域状态传出到外部的运动系统。聚集于内圈的一些格子称为人格的内部区域（I 区），包括需要、意图等心理现象。内部区域可以分为人格的边缘层（P）和人格的中心层（C）。边缘层和运动系统较接近，所以在此层发生的事件容易通过运动系统表示出来，中心层离运动系统较远，其中发生的事件不容易显露出来。

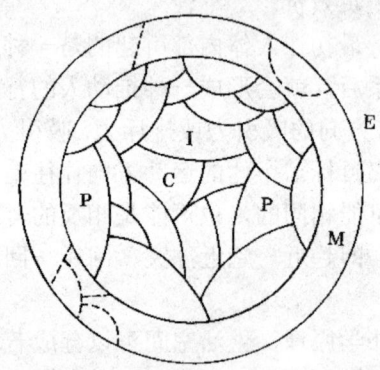

M 表示运动的知觉区域；I 表示人格的内部区域；P 表示人格内部的边缘部分；
C 表示人格内部的中心部分；E 表示外部区域

图 7.3　人格组织图

勒温还认为，由于人格结构的分化程度不同，因而人格特征也有差异。新生儿的人格结构几乎是一个未分化的整体，而成人的人格结构则复杂得多。儿童随年龄的增长，对周围环境的认识日益加深，于是不断地分化出诸如记忆、幻想、价值、目的及内心世界等成分。多才多艺的人要比平庸的人在区域上分化得好而复杂，这是由个体的年龄、经验、能力和他在当前情境中所发生的事件综合的结果。

二、团体动力学

勒温认为，团体是一个动力整体，是有联系的个体间的一组关系，作为团体它不是由各个个体的特征所决定的，而是取决于团体成员相互依存的那种内在的关系。这一关于团体的观点实际上就是从场论的观点中引申出来的。

勒温认为，团体和个体一样都是真实的，团体动力学的研究主旨是通过实验阐释团体的动力关系。团体的行为受团体和团体的情境构成的社会场的影响，是由团体中各个区域之间的关系及压力所决定。

虽然团体的行动要看构成团体的成员本身，但因为已经建立起来的团体有很强的纽带，所以要改变个体就应该先使其社会团体引起变化。勒温认为，只要团体的价值观没有改变，很难使个体放弃团体的标准来改变原有的主见。而一旦团体标准本身变了，则由于个体依附于该团体而导致的那种抵抗也就随之消除了（高觉敷等，1987:191）。这实际上就是格式塔心理学的整体比部分更重要的思想的具体体现。勒温进一步将这种方法运用于社会改造，他提出了改变社会的三个步骤：第一步为"解冻"，即消退团体与过去标准的联系；第二步是引入新标准；第三步是"再冻结"，即稳固地建立新的标准。在这三个过程中，个体要参与团体的决定比团体向个体提出要求改变的效果更好。

从 1938 年到 1939 年，勒温等在衣阿华大学对团体气氛和领导方式的著名研究表明，民主型的领导要比专制型的领导好；民主团体的统一性高于专制团体，前者的稳定性也比后者好；民主团体的团结精神较专制团体更为浓厚。放任型领导团体表现为民主型领导团体所没有的属于普遍的不满与缺乏目标那种特点。

作为一名格式塔心理学家，勒温将团体作为一个不可分割的分析单位，认为一个团体具备个体所没有的那种动力特性，比如像团体凝聚力。这种看法使勒温采用敏感训练或敏感小组（T-Group）[①]的方法进行了一些社会实际问题的

[①] T-Group，即 Sensitivity Trainning Group，敏感训练小组。

行动研究。1946年,勒温受康涅狄格州种族事务委员会的邀请协助训练领导者并指导研究计划的实施,以最有效的方法战胜种族偏见。计划实施的很成功,勒温根据这个经验建立了一个新的组织——国家训练实验室,虽然不久后勒温就去世了,但他所倡导的"非指示性、敏感性"的观察训练小组,却使敏感训练运动成为20世纪发展最为迅速的社会现象之一。

三、对勒温理论的评价

勒温运用拓扑心理学的方法,否定了行为主义刺激—反应的公式,认为行为是随人和环境的变化而变化的。他的生活空间实际上就是心理动力场和拓扑学、向量学相结合的另一种心理学化的表现方式,这种对人的生活空间的动力事实的描述,为格式塔心理学开辟了新的领域。

勒温的理论显然极具创造性。托尔曼、奥尔波特、波林和墨菲等都对他给予极高的评价。他的理论借用了物理学和数学中的场、向量、拓扑等概念来说明人类的心理,这本身就是很有特色的心理学研究体系;他用严格的实验法研究人们的需要、紧张、冲突、动机、人格等问题,扩大了格式塔心理学的研究范围。他创立的团体动力学也使心理学从只研究个体而到研究群体,并对实验社会心理学的产生和发展起了重要的推动作用;相关的大量与实际结合的研究使心理学从实验室走向社会生活,促进了心理学的研究与实际生活问题的结合,这种结合反过来又促进了心理学理论的发展。

由于历史的局限,勒温的心理学理论也不可避免地存在一些不足。这包括他对客观世界和主观世界之间的界限的混淆,如他的"生活空间"有时指物理世界,有时又是纯心理世界等;对一些自然科学概念滥用而忽略对心理的实质性的解释;忽略个体的过去历史等也是勒温的理论中存在的问题。

四、社会认知心理学

勒温的社会心理学强调从人的整体性来分析说明人的行为,特别看重认知在组织和决定人的行为中的作用。他认为当维持各组的认知之间彼此没有冲突时,认知的结构就处于平衡的状态。海德的认知平衡理论以及费斯廷格的认知失调理论正是在勒温的场理论启发下产生的认知理论,而这两位著名的社会认知心理学理论家都是勒温的同事和学生。

1. 海德的认知平衡理论

海德(Fritz Heider,1896—1988)是现代社会心理学最重要的人物之一。他的归因理论和认知平衡理论对社会心理学的研究产生了很大的影响。1946

年，他在《态度和认知研究》一书中首先提出了认知平衡理论，1958年在另一本著作《人际关系心理学》中作了详细阐述。

海德认为，人的认知结构是平衡的、和谐的，一旦出现不平衡、不和谐，就会引起紧张，进而产生一种压力来改变认知组织以达到平衡、和谐状态。P-O-X 模型是他这种思想的基本体现。在这个模型中，P 是指认知主体，O 是另外一个人，X 则是与 P、O 有着某种关系的某种情境、事件、观念或第三个人。P-O-X 系统存在两种关系：单元关系和情感关系。项目之间（如：P、O 与 X）如果有归属关系，它们就构成为一个单元，也就是说，单元关系是指单元内两个或两个以上对象由于相似、接近、归属、连续、因果等形成的关系。单元关系在海德的认知平衡理论中非常重要，因为平衡状态大都是针对各成分是否彼此有关而言的。如果各个成分之间没有关系，那就不存在平不平衡的问题了。情感关系指的是一个人对某人、某事或某物的评价，它有正负之分，正的情感关系如喜欢、赞成、崇拜、尊重等，负的情感关系如讨厌、反对、排斥、鄙视等。

个体的认知结构是否平衡，取决于情感关系是否一致，以及情感关系和单元关系相互之间是否一致。海德假设，单元关系与情感关系总是倾向于一种平衡状态。一般来说，如果 P、O、X 三者间的两两关系都是正的；P 与 O 的情感关系为正，P 与 X、O 与 X 的单元关系都为负；P 与 O 的情感关系为负，P 与 X 的单元关系为负，O 与 X 的单元关系都为正；P 与 O 的情感关系为负，P 与 X 的单元关系为正，O 与 X 的单元关系为负，这些情况下都是平衡状态。但如果 P、O、X 三者间的两种关系都是负的；P 与 O 的情感关系为负，P 与 X、O 与 X 的单元关系都为正；P 与 O 的情感关系为正，P 与 X 的单元关系为负，O 与 X 的单元关系都为正；P 与 O 的情感关系为正，P 与 X 的单元关系为正，O 与 X 的单元关系为负，这些情况下就产生不平衡状态。人们就会通过改变对 O 的情感关系或者改变与 X 的单元关系而恢复平衡。

海德的认知平衡理论借用了勒温的心理动力的概念，研究人们如何知觉行为的原因以致影响对别人的反应，他的研究与勒温的团体动力学的研究目标是一致的。他把人际关系引入到认知研究的领域，以简便的模式从主体及客体与他人的多重关系上来研究认知，开创了 20 世纪五六十年代社会心理学研究的新途径（叶浩生，1998:466）。但也有人认为，他的 P-O-X 系统只涉及几个人，对于人们的行为和认知由多种因素、极广泛的社会影响几乎没有触及（高觉敷，1987:202），对模型中的情感关系只考虑到正负，却没有考虑到中性的情感关系等。

2. 费斯廷格的认知失调理论

费斯廷格（Leon Festinger，1919—1989）是勒温的学生，1942年，在勒温的指导下获得哲学博士学位。1957年，他在《认知失调理论》一书中提出了认知失调理论。这个理论是从勒温的思想观点产生出来的，几乎和海德的理论讨论的是同一过程，但与海德的思想比，认知失调理论更强调认知要素引起的不协调。

在费斯廷格的理论中，认知是指个体对环境、他人及自身行为的看法、信念、知识和态度的总和。认知系统是否协调，取决于构成认知系统的基本认知元素之间的关系。这种关系有三种可能：协调、不相干、不协调。费斯廷格着重研究不协调关系。他认为认知失调是人的认知系统的一种正常状态，由于不同的认知元素各有其独立性，所以认知失调就不可避免。认知失调产生的心理压力促使人产生求得协调的动机，所以不协调状态具有动力学的意义。人们可以通过三种途径减少不协调：第一种是改变行为，使行为符合自己的态度；第二种是改变态度，使态度符合自己的行为；第三种是引进新的认知元素，使之与原有的认知成分协调一致。

1959年，费斯廷格等在斯坦福大学进行的实验堪称认知失调理论的经典实验。实验要求被试进行一项很枯燥的任务，然后分别以1美元和20美元为报酬，要求被试对后来的参与者说他们干的工作很有趣。事后收集被试对任务的真实态度。结果发现，那些拿了1美元报酬的被试比拿了20美元的被试更多地认为工作有趣。认知失调理论的解释是：和获得1美元的被试比，获得20美元的被试不协调感更低（尽管工作枯燥，但报酬不低），因此他们对工作性质的态度转变要小于获得1美元报酬的被试。而获得1美元报酬的被试只能够寻找其他理由为自己的行为辩解，因此他们说服自己相信，自己确实喜欢这项工作，这样以使不协调得到了减少。

认知失调理论提出了态度改变的概念，把态度纳入了动态的、整体的实验研究的轨道，一改以往主要是对态度内容和态度结构的静态分析与测量的做法。这对社会心理学从思辨走向实验，从常识转向科学，起到了相当大的推动作用（高觉敷，1987:207）。尽管认知失调的概念和计量并不怎么明确，也无法通过一些实验得到验证，但费斯廷格从认知失调的角度对团体动力学中的社会影响、团体凝聚力等概念重新作了解释，把团体动力学纳入到认知失调理论的框架内，这被认为是对勒温的思想和工作的一种重要发展。

第三节 皮亚杰的发生认识论

作为发生认识论的创立者，皮亚杰通过儿童心理学将生物学与认识论、逻辑学联系起来，以一种完全经验的方式将传统上纯属思辨哲学的认识论改造成了一门实证科学，他的研究成果对心理学、哲学认识论、科学史、逻辑学、教育等领域均产生了深远的影响。由于皮亚杰长期在瑞士的日内瓦大学工作，所以以他为代表的学派又被称为日内瓦学派。

一、皮亚杰的生平和思想背景

皮亚杰（Jean Piaget，1896—1980）生于瑞士的纳沙泰尔，11岁时就发表了有关鸟类生活的论文，有"科学神童"之称。1918年获得纳沙泰尔生物学博士学位。同年，他在苏黎世大学的荣格的指导下研究弗洛伊德和荣格的精神分析理论。1920年，他到巴黎的比纳实验室担任西蒙的助手。他于1921年任日内瓦大学卢梭学院实验室主任；1924年任该校教授；1940年任卢梭研究所所长。1954年，他被推选为国际心理学会第十四届主席。1955年，皮亚杰在日内瓦创立"国际发生认识论中心"并任主任，直到去世。他还长期担任联合国教科文组织领导下的国际教育局局长等职。皮亚杰曾被哈佛大学、巴黎大学、布鲁塞尔大学、剑桥大学、耶鲁大学等20多所著名大学授予名誉博士学位，并获得巴尔赞奖、桑代克奖等多种科学奖。皮亚杰一生发表500多篇论文，出版50多部专著。主要的著作有《儿童的语言和思维》（1932）、《儿童的道德判断》（1932）、《智慧心理学》（1947）、《发生认识论原理》（1970）、《认知结构的平衡化：发展的中心问题》（1975）等。

皮亚杰的哲学思想主要受康德的影响。他曾经说道："我把康德范畴的全部问题加以重新审查，从而形成了一门新学科，就是发生认识论。"（高觉敷主编，1989:102）尽管皮亚杰是以发展、渐成的视角去看待形式（范畴），是强调认识发展中主客体相互的建构论者，但发生认识论研究的认识是认识的普遍形式，是保证认识达于普遍必然性的基本范畴，诸如空间、时间、因果性、整体、部分等概念发展史以及它们所属的概念网络，从中仍然可以看到康德哲学的烙印。

皮亚杰的思想也受到结构主义的影响。索绪尔的结构主义语言学、乔姆斯基的转换生成语言学等都对皮亚杰的学说产生了一定的影响。皮亚杰自称是结构主义者。他认为，认识的获得需要用一个将结构主义和建构主义紧密联结起来的理论来加以说明。结构主义主要是一种方法论思潮，一般主张结构是先验的，把人看做是结构整体中的一个关系项，认为结构赋予人以意义，但皮亚杰的观点与此不同，他用发生认识论来解决结构的起源问题，突出了主体在结构形成中的作用。黎黑曾经认为："现代认知心理学有三大范式，即信息加工、心理主义和新结构主义。皮亚杰就是新结构主义的主要代表。"（黎黑，1980:365~366）这显然承认了皮亚杰研究的重要地位。

皮亚杰的思想与操作主义也有一定的联系。皮亚杰认为思维本质上是一种动作或运算，这和布里奇曼的操作主义认为的、必须以行动来说明思维的观点是一致的。虽然早先皮亚杰宣称自己和布里奇曼的操作主义"毫无相同之处"，但之后他又在《结构主义》一书中提到，要用结构主义来补充操作主义。可见，从思想的发展上来看，皮亚杰并不是坚决地反对操作主义的，他的思想和操作主义的确存在着一定的关系。

发生认识论有特定的科学背景。皮亚杰一直对生物学有浓厚的兴趣，他的博士学位论文就是关于软体动物的，他也一直推崇著名生物学家沃丁顿等人的渐成论思想。在他的发生认识论以及儿童发展理论中，许多概念包括同化和顺应、外化和内化等都来自生物学。他认为生物学的功能和结构与认知的功能和结构之间具有同构的关系，作为认知发展基础的动作依赖于神经系统，这种机体的和认知的发展都是渐成的，认知功能的发展是渐成的一部分。正如英海尔德指出的那样，皮亚杰力图寻找的是一种能够说明生物适应和心理适应之间的连续性模式。同时，他还一直探索如何假设一条从生物学通向认识论的桥梁（车文博，1998:505）。皮亚杰的理论还深受布尔代数、符号逻辑和控制论的影响。他采用符号逻辑对儿童的智慧活动进行研究。符号逻辑源于布尔代数。皮亚杰借用布尔代数中的群、格等概念作为形式化运算结构的模型，将逻辑学中的"运算"作为儿童思维发展水平的标志，他还认为控制论的模型对于了解认知的机制有重要的帮助，因为控制论可以与认知结构的同化、顺应、平衡说相互印证。

皮亚杰最初接触的心理学是荣格以及弗洛伊德的精神分析理论和测量理论，这使他将儿童作为发生认识论的研究对象，他的儿童思维发展的阶段论也受到精神分析的阶段论思维的影响，一些概念如"自我中心倾向"、"自恋"等都来自精神分析。他也赞同格式塔心理学对部分与整体关系的论述，主张既要研究行为，也要研究意识，反对元素论和还原论，认为已构成的主体认知结构是认识活动的前提等。皮亚杰坚持认为心理的技能是适应和智力是对环境的适应的观点，使他的理论也显示出机能主义的思想。事实上，皮亚杰的智慧心理学正是欧洲机能主义心理学与完形心理学相结合的产物（车文博，1998:506）。

二、发生认识论原理

皮亚杰的研究范围非常广泛，他的理论融合了生物学、心理学、逻辑学以及认识论等多学科的知识。1970 年出版的三卷本《发生认识论原理》，标志着他的发生认识论体系的建立。

1. 发生认识论的实质

皮亚杰的发生认识论是一门跨学科的科学，它研究认识（知识）——包括动物和人类（从新生儿到科学家）的知识——成为可能的必要的和充分的条件，以及知识从较少确定性向较高确定性的历史发展。它既是用发展的观点研究个体知识的发生、发展机制，也是对生物学、心理学、认识论、数理逻辑、控制论以及信息论等学科的结合。它的任务即研究知识增长的心理机制，其实质便是探索概念和范畴的发生、发展。

皮亚杰认为，生物学的结构和功能的对应同认识论的结构和机能的对应存在着相似性，这表明，发生认识论将表现出很强的生物学烙印。在生物学中，研究结构的学科属于解剖学，研究功能的学科为生理学。与此类比，对认识论来说，研究认识结构的学科为心理解剖学，而研究认识结构的功能分析的学科则为心理生理学。因此，从发生认识论的角度看，在某种意义上发生认识论即为比较心理解剖学。在皮亚杰看来，可以通过两种途径来进行比较心理生理学的研究：一种是研究某些概念之间的进化关系；另一种是研究心理胚胎学或个体的心理发生学。实际上，发生认识论并不强调个体如何获得各种不同的具体知识，而更关心知识的普遍形式和结构，认为只能从个体心理发生学上来研究发生认识论。

发生认识论的核心是主客体相互作用的儿童发展心理学。它是皮亚杰以认识论为目标和起点，通过生物学方法论的类比，所诞生的一种奠基于主客体相互作用活动之上的发展心理学（车文博，1998:509）。在皮亚杰看来，人的认知结构是一种机能性结构，它是发展性的、逐步建构起来的，认知则是发端于联系主客体的动作（活动）中而非其他。发生认识论用"动作—运算"来阐明知识来源于动作，并内化为运算。动作既是感知的源泉，也是思维的基础，运算是一种内化的可逆性动作。知识形成于主体与外部世界连续不断相互作用中，逐渐建构起来的一系列不同水平的认知结构。其中反身抽象（即对先行阶段的运算结构或动作结构在高一层次上进行新的组合，从而把它们整合到更高级的新结构中）和自我调节是知识建构的心理机制，主体正是通过这两种心理机制促使知识的增长，也促使新的结构经常处于建构之中。

皮亚杰将认知的发展看成是对现实的"建构"。心理的发生是从一个较初级的结构过渡到一个不那么初级的（或比较复杂）结构（皮亚杰，1986:18）。皮亚杰认为，行为主义"没有结构的发生"，而格式塔心理学则"没有发生的结构"。发生认识论的根本特征就是把建构主义和结构主义统一起来。因此，发生认识论又被称为建构主义的认识论。

2. 发生认识论的基本理论

皮亚杰大半生从事儿童心理的发生研究，他认为适合的、可行的研究路线只能是从个体心理发生学上来研究发生认识论。因此，儿童心理发展的基本理论就成为发生认识论的基本理论。

（1）智力的本质

皮亚杰认为，儿童通过动作实现对客体的适应，因此，智力源于动作，它是儿童智力发展的真正原因。智力的本质就是适应。适应并不是儿童被动地适应客体，而是一种双向关系，即客体作用于主体，同时主体也作用于客体，这种相互作用过程包含着"动作内化"和"格式外化"的两级转化，而智慧，也表现为一种双向建构的综合。（高觉敷，1987:111）适应的形成在生物学上是同化和顺应的平衡，在心理学上就是内因和外因相互作用的一种平衡状态。

（2）认知结构的基本概念

皮亚杰强调，认识的获得必须用一个将结构主义和建构主义紧密联系起来的理论来说明，他用图式、同化、顺应、平衡这四个概念来说明认知建构，同时也解释了适应的不同环节。

图式指动作的功能结构。它是对同一活动的抽象的认知架构。当遇到外界刺激时，个体借助已有的图式同化外界刺激，以此产生行为反应。人们最初的图式都是一些本能动作。此后，在与环境的不断相互作用中，图式的种类、数量和质量都不断的发展和提高。例如，新生儿的吮吸反射，无论碰到什么东西，婴儿都产生吮吸反射。伴随着婴儿吸奶时看到妈妈的形象，听到的妈妈的声音，闻到的妈妈的气味等，最初的反射图式就渐渐的产生了变化，儿童的心理水平也随之提高。图式的发展水平是人的认识发展水平的重要标志，是认识发展的产物，又是认识发展的基础和条件。

同化是指个体以已有的图式吸收新经验的过程。就像有机体在摄取食物后，经过消化和吸收把食物变成自身的一部分的过程一样。一般认为，同化引起量变，它能够促进图式范围的扩大，却不能促使图式种类的发展。外界的刺激是复杂的，当原有图式不能吸纳刺激时，同化就失败了，这时就需要另外一种机制——顺应。

顺应是指主体改造已有的图式以适应新的情景，这种改造也许是对原有的图式的改变，也许是创造一个新的图式。顺应过程使图式产生质的变化，使主体的同化能力增强，同时也使认知达到新的水平。

平衡是指由同化和顺应过程均衡所导致的主体结构同客体结构之间的某种相对稳定的适应状态（车文博，1998:511）。平衡既是一种状态，也是一种过程。皮亚杰认为，同化和顺应都对认知的发展具有重要作用，主体的适应也需要同化和顺应量之间的平衡。如果只有同化，那么认识就不会得到很好的发展，但如果只有顺应，主体的图式就缺乏概括性，大量细小的图式将导致主体的适应困难。平衡不是静止的，而是动态中的平衡。在心理发展过程中，人们试图用已有的图式同化刺激失败时，就处于不平衡状态，这时个体应用调节机制，以达到新的平衡。发展的实质也就是一个"平衡——不平衡——平衡"的否定之否定的矛盾运动。

（3）心理发展的影响因素

皮亚杰认为，影响儿童心理发展的因素有成熟、物理环境、社会环境以及平衡过程四个因素。

第一，成熟。它是指机体的成长特别是神经系统和内分泌系统的成熟。成熟是心理发展的生理基础，它为心理的发展提供了可能性。但成熟只是心理发展的因素之一，随着儿童年龄的增长，自然及社会影响的重要性将随之增加。

第二，物理环境。个体通过动作获得对物理环境中的物体的经验，包括物理经验和逻辑数学经验。物理经验包括物体的颜色、重量、速度等，它是对客体的属性进行抽象、提炼的结果。逻辑数学经验是主体作用于外界环境引起的动作所获得的经验，它是对操作客体的动作思考的结果。如六七岁儿童发现鹅卵石计数和其排列、距离、计数的先后顺序没有关系，这便是一种逻辑数学经验。物理环境因素不是心理发展的决定因素。

第三，社会环境。它包括社会生活、文化、教育、语言等因素。皮亚杰认为，环境和教育对心理发展的作用也是有限的。如果儿童在学校环境中缺乏主动的同化作用，那么外在的教育将是无效的。儿童主动的同化作用则是以儿童是否具有适当的运算结构作为前提的（皮亚杰、英海尔德，1980:117）。

第四，平衡过程。它是指心理的成长向着更加复杂和更加稳定的组织水平前进的过程，是连接和整合其他三个因素的核心，是心理发展中最重要的因素。在平衡过程中，主体的自我调节机制发挥作用。自我调节存在于有机体的各个功能水平上，它包括同化和顺应的调节、主体结构中各亚系统的调节、部分经验与总体经验的调节等三种方式。调节过程充分体现了主体的能动作用。

(4) 心理发展的阶段

皮亚杰认为，儿童心理的发展呈阶段性的规律。这种阶段性表现为四个特点：第一，儿童心理发展可分为几个具有质的差异的连续阶段；第二，这些阶段的先后顺序是恒定不变的；第三，认知结构的发展是一个连续构造的过程，前一阶段的结构是形成后一阶段结构的基础，前一阶段的行为模式总是整合到下一阶段，成为其中一部分；第四，各个发展的阶段具有一定程度的交叉重叠，不是阶梯式的。皮亚杰通过大量的观察和实验，将心理发展划分为四个阶段：

第一阶段：感知运动阶段（从出生到 2 岁左右）。在这个阶段，婴儿没有表象和运算的智慧，他们主要通过感觉和动作探索周围世界，形成动作图式的认知结构，并逐渐获得客体永久性的概念。这个阶段被认为是智力的萌芽阶段。皮亚杰进一步将这一阶段分成六个子阶段，即反射练习时期（0~1 个月）；习惯动作时期（1~4 或 5 个月）；有目的运作逐步形成时期（4 或 5~9 个月）；手段与目的分化协调时期（9~11 或 12 个月）；感知运动智力时期（11 或 12~18 个月）；智力的综合时期（18 个月~2 岁）（叶浩生，1998:485）。

第二阶段：前运算阶段（2 岁到 7 岁）。与感知运动阶段相比，处于这个阶段的儿童思维有了质的飞跃：此阶段儿童的各种感觉运动行为模式开始内化而成为表象或形象模式，并在日益丰富的语言的帮助下，开始从具体的动作中摆脱了出来，出现了表象性思维，即儿童从感知运动性行为过渡到了概念化的活动。这个阶段的主要特点是包括具体形象性和不可逆性。儿童能够借助表象进行思维，并在此基础上进行各种如绘画、游戏等活动，但仍然无法完成抽象的问题，同时也不具备概念的守恒性。皮亚杰又将前运算阶段分为两个水平，其中，2~4 岁为第一水平，5~7 岁为第二水平。在第一水平上，儿童开始获得前概念。在第二水平上，儿童开始解除自我中心论，能够意识到两个具有关联属性的客体其变化是相互依存的。但他们的判断仍然受直觉的自动调节。如把水从一个玻璃杯倒入另外的形状不同的玻璃杯，这个水平上的儿童会认为水的多少有了变化。

第三阶段：具体运算阶段（7 岁到 12 岁）。儿童开始具有了逻辑思维和真正运算的能力，并具有了守恒性和可逆性。但这个阶段的儿童在纯语言叙述的情况下推理仍然会感到很困难，他们的运算还离不开具体事物。皮亚杰仍然将这个阶段分成两个水平。第一个水平的基本特点是儿童形成可闭合系统或"结构"，活动可以以一种传递和可逆的方式组合起来。到了第二个水平，儿童具有了力和方向的概念。

第四阶段：形式运算阶段（12 岁到 15 岁）。这个阶段的儿童有能力处理假设而不是单纯地处理客体。他们不再依靠具体事物来运算,使"关系"和"类"从直觉的束缚中解放出来,也能够在头脑中把形式和内容完全分开,从而使关系和分类的运算发展成一个组合系统。这又导致了命题逻辑的产生,即他们能够进行假设—演绎推理以及命题逻辑思维,命题组合系统反映了命题逻辑的整体特征。皮亚杰认为,这个阶段除命题运算的组合系统之外,还会出现另一种认知结构——INRC 转换群,它是皮亚杰用来说明思维机制、特别是它的可逆性质的一种工具。儿童能够对"运算进行运算",并形成了一个完整的认识结构系统。这个阶段的运算使个别结构达到综合性的水平,这是逻辑思维的高级阶段,同时也是智慧发展的最高阶段。

3. 发生认识论的研究方法

由于特定的学习和研究经历,皮亚杰的研究运用了一种相对综合的方法,称为临床法,它实际包含了观察法、询问法、测验法和实验法的一些特点。这种方法主要是研究者和儿童在半自然的交往中向儿童提出一些活动任务,让他们看一些实物或向他们提出一些特定问题,从而收集资料的一种方法。

临床法具有一些显著的特点:第一,采取参与和自然观察的方式进行研究;第二,研究对象是少数人,有时只有一个人;第三,设计丰富多彩的小实验;第四,安排合理灵活的谈话;第五,具有新颖严密的分析工具,不采用标准式的测验评估行为;第六,不限制被试的反应,注意从个体自发性反应中去推理分析其心理历程(车文博,1998:518)。临床法反映了皮亚杰从整体的观点出发,研究儿童时要求研究对象在自然状态下的反应,研究过程中也更多地体现出了研究者应根据儿童的反应而能动把握研究进程。尽管临床法并不是一种非常客观、精确的方法,但皮亚杰通过它获得了大量的第一手资料,提出了独创性的见解,建立了一套儿童认知发展理论。

4. 对发生认识论的评价

发生认识论在探索个体认识发展规律方面取得了丰富的成果,其心理发展的阶段理论以及皮亚杰对其发展机制做出的解释受到广泛的注意,并得到许多研究者的认同。可以说,当今几乎没有哪个关于认知发展的研究不以发生认识论理论作为基础或参考。

皮亚杰将认识论和心理学紧密结合起来,创造了发生认识论,填补了传统认识论在认识发生问题上的空白。他对主客体相互作用论以及认识活动中双向建构的强调,揭示了认知形成的辩证运动规律,深化了认识论的研究。在认识的起源上,皮亚杰提出活动论以反对传统的经验论和唯理论,为长期的经验论与唯理论之争开辟了一条新的道路。另外,有人也对皮亚杰的临床法给予高度评价,认为其创建的临床法与引进数理逻辑方法以及冯特引进实验法、巴甫洛夫的条件反射法是一百年心理学史上的三大突破(陈元晖,1979:90)。

发生认识论并不是单一的心理学理论,它对许多科学和文化领域都产生了深刻的影响。皮亚杰创造性地把心理学与逻辑学、语言学相结合,开拓了思维心理学、发展心理语言学以及心理逻辑学研究的新领域。

发生认识论以及儿童心理发展理论对中小学教育理论和实践产生了深远的影响。在皮亚杰的理论中,心理发展的影响因素实际上就是学习的条件,学习的实质就是一种能动的认知建构过程。这就提示教育内容应以儿童认知发展的限度为依据,教材内容的编排应该是螺旋式上升的,以便于学生对知识进行循序渐进的认知。儿童在学习中是主动的接受者,应该通过动作进行学习,主张儿童的社会交往等。这些理论不仅对当前的教育实践产生了显著的影响,同样对学习理论和教育理论也产生了深刻的影响。例如,布鲁纳的发现学习理论以及布卢姆的掌握学习理论,都包含着皮亚杰的动作学习以及活动教学法的思想。

皮亚杰的理论在受到众多褒奖的同时,也招致许多的批评。归纳起来,主要有以下三点:

第一,存在着生物学化的倾向。皮亚杰认为,生物学的结构和功能对应和认识论的结构和机能的对应存在着相似性,因此,强烈的生物学化倾向就不可避免。他把智慧定义为适应,把适应从生物学扩展到了人类社会,他对"平衡化"的概念也做了类似的引申。这实际上是一种把高级运动规律还原为低级运动规律的还原论方法。由于对生物学的过度强调,相应地,在他的理论中就对社会因素理解不足,他只看到微观的社会因素,而没有看到宏观社会环境的作用,只看到文化因素和家庭关系,没有看到社会物质条件和社会关系的制约(车文博,1998:527)。

第二,存在逻辑中心的倾向。皮亚杰重视逻辑结构的研究,忽视了非逻辑结构的分析;重视评价结构中认知的作用而忽视道德、情感的动力功能。

第三,存在论证不足和流于思辨的问题,特别是儿童认知发展中的结构问题。结构本身不是可观察的东西,而可观察的只是儿童的行为和解决问题的程序。受生物学倾向的影响,他在论证这种结构存在时将机能结构和物质结构等同起来。

此外,皮亚杰的研究也受到一些跨文化研究的质疑,比如有研究发现,其实有的婴儿4~5个月就会数数,3~4岁的儿童就表现出数的守恒,而皮亚杰则认为数目守恒大约要到6岁时才能达到。这些研究一方面对他的心理发展阶段理论提出了挑战,同时也说明他的理论存在证据不足的问题。

第四节　信息加工心理学

信息加工心理学即狭义的认知心理学，是用信息加工的观点和术语来说明人的认知过程的科学。它所研究的认知过程就是人们在环境中获得、加工、储存、使用信息的过程。

一、产生背景

信息加工心理学起始于上世纪 50 年代末期，60 年代开始得到迅速发展。1967 年，美国心理学家奈塞的专著《认知心理学》的出版，标志着信息加工心理学正式成为心理学的一个学派。

事实上，信息加工心理学的历史可以追溯到两千多年前的古希腊时代。当时的一些杰出的哲学家和思想家如柏拉图、亚里士多德等就对记忆和思维这类认知过程做过思考。这些基本上属于哲学性质的讨论最终成为历时数世纪之久的辩论，出现了经验论和先验论两大派。除哲学上的因素外，对信息加工心理学来说，它的产生主要是受到以下四个方面的影响。

1. 心理学本身发展的影响

20 世纪 50 年代前后，行为主义心理学已处于困境。它的逻辑实证主义哲学基础、严格的环境决定论以及人和动物不分的观点遭到心理学研究者越来越多的反对。许多心理学家开始放弃行为主义的立场转而研究人的内部心理过程，这就为信息加工心理学的产生提供了心理学的土壤。

信息加工心理学并没有彻底抛弃行为主义心理学的全部观点，它继承了新行为主义者托尔曼的认知理论。托尔曼强烈反对把意识作为心理学的研究对象，他认为，人的行为具有目的指向性，影响人的行为的因素除了环境之外还有另外一些中介变量。他提出的行为公式是：

$$B=f(S, P, H, T, A)$$

其中 B 代表行为变量，S 代表环境刺激，P 代表生理内驱力，H 代表遗传，T 代表过去的经验或教训，A 代表年龄。在托尔曼看来，中介变量包括需求变量和认识变量。需求变量本质上就是动机。中介变量是不能直接观察到的，但它是起一定反应的关键，对行为起决定作用。

现代认知心理学对人的行为的解释在很大程度上受益于托尔曼的认知理论，难怪美国著名的心理学史专家墨菲认为，托尔曼的认知理论是信息加工心理学的开山鼻祖（墨菲，1980:439）。此外，格式塔心理学强调认知的整体性和认知结构的观点也对信息加工心理学的产生有直接的影响。

2. 语言学研究新发展的影响

心理语言学研究的新发展加速了信息加工心理学的产生。这种新发展主要表现在它对行为主义心理学，尤其是对斯金纳新行为主义心理学观点的卓有成效的反抗方面。其中最主要的一点是反对用斯金纳的机械的操作性强化作用解释语言，而对此做出突出贡献的是心理语言学家乔姆斯基。乔姆斯基指出，斯金纳的操作强化作用的所谓客观性和精确性是来自实验者完全控制了环境和被试的学习史，也因此情境非常简单。而在自然语言的使用中，则不可能精确地控制环境和学习史，情境显然极为复杂。这时，用斯金纳的理论根本不能对复杂的语言现象做出恰当的解释。斯金纳认为，持续出现言语行为是因为受到了强化，但乔姆斯基则指出对于讲话并不存在常可观察的强化事件。乔姆斯基通过自己的研究后提出了转换生成语法理论，认为人类学习语言不只是学习单词，而且是学习把单词连结为符号句子的语法规则。人类能做到这些，是因为具有某种重要的先天能力，它是人类物种所特有的，是进化的产物。

语言学研究的这类成果对信息加工心理学的积极贡献包括：第一，他们所指出或揭露的确凿事实使人们进一步清楚地看到了行为主义心理学的环境决定论、操作性强化作用的缺陷，这有助于转向对人的内部心理过程的研究；第二，具体地支持了应研究人的认知过程，而不应专门研究动物行为并以此推论出人的行为规律的观点；第三，支持了认为人具有先天能力的看法，即信息加工心理学认为，人具有一定的先天能力，运用这些能力，才能使环境事件得到加工、储存和恢复，乔姆斯基关于语言获得的研究就是一种佐证；第四，信息加工心理学认为人的认知活动，如知觉、记忆、思维具有新颖性和生发性，语言学所提出的语言具有新颖性和生发性的观点对信息加工心理学又是一种支持。

3. 某些新兴学科的影响

20世纪50年代之后，一些新兴学科的兴起，对心理学产生了新的影响。这些新兴学科主要包括通信工程、信息论和计算机科学。

（1）通信工程和信息论对信息加工心理学的影响

香农（Shannon）在1948年发表了著名的论文《通信的数学理论》后，很快引起了心理学的反应。1949年，米勒（Miller）等人就发表了关于行为的统计理论，测量了反应时和信息量的关系。到1951年春，在美国哈佛大学第一次召开心理学中应用信息论的会议。受信息论的启发，信息加工心理学的先驱们开始把人看做是通信通道，即把人看成接受信息并加工信息的信息传送装置；

和其他的信息传送装置一样，人能同时传送的信息量是有限的，他能通过对信息编码以克服通道容量的局限性,具有对信息进行系列加工和平行加工的能力。所有这些思想，都构成了信息加工心理学中说明人的行为和内部心理过程的重要观点。

（2）计算机科学对信息加工心理学的影响

计算机科学是产生信息加工心理学的最重要的外部条件。对计算机科学来说，任何能够由人完成的解决逻辑问题的有效程序也应能由"机器"去实现。图灵（Turing）将这种"机器"看成是一种抽象的数学系统或一个抽象的过程，用一些基本的操作能够描述它的状态或状态的变化。这就把符号操纵过程具体化了。

数理逻辑学家们的研究表明，人们能够以明确、具体的过程而不是以不可捉摸的抽象术语去描述符号和对符号的操作；能够像处理物理的东西那样处理形式逻辑的抽象符号，即可以对它们复制、转换、重新安排以及把它们连结在一起。这就提示人们，逻辑符号的运用和思维符号的运用之间有一定的类似之处，进一步使一些心理学者想到能够用符号表示人的概念，也能精确地说明对这些符号的操作。这些心理学家认为，既然这样，心理学便能对心理过程做出精确的理论阐述，至少能用像物理、化学描述原子和分子那样真实而具体的术语描述人的内部心理活动。由此便出现了一种见解，即认为可以在形式上把脑看成是符号操纵系统。

这种看法是现代认知心理学的基本观点，它最初是由纽艾尔和西蒙等人提出来的。在这种看法出现之前，计算机已逐渐被广泛使用了。计算机被认为是一种现实化的"通用机"，或一种通用目的符号操纵器。纽艾尔和西蒙等人接受了这种看法，而且进一步提出了他们自己的观点：能够把计算机和人脑这两种内部工作都看成是符号操纵系统或符号计算系统。这就是以信息加工的观点研究人的认知过程的认知心理学的重要开端，并最终成为现代心理学中的一种主要观点。

4. 社会实际应用的需要

实际应用的需要是产生信息加工心理学的社会原因。

第二次世界大战之前，几乎所有的心理学研究都是在实验室里进行的，而且由于行为主义的指导，研究者大都研究动物和人的外部行为，很少涉及内部心理过程。即使有少数有关人的知觉、思维、情绪等的研究，也深受行为主义观点的束缚。

第二次世界大战改变了这种状态。由于战争的需要，许多新的复杂的武器装备对使用者提出了很高的要求。例如,由于没有准确辨认雷达荧光屏上的信号而导致漏报敌机入侵;由于驾驶员操作不当而使飞机坠毁等。面对战争中的这些重要问题,心理学家发展了一个重要概念,即"人—机系统"。它的一个重要特征是认为人在操纵机器时所发挥的是信息传送者和加工器的作用,它位于机器的表现和机器的控制之间。因此,为了赢得战争,不仅需要改进武器装备,也需要改善人的操作和技能。这样一来,心理学家自然强调起人的认知技能的研究来了。

"二战"后,随着所谓"信息爆炸"和技术革命,对于人因素的研究需要并未减少,这自然也激发了对人的认知的研究。人的内部心理活动比现代技术中最复杂的系统还要复杂得多。认知心理学家认为,假如人类能够真正了解自己如何获得知识和技能以及如何表现出奇特的智能行为,那么将有可能改善对人类的智能训练并因而改善实际的行动,了解了支配人的思维的基本技能,也会有助于人的其他方面的行为。甚至有人还认为,认知心理学的研究是其他社会科学研究的基础。所有这些方面的实际需要以及一些心理学家的研究热情,都对信息加工心理学的产生有积极的推动作用。

综上所述,信息加工心理学实际上就是心理学本身的历史发展以及心理学与临近学科交叉渗透的产物。就心理学内部发展来说,对行为主义心理学放弃研究人的内部心理过程的严格环境决定论的不满和反抗,是产生信息加工心理学的直接原因;另一方面,早期冯特的意识心理学,后来的格式塔心理学的一些重要观点,以及新行为主义心理学的中介变量说特别是托尔曼的认知观点也都与信息加工的认知心理学的出现具有密切关系。就心理学发展的外部条件来说,语言学研究的新发展、信息论、计算机科学的出现和迅速发展,以及社会实际应用的需要决定了心理学朝着以信息加工的原则、术语说明人的内部心理活动的方向发展,从而使信息加工心理学在上世纪 60 年代正式登上了心理学的历史舞台。

二、基本观点和研究内容

信息加工心理学的实质是主张研究认知活动的结构和过程,并将其看成是信息加工的过程,研究信息是如何获得、存储、加工和使用的。在此基础上,信息加工心理学对许多领域都开展了卓有成效的研究。

1. 基本观点
(1) 人是一种信息加工系统

信息加工心理学家认为,尽管计算机的硬件和人脑的神经结构不同,但却完全可以在计算机的程序所表现的功能和人的认知过程之间进行类比，认为两者信息加工的原则是相同的，人和计算机都是一种符号信息加工系统。

图 7.4 是一个人的信息加工系统示意图。它由四个主要部分组成：感觉、记忆、控制和反应系统。

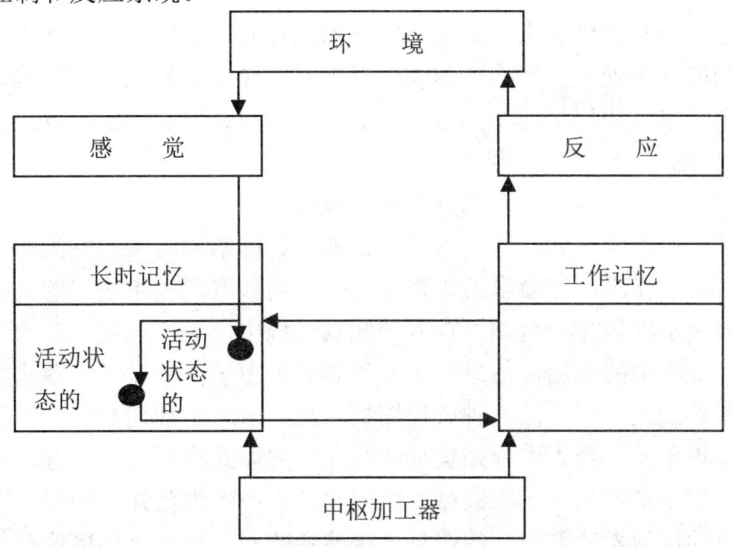

图 7.4　人的信息加工系统示意图

感觉系统首先对环境输入的信息进行转换和结合，即抽取并连结刺激的基本特点，完成对输入刺激的编码。已编码的物理刺激进入记忆系统，记忆中的模式进行比较并得到大致的匹配。

记忆系统中的长时记忆包含大量的诸如运动技能、语言信息、规则，以及获得的加工信息的"程序"等各式各样的信息。长时记忆中只有一部分信息能对当前的加工发生影响。究竟哪些信息能够产生这种影响作用则要依据现在输入的信息和以往存储的信息而定。在这种情况下，对当前的信息加工发生影响的那部分长时记忆便被激活，处于活动状态，因此我们也把这部分记忆叫做活动记忆。然而，这类被激活的记忆也只有一部分能够得到精确的加工。这些得到精确加工的记忆便称为工作记忆。它虽然来自长时记忆，但却成了一种独立的结构。工作记忆包括有关一个人内部的注意焦点的信息以及正用于加工被激活的信息的特殊操作。因此，工作记忆是一种进行精细的认知活动的"工作空间"。

人的信息加工系统中的中枢加工器或加工系统的控制部分，它决定着加工系统如何去发挥作用，处理加工系统发挥作用的计划或目标，产生出达到目标、完成计划的手段。中枢加工器决定目标的先后顺序，监督当前目标的执行。

最后一个成分与反应有关，它控制人的信息加工系统的输出，使人对外界刺激做出相应的反应活动。

在信息加工心理学看来，来自环境的信息在到达长时记忆之前必须经有关的感觉系统的加工处理。然而，这类信息能对长时记忆产生什么影响，常有赖于它们是否经过工作记忆而得到进一步的加工，而这又有赖于中枢加工器当时所具有的目标。

（2）知识对行为和认知活动具有决定作用

信息加工心理学认为，人已有的知识和知识的结构对人的行为和当前的认知活动具有决定作用。它力求通过揭示人们如何获取和利用知识的机制，以探究人类认知活动的规律。例如，在人的知觉过程中，为了说明原有的知识在信息加工循环过程中的作用，信息加工心理学家提出了一种激活的图式指导知觉的理论。所谓图式，指的是一种心理结构，是用于表示我们对外部世界的已经内化了的知识单元。当人进行知觉活动时，有关图式接受到了适合于它的外部环境输入，它于是被激活了。被激活的图式使人产生内部知觉期望，以指导感觉器官有目的地搜索特殊形式的信息。这就意味着，只是在环境信息与个体所具有的图式有关或适合进入这种图式的意义上说，环境信息才是有意义的。图式相当于计算机程序语言中的数据安排形式。这些形式限定了在信息能得到解释之前它必须具有的类型。

（3）强调认知过程的整体性

信息加工心理学认为，各种认知活动之间是互相作用、有机地联系在一起的，是一个统一的整体。比如，在研究知觉时，把知觉看成一种高度推理的过程，这不仅需要各种感觉器官的活动，而且需要对信息进行中枢加工，与过去的知识相对照，进行分析综合，以确定知觉对象的意义。

认知过程的整体性的另一个含义是，它在研究人的认识过程时，强调各种前后关系（即上下文关系）的影响。这种前后关系具有广泛的外延，不仅包括语言材料的上下文关系，也包括客观事物的前后关系，甚至还包含人脑中原有的知识之间、原有知识与当前的认知对象之间的关系。

（4）产生式系统

信息加工心理学认为，人的信息加工是靠产生式系统来实现的。在一个产生式系统中，一个条件系列产生一个活动系列，即条件—活动（C-A）。相对于行为主义心理学的 S-R 理论，产生式系统具有三个优势。第一，条件的概念性；

第二，产生式的条件可以涉及某些内部目的和内部知识；第三，产生式的活动包括了外部行为和记忆中的变化两个方面。因此，信息加工心理学的学习理论的确比行为主义心理学的学习理论有进步的地方，这与它强调人的内部认知过程和结构的观点是一致的。

2. 研究方法

信息加工心理学认为，在把人看成计算机式的信息加工器的前提下，需要用较为抽象的分析原则研究人的认知过程，而不能企图靠了解人的行动赖以发生的生理机制去达到目的。如何在实际研究中贯彻抽象分析的原则？信息加工心理学的具体做法大体有以下四种。

（1）外部行为观察法

信息加工心理学认为，他们的抽象分析任务是高度推理性的任务，必须从对从事智能活动的人的行为观察入手来了解行为的抽象机制。就像通过驾驶一辆新式的汽车去研究发动机工作模式一样。这时研究者不能打开发动机去观察发动机本身，只能从汽车运行情况的观察入手而得出结论。对于人的心理过程，人们不能直接观察。但是人们可以通过了解什么信息进入人的心中以及产生了什么结果而推论人的内部心理过程，把这些推论连结起来便可以构成对不能观察到的机制的合理陈述。

（2）自我观察法

人的内部心理过程的确是他人不能从外部直接观察到的，为跨越这种障碍，信息加工心理学家一方面通过分析外部行为而推论心理过程，另一方面则在被试表现出外部行为的同时，让他们"出声地想"，即把他们在进行各种实际操作活动时的想法，如如何去做，为什么要这样去做，会有什么结果，下一步怎么办等等，出声地讲出来。主试记录这些讲话，并连同其行为一起加以分析，从而发现人的心理活动规律。这种出声思考、口头报告的方法实际上就是自我观察法的一种形式。

（3）反应时方法

测量反应时是信息加工心理学的一种基本方法，它有减法反应时、加法反应时和开窗实验三种类型。

减法反应时，又称相减法，是由荷兰生理学家唐德斯（Donders, 1968）提出的。在这种实验中，有两种不同的反应时作业，其中一个包含有另外一个所没有的某个心理过程，这两种作业反应时的差即为该过程所需要的时间。波斯纳（Posner, 1969）证明短时记忆编码中不仅存在听觉形式的表征研究，是应用减法反应时的一个典型例子。相减法在认知心理学的应用相当广泛，但它并不适合所有的作业,特别是在复杂的过程中,且这些过程存在着相互作用时,相减法存在着一定的困难。

加法反应时,又称相加因素法,是由斯滕伯格(Sternberg,1966,1969)发展出来的。他认为,完成一个作业所需要的时间是每个加工阶段所需要的时间的总和。如果两个不同的实验因素的效应是相互制约的,即一个因素的效应可以改变另一个因素的效应,那么这两个因素只作用于同一个信息加工阶段;如果两个因素的效应是独立的,相互之间没有影响,即可以相加,那么这两个因素各种作用的是不同的加工阶段。因此,从实验因素对作业完成时间的影响,就可能把信息加工的不同阶段区分开来。斯滕伯格对短时记忆信息提取的研究是应用加法反应时的一个典型例子。然而相加因素法也受到一些批评。比如相加因素法假定,信息加工是系列的,而不是平行的。然而平行加工或系列加工本身就是认知心理学里的一个还在持续的问题。再比如,是否能够用相加效应和相互作用的效应来确定加工阶段,也受到一些研究者的质疑。

开窗实验。开窗实验是一种能够直接测量每个加工阶段的时间的反应时实验技术,它通过对某种认知作业的分析,可以把每种认知成分所经历的时间过程,比较直接地估计出来。汉密尔顿等(Hamilton et al.,1977)进行的字母转换实验是采用开窗技术的一个典型。开窗技术比相减法和相加因素法能更清楚、更直接地揭示出作业的信息加工成分和过程,但也有一定的局限性,比如出声的方法可能会影响到被试的作业;被试将转换后的字母保存在记忆中,可能会影响到对新的刺激字母的编码,从而使不同的加工阶段混淆等。

(4) 计算机模拟法

由于信息加工心理学认为人和计算机的信息加工原则一致,所以他们可以把计算机当成实验工具,采用计算机模拟的方法,把关于人的认知过程的一些设想,在计算机上进行实验验证。计算机模拟首先要求研究者对人的某种认知活动有一套设想,然后将其编成一定的程序,如果程序输入计算机后获得预期的输出,则说明设想是正确的;如果产生的是与人的输出不同,则说明假定的理论需要修正。

计算机模拟以其迅速、准确、不受干扰等特点,使心理学克服了早期思维和智能活动的实验研究花费时间长、容易受到干扰,而且往往只能根据观察到的少数例子做出一些描述性的结论等方面的困难。

3. 主要研究

信息加工心理学对人的认知过程的研究成果非常丰富,这类研究不仅有利于科学心理学的发展,而且直接为"人工智能"的研究提供了依据,从而提高了机器的"智能"水平。以下就一些方面的主要研究加以介绍。

(1) 对模式识别的研究

信息加工心理学关于知觉的研究,主要体现在模式识别领域。模式识别主要是指个体如何把环境刺激当成某种他已存储在记忆中的东西看待。这个领域主要包括模板说、原型说以及特征分析说三种理论。

模板说认为,人的记忆系统中有各式各样能识别外界刺激的模板,如果输入的刺激与原有的模板匹配,该信息就得到了识别。原型说则认为在人们的记忆系统中不可能具有一切外界事物的模板,要识别物体,只需将外界刺激与存储在长时记忆中的原型进行匹配就可以了。这里的原型是指从某类事物基本成分中抽象出来的共有形式,它是这类事物所共有的关键性特征。当刺激模式与某个原型获得最近似的匹配时,模式就得到了识别。

与模板说和原型说不同,特征分析理论认为,刺激是一些基本特征的结合物。比如对于英文字母,特征就可能包括水平线、垂直线、锐角以及曲线等。在进行模式识别时,个体把知觉对象的基本特征与存储在记忆中的特征相匹配以做出肯定或否定的决定。塞尔弗里奇(Selfridge, 1959)就特征分析说提出了一个具体的模型——鬼域,认为视觉辨认模型由一群具有不同功能的影像鬼、特征鬼、认知鬼、决策鬼组成。其中影像鬼负责形成视觉的心理表象;特征鬼负责辨认图形的特征;认知鬼则在影像鬼和特征鬼活动的基础上进行原型匹配;最后由决策鬼做出裁决和判断。特征分析说得到许多研究支持。有研究发现,人们常将那些具有更多共同特征的字母弄混,如把G当成C而不是把G当成N;另外来自生理学的研究提出的"皮层功能柱"的概念以及简单细胞、复杂细胞、超复杂细胞对传入的影像进行不同水平的信息加工等结论都对特征分析说提供了支持。

(2) 对注意的研究

信息加工心理学对注意的研究,是从信息的减少开始的。大量的信息进入人的感觉系统后,由于人加工信息的能力有限,许多信息由于不可能同时受到编码加工而失去了。这样一来,在为进一步加工而选择感觉信息时,注意发挥着重要作用。信息加工心理学家在此观点的基础上,提出了过滤器模型、衰减模型和反应选择模型三种注意理论。

过滤器模型最早是由布罗德本特(Broadbent, 1958)提出的,该理论认为注意类似于过滤器,其作用就在于对信息进行筛选,从而防止容量有限的通信通道超载。这个选择装置使人能够从几个有物理差别的同时性信息中知觉一个信息,使这个信息得到更高级的认知加工,其他的信息由于人的信息加工能力的限制而被过滤器过滤了,得不到高级的加工。布罗德本特认为,人在单位时间只能注意到一个感觉通道的信息,过滤器按照"全或无"的原则工作。

衰减模型是对过滤器模型的修正。衰减模型首先也承认人的信息加工容量是有限的,认为存在着的过滤装置对信息进行选择。但过滤装置并不像过滤器模型认为的那样每次只允许一个通道的信息通过,也并不是按照"全或无"的原则工作。例如有关听觉的实验已经证明,它既允许追随耳的信息通过,非追随耳的信息也能被通过了,只是非追随耳的信息强度受到减弱,但其信息依旧能够被利用。衰减模型认为,任何一个通道得到的信息强度只要高于激活阈限,都能够被注意到。一些信息如自己的名字,由于记忆非常牢固,所以其激活阈限很低,就非常容易通过选择装置而得到注意。

反应选择模型认为,所有的输入都可以得到高级水平的分析。得到完全知觉加工的信息进入工作记忆后,再由注意决定对某些信息做出反应,对另外的信息则不反应。反应选择理论仍然承认"瓶颈"的存在,注意依据信息的重要性对重要的刺激做出反应时,如果有更重要的刺激出现,则会挤掉原来的信息,做出另外的反应。

此外,还有一些信息加工心理学家提出了中枢能量理论来解释注意过程。如卡尼曼(Kahneman,1973)提出的注意能量分配模型认为,加工系统的资源与唤醒水平有关,只要唤醒的能量足够分配,个体就可以同时接收一个以上的输入和回答。如果唤醒的能量不足,人在进行一个以上任务时就会相互干扰。中枢能量理论能够对同时进行的双作业任务进行解释,但"能量"的性质到底是什么还缺乏贴切的解释。

(3)有关记忆问题的研究

记忆是最基本的认知过程之一。信息加工心理学把记忆看做是对输入信息的编码、存储和提取的过程,从各个方面对记忆问题进行了深入研究。

①对记忆组块的研究。1956年,米勒通过自己的许多实验研究,在《神奇的数字 7±2:人类信息加工能力的某些局限》一文中首次提出,人的短时记忆广度是有限的,通常只是 7±2 个组块。其中组块内的信息总是变化的,每个组块可以是一个字母,也可以是一个单词,甚至是一个短语。组块化的过程受个体的知识经验的影响。他认为,尽管人们的记忆广度是固定数目的组块,但只要通过重新编码把每个组块中的信息量增加,便能克服加工信息能力的某些局限,改善记忆效果。米勒的信息编码组块理论为后来的一些信息加工的认知心理学家在研究人的记忆乃至思维的问题时指明了方向。沿着这个方向,此后的许多实验研究对于这一理论不仅加以证实,而且有了进一步的发展。

②对记忆结构的研究。信息加工心理学认为，记忆是由感觉记忆、短时记忆和长时记忆这三个记忆阶段组成的。外界信息通过感觉器官进入感觉记忆，保持1秒左右的时间后就很快消失了，其中一部分信息由于受到注意而进入短时记忆阶段。短时记忆是一个加工器或工作记忆，它接收来自感觉记忆的信息并从长时记忆中提取信息，进行有意识的加工。在这个阶段信息大约保持30秒，得到复述的信息继续保持在记忆系统中或可能从短时记忆转入长时记忆，而没有得到复述的那部分信息则被遗忘。长时记忆的容量几乎是无限的，其中的信息保持的时间长于1分钟，甚至可永久保持。与记忆的三阶段理论相对，还有人提出了加工水平理论来解释记忆过程。该理论认为信息一旦接触到感觉器便受到各种分析，分析的结果就是能用于随后对事件进行回忆的记忆痕迹，痕迹的持久性与对输入的信息加工的水平有关，如果对输入的信息只是在粗浅的感觉水平上加工，那么它的痕迹便是短暂易逝的，如果信息加工得深且包含语义的性质，那么痕迹便持久难逝。加水平说强调，只有一种信息存储库，没有必要假定存在着存储当前信息的记忆存储库，相反，新信息只是很可能具有一种因粗浅分析而产生的、容易消失的痕迹而已。

③对长时记忆中信息存储的研究。长时记忆通常被分为情景记忆和语义记忆两种。前者是指对一特定事件按其时空关系、知觉属性而进行的记忆；后者是指人对符号、概念的一般知识以及运用这些符号、概念的规则的记忆。由于信息加工心理学强调人在加工信息时如何使用已有的知识，所以对记忆的研究自上世纪60年代末以来重点便集中在语义记忆方面。首先提出的语义记忆模型是层次网络模型。这个模型认为，对于语义的记忆是以网络形式分层存储的。网络的基本单元是概念，每个概念中有若干特征。这些特征也可看做是概念。概念按上下级的关系组织为一个有层次的网络系统。每一层次的概念各自储存自己所独有的特征，共有特征则存储于上一级概念水平上。激活扩散模型可以看成是层次网络模型的修正，它可以解释层次网络模型不能解释的熟悉效应及典型性效应等现象。它认为语义记忆是一个巨大的网络，网络联结的是概念而不是孤立的词。模型以语义距离，即概念之间关系的远近作为基本的组织原则，并用概念之间接线的长度来表示的。接线越短，说明关系越密切。集理论模型和特征比较模型与前面的层次网络模型以及激活扩散模型相比，由于概念之间没有现成的联系，只有依靠计算才能做出反应。其中集理论模型的基本语言单元仍为概念，但每个概念都由一集信息或者要素来表征。特征比较模型将概念的语义特征分为两类：一类为定义性特征，即定义一个概念所必须的特征；另一类为特异性特征，它们对定义一个概念并不必要，但有一定的描述功能。这

两类特征之间并没有严格的划分界限,人只能根据经验对它们做出判断。语义记忆模型研究的丰富成果有助于揭示人工智能中理解自然语言的基础,并对研究人工智能有重要意义(车文博,1998:608)。

信息加工心理学对记忆的研究还包括故事记忆、自传体记忆、内隐记忆等,记忆老化、闪光灯记忆等特殊记忆现象都得到信息加工心理学的研究。

(4)表象研究

信息加工心理学将表象与知觉的功能等价,研究主要集中在心理旋转和心理扫描两个领域。心理旋转是指人在头脑中将某个图形的映像做平面或立体转动的心理运作过程。谢菲尔德(Shepard,1971)在实验中向被试呈现一对对三维物体的二维再现形式图,要求被试确定每对物体除了方位外是否完全相同。被试报告他们的操作方式是:在心里旋转其中一个物体,直到它的方位与另一物体一样。实验结果还表明反应时是呈现给被试的两物体间角度差别的函数。

从表象的一个位置到另外一个位置对其进行扫描,这一加工过程被称为心理扫描。相关的研究表明,人们用以扫描的时间揭示了表象在表征诸如位置和距离等空间特性时所采用的某些方式,表象的客体如同现实客体,同样具有大小、方位、位置等空间特性。科斯林(Kosslyn,1978)等在实验中要求被试构成一个视觉表象地图并对地图上的两个不同物体进行审视。结果发现,被试是在进行一种类似于这种物理操作的加工过程,即心理扫描过程。而且从事这种心理操作所需要的时间和原始地图上两个物体距离之间具有函数关系。

其他的研究还包括表象对思维、记忆的作用等。关于表象的研究说明心理学研究内部心理活动的可能性,也说明心理现象是客观现实的反映,更有研究将表象作为长时记忆中信息的一个表征系统。

第五节 认知心理学的新发展

近年来,认知心理学不仅在信息加工取向方面取得了丰富的研究成果,而且在其他的研究取向以及研究领域的发展,也越来越引人注目,这主要包括联结主义取向以及认知神经心理学的兴起等。

一、联结主义

联结主义是20世纪80年代早期所复兴的认知心理学的另一研究范式。它由费尔德曼引入,通常是指"通过简单加工单元之间的联结方式进行计算的一类模式"。与信息加工心理学采用的"计算机类比"不同，联结主义取向的认知心理学采用的是"大脑类比"，认为"心理活动像大脑"，强调神经和数学基础，以并行加工方式建立心理模型，故又称之为人工神经网络。联结主义者认为，真实神经系统以与理想化系统相一致的方式进行活动，他们经常试图表明真实神经系统进行类似于理想化系统的运算，力图建立一个比信息加工模型更"接近"于神经活动的模型，因此所使用的术语和程序与实际的神经事件具有许多相似之处，比如，用神经节表示神经元等。

1. 基本观点

联结主义把认知描绘成简单而大量的加工单元的联结网络的整体活动。网络是个动态的系统，单元彼此相互联结在一起，每一个单元在某一特定时刻总是处在某种激活水平之上，其实际的激活水平与来自环境和其他与之相连接的单元有关。每个单元既可以兴奋和抑制其他单元，也可以受到其他单元的兴奋和抑制。各神经元之间可以存在大量的"联结"，这些"联结"的强度在信息加工过程中不断进行调整。信息分布在各个神经元及神经元的联结中，而不是神经元或其他什么特定的地点，信息的加工是并行的，因此，这一模型也被称做"并行分布加工"。

在联结主义范式中，计算标志和表征特征是相互分离的，而且更为重要的是计算标志处于表征特征之下。一些联结主义者正是基于这种原因，认为"联结主义"一词与神经网络结构联系过于密切，建议用另外的词语来代替，他们独创了"亚符号"（Subsymbolic）一词来精确定位于表征水平之下的计算水平。在亚符号范式中，知识是一种直觉经验以及尚未结晶或升华为用语言表达出来的亚概念，是以连续的形式存在于联结网络中的。对于那些属于直觉经验的知识，无法在概念水平上进行操作，因此联结主义把计算水平定义在概念水平与神经元水平之间，从而与表征分离开来。

联结主义模型具有许多特点，这包括：信息被分布式地存储在各个神经元之间的联结中；神经元之间的联结强度在学习过程中具有可塑性、自学习、自组织和自适应性的特点，因而可以不断调整和变化；神经系统具有高度的整体性和系统性；其活动具有非线性的特点；当少数神经元受到损伤或正常死亡时，整个系统的功能将继续有效；对于残缺的、甚至是错误的信息，系统仍然能够得到完整的、正确的结论，具有错容性等。

2. 模型

联结主义提出了许多模型，最简单的模型即具有两层模型的神经网络模型。模型借助转化函数把输入传入系统并描述输入在这个系统中扩散的途径。各个模型之间虽然结构差别较大,但基本原理都相同。这里以三层前馈式网络为例对联结主义模型略作分析。该模型共有三层神经单元群,最下层是输入单元,它模拟的是神经系统中的感觉神经元。输入层中每个单元都像神经元那样伸出自己的轴突纤维,一直伸到第二层单元群(隐含层)。轴突纤维到达第二层单元群时,其纤维末端分裂成扇形状分支,并使这种分支的每个末梢都同隐含层的每个单元相联结,形成突触联结。这种突触联结结构可以确保输入层的每个单元都可以和隐含层的每个单元保持联系,并对隐含层的每个单元的激活产生影响,使其处于兴奋或抑制状态。隐含层把每个单元所收到的兴奋或抑制的有效小事件加以汇总综合并做出相应的判断。这样,后来穿越输入层单元的某种类型的激活经过汇总综合就能形成另一种不同类型的穿越隐含层单元的激活。至于这种激活呈现出什么样的类型,则是由输入层到隐含层的联结权重来决定的。隐含层单元又向输出层单元延伸其轴突,从而形成另一套突触联系。从隐含层到输出层也把所接收到的有效小事件加以汇总,结果原来通过隐含层的激活又转变成为另一种类型的穿越输出层单元的激活。三层系统帮助联结主义者解释了两层神经节系统不能解释的一个问题:不同输入可以产生同样的输出。因为具有隐含层,它可以以某种特殊的方式排列,那么几乎任何的独立输入可能产生出几乎任意类型的输出(Best,2000:192)。

在联结主义模型中,单元层被定义为拓扑的或关于网络的联结类型,一个层内的单元或是没有相互联结或是仅有抑制性联结,而在单元层之间则既可以有兴奋性联结也可以有抑制性联结。构造神经网络的结构实质上就是确定神经元之间的互联结构。

3. 评价

尽管联结主义和信息加工取向之间存在着一定的争论,其研究也遇到一些问题和质疑,包括对复制非常熟悉的人们经验的相对失败,以及研究者对其取向普遍性的疑问等。但应该看到,联结主义心理模型以神经科学为基础对人的神经系统进行模拟,这比符号加工模型更具有神经学意义上的合理性;它确认了人脑是并行处理系统,明确了模型本身的自学习特征,为处理日常事件的技能、背景知识、直觉知识等"常识知识问题"的解决上展示了富有希望的可能性。随着解释力更大的模型的提出,联结主义将得到越来越多的关注,同时它将与信息加工研究取向的新成果一起,促使认知心理学研究范式的整体变化。

二、认知神经心理学

心理学的研究结果需要生理学的支持,这早在心理学诞生之初就非常明确。

近年来，随着脑成像技术，包括 PET（Positron Emission Tomography）、FMRI（Functional Magnetic Resonance Imaging）、EEG（Electroencephalography）、MEG（Magneto Encephalography）等技术的不断发展，认知心理学与神经科学的结合便自然而然的密切起来，这就产生了认知神经科学。

认知神经科学主要研究认知功能的脑机制、认知与神经系统活动的关系、脑发育与认知功能等。研究者相信，只有揭示了心理活动的脑机制，特别是认知功能的神经生物学机制，才能真正了解人的心理功能。因此，当前关于认知的研究已不再是心理学家独享的研究领域，神经科学家、医学家、计算机和人工智能专家，甚至哲学家都积极地参加进来，构成了大的认知主义。

1. 基本观点

认知神经心理学是认知心理学与神经科学的结合的具体产物，它已被认为是认知心理学的一个分支。传统的认知心理学是研究认知加工过程的学科，它主要以正常人的认知任务为主要研究方法，但也兼顾特定认知功能障碍病人的相关研究。这两类研究对象之间其实存在一定的关系，比如，对认知功能障碍病人的研究资料可以验证由正常被试得到的认知理论。而认知神经心理学便是"以有特定认知过程受损或未能正常获得某些认知能力的病人为研究对象，来推知人类正常的认知结构和加工方式的学科。它是揭示认知过程及其脑机制的核心研究手段之一"（Max Coltheart，2008）。它的基本思路是通过脑损伤造成的选择性认知功能的障碍和保留的认知环节，推测正常人大脑的认知机制。

认知神经心理学首先提出模块化的观点，认为人类的认知过程是由一系列相对独立的成分协同完成的，任何一个模块都能因脑损伤而导致损坏，但保持完好的其他模块，可以不受影响。这种高度模块化不仅成为心理层面的一个特性，同时也是脑运作本身的一个特性（Max Coltheart，2008）。

认知神经心理学的研究对象是一个个单独的症状，而不是综合病症。这是因为，认知神经心理学家认为，综合症是一系列的症状，无法清楚地假设有一个专门负责这种综合症的认知系统，而单一症状则可以与相应的独立的认知系统的存在对应起来。既然研究的对象是认知功能障碍的病人，那么病人和病人之间就可能存在着巨大的、无法忽略的差异。这样一来，单独的个体对研究都具有最大意义，而研究群体或将多个个体的数据归为平均数就显得没有任何意义了。在确定特定的认知系统时，认知神经心理学的研究依赖于双向分离模式，即当一个病人对任务1困难，但任务2正常，而另一个病人对任务1正常，但任务2困难时，这种分离就在逻辑上支持存在着负责任务1和任务2的相互独立的认知系统。

2. 评价

认知神经心理学是认知心理学的一个分支。它的研究充分说明认知心理学家在关注纯粹的认知过程的同时，也注意为这些认知过程和模型提供客观的生物学基础。认知神经心理学对人们了解大脑的认知机制有独到的作用，但也很显然，它的贡献受到的其研究对象的限制。当前，研究者对认知的脑机制研究很少囿于单一的学科限制，这样一来，将认知神经心理学看成是认知神经科学的一个研究分支似乎显得更为合理。

三、对认知心理学的评价

信息加工心理学是在反抗行为主义心理学的运动中产生和发展起来的。从这一点来说，它的出现，对西方心理学的发展具有进步意义。它在具体研究中的确取得了许多引人注目的成果，丰富了心理科学的内容，其中一些还和人工智能的研究结合在一起，起到了相互促进的作用。事实上，一些信息加工心理学的著名人物，如西蒙、纽艾尔等，同时也是人工智能专家。

从具体的研究方法上来说，信息加工心理学重新使用反应时为研究人的认知活动的一个客观指标，并赋予它以新的活力；在观察被试执行认知任务时的外部行为以及行为结果的同时，让被试进行自我观察，说出自己的心理活动情况，这样既冲破了行为主义心理学的禁忌，又克服了古典内省法的弊端。所有这些，都是应当加以肯定的。由此也使我们认识到，信息加工心理学并不完全是传统的意识心理学的原样再现。

对于信息加工心理学的一些基本观点，即使在西方心理学界也存在着比较尖锐对立的看法。

分歧之一在于，把人看成计算机式的信息加工系统是否能体现人的本质特征。西蒙（Simon，1981）说过："发展中的计算机模拟人的能力……将改变人确认其自身是一个物种的概念。……当我们开始制造能进行思维和学习的机器时，人即不再是唯一对环境进行复杂和有条理的操纵控制的人了。"在他看来，人和计算机似无本质差别。对此，许多人却有不同的看法。例如，美国一位颇有影响的人工智能专家魏泽巴姆（Weizenbaum，1976）认为，计算机不能体现人的社会化，用"智能"这个概念去说明机器和人的关系是不妥当的，除人以外的任何有机体或机器都不能以人的术语去解决，确乎是人所面临的问题。正因为这样，一些西方心理学者只是把人的心理过程和计算机内的信息流程作粗略的比较，而不采用把人完全类比为计算机的观点。

分歧之二在于，如何看待原有知识在人的认知活动中的作用。信息加工心理学认为原有知识具有决定性作用。反对者认为这过分强调人头脑中的已有知识对当前的认知活动的作用，有可能陷入知识决定论。事实上，人的已有的知识这种主观因素可以影响人的认识，但在根本上并不能决定人的认识，否则就等于承认人的认识可以脱离客观现实了。过去行为主义心理学完全抛开人的主观因素，坚持环境决定论；信息加工心理学在纠正行为主义心理学的偏向时则又存在走向另一极端的危险。

分歧之三在于研究的范围方面。信息加工心理学在一定程度上打破了行为主义心理学设置的禁区，重又研究人的认识活动的许多方面。从这个意义上来说，它扩大了心理学的研究范围。但是，另一方面，它又把自己的研究范围局限于人的认知过程，而对于人的情感和意向活动，对于人的个性心理特征的研究则显得无能为力。在这个意义上，它又缩小了心理学本应具有的研究范围。有的西方心理学者对此也提出了批评。有人认为，早期认知心理学的研究没有认真考虑人与人之间的一些有关变量（如动机、情绪、情感因素）对认知过程本身的影响，结果使认知心理学给人的印象是：认知是无感情、无动机的。近年来，随着信息加工心理学的新发展，研究者已逐步考虑到情绪情感、动机等变量对人的认知过程的影响。一些新的研究动向如认知神经科学等不但表明认知心理学逐渐克服了早期信息加工心理学研究的缺陷，也表明信息加工心理学是一个开放的，能够及时吸纳相关学科的研究方法和范式的学科。

总起来看，信息加工心理学自诞生以来，发展很快，对西方心理学也有很大贡献。可以预料，在今后的一段时间中，它对人的认知过程的具体研究仍会继续发展。但它是否代表心理学的发展方向，许多人持怀疑态度。鉴于百余年来心理学摇摆不定、学派林立的发展历史，有人指出，心理学要想健康发展，关键在于要有正确的基本方法论，即要有正确地看待自己的研究对象的观点和立场，而不只是生搬硬套当代自然科学的某些新成就。这对于我们评价信息加工心理学是具有启发性的。

主要参考文献

1. Max Coltheart，认知神经心理学简介，心理科学进展，2008，1 期。
2. 车文博，西方心理学史，浙江人民出版社，1998 年。
3. 陈元晖，中国现代教育史，人民出版社，1979 年。

4. 高觉敷，西方心理学的新发展，人民教育出版社，1987年。
5. 加德纳·墨菲，近代心理学史导论，商务印书馆，1980年。
6. 皮亚杰著，发生认识论原理，商务印书馆，1985年。
7. 皮亚杰，英海尔德，儿童心理学，商务印书馆，1980年。
8. 舒尔茨著，杨立能等译，现代心理学史，人民教育出版社，1981年。
9. 叶浩生主编，西方心理学的历史体系，人民教育出版社，1998年。

第三编　当代西方心理学的多元化发展

从第三编开始，我们把笔墨的重点放在了当代西方心理学的多元化发展上。20世纪80年代末到21世纪初，心理学进入了一个新的发展纪元。当代西方心理学的多元化发展是建立在传统心理学发展危机的基础之上的。对传统心理学本身种种不足的质疑和批评，为西方心理学多元化的发展提供了巨大的空间。自从冯特将实验法引入心理学，心理学家就一直试图实现这门学科的科学化发展。20世纪20年代兴起并风行心理学界的行为主义将实验法在心理学领域内的应用水平发挥到了极致。他们主张研究外在可见的行为，采用严格的条件控制，使用精确的数据来解释研究结果。60年代兴起的认知主义，狭义上又称为信息加工研究，虽然把研究对象从外部行为转到了内部加工机制，但是研究方法一如既往地继承了实验方法，认为研究需要严格控制条件才能得到更准确的结论。在过去的发展中，传统心理学的科学主义研究理念受到了众多心理学家的追捧，甚至将实验研究方法奉为经典标准。但同时却带来了另一个严重的问题：一味地追求实证研究造成现代心理学忽视文化的作用，忽视人的主体性，遭到了来自其他各学科的质疑和批评。这就是所谓70年代后期开始，在西方心理学界出现的发展危机。批判的矛头指向了科学心理学领域的研究理念、研究假设、研究方法、研究结果、研究价值等多个方面。"主流心理学的困境引发了众多的争吵与冲突。在困境面前，许多心理学家另辟蹊径，开始寻找一条不同于主流心理学的道路，因而导致了心理学的多元化趋势，出现了后现代心理学（社会建构论心理学）、女性主义心理学、话语心理学、文化心理学、积极心理学、进化心理学、叙事心理学、生态心理学、解构主义心理学、本土心理学、主体心理学、意识心理学、多元文化心理学和联结主义认知心理学等不同形式的心理学。"（叶浩生，2006:14）这是西方心理学发展中一个"乱花渐欲迷人眼"的多元化时代。多元化的研究主题、解释取向以及理论建构都给心理学的发展注入了新的活力，给人一种耳目一新的感觉，共同构成了当代西方心理学的繁荣盛况。

第八章　积极心理学

在当代心理学领域内，积极心理学（Positive Psychology）是一种新的发展趋势。它的出现不但扩展了传统心理学的研究范围和主题，而且给心理学其他分支领域的发展注入了一股新鲜的活力。顾名思义，积极心理学关注的是积极向上的东西，比如勇气、幸福、乐观、希望等心理品质，它不仅关注个体的幸福，还关注社会的整体发展和全体人类的福祉。1998 年，由出任美国心理学会主席的宾夕法尼亚大学教授马丁·塞利格曼（Mactin Seligman）首次提出积极心理学运动。2000 年，塞利格曼及其同事在《美国心理学家》（*American Psychologist*）杂志上刊登了《积极心理学导论》一文，标志着积极心理学的正式诞生，塞利格曼因此被称为"积极心理学之父"。积极心理学自从兴起之后很快风靡美国，这一概念频繁出现在各种心理学杂志中，成为一个炙手可热的研究领域。这场在世纪之交的美国心理学界兴起的积极心理学运动，深刻影响到了世界其他各国的心理学研究，愈来愈多的心理学家对积极心理学产生了浓厚的兴趣，并主动参与到积极心理学的研究课题中来，使得这一理论思潮展现出强劲的发展势头。

第一节　积极心理学的产生

积极心理学为我们揭示了与传统心理学完全不一样的心灵世界。积极心理学将更多的精力放在人性中更积极、健康、建设性的心理品质研究上，提倡发挥人类的积极力量和潜在能力，努力推动人类向更加完善的方面前进，并致力于促进社会和与人类关系的协调一致。在以往心理学的研究中，对于心理不健康问题的研究占据了非常重要的位置，所以心理学通常忽略了关注人们对于快乐、幸福、乐观、智慧、创造性等品质的追求与实现。积极心理学试图来矫正以往心理学研究的这种片面性，促进心理学的平衡发展。另外，当今时代对于人类的积极体验越来越重视，对于社会组织的和谐发展越来越关注，也在一定程度上为积极心理学的产生提供了契机，成为推动积极心理学发展的社会力量。

一、积极心理学产生的背景

1. 学科背景

积极心理学是相对于"消极心理学"来使用的。所谓"消极心理学"是由积极心理学的倡导者塞利格曼所提出的，主要是指以人类心理问题、心理疾病诊断与治疗为中心任务的心理学研究。在过去一个世纪里，心理学领域内经常出现的词汇就是病态、强迫、焦虑、抑郁等消极的字眼，心理学工作者也将主要精力投入到解决人类的心理和精神问题方面，却很少提及与研究幸福、乐观、宽容、希望等人性中积极、正向的品质。所以，关于心理学公众形象的调查发现，大多数人普遍认为，心理学是一门非常神秘、深奥的学科，关注的是心理咨询和治疗，认为心理学工作者都是在面对和治疗精神疾病。这就是以往消极心理学给人们造成的刻板印象。然而，出现这种结果也并非偶然。有文献回顾发现（Myers & Diener，1995），一个世纪以来的心理学文献过分集中在个人生活的消极层面，心理科学中关于消极心理研究的论文远远超过研究积极心理状态的论文，其比率高达 17 比 1。这很容易造成大多数心理学家的任务是理解和解释人类的消极情绪和行为的刻板印象。积极心理学提出之前，这种消极取向的心理学模式缺乏对人类积极品质的研究与探讨，由此造成心理学知识体系上的不完整，不但在学科发展上极大地限制了心理学的研究主题和研究范围，而且在实践应用方面也缩小了心理学这门学科的"应为"与"所为"领域，阻碍了心理学社会影响力的提升。

实际上，心理学在建立之初，就提出了自己所肩负的社会使命和任务："科学心理学主要面临三项主要使命：①治疗人的精神或心理疾病；②帮助普通人生活得更充实幸福；③发现并培养具有非凡才能的人……消极心理学的这种研究取向背离了心理学研究的本意，因而也将难以实现心理学研究的应有价值和社会使命。心理学的目的并不仅仅在于去掉人心理或行为上的问题，而是要帮助人形成良好的心理或行为模式。"（况志华，叶浩生，2005）可是，心理学在过去很长一段时间内，并非真正实现以上三个任务的平衡发展，而是更注重实践第一个使命，这就使得消极成为传统心理学的标签，而消极心理学成为传统心理学的代名词。

当然，消极心理学的出现是有原因的，它的存在也是具有合理性的。首先，早在心理学兴起那段时间，正值社会处于动荡不安的时期，社会时代的不安定使得人们的关注点更多地集中在精神和心理问题方面。上个世纪 20 年代至 60 年代，整个西方社会经历了很多危机，其中包括了经济大萧条、工人失业、两次世界大战等重大创伤事件。人们生活在水深火热之中，总是经受着动荡不安的困扰。当时的心理学面对更多的是人类的精神和心理问题，诸如焦虑、压抑、忧郁等，当时的社会迫切需要心理学大显身手，为人们解决心理疾苦问题。同时，人们也是迫切希望摆脱那些心理问题的困扰，步入正常的生活轨道，而在某种程度上忽视了人性中的积极品质。在这种情况下，心理学也确实不负众望，在过去的一段时间内成绩显著，尤其在消极情绪的理论研究和实践应用方面都有所突破，为解决人类的精神和心理问题做出了重要的贡献。但是，也由此造成了心理学发展的不平衡状态，集中研究人类的精神和心理问题方面，以至于忽略了它本身应有的其他两种任务，即帮助普通人生活的更幸福以及让有才华的人更加出众。

20 世纪末，心理学在研究任务上的失衡现象促使很多学者进行了深刻的反思。他们认为，消极心理学感兴趣的课题总是集中在人类或社会中存在的问题。这种"问题集中倾向"容易使人们忽视人和社会中积极正向的一面，同时也会对不断出现的社会负面现象习以为常甚至麻木无视。消极心理学过度重视对问题的矫正方法，而较少考虑如何帮助人们生活的更幸福。可是，人类毕竟要经历痛苦然后朝着更加积极的方向前进和发展。怎样才能更好地发挥人性的积极一面，如何才能让人类和社会更加协调一致地发展呢？这些问题应该受到关注和重视，并需要作为研究课题提上日程。以往心理学太少关注正常人的这种做法有失偏颇，应该转换为研究人类优点的新型科学，应该将研究对象定位在健康水平的普通人，以研究人类的积极品质、关注人类的生存与发展为重要任务，用一种更加开放的、欣赏性的眼光去看待人类的潜能、动机和能力，实现从消极心理学到积极心理学模式的转换。

2. 社会背景

积极心理学指出，我们不能完全否认消极心理学的研究成果和应用价值，尤其是在社会危机时刻以及战争期间，它为人类和社会所做出的杰出贡献更是值得肯定和赞扬。但目前，我们所生活的社会并非像以往那样多灾多难、水深火热、缺衣少食，人们的物质生活日益丰富，社会生存环境日益改进，人们的心理问题相对减少，绝大多数的普通人是正常和健康的，而且是积极要求自我实现和不断追求幸福的，所以当代心理学的任务也应该从最初以治疗人们的精神或心理疾病为重点转向为帮助普通人生活的更充实、更幸福这个主题上来。

首先，当今社会的物质生活较之以前具有很大的进步，生活的环境也大有改善，人们更重视去追寻和体验到应有的满足和幸福。塞利格曼认为，追求和体验幸福是 21 世纪社会最关心的问题。人们不再聚焦于往常提到的种种精神问题，而是追问：幸福是什么？如何才能得到幸福？怎样会更快乐？怎样才能让生命保持在一个最佳状态？如何做到健康、积极、乐观、热情洋溢？希望在何处？活力从何而来？社会关系和社会支持到底在生活中具有多大的影响作用？当代社会中的人们都曾经面对过这些问题，也苦于追寻关于这些问题的答案。归根结底一句话：如何促进正常人的心理更加健康地发展？这是人类成长的需求，是社会发展的必然，也是积极心理学的重要课题来源。

其次，社会经济、政治、文化的协调发展需要充分调动起社会成员的积极性，需要社会成员将自己看成是社会的主人。社会发展的最终目标就是要去实现社会成员最大的潜力，达到最高的生活满意度，体验到最强的主体价值感。21 世纪，在物质生活日益丰富的社会里，积极促进人类的精神更加健康地发展成为首要任务，也对心理学的"应为"提出了要求。心理学需要根据社会发展的现实状况，认清自己在当下时代所应当承担的主要责任，积极转变以往对待人类精神阴暗面的消极视角，主动去关注人类和社会中的阳光一面。当下社会生活的状况为心理学更好地深入社会、大显身手、服务民众提供了广阔的发展空间。关注人性的积极方面，对人类诸多问题做出积极的解释，促进社会积极向上发展，不但是社会发展的要求，也是人类生活的必然，积极心理学的出现是顺应时代发展的，也是心理学对人类进步所做出的一种必然的呼应。

3. 思想来源

（1）塞利格曼及其早期研究

塞利格曼是积极心理学的主要创始人之一，曾在美国心理协会担任临床心理学部门的主席。1997 年，他以高票当选为美国心理学协会的主席。2000 年，他以提倡并开展了积极心理学运动而在当今心理学界名声大振。对他本人而言，积极心理学的提出并非是空穴来风、毫无准备的，而是灵感、创造和多年经验累积的结果。

首先，在研究工作方面，塞利格曼最初一直致力于研究习得性无助（learned helplessness）的课题，他也因此赢得了美国应用与预防心理学会的终身成就奖。1967 年，塞利格曼在研究动物时提出了"习得性无助"的概念，进而成为心理学领域内一个非常流行的概念。他首先把狗关在笼子里，只要蜂音器一响，就给以它一定强度的电击，狗被关在笼子里逃避不了电击。经过多次这样的实验之后，在给予电击之前，先把笼门打开，然后拉响蜂音器，此时狗不但不会从打开的笼门处逃跑，反而不等电击出现就先倒在地上开始呻吟和颤抖。其实，它们本来可以主动地逃避，可是却绝望地倒在地上等待电击的来临，这种现象被称为习得性无助。1975 年，塞利格曼开始用人当被试，结果发现，这种习得性无助的现象在人身上同样会发生。后来，塞利格曼在习得性无助的研究中获得了重要的启示。他认为，如果消极的情绪和动机是可以习得的，那么积极的情绪也应该是可以获得和培养的，所以，心理学也应该去关注和研究积极情绪的习得。这对于后来他转向研究人性的积极品质具有重要的启发作用。

其次，还有一件生活中的事情促使塞利格曼对传统心理学的任务进行了重新的思考，并为提出积极心理学提供了一个契机。

> 一位父亲在自己屋前的花园里割草，他的小女儿尼奇在一边玩着。这位父亲是一个做事认真的人，他割草时也是如此——埋头割草、专心致志。他的女儿是一个天真活泼的孩子，她在旁边又唱又跳，还不时地把父亲割下的草抛向天空。父亲对女儿尼奇的行为不耐烦了，于是对这尼奇大声地训斥了一声。尼奇一声不响地走开了，可不久她又走回到花园，并且一本正经地对父亲说：
> "爸爸，我想和你谈谈！"
> "可以啊，尼奇！"爸爸回答。
> "爸爸，你还记得我在过 5 岁生日之前的情况吗？你常说我在 3 岁到 5 岁之间是一个经常爱抱怨和哭诉的人，那时的我经常要对许多事情抱怨和哭诉，也不管这些事是要紧的还是无关紧要的。但当我过了 5 岁生日后，我就下决心不再就任何事情对任何人抱怨和哭诉了，这是我迄今做过的最艰难的一件事，不过我却发现，当我不再抱怨和哭诉时，你也会停止对我吼叫和训斥。"（任俊，2006:1）

这是发生在塞利格曼与其女儿之间的一个小故事。但正是这个小故事给塞利格曼很大启发。塞利格曼深深被一个 5 岁孩子的话所震撼。他发现，作为父亲，如果总是采用消极的态度对待女儿，总是注视着孩子身上的缺点，而看不到她所具有的积极心理品质，这是父母的失职。同时，这件事情也让他意识到，作为一个心理学工作者，如果总是用消极的心态去生活，那么生活永远都是乌云笼罩的，如果总是注意到人类身上的缺点、问题和病症，就永远不可能发现人性中追求自我实现的积极力量和潜在能量。而在过去很长一段时间内，心理学太多的工作都忽视了人类身上本来就存在的优秀品质和积极向上的倾向性，那是一种让自身生活充满阳光的体验和情绪。就像他的女儿尼奇一样，每个人都希望生活中没有抱怨、指责、抑郁。为了达到这个目的，人们积极发挥自己的内心潜能，积极寻找促进他们生活幸福的动力以及自我实现的途径。发生在生活中的故事虽然非常简单，但是这足以让塞利格曼幡然醒悟。他对待心理学研究的态度开始发生改变，他决心要将这种关心人类美好心灵和积极品质的心理学发扬光大。

后来，塞利格曼大部分的著作都集中关注个人启发和个性改良。其中比较出名的有：《真正的幸福》（2002）、《可以学的乐观》（1991）、《你可以改变什么，不能改变什么》（1993）等。自从2000年开始，他的目标就是将积极心理学普遍推广，使之家喻户晓。在这个过程中，他注重关注人类的积极情绪、积极人格以及积极社会机构的建立。塞利格曼致力于将积极心理学运动进行到底，而且在他和同事的努力下，我们已经看到，积极心理学的思想已经开始风靡美国甚至全世界。

（2）人本主义心理学

积极心理学和人本主义心理学之间的关系一直是一个具有争议性的问题，争论双方都有各自的理由。一方面，人本主义心理学强调，积极心理学的研究取向和研究主题更多地来源于人本主义心理学思想。为了证明二者之间的渊源关系，《人本主义心理学杂志》——人本主义心理学阵营中的权威杂志，于2001年，也就是积极心理学刚刚出现之时，专门开辟了一个关于积极心理学的讨论专栏，以大篇幅的文章来论述人本主义心理学为积极心理学所提供的重要来源。而作为积极心理学的一方，从其产生起初就曾经严肃地声明，积极心理学是一种新的心理学运动，虽然不否认从人本主义心理学思想中受到启发，但是与人本主义心理学之间并无实质性的渊源关系。积极心理学家强调，在研究对象、研究方法、研究取向等方面，积极心理学较之人本主义心理学不仅存在明显的区别，而且比人本主义心理学更加进步、更为科学。作为积极心理学创始人的塞利格曼也指出，人本主义心理学与积极心理学最大的区别就是研究方法的科学性问题。缺少实证的研究，过于注重选择个体成功人士作为研究对象，采用现象学和个案成长史的研究方法，这些方面成为人本主义心理学工作中的主要缺憾。看来，二者之间的争论远未结束，而且见仁见智。

其实，人本主义心理学与积极心理学之间确实存在着一定程度的共同之处。首先，二者都对人性的假设和理解持有积极乐观的态度。我们所熟知的人本主义心理学家，比如马斯洛、罗杰斯都研究人性中积极和向善的一面。人本主义心理学从产生初期就致力于去挖掘人性中积极的方面，积极主张关注个体成长、自我实现以及健康人格的培养。这些观点对后来的积极心理学产生了重要的启发作用。积极心理学对待人类的态度也是彰显乐观和积极向上的，非常重视人性中积极力量的发挥，积极心理品质的培养以及人类潜能的挖掘。这是积极心理学与人本主义心理学最主要的共同之处。其次，二者非常注重发挥人类积极心理品质的作用。他们都强调，乐观、希望、幸福、同情、尊重、理解、关怀等积极情感是人类成长过程中的积极力量，需要去培养这些积极心理品质。

但人本主义心理学与积极心理学也有不同之处。首先，二者建立的基础存在差异。20世纪50年代兴起的人本主义心理学，反对行为主义的机械观，反对精神分析的生物还原论，从而提出人之主体性成长的观点，提倡研究人的潜能和自我实现。面对行为主义忽视人类主体性的做法以及精神分析重点关注病态人格的做法，人本主义思潮成为当时心理学与众不同的重要发展，被称为"心理学的第三势力"。而积极心理学则是针对整个传统心理学过于关注病态人格和心理问题，是为了校正以往心理学研究任务的失衡状态而产生的。其次，二者的主要区别在于研究方法的不一样。人本主义心理学主要采用现象学以及存在主义的研究取向，注重个案、成长历史、现象的观察与体验，而积极心理学的研究方法却更为宽泛多样。

二、"积极"的涵义

积极心理学的创始人塞利格曼与西米奇特米哈伊认为，积极心理学是一门科学，是关于积极的整体体验、积极人格特质以及积极的社会组织与环境的一门科学。它们的研究主题聚焦于诸如希望、智慧、创造性、勇气以及其他积极的精神等方面，这让整个心理学界焕然一新。（Jewell Rich Grant，2001）但是，什么是"积极"？如何理解"积极"的涵义？这仍是一个需要梳理的问题。

"积极"一词通常作为"消极"一词的对立面来使用，很容易让人们产生误解。以至于很多人认为，不消极就是积极，积极和消极是一个事物的两个对立面，是一维空间的两个极端。其实，这种理解是有失偏颇的，积极心理学中的"积极"一词具有多种涵义。

第一，如果将心理品质的一端定为是消极状态，另一端是积极状态，我们会发现，从消极到积极之间还有一个状态，就是介于两者之间的正常状态。在日常生活中，不能仅仅认为，消极之后就是积极。更多的可能是，大多数人处于两者的中间状态，而不是处在消极的一端或积极的一端。要想达到生活的积极状态，仅仅矫正人类的心理和精神问题是远远不够的。消极和积极并不是非此即彼的，真正的积极，是一个远离消极而又不断向积极努力的过程。积极心理学中的"积极"就是告诉人们，我们需要从消极或者正常的状态出发，努力前进，奔向更加积极的一端。

第二,"积极"的动态性。如果积极作为静态形式,则只能与消极相比,或者与心理不健康相比,而不能与另一个不同程度的积极状态相比。所以,积极本质上是一种过程状态,也就是说,"积极"本身也不是一个固定结果和最后结局,积极状态就是一个行为过程,包括对过程的体验。首先,对于同一个体来讲,通向积极的过程是一个不断进步的过程,并不仅是从消极转向积极的过程,更应该是积极状态的更好发展。"积极"是指主观上的感受,包括一个人的认知、情绪和行为,积极只能与自己的过去感受相比。其次,对于不同的个体而言,积极与个人的境遇有关。虽然都表现出了积极状态,但在积极的质和量的规定上是不一样的。积极由此体现出动态性的特征。

第三,"积极"一词的文化差异性。积极是一个带有价值认识和评判以及文化导向的概念,而不是一个确定的概念。不同的文化场域、不同的文化视角对于何谓"积极"的理解不尽相同。跨文化心理学家的研究早就证明了这一点。积极的含义具有明显的文化差异性。不同国家、民族、群体对积极的理解受到文化的影响。另外,单就某一种文化的发展进程来看,人们对于何谓积极品质的理解也会随着文化的变迁而发生改变。也就是说,随着文化的发展进程,积极过去所包含的意义会有不同程度的改变。"积极"一词的意义边界是开放的,其中的内容是随着文化的变迁而流动的,所侧重的积极方面也是不一样的。

第四,"积极"是一种内外兼修的心理品质和心理素养。我们既要追求外在的积极成就和正向评价,也应当更注重内在积极心态的培养。虽然显赫的社会地位、骄人的成就、令人羡慕的权贵很让人向往,但对于大多数人来讲,更重要的是在日常生活中培养个人对于平凡生活的积极心态,对待一切事物的平和态度,能够自尊、自主、希望、乐观,建立富有勇气和创新的生活风格。我们不能单纯利用一些外在的指标来评价一个人是否处于"积极"状态,积极状态是指一个人所具有的出色的综合心理素质,是积极的人生态度。这种心理素质促使一个人热爱自己,热爱他人,热爱这个世界,拥有快乐和幸福。

第五,"积极"是现实的,而不是空想的。很多人认为,积极就是给自己设置更好、更高的目标,努力把身边每一件事情做好。其实,这种一味追求完美的想法是不现实的。脱离实际的个人目标和欲望是不合理的,总是追求超越自身能力所及的东西,总是想把任何事情都做到尽善尽美、万无一失更是不合乎现实要求的。这种想法和做法本身就不是真正的积极,而只能导致内心更多的矛盾和冲突,导致一种消极的心态。真正的积极是要珍惜自己身边的一切,勇于面对现实和接受现实,做好自己能够做好的,尽力而为,对待生活要认真,而不是强求一些不合乎逻辑的东西。

由此看来,"积极"一词具有复杂的含义。人们需要积极乐观的品质,这是人类生存的天性,是人类进步的要求,也是社会发展所必需的。积极的心态与人的身体健康具有密切的关系。积极的心态可以使生活充满意义,使个体产生积极体验。尤其是面对现代社会激烈的竞争和紧张的生存状态,积极乐观的心态尤其重要。在当代生活中,积极的心态是个体取得成功、实现目标、体验到最大程度的幸福感所必不可少的基本条件。

第二节 积极心理学的理论与内容

积极心理学倡导"3H 生命价值观"——幸福、健康、和谐(Happy, Healthy, Harmonious)。目前关于积极心理学的研究,主要集中在研究积极的情绪和体验,积极的个性特征,积极的社会组织机构建设等方面。首先,积极情绪体验的研究包括:对过去的满足感、当前的幸福感、对未来的希望感以及乐观。其次,积极人格特征的研究包括:对爱和工作的能力、勇气、热情、韧性、创造力、好奇心、正直、自我认识、自我调节、自制力以及智慧的研究。第三,积极组织的研究包括:如何建立和发挥积极的组织优势,如公正、责任感、教育能力、职业道德、领导力、团队精神、愿景等。

一、积极心理学的主要研究对象

首先,积极心理学强调研究人的积极品质,发挥人的积极力量。积极心理学反对以往心理学研究的失衡状态,认为以往心理学太过注重对于消极心理的研究,而忽视了人本身所具有的积极力量和潜能,而这种积极的力量是人类成长所必需的。积极心理学认为,一方面应该重视对心理伤害、问题、疾病进行研究,另一方面也应该为促进普通人更好地生活而不懈努力,充分挖掘和培养人类所拥有的积极本质和力量。所以,在矫正心理学研究不平衡状态的前提下,积极心理学大力主张应该对普通人如何在良好的条件下更好地成长和生活,如何使具有天赋的人的潜能得到充分地发挥等方面进行大量的研究。为了实现让普通人更加积极地发展,积极心理学从产生之初就为自己设置了三个方面的任务:研究比如幸福感和生活满意度、希望和乐观以及快乐等积极的主观体验;研究诸如爱、勇气、毅力、宽容、创造性、智慧等积极的个人特质和积极人格;研究促使个体成为具有责任感、利他主义、宽容和美德的社会组织,提倡积极的制度建设和社会发展,为人们更加积极地生活提供保证,包括家庭、社区、学校、媒体的积极建设和良好作用的发挥。积极心理学让我们认识到，心理学不仅仅是关于疾病或不健康的科学，它也是关于人类灵性、如何更好的工作、如何有效的教育、如何去爱与被爱以及如何积极成长的科学。

其次，积极心理学强调要改变以往的思维方式，积极看待人类的心理健康问题。虽然积极心理学并不主张心理学将主要精力放在研究心理问题方面，但它也不反对我们需要关注和研究人类的心理健康。积极心理学指出，在心理问题和疾病预防工作中真正发挥作用的是个体本身，心理治疗所取得的巨大进步主要来自个体内部去积极地、系统地塑造、完善和提高各项能力，而不仅仅是修正其存在的心理缺陷。比如，一个人身处能够威胁到他心理健康的生存环境中，面对诸如攻击、暴力、吸毒、精神抑郁等负面事件时，最好的预防措施就是要看到人类本身所存在的积极向上的品质和力量，相信他们所具有的勇气、希望、毅力、乐观等优秀的心理品质可以并且能够被挖掘和调动，以此让个体能够抵御外在不良环境的影响，保证自己能够朝着积极进步的方向发展。积极人格的培养能够很好地起到预防作用。一个追求进步、乐观向上、坚强宽容、对未来充满希望的个体是有能力抵御外来不良影响的，有效的预防并不是对他们进行治疗，而是找出并发展其自身已拥有的积极力量。所以，心理问题和疾病预防的主要任务就是去建造一门有关人类力量的科学，去探索如何更有效地测量这些品质，如何挖掘和培养这些优秀品质，以便采取更积极的预防干预措施。这些看法扭转了人们以往的思维方式，不能单纯关注个体弱点和缺陷的消极方面，应当通过培养和发挥人性的积极品质来预防心理问题，实现了从修补缺陷到自身积极建设方面的转变。

最后，积极心理学提倡积极的心理治疗观。"积极心理治疗反对过去以问题为核心的病理性心理治疗，提倡心理治疗应把自己的注意力集中在增进和培养人自身的各种积极力量上，倡导用一种积极的心态来对个体的心理和行为为问题做出新的解读，并在此基础上通过激发个体自身的内在积极潜力和优秀品质来使个体成为一个健康的人。"（任俊，2006:307）心理治疗不是将全部的精力集中在心理问题和造成病态心理产生的外部条件方面，而是要看到人类本身存在的积极力量，这些力量可以促进个体从内部发生深刻的转化，病人有这种能力使自身朝向积极的方向发展。另外，心理治疗是一个过程，这个过程的终结点不是以疗效发生作用，个体恢复到正常状态为结束。如果将消极到积极状态看成是一个连续的过程，以往的病理性治疗仅仅达到了消极和积极的中间状态，而积极心理学主张，心理治疗到此阶段远未完成，要采取进一步的措施促进个体朝着更加积极的方向前进，而非就此停下来。

积极心理学的理念特色体现在它能时时处处看到"积极"的方面，不管是对于人格、情绪的研究还是对于心理疾病的预防和治疗，都转变了以往的思维方式，将研究视线集中在人类内部的积极力量和主动能力，总是乐观地看待人性自身优秀品质的培养。

二、积极心理学的主要研究方法

积极心理学对于研究对象和研究内容的关注胜于对于研究方法的创新。积极心理学自身也认为，它们是一场利用心理学目前已经比较完善和有效的实验方法与测量手段，来研究人类的力量和美德等积极方面的一场心理学运动。所以，在积极心理学领域内，我们可以看出，在研究方法上，它本身并没有什么实质性的突破，更多的是采取兼容并包的立场。它一方面继承了比如实验、调查、测量等现代科学心理学的研究方法，同时也并不反对采用解释、对话、故事分析等质性研究方法。当然，经验性的科学研究方法占据了积极心理学的主流地位。

积极心理学在建立初期就曾经强调，它们更为重视采用科学心理学的研究方法，以便可以清晰、准确地去研究被人们忽视的积极体验、积极人格以及积极的社会建设。他们强调，在研究方法上科学性的追求，将是自身区别于人本主义心理学的最大特点。也正是如此，积极心理学在研究中广泛采用了操作定义、问卷调查、量表评估、数据分析、模型建立等方法，希望能够找到关于人类积极品质的普遍规律。比如，在对于主观幸福感的研究中，更多地采用了问卷、量表、因素分析等实证方法，探讨了主观幸福感的结构、维度以及指标，深入分析了影响主观幸福感的各种因素之间的关系。而对于乐观、希望、积极工作制度的研究也较多地使用了量表测量和数据分析的方法，力图达到客观评估和研究的目的。

即便如此，积极心理学也并不排斥质性研究方法的使用。除了以上科学心理学的实证研究方法之外，它还主张使用质性研究中的解释学方法、故事分析、深度访谈等方法，期望在文化范畴中找到关于主观幸福感、乐观、希望等积极品质的深层含义以及意义差异。

可以说，积极心理学自身对于现代心理学的突破在于它规定了新的研究主题和内容，但可惜的是它并没有创造出一套属于自身的新的研究方法体系。在积极心理学看来，能够真切地测量和理解研究对象的方法都是值得借鉴的，也都是属于自己使用范围的。

三、积极心理学的主要研究内容

积极心理学对自己的研究进行了粗略的规定,即按照三种取向来展开:个体层面上的积极体验、积极人格品质以及社会层面上积极制度和机构的建设。在积极心理学的建立初期,塞利格曼等人就按照这三种取向进行了广泛的研究。现在看来,随着这些研究的不断深入,在每一层面上的成果都非常引人注目。

1. 积极的主观体验

积极的主观体验是一个比较笼统的词汇,它主要是指个体层次上心理体验,核心主题是研究人类的幸福感。"幸福"是一种美好的体验,也是古今中外谈论最多的一个话题。对于"如何获得幸福?""怎样才是幸福的体验?"等问题的探讨一直是经久不衰的热点。古代先哲们曾经借用哲学思辨的方式对幸福的涵义做过深层的解释,但是真正对幸福感做经验性的研究还要追溯到第二次世界大战之后,许多社会学家和社会心理学家开始利用科学调查的方法来深入研究幸福的问题,将幸福感的研究往科学化的方向推进了一步。

主观幸福感(Subjective Well-Being,简称SWB),现在已经成为社会心理学领域内的一个专有名词,它本意包含有两层意思,即人们对其生活的看法以及感受。主观幸福涉及情感范畴和认知范畴,情感范畴由积极情感和消极情感这两个不同的维度组成,它们构成了相互关联的变量,决定着主观幸福的质量。主观幸福感的认知范畴涉及生活的满意度,包括对于整体生活的满意度和特殊生活的满意度。生活满意度是主观幸福感的关键指标,是一种有效的衡量标准。近20年来,人们对幸福感的科学研究表明,主观幸福感的测量方面,目前已经基本明确了三个重要的衡量指标:体验到快乐的情绪、较低水平的消极体验和较高水平的生活满意度(任俊,2006:104)。作为主体积极心理体验的一种状态,主观幸福感表现了个体对生活所产生的主体水平的、较为稳定的并且是一种更为全面和综合的体验,因此主观幸福感具有三个标志:主观性、稳定性以及综合性特点(李维,2006:96~97)。如果是短暂的和片面的生活体验则不能真正体现个体整体的幸福感状态。

积极心理学的兴起进一步加深了对幸福感的研究,而且更重视利用实证的方法和客观的指标来检验人们的生活满意度与幸福感水平。一般来讲,这一类主题的研究是沿着两条线索展开的。其一,研究生活满意度和主观幸福感的维度、结构、内容和指标问题,制订更有效的问卷与量表来测查人类的生活满意度和主观幸福感程度;其二,探讨影响生活满意度和主观幸福感的因素,比如不同的性别、年龄、学历、经济收入、社会地位、工作性质、文化境遇、人格特征、性格类型、期望水平、生活事件、认知方式等因素对于生活满意度和主观幸福感体验的影响作用,以便更好地提高人们的生活幸福度指数。

主观幸福感的早期研究主要集中围绕第一条线索展开,探讨的是主观幸福的内容维度和评价指标,后期研究围绕第二条线索展开,主要关注人口学变量与主观幸福感之间的关系,比如研究主观幸福感与年龄、性别、经济收入、职业地位等因素之间的关系。随着积极心理学的兴起和发展,对于主观幸福感的研究开始发生转变,研究者开始关注个体内部心理品质和特征与主观幸福感之间的影响关系,开始将自尊、认知方式、动机、期望、生活事件的解释、文化标准、人际关系质量、个人身体健康状况等积极的心理品质和个体特点与主观幸福感的评价联系起来。目前,主观幸福感的研究主要集中于以下几个主题,即主观幸福感与经济因素的关系、主观幸福感与身体健康状态的关系、主观幸福感与文化的关系、主观幸福感与个体人格特性的关系、主观幸福感与社会支持的关系等方面。

(1)与经济因素的关系

经济因素与主观幸福感之间的关系一直是一个相当有意思的课题。常识理论认为,人们的经济状况越好,越应该体验到更多的幸福感。但是我们又发现,事实并非如此。很多人虽然腰缠万贯,名车豪宅,物质丰富,可他们却声称自己并不感到幸福。相反,穷人的生活不一定好过,甚至可能穷困潦倒,生活拮据,但结果是穷人也可以自得其乐,也会有自己的幸福体验。也就说,收入高不一定就幸福,而收入低不一定就不幸福。经济因素和主观幸福感之间的关系比较复杂,但二者之间具有相关关系却是不能否认的。

主观幸福感与经济因素之间的关系是怎样的呢?这需要研究经济收入与情感体验的关系,也就说,研究经济收入水平的高低与积极情感或者消极情感的关系。研究结果表明,不同的经济收入水平与不同的情感体验之间具有如下关系:对于经济收入超过社会总体平均水平的民众来讲,经济条件对他们的积极体验并不起到重要的影响作用,二者之间没有呈现显著的相关关系;但对那些低于或者刚好处于社会平均生活线的民众来讲,经济收入与他们的消极情绪呈现显著的相关关系,经济条件与他们的主观幸福感有很大关系。这说明,经济条件是人们幸福感的必要条件却不是充分条件。经济收入中等水平之上的生活具有较少的金钱压力,不会感到生活拮据,也能够较为轻松地应对生活中的物质需要、教育休闲需要等。相比而言,收入水平较低必然会具有更多的生活压力,容易引起焦虑情绪(李维,2006:110)。还有一些研究者采取了跨文化的研究方式来探讨经济因素与人类主观幸福感之间的关系,比较发达国家、发展中国家以及落后国家民众之间的主观幸福感的差异性,同样得到了与上述类似的结论。

(2) 与文化的关系

研究主观幸福感还需要考虑到的问题就是群体层面上文化差异性的存在,展开这一方面的研究主要是解决主观幸福感的普遍性和特殊性的难题,这是最近研究主观幸福感的一个重要趋势。

不同的文化对于如何理解幸福、如何获得幸福、如何评价幸福、如何体验幸福等,都存在着差异性。跨文化研究认为,不同的文化模式必然对主观幸福感产生影响,必须将主观幸福感的本土化研究和跨文化研究结合起来。这些研究广泛涉及了不同文化模式对主观幸福感体验的影响。比如,不同文化背景下,如何看待社会关系、个人成就、自尊、价值观等,都会直接影响到这个文化中的人们如何理解幸福以及怎样看待幸福体验。有研究指出,主观幸福感逐渐被用于作为老人生活满意度的一个关键指标。现有的证据表明,因为西方文化具有不同的生活价值观,所以老年人(50岁之后)在生活满意度测量中出现了多样性。针对1906位50岁左右的我国台湾岛内民众进行的主观幸福感的测查和访谈表明,主观幸福感的七个维度较为明显地呈现出来,即身体的、心理的、独立性、学习与成长、物质的、环境的以及社会的幸福感。虽然主观幸福感的这七个项目具有一定的跨文化一致性,但是在东西文化背景下,人们对于这些项目的解释和重视程度却存在着明显的差异性(Ku, Po-Wen, Fox & McKenna, 2008)。

现在,在积极心理学领域内,关于主观幸福感与文化的关系研究还集中在对于社会支持系统的关注方面。不同范围的社会关系网络、不同水平的社会关系质量、不同程度的社会关系需要都会影响到个体的主观幸福感体验。在不同的文化背景中社会关系都是影响个体主观幸福感的重要因素之一,尤其是在集体主义文化背景中,更是体现出社会关系网络以及社会关系支持对个体幸福感体验的重要影响。广泛的社会关系网络,比如家庭关系、工作关系、社会人际关系、朋友关系等,不但满足了个体的群体归属感,而且也标志着个体被社会接纳和认可的程度,提升个体的自尊水平,从而能够促进主观幸福感体验的产生。

(3) 与人格特征的关系

以往对于主观幸福感的研究更多地集中在引起幸福感的外部条件上,比如经济因素、社会地位、个人成就,等等。但是后来的研究发现,主观幸福感与个体的内部特征也有明显的关系。主观幸福感与个体的人格特征具有怎样的关系呢？研究证明，主观幸福感具有个体差异性，这种差异性的内部原因主要是由于不同的人格特性所导致的。一般来讲，主观幸福感与人格特质、归因风格等个体因素具有一定程度的相关。不同的人格特质对幸福的体验具有不同的影响作用。有的研究者集中探讨了不同的人格因素与主观幸福感之间的关系，对于五大人格特质的研究发现，不同的特质影响不同的幸福感体验，尤其是外倾性和神经质的人格特质与幸福感体验具有明显的相关，外倾性的个体更多地体验到幸福感（Costa & McCrae，1980）。

乐观是一种人格特征，乐观主义是个体期望社会或事物能给自己带来社会利益或愉悦感时所伴随的心境和态度。如果说主观幸福感是个体对于过去生活感到满意从而产生主观幸福体验的话，那么乐观和希望就是个体对未来的积极看法与感受。具备乐观主义特征的个体倾向于对事物做出正向的推测，持有正向的态度，这种推测和态度能够带给人们愉悦的心境，从而能使个体体验到更多的幸福。坎特等人（Cantor et al.，1987）认为，在面对相同的任务情境时，个体总体上会呈现出两种防御性的人格特点，由此引起不同的情绪体验。比如学生在面对具有威胁性的生活任务时（考试或竞赛），采用的防御策略具有个体差异性。有些学生属于防御性悲观主义者，面对威胁性的任务总想到一些消极结果，对自己的期望较低，伴随着焦虑感；有些学生则属于防御性乐观者，他们通常不去过多地考虑可能出现的消极后果，对自己期望较高。防御性悲观者与防御性乐观者各有利弊，防御性悲观者面对压力时会经历过重的压力，体验到更多的焦虑，而防御性乐观者则相对轻松，不容易产生焦虑心态。由此看见，乐观和悲观是一种人格特征，它可以影响到个体的情绪体验，从而影响到个体的主观幸福感（转引自 Ryckman［高峰强等译］，2005:355）。

积极心理学强调，乐观是一种带有个体特征的解释风格。不管遇到什么样的困境，个体都能够采用积极的态度来解释目前的状况，把消极转变为积极，把悲观转变成乐观。个体具有乐观的特征与个体的归因风格具有密切的联系。一般来讲，对待事物的归因主要体现了个体对待事物的认知和评价标准。乐观的个体倾向于将事件原因归于外在的、可控的、不稳定的因素，而非内在的、不可控的、稳定的因素。这样的归因风格又可以进一步影响到个体对自身的评价、自信心、自尊以及对待未来的态度。目前对于乐观主义特征的研究是从两个层面上展开的：其一，概括水平上的乐观主义研究，其中包括乐观主义的维度结构及其测量，乐观主义的特征、作用；其二，探讨乐观主义与主观幸福感、身心健康等因素的相互关系。在积极心理学领域内这些研究有待于进一步的深入和系统研究。

2. 积极的人格特质

积极心理学将"积极"的思想观点也运用于有关人格特质的研究之中。积极心理学认为，以往人格心理学的研究存在着两个方面的不足。首先，传统人格心理学对于人格的理解更多地集中在病态人格方面，而相对忽略了人格中的积极品质，比如追求幸福、健康、快乐、乐观、自我实现的倾向性。其次，传统人格心理学对于人格的培养、实现、内部动力等研究不够深入。积极心理学认为，人格研究应该包括两个任务：其一，注重对于积极人格特质、积极潜能的研究。以往人格心理学集中研究消极人格特质而忽视积极人格特质的做法是值得反思的。我们应当将人类看做是具有自我管理、自我导向、自我决定能力的主体，是具有适应性、智慧性、创造性等积极人格特质的整体。其二，重视人格发展的动力。虽然积极人格的实现具有内在的动力，但也要受到很多外部因素的影响，比如父母的教养方式、家庭环境氛围、学校教育以及各种社会影响等，关键是看这些内在和外在因素是怎样被个体整合在一起的（任俊，2006：207～217）。

积极心理学主张研究积极的人格特质。特质是人格心理学用来说明个体所具有的稳定的、长久的性格特征。对于特质的研究在人格心理学中是一个很重要的课题。人格心理学家一直试图利用较少的、概括性强的特质维度来解释人格的差异，并先后提出了多种特质理论，比如大三、大五、大七等人格理论。在特质研究方面，积极心理学与以往人格心理学的研究存在一定程度的区别。积极心理学将研究兴趣主要集中在以往被人格心理学所忽视的积极人格特质方面，而不是集中在人格的消极特点以及人格问题方面，对待人格特质的研究也比以往更加乐观。以往人格心理学的人格理论对特质维度的认识都是从两个极端水平入手的，即积极对应消极。也就是说，研究者认为，每个人的内心都有特质的两种极端表现，或者封闭、压抑、恐惧、怨恨、自卑、高傲，或者快乐、幸福、宽容、仁慈、谦逊。以大五人格理论为例，神经质、外倾性、开放性、宜人性以及尽责性都是从两个极端入手来进行分析的。每一种特质维度都可能存在两种不一样的表现，比如外倾性本身包含着两种意思：个体是活跃的、好交际的、善谈的，相反则是封闭的、退缩的、保守的。而积极心理学则明确否定这种做法，转而强调对积极人格特质进行关注。他们提出了智慧、勇气、仁爱、正义、节制、卓越六种良好的品德，并指出每一种品德所具有的积极力量，比如智慧可以提供给个体对认知事物的需要和兴趣，激发个体的创造性，提高判断力。勇气则激发人们朝向正直、诚恳、勇敢、勤奋的动力（任俊，2006：205～209）。

积极心理学特别强调人格发展的内在动力。这方面研究的灵感主要来自自我决定理论的提出。自我决定理论（Self-Determination Theory，简称 SDT）主要是一种动机理论。自我决定理论以内部动机为出发点，它认为，每个人的内部都有三种基本的心理需要，即自主、交往和能力的需要，满足这三种需要是个体内部动机的基础，也会影响到个体积极人格的形成，并与个体的成长以及产生积极体验具有密切关系。自我决定理论对积极人格研究具有相当重要的启发作用。既然每个个体都具有追求自我创造、自由自主、积极快乐、与人相处的内在需要和动机，那么个体内部同样具有积极的力量来决定、发展和完善自我，具有朝向积极方面发展的倾向性和动力，这说明个体积极人格的形成和发展具有重要的内在动力来源。在重视人格发展内部动机的同时，积极心理学也指出，积极人格的培养还需要将内部动机与外部动机整合起来，共同构成积极人格发展的动力源。个体积极的应对外在环境，不但可以满足自己的内部需要，也可以将外部动机转化为内部动机，从而进一步激发个体的自主性。内部动机和外部动机并不是相互对立的，而是可以相互转化、相互促进的关系。

最后，积极心理学重视实现积极人格潜能的途径。积极心理学指出，积极情感体验的产生、自尊水平的提高在人格成长中具有很重要的作用，也是实现积极人格潜能的重要桥梁。积极的情感体验、较高程度的自尊感，再结合社会环境、教育等外在因素的作用，可以共同促进积极人格的发展与实现。

3. 积极的社会组织和建设

积极心理学倡导从个体层面和社会层面上展开研究。在个体水平上，不但要研究个体的积极体验和积极人格，还要致力于改变人们对待生活的态度，让人们的生活变得充满乐观和希望。在社会层面上，要致力于建设积极的社会制度和组织，不断完善良好的人类生存环境，努力让社会变的更美好、更健康、充满活力，为促进人类全面的、积极的发展提供重要的保证。在积极心理学看来，人及其经验是在环境中得到体现的，也在很大程度上受其生活环境的影响。积极的环境可以塑造积极的人类经验，而积极的社会环境这种完整的社会系统建设包括了良好的家庭、社区、学校、企业、媒体以及社会秩序的建立和维持。

首先，对于学校而言，怎样才算是积极的教育呢？积极心理学认为，教育的使命应该是三个方面：其一，使所有人的潜力得到充分的发挥并生活得幸福，体现了教育意义上的博爱；其二，教育不是把人的优点仅当做是克服缺点的工具，而是把培育学生的优点作为教育本身的根本目标；其三，积极教育一方面注重对普通人的关注，另一方面也转向对天才的关注，让社会的一部分天才生活得更幸福也是它的主要任务（任俊，2006:271）。可见，积极教育与传统教育的不同在于，它不再仅仅关注大多数普通人的幸福，也不再是仅仅培养精英，更不再是通过教育去改善人本身的缺点，而是全面考虑教育的任务和使命：促进人类自身健康的、完全的发展，培养健康的人格，实现每个人的自我潜能，更好地发挥自我的优点。从积极心理学的意义上讲，教育要看到全体、看到优点、看到积极，教育不再单纯是传道授业解惑，而是好上加好。

其次，在企业管理中，积极心理学思想的运用是比较广泛的。积极心理学认为，如何维护良好的企业制度、如何实现员工的潜能发挥、如何发挥企业的优势和强项是值得关注的。企业应该学会为员工的积极发展做出物质和精神两方面保证，让员工为工作感到快乐，因快乐而工作，提高员工的工作满意度，这是企业努力去达到的目标。而要实现这个目标，需要从各方面来加强企业的制度建设。对于一个企业组织来讲，可能会出现各种各样的问题。但是在积极心理学看来，问题的消解并不等于激活组织的积极因素。如何能够让企业朝向更加积极正面才是企业发展的关键。积极心理学思想在企业管理领域广受欢迎，在世界范围内，企业的人力资源培养从过去的严格管理举措变成了如今的激励和引导，将企业管理的重点转向了组织内部系统地塑造各项优势能力，发挥人、团体和机构的最佳状态或功能，而不再仅仅是去修正缺陷，弥补不足。现在，越来越多的企业正努力创造一个能够促进员工自身积极品质培养和正面思考的综合制度，从而提升他们的动机和目标，以面对不可预测的企业发展问题。企业的内部环境由此得到了更好的改善和建设，也增强了企业的内部活力和发展潜力。

积极心理学努力建设良好社会机制和制度的思想还应用在其他方面，比如，人类和社会环境的和谐发展、国家政治体系的维护、大众媒体的传播，等等。越来越多的组织和机构认识到了积极心理学思想的重要作用，并将其引入到本领域的治理和管理工作中，积极心理学服务了社会和人类，也由此得到了更为广泛认可。

第三节 积极心理学的评价

积极心理学从形成至今短短不到十年的时间，可以说，它还是比较年轻的思想，目前正处于起始阶段，试图对它做出全面的评价和长远的展望都还为时过早。它作为新生事物所带有的强劲生长动力、独特视角、新颖思维方式都值得我们给予仔细而又审慎的认识与评判。积极心理学的出现和发展具有深厚的社会和学术背景，这首先说明了其存在具有合理性的依据。它作为一种新的研究方向，作为以往心理学的一种重要补充，不但丰富了当代心理学的研究内容，而且丰富了心理学的研究主题。它的影响已经广泛涉及临床咨询、人格研究等诸多心理学分支领域，并广泛应用在社会机构、企业组织建设等方面，对于社会的和谐发展起到了一定的指导和推动作用。从长远看，积极心理学的重要性可能不在于其提出的任何特定的假设和规则，而在于为心理学乃至整个社会提供了一种新的方法与视角去看待人类的生存和社会发展。

一、积极心理学的贡献

积极心理学作为一种新的研究取向推动了当代心理学的发展，它的理论成果及应用引人瞩目。首先，积极心理学作为传统心理学的重要补充，平衡了心理学研究原来的任务失衡状态，从关注人类的疾病和弱点等阴暗面转向关注人类的优秀品质和内在潜力，充分体现了以人为本的思想，使人实现了自我的解放，朝着更加积极的方向发展，这本身就是一个很大的进步。其次，积极心理学勇于批评传统心理学的消极趋向，而且也一针见血地指出了传统心理学的弊端，恢复了心理学本来应有的功能和使命，主张研究被消极心理学所忽视的课题，深入对主观幸福感、满意、乐观、宽容、希望等人性积极方面的研究。这些做法大大促进了心理学的发展，丰富了心理学的内容体系。随着积极心理学研究大张旗鼓地展开，积极心理学的旨趣日趋明显，即关注个体的积极心理状态，并努力促进整个社会的发展和人类的进步。

积极心理学对于传统心理学尤其是临床与咨询心理学、健康心理学等领域关注人类"消极"特征的做法表示不满和批评。它认为，即使人类的心理存在着消极和不健康的情况，但我们更应该注意到，大多数人是积极乐观的，而心理学工作的主要任务就是面对更大多数的正常心理，促进人类心理更加健康以及生活质量进一步提高。这些观点对临床与咨询心理学、精神病理学、健康心理学以及传统的经典心理学理论流派，比如行为主义、精神分析等产生了一定程度的影响。在咨询心理学领域内，有的学者就指出："通过对咨询心理学以及积极心理学的主旨做了系统性的阐述，我们发现，积极心理学在咨询心理学领域是一种重要的建构，这也给我们的工作提出了一定的挑战，促使我们重新思考咨询心理学的哲学根源与基础，要分清自己与其他学科之间的界限和不同。最后，我们相信，积极心理学能够融入到咨询心理学中来，并促使我们创建新的评价标准，也相信积极心理学能够运用到更多的跨学科领域中去。"（Debra, Ethington & Ridley, 2006）

二、积极心理学的不足

积极心理学作为新近开展的心理学运动,具有旺盛的生命力,它为我们描述了一幅繁荣、健康的人类社会图画,也让人类看到人性的乐观和希望,满怀期待的对未来生活充满向往之情。但这种繁荣的景象并不能掩盖积极心理学作为一种新生事物自身具有的不足和缺陷之处,它所带来的很多问题都值得我们作进一步的思考。积极心理学是由在心理学界身居要职的塞利格曼提倡和发动的一种运动,是一种一呼百应、自上而下的运动。面对积极心理学研究活动开展的轰轰烈烈、研究经费丰盈充足的种种现状,不禁让我们设想,如果不是由美国心理学会主席提出并领导这场运动,能否形成如今如火如荼的研究场面,能否开展如此声势浩大的积极心理学运动还是值得思考的。如果不是因为这些心理学界的权威们积极争取,积极心理学能否会是现在如此的现状也同样不能确定。

"由于积极心理学运动兴起的时间较短,因而在其发展过程中还存在一些问题,这些问题主要包括:表现出一定的话语霸权、研究对象不够全面、缺少有说服力的纵向研究、和早期心理学的一些相关研究存在一定的脱节。"(任俊、叶浩生,2006)该评价指出,目前积极心理学研究的对象还不能囊括全部人群,而主要集中在白人和成人,较少研究其他种族的人群和儿童;有些课题缺少必要的、长期的纵向研究,降低了理论的说服力;还有些研究者强调要在一定程度上与以往的研究传统划清界限,比如积极心理学与健康心理学、人本主义心理学的理论渊源关系就不被积极心理学家们所承认。这些缺点的存在虽然不能完全否定积极心理学的学术价值,但也牵掣了它的发展。

长期以来在心理学中存在着精神病理学研究倾向的传统,那么,如何将治疗传统转变为对人类积极功能的研究?如何改变心理学家将注意力置于负面问题的思维定势,改变病理学基础上的治疗实践?如何使专业的精神健康科研机构将珍贵的科研经费和人力资源用于积极心理学的研究和应用上?这些问题都将是积极心理学家所面临的实际与迫切的任务(张倩、郑涌,2003)。也就是说,虽然积极心理学提出的心理问题预防和治疗理念值得我们在实践中加以借鉴,但是面对长期形成的精神病学的治疗传统,以及它们所具有的一套完整的治疗体系,一系列组织化的治疗机构,倾向于关注心理问题的思维模式,积极心理学需要去改变的现状和扭转的局面比想象的复杂得多。要解决这些长期以来由于精神病理学的传统所带来的问题,还需要很长的时间和很多的工作去做。另一方面,即便面对传统病理学具有如此之多的困难需要解决,积极心理学也并未谦虚谨慎行事。积极心理学在对待传统心理学，尤其是对待传统精神病学采取了傲视和抛弃的态度，这种一贯的批判很可能阻碍其自身的发展。"积极心理学的理论主张主要有三个方面：一是如何看待心理学的发展和人的发展，二是如何预防心理问题，三是如何看待和治疗心理问题。其中后两个问题本身也是传统心理学的研究核心，因此，我们说积极心理学对传统心理学是贬损有加，继承不足，这也许会影响到它的发展。"（任俊，2006:350）

对于何谓积极的心理品质，不同的文化具有不同的理解。因此，积极心理学面临的另一个问题就是不同的社会文化价值观念所引发的对于积极心理品质的理解问题。对幸福、快乐、宽容等心理品质的理解是与价值观念错综复杂地联系在一起的。人是文化的产物，具有社会的属性，虽然追求快乐、幸福是人类的本性和成长的动力，但并不是所有的文化对于幸福、乐观、希望的理解都是一样的，也不是所有的文化都将幸福视为生活满意的一种状态和体验，把实现幸福和快乐作为人生最重要或最终极的追求目标。最简单的例子就是东西方文化差异所造成的对于心理品质的理解不同。在东方文化中，尤其是对中国文化而言，我们对于幸福的理解仍然受到社会文化的深刻影响，我们认为的天伦之乐、福寿双全、以和为贵等是幸福体验的主要来源，社会地位、社会支持、人际和谐、社会承认是影响个体幸福的重要因素。而对于西方人而言，他们更追求个体生活的享受，追求自由、平等和自我实现。人们对于有意义生活的界定受到社会文化的影响，而对于生活满意、幸福、积极人格的测查和评定以及积极社会制度的建设等问题也必将受到社会文化的限制。我们如何在研究中来区分这些由文化因素造成的差异，如何面对这些文化差异，将是积极心理学面临的一个重要问题。

积极心理学从其产生开始就声明，自己并非是心理学界的一场革命性运动，而是作为主流心理学的重要补充，是为了矫正以往心理学研究任务的失衡状态为原初目的的。积极心理学的出现确实在一定程度上扭转了心理学的研究偏向，在研究对象上更强调关注人性的积极方面，重视促进人类积极心理品质的培养。但是，从研究方法上来讲，积极心理学还具有单一性倾向。它主张运用实证科学方法研究人类的积极体验以及积极心理品质，强调研究方法的精确性、实证性。这显然不同于人本主义心理学为代表的人文主义取向，而是更倾向于科学主义。主流心理学研究曾经因为方法论的科学主义取向面临着文化缺失的发展困境。如果积极心理学一味追求实证方法而不吸取科学主义弊端的前车之鉴，那么也容易陷入由于方法问题而产生的发展危机。因为对于幸福感、积极体验等较为主观化的内部心理状态而言，如果仅仅借助于实证方法去控制研究和精确量化的话，很可能会丢失掉很多宝贵的信息，从而使得研究结果与实际生活、与人类的真正体验之间出现脱节、架空的现象，这是值得积极心理学去注意和思考的。

塞利格曼认为，当代心理学正处在一个新的历史转折时期，心理学家扮演着极为重要的角色，行使着新的使命，那就是如何促进个人与社会的发展，帮助人们走向幸福，使儿童健康成长，使家庭幸福美满，使员工心情舒畅，使公众称心如意。积极心理学的出现与人类需要、社会发展以及时代要求不谋而合，它的理论和研究不但促进了当代心理学的发展，完善了当代心理学的学科体系，也日渐成为整个社会共同关注和研究的重要领域。在短短几年的时间内，积极心理学取得了很多令人瞩目的成绩，颇具有影响力，成为现代心理学发展过程中的一种新的、不可或缺的力量，但同时也应该意识到，要想完善积极心理学思想，建构积极心理学体系，发展积极心理学技术，促进积极心理学应用，积极心理学还任重而道远。

主要参考文献

1. Costa, P., & McCrae, R. Influence of Extraversion and Neuroticism on Subjective Well-Being: Happy and Unhappy People. *Journal of Personality and Social Psychology,* 38: 668-678, 1980.

2. Debra, M., Ethington, L. & Ridley, C. Positive Psychology: Considerations and Implications for Counseling Psychology. *The Counseling Psychologist,* 34: 304, 2006.

3. Grant, J. Positive psychology: An introduction. *Journal of Humanistic Psychology,* 41（8），2001.

4. Ku, Po-Wen, Fox, K., & McKenna, J. Assessing subjective well-being in chinese older adults: The chinese aging well profile. *Social Indicators Research,* 87（3）: 445-460, 2008.

5. Myers, D., & Diener, E. Who is happy? *Psychological Science,* 6: 10-19, 1995.

6. Richard M. Ryckman 著，高峰强等译，人格理论，陕西师范大学出版社，2005年。

7. 况志华、叶浩生，当代西方心理学的三种新取向及其比较，心理学报，2005，37期。

8．李维，社会心理学新发展，上海教育出版社，2006年。

9．任俊，积极心理学，上海教育出版社，2006年。

10．任俊、叶浩生，当代积极心理学运动存在的几个问题，心理科学进展，2006，14期。

11．张倩、郑涌，美国积极心理学介评，心理学探新，2003，3期。

第九章　进化心理学

说到进化论，大家一定都有所知晓；但提及进化心理学，恐怕知道的人就不是很多了。进化心理学是在20世纪80年代末才出现的心理学新思潮，它是在广义进化论和社会生物学的基础上发展起来，用达尔文的进化论和自然选择理论来揭示人类心灵的起源、解释人类的心理现象的心理学理论。其所尝试解答的问题包括：为什么人们在长期的进化过程中，形成了今天这样的心理机制而不是其他机制？为什么有些心理机制和行为机能是全人类所普遍拥有的？为什么人类和动物在某些心理属性上会如此的相似？进化心理学认为人类所拥有的许多心理属性和行为机制是在漫长的历史发展中被选择出来的，人类的心理属性可以看做是进化的结果，而最早形成的一些心理行为机制在人类发展中仍发挥着重要的作用。本章将介绍进化心理学的基本研究内容。

第一节　进化心理学的产生

生活中的很多事情非常有趣，也颇值得思考。比如，人类普遍会怕高、怕水、怕蛇，却不会怕瓶子、不会怕足球。又比如，征婚广告上介绍男性多使用"高大"、"英俊"、"经济实力雄厚"等词汇，而介绍女性多使用"温柔"、"漂亮"、"贤惠"等词汇。该怎样去解释这些现象？或许我们能从进化心理学的理论中找到一些相关的解释。

在最近十几年内，随着进化心理学的兴起，心理学领域内掀起了此起彼伏的"进化研究"风暴。进化心理学认为，人不仅是社会文化的存在，也是一种生物体的存在，人类的思维、学习、行动、生育、成长等都存在着某种生来就有的发展取向和共同性。这些共同的取向就是过去进化的结果，是以往经验的积淀，是在环境中不断对心理功能和机制进行选择的结果。进化心理学试图从心理现象的起源和适应功能出发来探索人类的心理机制，以自然选择和适应作为核心概念来解释人类的行为模式。"进化论的基本假设有两条,即有机体是在进化过程中由于自然选择的作用而历史地形成的;而历史地形成的有机体的一切方面,都对维持有机体的存在具有积极意义。这两条假设逻辑地密切不可分离,二者的统一构成了有机体的各个方面及其与有机体、环境之间在进化过程中所形成的历史同一性的说明。"(高申春,2000)进化心理学重视生物进化因素在心理变迁和心理解释中的作用,试图从进化的角度证明并揭示人类生存和发展中心理行为的某些深层结构与本质、功能与机制,进化心理学也因此成为当代西方心理学新近发展的重要内容之一。

一、进化心理学产生的生物学背景

1. 进化论

19世纪中叶,在前人的研究基础之上,在深入的观察和思考之后,英国博物学家达尔文出版了《物种起源》(1859)一书。书中关于生物进化论的思想一经提出,就在当时的欧洲引起了强烈的反响。达尔文的进化论思想以"自然选择"理论为核心,主要阐述了三个方面的内容。首先,生物普遍具有变异现象。在外界环境和生活条件发生变化的情况下,生物可以在结构上、功能上、习性上发生改变以适应环境,如果这种变异被证明是适应环境的,就会具有遗传倾向。其次,永不停息的生存斗争。一个物种的许多个体为了生存、繁荣和再生必须处于不停的斗争状态之中。最后,自然选择或适者生存观点。在整个生存斗争的过程中,对生存有利的那些变异,个体会被保存,不利的则被个体淘汰。进化论的重要意义在于,它说明了在生物与自然的关系中,生物应该如何适应环境,如何沿着从简单到复杂、从低级到高级的方向发展。可以说,在当时的社会,进化论思想的提出与广泛传播解除了宗教思想对人们思维的长期禁锢,从根本上动摇了上帝创造人类的说法。进化论所提出的自然选择、适者生存、遗传、变异等观念在目前的生命科学领域成为一致通用的理论,而且它尝试着利用属于生物学范畴的进化论观点来解释人类的行为以及心理的发展、功能、结构,这些观点也对人类学、社会学、心理学等很多学科的发展产生了深远的影响。

2. 习性学

受到达尔文进化论思想的影响,美国和欧洲的心理学界开始以不同的思维方式来研究和解释动物以及人类的心理现象。在美国,主要兴起的是机能主义学派以及行为主义学派,但在欧洲则主要是习性学的研究风格。习性学(Ethnology)又被称为动物行为学,主要研究有机体在自然环境中的行为。习性学侧重于通过细心观察,尤其是在自然栖息地的观察来研究动物的行为,该理论强调本能行为,认为行为由遗传决定,是物种进化历史的产物,基因选择受自然发生的行为之结果的影响。

提到习性学,必须提到的一个重要人物就是洛伦兹(K. Lorenz)。洛伦兹因其提出著名的"印刻现象"而闻名。洛伦兹认为,刚刚出生的动物对出现在它面前的活动物体会产生跟随现象,这种现象称为印刻现象,也是动物的依恋现象,这种跟随的行为可能会在整个动物的成长过程中持续。洛伦兹不但发现了动物存在着印刻现象,他还建立了在自然环境中研究动物行为的研究传统,这同行为主义把研究局限在实验室里的做法是有区别的。受到达尔文进化论思想的影响,习性学主张在自然环境中来研究动物的行为,并强调从种系发生的角度来解释行为。他们认为,动物的行为遵循进化论原则,行为功能的产生是种系进化和个体进化的结果,并能够确保物种的生存。后来,习性学理论继续发展,为社会生物学思想的孕育和产生提供了重要的思想基础。

3. 社会生物学

社会生物学是近年来进化生物学领域中出现的重要进展之一,也是综合进化论的重要延续发展,受到众多学者的关注。1975年,《新的综合——社会生物学》一书出版,标志着社会生物学的诞生。贾若在该书的序言中指出:"一门新学科的诞生,在科学界以及整个社会引起强烈的争论风暴,这在20世纪科学史上是不多见的。社会生物学的问世,就是这种罕见的例外之一。"(威尔逊,1985,序言)

按照威尔逊的定义,社会生物学是对一切动物社会行为的生物学基础的系统研究,既包括动物的社会行为,也包括人类的社会行为。威尔逊首先确定的基本命题是,基因传递和复制是最重要的。人类本质上在充当着传递基因的工具,有机体复杂的社会行为也是复制、增加自身的一种基因技巧,人的一切行为都由遗传决定,人的身体和活动都是为了基因的利益,人只是为了繁衍基因而生存。威尔逊认为,低等生命与高等生命生存和发展在本质和功能上具有相同的逻辑,一般的生理机制与社会行为内在的发展目的也是一致的。他把人看成是整个生物进化中的一环,把人类的社会行为看做是一种高级的、复杂的保存和复制基因的技巧。

社会生物学是继经典达尔文主义到现代综合进化论的一种连续性发展,从基本指导思想到具体研究方法,社会生物学与经典达尔文主义的进化论都是一脉相承的。威尔逊试图建立一种理论来解释所有物种的生存、发展以及各种功能,包括人类在内。"社会"这个通常用来指称人类群体的概念,威尔逊却将其与生物学联系在一起使用，试图将生物科学与社会科学综合起来，将习性学、群体生物学、生态学、生理学、心理学、人类学等众多学科综合起来，这种社会生物学的理论可以解释包括人类在内的生存和发展。

可以说，威尔逊的社会生物学思想对人类社会中根深蒂固的人类自居观念进行了坚决而又顽强的挑战，勇气可嘉。但是对于社会生物学的思想，至今来看仍是批评多于赞同。威尔逊的社会生物学思想过于极端，他把人类包含在所有的物种之中，试图用一种知识来解释复杂的社会行为现象，这本身就是过于简单化的做法，也是不切实际的。另外，威尔逊的基因进化思想也过于极端，引起了学术界的质疑。低等生命和高等生命、生理机制和社会行为的发展逻辑相同，人类仅仅是基因复制、保存的工具和手段，这些理论主张让人不能信服。"社会生物学本身，远非完满自治而无可指责乃致证伪。前提、假设等理论构建中，还存在着漏洞甚至悖谬；在把生物学的一般原则运用于高等动物群体，特别是用于人类行为的分析时，不乏牵强之处；在社会生物学的整个理论体系中，基因与文化的相互作用与区别，还是不完全清楚的；本能与学习，先天与后天，其各在形成行为模式中的比例、地位也不能精确给出。这一切，常常使人对社会生物学的实质贡献以及整个学科的合理性产生怀疑。"（威尔逊，1985）近几年来，社会生物学家已经开始认识到他们的理论观点有些极端，认识到遗传进化和文化演进之间的复杂关系，尤其注意到了文化在人类进化中的作用，在一定程度上修正了基因决定论，提出了基因—文化协同进化的观点，将文化因素纳入到理论建构中来。

二、进化心理学产生的心理学背景

1. 重视生物因素的研究传统

在心理学领域内，具有重视生物因素的研究传统。首先，美国著名心理学家詹姆斯在其理论中研究了人类的本能。他认为，人类具有很多本能冲动，这些本能冲动是个体先天带有的、无需教育就能自动完成的，比如恐惧、竞争、爱情等。人类具有很多本能行为，并随着个体的发展而不断改变。在日常生活中，通常认为人类本能行为比动物要少得多，其实事实并非如此。詹姆斯认为，人类后天通过社会教育而习得的很多行为掩盖了本能的冲动；另外，如果本能行为不能得到更好的引导和培养，也会在某一阶段内逐渐消失。詹姆斯的本能观点对后来的心理学研究起到了很大的影响作用。

其次，美国著名心理学家霍尔的复演论观点也是当时心理学界，尤其是儿童心理学领域内具有重要影响的一种理论。霍尔认为，根据生物进化论的思想，我们可以用生物复演说来解释个体的发展。生物复演说认为个体的发展是复演了种系的发展历程。人类从受精卵开始的整个胚胎时期是延续了动物进化的逻辑，复演了动物进化的过程，那么后来个体时期的发展则是重复了人类进化的整个过程，不同的年龄阶段复演了人类进化的不同特点。他思想中浓厚的生物进化论思想为他赢得了一个响亮的外号："心理学的达尔文"。

最后，精神分析心理学彰显出来的浓厚生物色彩在一定程度上受到了进化论思想的影响。弗洛伊德将人类和动物等同看待，在其理论中非常强调本能的作用，尤其是性本能的力量，并使用本能观点来解释人类的众多心理现象。他将自我分成本我、自我和超我三个结构，特别强调了本我所具有本能的力量。他指出，人类与其他动物一样受本能力量的驱使而行动，内心深处藏有强烈的攻击、毁灭等欲望与本能冲动。

2. 跨文化心理学的启示

跨文化心理学是以两种以上的文化资料为基础，研究不同文化背景下人的心理的共同性、差异性，以及社会文化特点对心理产生的影响。跨文化心理学是致力于检验已有的理论和发展具有普适性的心理学，同时也探讨特定文化下所形成的特定的心理特征和行为表现。很多跨文化研究的结果表明，虽然人类的心理在不同的文化中具有多样性的表现，但是文化不能完全确切地解释人类心理现象和行为的一致性。文化各异，为什么人类会在很多心理和行为上存在着一致性的表现？如何解释诸如恐惧、竞争、权威、性、爱情、母爱等人类所普遍具有的这些心理行为现象呢？如果不能借用社会文化来完全说明问题，那归根结底还是要去人类发展的历史过程中找寻答案。更确切地说，要想找到人类行为的同源性，需要去关注人类发展的生物进化过程，借助进化理论的普遍作用来解释这些现象。可以说，跨文化心理学在研究过程中提出的这些问题在一定程度上激发了研究者换一种思维方式来考虑人类心理行为的形成原因，转而从进化的角度上来寻找解释心理内在机制的途径。

3. 认知心理学的影响

认知心理学不赞成行为主义只研究外部行为的做法，而是选择了被行为主义称为无法可见的"黑箱"——人脑的信息加工过程作为研究对象，并巧妙地将人的信息加工过程比作计算机的信息处理过程，类比人类信息加工的内在机制。认知心理学的发展促进了进化心理学深入研究人类的认知问题。进化心理学吸收了认知心理学的认知加工观点，并进一步指出，人的信息加工是由不同的心智模块来完成的，不同的心智模块相互独立，各尽其责，它们有机地组合在一起。人的信息加工是一般水平上的还是领域具体性的？关于这个问题一直存在着争论,但从进化的角度上,这个问题很容易就得到了答案。人类信息加工的领域具体性是进化而来的,保证人类能够很快地对环境做出反应,具有生存价值和功用,保证个体完成特殊领域内的适应。进化心理学并不赞成将人类所有的信息加工过程都看成是信息的"输入——加工——输出"如此这般复杂,也不承认需要主体有意识的参与。进化心理学认为,很多信息处理过程是自动化的、简单的、自然进化所保留下来的,而不需要人类主体意识的逐项参与。

综上所述,进化心理学的产生具有深厚的生物学和心理学背景。当今社会科学和自然学科的融合发展、理论成果的相互借鉴、研究思潮的相互影响是整个进化心理学产生的大背景。生物学领域内将进化论思想和社会行为联系起来进行研究的热潮、心理学领域内一直延续不断的关注生物因素的研究传统,以及当代跨文化心理学、认知心理学重要的研究结果,共同构成了进化心理学产生的思想来源和发展基础。但我们需要指出的是,进化心理学并不是生物学思想与心理学研究的简单合并,而是当代进化论思想和心理学研究的一次有机整合,是心理学领域内的一次创新性的尝试,它所提出的众多心理学观点是具有重要价值的。

第二节 进化心理学的理论与内容

进化心理学是进化理论与心理学研究的有机结合,进化心理学家试图运用进化理论和进化原理来解释人类的心理机制和心理功能。这一研究取向已经深刻影响到了心理学的众多分支领域,比如发展心理学、社会心理学、文化心理学、人格心理学等,并在这些领域之内,展开了一系列与进化思想有关的重要研究。

一、进化心理学的研究对象

进化心理学主要研究心理机制问题,它所开辟的分析视角与众不同。首先,它认为心理机制是在长期过程中为了更好地适应环境而不断进化而来的。人类生活中的很多行为和心理表现都是具有进化价值的,也是为了保证个体免受伤害和危险而起作用的。其次,它认为心理机制能够保证在最有效率的基础上为人类的生存发挥作用。不同的心理机制具有不同的功能分工,执行不同的任务,这些结构和功能联系在一起,形成一个有机整体。人类的心理机制是模块形式的,每种模块具有特定的功能,这是进化过程中面对不同的压力和自然选择而形成的特殊结构，能够快速地对环境刺激作出反应。最后，进化心理学强调了环境的重要影响。行为是心理机制和环境相互作用的结果。在长期的进化过程中，社会环境尤其是文化对个体行为的影响作用是不容忽视的。社会文化在一定程度上制约着行为的表现方式。很多的社会行为具有进化的根源和生物学基础，但最终的表现还是与社会文化相互作用的结果。

1. 进化心理机制

进化心理学认为，人的心理机制和功能是进化适应的产物，试图去解释人类目前的心理和行为功能是如何在进化过程中形成的。进化心理学主要是运用"过去"来解释"现在"，用"历史"来说明"当下"。它认为，人类大部分的心理机制都是进化的结果，自然选择和进化对人类心理机制的形成和发展具有非常重要的作用。同时，该理论也指出，并非所有的心理机制都是进化的结果。有些心理特征是稳定发展的，并具有遗传特性，是自然选择的结果，用来解决环境中的生存和繁衍的问题。但还有一些心理特性并不能解决生存和繁衍问题，虽然它们不是自然选择所塑造的，却与某些适应结果相联系而产生。

进化心理学指出，进化和行为之间的联系是通过心理机制而实现的。心理机制的进化使得我们的祖先可以解决环境中出现的一些具体适应性问题。这些机制具有领域具体性的特征（domain-specific mechanisms），通常被称为"达尔文运算法则"。也就是说，与一般意义上的认知不同，达尔文运算法则影响每一个具体的认知操作，比如面孔识别、语言习得，或者其他的社会交互作用过程。皮克（Pinker，1997）指出，心理机制被组织成模块，其中的每一种模块都拥有具体的设计，以至于它能够专门解决和应对世界中出现的具体领域的问题。模块的形成是自然选择的结果，适用于解决在进化过程中祖先面对的捕猎和采集生活中的问题。这里需要指出的是，一味的重视进化心理学的进化心理机制研究会适得其反。因为心理机制并非是一个通用的、一贯可靠的问题解决者，过分强调使用领域具体性机制来解决具体问题，很可能会让人们产生错觉，认为人类能够寄希望于先天的心理机制，却难以学习、接受或者改变某些其他的行为，但现实情况并非如此，人类的心理机制应该是更加灵活多样的，因为人类区别于其他动物种类的特点就是，依靠智慧并且能够适应多种多样的环境变化。

2. 心理功能分析

进化心理学的解释集中在"适应"——强调行为或者特质的功能。比如，怀孕恶心现象在怀孕早期的孕妇当中是一种非常正常且普遍的现象，全世界大多数的怀孕女性都可能出现过。这种症状包括呕吐、恶心以及对食物反胃、厌恶等。研究者通过阅读大量的文献资料之后发现，怀孕现象可以更好地理解为一种进化功能，用来保护正在成长发育中的胎儿。也就是说，女性在怀孕期间对于食物的厌恶现象就是为了避免摄入含有毒素的食物，从进化角度上讲，那些经历了怀孕呕吐的妇女相比那些没有呕吐经历的妇女来讲，可能少有自发性流产的问题出现。对于怀孕呕吐现象的功能性分析表明，那些有利于进化的优点我们都保留下来了。这些在医学角度上被认为是机能不良、功能紊乱并需要使用药物来进行治疗的状况，实际上却是一种很好的适应性机制，用于保护未出生婴儿的健康成长。

但并不是所有现存的认知、行为或者生物形态都可以看做是进化适应的结果，都具有维持生存的功能。进化过程至少产生了三种具体的结果：适应器、副产物以及噪声（或随机影响）。适应器是指那些由进化发展而继承下来的特征，是自然选择的结果，同时也能够有助于解决繁殖和生存适应的一些问题，比如脐带。而副产物是指那些不能解决即时问题，也不是自然选择的结果，但是却与某些适应结果相联系，比如肚脐眼。随机影响是指一些随机作用，用于解释一些环境中的变化或者是发展失常现象，比如，特殊形状的肚脐眼（D. M. 巴斯，2007:46），而进化心理学的任务就是发现和描述进化所得到的适应器的心理机制以及功能。

实际来讲，也有一些适应特征是具有消极功能的。比如，人类胎儿不断增大的头骨是一种进化的结果，表明人类的能力、智力功能的增加，但是头骨的不断增大也带来了麻烦，那就是孕妇生产过程中的风险，致使很多孕妇在生产过程中死掉。尽管这种"代价—收益"可以看做是相互抵消的，但是我们发现收益的增大要多于生产的风险。"代价—收益"分析对于进化心理学来讲是非常重要的。它假定行为具有双重收益的可能，或者是功能性的特征或者是风险的代价，如果功能收益大于风险代价，那么这种行为就被自然选择过程所继承。

3. 环境功能

进化心理学强调指出，它并不是单纯地用生物进化的观点来解释人类的一切行为，而是将生物学和心理学有机地、完整地结合在一起，这是一种新的融合趋势，一种新的研究方向。相信人类的某种行为是在进化心理机制的影响下产生的，并不意味着否定自然的以及社会环境在行为形成和发展中所具有的关键作用。实际上，大多数的进化机制在环境中是容易产生变化的，而且根据周围环境的不同，会具有不同的表现类型。这种观点极为关键，因为人类生存在一个富有变化的环境之中，由于获得了灵活的认知和行为系统，并灵活掌握它们才得以维持生存和繁衍。而且，因为进化心理机制在不同环境中的表现是不同的,所以,进化心理学能够解释人类个体的差异性。尽管在某种程度上,进化心理学还是强调人类的普遍性功能。但是在发展过程中,不同的经验对于基因的不同激活,再加上自然选择的观念,这就构成了一种有效的解释模型,用于预测不同的环境条件是怎样导致了不同的行为显型的。

进化心理学家认为,心理学的各个分支比如发展心理学、人格心理学、认知心理学、社会心理学等,应该能够而且可以统一在进化论思想之下,整合在进化心理学领域中,这样心理学和生物学就有了统一的元理论——进化论。也就是说,"当前各个心理学领域之间的界限和隔阂具有很大的人为性。但是进化心理学超越了这些藩篱,并且向我们表明,如果以人类在漫长的进化历史中所面临的适应性问题为中心,我们可以将整个心理学领域更好地组织起来"(D. M. 巴斯,2007:371)。进化心理学已经慢慢渗透到各个领域之中,希望在此基础上揭示人类的心灵问题,最终要解决的是用进化论解释社会现象和人文现象,或者说用自然科学(生命科学)来解释社会和人文学说。

二、进化心理学的研究方法

进化心理学的研究是在一般理论、中层理论以及具体理论三种层次上展开的。一般理论层次的研究更多是一般性进化理论观点的阐述,它为展开具体的进化心理学研究提供指导作用,比如主张人类的某些心理机制是进化而来的,具有进化适应功能,这为后来的具体研究奠定了整体理论的基调。中层理论层次是在一般理论层次的基础上较为具体、较为狭窄的理论建构,比如针对亲代抚养的亲本投资理论,针对择偶的性选择理论,都是可以解释某一现象的理论建构。而具体层次上的进化研究则更加局限在某一方面,比如在择偶理论中,男女两性对伴侣的选择存在明显的性别差异。上述三种层次的理论建构体现出了进化心理学的两种研究思路,那就是自上而下的加工,即从一般性的进化选择原则出发,提出理论假设,根据假设进行预测,把预测结果和事实比较,进行证实或证伪;或者自下而上的加工,即根据具体观测到的现象,从进化角度提出理论假设,判断这些具体假设与一般理论之间的兼容性关系。

进化心理学需要研究的对象都是在长期进化过程中形成的心理机制,而它要去证实假设,就必须从整个进化发展过程中来寻找证据。因此它们的主要任务就是搜集各种可以利用的资源。人类学、生物学、行为学、考古学中一些相关的科学事实、记录、各种观察资料、通过问卷和调查得到的自我报告资料以及对于生活史的数据和公共档案资料,都是进化心理学证实自己研究假设的主要数据来源。它们的研究也采用一些传统的心理学研究手段,比如比较法、实验法,其中比较法是最主要的方法。通过不同物种之间的比较、同一物种不同个体之间的比较、不同情境下同一个体的比较,可以分析不同的物种或者同一物种在不同条件下所具有的差别,以便能够找到影响物种进化的重要因素,也能够找到不同物种在同一维度上的发展变化情况。著名的进化心理学家巴斯曾经就全球35个不同国家的男女择偶问题做过比较分析,并从中找到了男女两性在择偶方面的普遍原则,有力地证实了择偶理论的假设。

三、在心理学领域的具体研究

进化心理学认为,采用进化理论可以解释很多甚至是全部的心理现象。从文献资料来看,进化心理学的研究主题广泛涉及心理学的各个分支领域,对发展心理学、认知心理学、人格心理学以及文化心理学等其他学科影响颇深,进而出现了很多跨领域的研究课题。以下对进化心理学领域内的一些主要研究成果和理论进行介绍。

1. 社会心理学的研究

(1) 配偶选择理论

进化心理学试图从进化的角度来解释人类社会生活中的现象,比如男女两性是按照什么标准选择结婚对象的呢?性别差异会造成配偶选择策略的不同吗?这是人类社会中常见的一个问题:配偶选择。配偶选择问题是进化心理学中研究比较多的一个问题。正如我们在这一章开篇所提出的问题所说,男女两性在征婚启事中使用不同的形容词来描述自己,是受到社会文化的影响呢?还是长期的进化过程所造成的结果?进化心理学运用大量的实证和调查研究解释了男女两性在选择自己的结婚伴侣时所表现出来的差异性。这是一个非常有趣的现象。

①女性的配偶选择策略

进化心理学认为,男女两性在配偶选择过程中会出现不同的偏爱心理,这是在长期的进化中形成的。女性选择男性配偶时,会偏好男性所拥有的资源。男性拥有较多的资源意味着能为家庭和孩子提供更多的必需资源,这其中包括了食物、经验、居住条件、社会地位等。女性通过观察以间接的或者直接的线索评判对方是否具有这些资源。

首先,经济状况是最明显的一个线索。研究表明,不管是过去还是现在,女性在配偶选择时,男性的经济状况都是一个非常重要的考察指标,而且这种现象具有跨文化的一致性。这说明,在长期的进化过程中,男性的经济状况良好是保证家庭正常生活的前提条件。

其次，女性选择配偶时还特别偏爱对方的社会地位和权威，社会地位的高低是拥有资源多少的第二条重要线索。社会地位越高，拥有的资源就越多。这似乎是一个不争的事实，身居要职、地位较高的男性往往非常富有，不管是在生存还是生活中都比其他人拥有更多的资源，这些资源可以供给家人，还可以传递给后代。现代社会亦是如此。很多研究表明，女大学生在选择配偶时，会非常在意对方是否已经功成名就？是否具有令人满意的职业？是否具有较高的学历水平？对于这些方面的偏好成为影响她们选择配偶的主要因素。不管是女性还是男性，都具有争取和维持社会优势地位的倾向，这意味着更多的物质财富和社会附属资源的获得。因为女性将男性社会地位高低作为配偶选择的一个重要条件，使得男性比女性更为重视自己社会地位的得失。

判断男性资源的第三条线索就是年龄。女性认为，年龄和经济状况、社会地位之间会具有一定的关系。年龄不仅是经验和社会阅历丰富的象征，同时也表明了经济累积年限的长短。所以，很多女性都重视找一个比自己年长的男性为伴也就不足为怪了。但事实也表明，并非是年龄越长越好，双方的年龄差异是有限度的，主要是两方面的原因：年龄差异太大意味着身体状况、精力等的下降，吸引力也随之降低。另外，年龄太大容易出现经历、看法以及处世方式的差异，从而造成家庭生活、经历等各方面的不协调。

第四条线索是从长远角度来判定对方是否能在将来拥有更多的资源，是否具有追求和实现成功的倾向性与可能性，即男性的雄心壮志和勤劳勇敢。即使男性没有当下的财富、地位和成就，但是怎样才能达到这些目标呢？女性认为，在日常生活中男性的志向与勤奋是难能可贵的品质，也是实现目标的重要保证。跨文化研究表明，"女性已经演化形成一种对最有获得资源能力信号的偏爱，鄙视那些缺乏志向的男性，这种偏爱帮助远古的女性解决了进化中的资源适应问题"（朱新秤，2006:88）。也就是说，女性更看重男性是否有能力在将来达到成功，这不是文化的作用，而是所有女性的普遍性心理。

最后，女性择偶还比较偏爱稳定可靠的、有安全感的、身体素质好的、运动能力强的、健康的、智力水平高的、具有幽默感的男性。这些条件都是女性在择偶时要考虑的。在进化的角度上讲，感情稳定可靠的男性会忠诚于对婚姻做出的承诺，不但可以保证女性和孩子得到生活必需的资源，而且可以保证这些资源只提供给家庭。这种对感情的承诺让女性产生安全感和可依赖感。又比如，身体强壮、高大威猛、运动能力较强的男性可以为女性提供身体保护，从而保证女性免受其他异性或者危险的威胁。

②男性的配偶选择策略

相对于女性而言，男性在选择自己的结婚伴侣时，表现出了不同的心理偏爱。为了保证生命的延续，男性比较偏爱与具有较强生殖能力的女性为伴；为了保证后代健康的成长，男性比较偏爱选择与那些做家务能力较强的女性为伴。男性通过哪些线索来判定女性是否具备这些条件呢？

首先，年轻的女性更受男性喜欢。年龄是一个比较重要的线索，年龄小的女性具有较强的生殖潜力和能力。研究发现了一种比较有趣的现象。男性的年龄越大越喜欢比自己小很多的女性，这种对年龄差距的要求随着年龄的增加而增加。比如，30岁的男性要求小自己5岁左右的女性，而50岁的男性则喜欢比自己小十几岁的女性。但情况并非都是如此，十几岁的男性就喜欢比自己大一些的女性。看来，这些要求都是与女性成熟的生殖能力相联系的。

其次，漂亮的女性容易成为男性的理想伴侣。与年轻相联系的众多身体特征更是男性所重视的，比如外表漂亮。"人类祖先已经获得两种可以观察到妇女繁殖价值的证据：（1）外表的特征，如嘴唇厚、皮肤光滑、眼睛明亮、头发光泽、肌肉弹性好、身体脂肪分布匀称；（2）行为的特征，如跳跃充满朝气的步伐，栩栩如生的面部表情，精力十足。它们是年轻和健康的身体线索，也是生殖力和生殖价值的线索，也是男性女性美标准的重要成分。"（朱新秤，2006:96）可见，重视女性的年轻漂亮是从进化意义上来讲的，是为了繁衍后代的目的。从外表上来看，身材也是一个重要的条件。研究表明，过瘦过胖的女性都不被喜欢，男性真正喜欢的是腰臀比例匀称的女性，因为这标志着女性的生育能力较强。

最后，男性要求女性要做到性忠贞，忠诚于感情。在整个生殖过程中，男性最为不确定、最为焦虑的事情就是他不能肯定自己就是孩子的父亲。所以，男性必须保证女性在性方面的忠贞不渝，以便可以保证孩子父亲身份的确定性。从这一点上讲，婚姻是一个很好的程序，也是一份协议，可以让女性在婚后尽可能的降低在性方面与其他的男性接触，以减少男性为别人抚养孩子的可能性，这种父亲身份的保证决定了男性非常看重女性对性的忠贞程度。

如果一旦确定了配偶关系，什么因素会影响到二者之间的关系呢？对于女性而言，由于她需要抚养后代，因而非常在意对方提供资源的多少，所以女性在配偶关系中最不能容忍男性对感情的不稳定，不能兑现自己对家庭作出的承诺。因为男性对感情不稳定至少说明了，他不能将全部的精力和资源都奉献给家庭和孩子，这是对家庭生活的重要威胁，这种资源可能还会分担给其他人，这是女性最为担忧的。而对于男性来讲，他最重视自己确定无疑地知道自己就是孩子的父亲，所以他更为看重女性的性忠贞。如果一个女性生活作风比较随便,不管婚前还是婚后都频繁地与其他异性接触的话,必然会给男性带来耻辱,容易造成男性的嫉妒,并很可能引发男性之间的冲突行为或者暴力事件。由此可见,从进化论的角度分析,在配偶关系中,女性强调情感稳定和男性强调性忠贞存在着根深蒂固的性别差异,这也成为影响配偶关系的重要因素。

(2)侵犯与攻击

以往对于社会行为的解释,心理学界较少采用进化论的观点。众多的社会行为需要去文化那里寻找根源,而非从进化的角度来探索原因。但是进化心理学认为,其实人类的很多社会行为并非仅仅是文化的产物,也是进化的产物,是具有进化价值和功用的。比如,权威欲望、攻击和战争,甚至是友谊、合作等亲社会行为也不例外。

对于人类的侵犯和攻击问题,很多人都做过研究,并对此提出过很多解释,比如本能理论、挫折—攻击理论、社会学习理论等。弗洛伊德认为,侵犯和攻击是人的一种本能,即死的本能,这是与生俱有的。而挫折—攻击理论认为,攻击行为的发生是因为遭遇挫折而引起的。当某种欲求受到内外各种条件的限制和阻碍而不能得到满足的时候,人们很容易产生攻击行为,挫折越大,攻击的强度也越大。当然,一般挫折转为攻击,还需要环境中存在着引起攻击的线索。班杜拉则以社会学习理论为指导,将社会问题研究与心理学研究方法相结合,开展了一系列社会行为的研究,其中最有影响的是关于攻击性行为的探讨。班杜拉通过实验证明,人类的攻击行为和亲社会行为都是通过学习而得到的。他明确指出,人类并不是生来就带着一个"行为库"的,人的一切行为方式都是后天学习的结果。

进化心理学对侵犯行为提出了另外一种假说。它认为,侵犯和攻击具有生存适应功能和价值。这一点是毋庸置疑的。在长期的进化过程中,人类面对来自自然以及外界其他因素的威胁,要想更好地生存繁衍,更好地保护自己,就必须要顺利地解决关于食物、配偶、权力等方面所出现的问题。而侵犯则是保证生存,解决这些问题的一种途径。

进化心理学还认为,侵犯和攻击具有明显的性别差异性特征。研究证明,男性的侵犯性较之女性更为突出,而且引起男女侵犯和攻击的影响因素也存在着不同。一般来讲,男性更容易因为配偶、地位的争夺问题发起攻击。女性也会具有侵犯和攻击行为,但是威胁力和杀伤力都比较轻,不会造成很大的伤亡和损失,这是具有跨文化一致性的结论。徐德森等人运用问卷法和内隐联想测验(IAT)来研究我国大学生的攻击性。结果发现,整体外显攻击性不存在性别差异,但在身体攻击因素上男性显著高于女性;内隐攻击性在表现方式上存在性别差异,男性与身体攻击联系更紧密;女性与言语攻击联系更紧密;外显攻击性和内隐攻击性间的关系不能简单地根据相关系数来判断(徐德森,2007)。这表明进化心理学对于男性和女性在侵犯和攻击方面的解释还是有证据可循的。

(3)性别差异

男性与女性的不同到底是进化的结果还是社会化的结果呢?这方面的研究一直吸引着心理学界的注意力。随着进化心理学的兴起和发展,进化心理学开始重燃对于性别差异原因的研究兴趣,企图从进化的角度来解释男女之间的性别差异。他们坚持认为,在进化过程中,针对人类生存和繁殖这一现象,男女所担当的不同角色能够解释多数的性别差异现象。他们指出,不同的角色导致了男人和女人在配偶选择上的不同压力,而这些选择压力就导致了不同的、特殊的认知机制。也就是说,性别差异是由于人类进化史上男性和女性面临不同适应问题造成的。男性和女性在一些领域面临着不同的适应问题,而且有些适应问题存在着本质上的差异,比如女性的分娩现象。因为面临着不同的适应性问题,从而造成了不同的适应心理机制,这些假设都得到了经验研究的证实。

当然,这些观点也遭到了其他心理学家的质疑和反对。而其中对于解释男女性别差异最具有说服力、最具挑战性、最可能会替代进化理论的就是社会结构理论(social structure theory),后来又被更精确地称为"性别差异的生物社会理论"(biosocial theory of sex differences)。埃利与伍德(Eagly & Wood,1999)在《美国心理学家》(*American Psychologist*)以及《心理学公报》(*Psychological Bulletin*)这两本心理学的权威杂志上发表了非常具有影响力的文章来阐述这个问题。在生物社会理论中,埃利与伍德首先区分了人类的生理性别差异(physical sex differences,比如身体力量、身材大小等)以及心理性别差异(psychological sex differences,比如认知与思维等)。他们指出,生理性别必须与心理性别联系起来才能共同解释男女两性之间存在的差异,既要强调生物身体因素的重要性,又不能忽略社会心理因素的作用。生物社会理论认为,进化仅仅导致了生物性别的差异性,而心理性别差异则是由于男女两性因为身体差异而被赋予不同的社会角色而导致的结果。面对生物社会理论的这种观点挑战,进化理论学家则坚持认为,性别不同和自然选择过程已经给予了男女两性不同的心理差异性(Marc F. Luxen,2007)。看来,二者的争论远未结束。

2. 发展心理学的研究

随着进化心理学研究的开展,一些发展心理学家逐渐意识到,以往大部分的进化心理学研究都以成年人为对象,集中研究成人的认知、配偶、繁衍以及抚养后代等问题，比如成人的配偶选择以及成人的社会性功能分析，但很少有进化心理学家去关注人类发展的课题。成长问题是人类不能忽视和跨越的一个重要课题，因为作为一个成长的个体，必须要经历幼小到成熟、从孩童到壮年的发展过程，然后才可以达到选择配偶、繁衍后代、抚养子女的成人阶段。而进化心理学恰恰忽视了人类成长过程中的孩童阶段。所以，近几年来，一些发展心理学家开始用进化心理学的观点来解释发展心理学的众多现象。如今，如何运用进化心理学的原理和观点来解释人类早期的成长是进化发展心理学面临的主要研究课题。

亲代抚养受到进化发展心理学研究的重视，也是与两性配偶选择策略关系最为密切的一个问题。两性选择在一起，接下来就是对于后代的生育和抚养问题。父母的抚养对于后代的成长非常关键。亲代关心在动物界是非常普遍的现象，可以在后代的任何成长阶段提供这种来自亲代的关心照顾，不但包括后代出生之前在行为方面的照顾，比如筑巢、护卵、孵卵等，还包括后代出生后提供食物、保护安全等。亲代投资是任何一种来自父母的支出（时间，精力等），这些来自父母的支出有益于后代的成长。而在进化心理学中，"亲代投资"的概念是用来解释男女两性在养育后代方面一些不同的行为差异的，亲本投资理论则揭示了男性和女性在后代哺乳期、养育过程中所投入资本的不同。

从进化的观点来看，父母对于孩子强烈的关怀和爱是具有生物学意义和生存价值的。在过去的生活环境中，我们的祖先面临着不同的适应性问题，他们需要花费大量的时间和精力获得资源养育后代，生养后代是一项花费很大、代价很大的工作。在一定程度上，个体在生养后代方面所投入的时间和资源是有限的。这些投资在后代身上的精力和时间对他们将来的生活、生存以及继续生养后代可能具有很大的影响。亲代投资可以是由任何一个单亲（母亲或者父亲）或者双亲一起提供。亲代投资的收益和代价是自然选择的结果，其存在的条件就是收益一定比投资要大得多。家庭的亲本投入具有差异性，母亲比父亲在抚养孩子方面投入的精力和资本更多一些。在哺乳动物之中，受精和怀孕是女性所要承担的任务，而且在孩子出生之后，母亲要对后代哺乳，直到他们断奶。相反，男性对于下一代的投资仅仅是贡献了自己的精子。对于一个发展缓慢的物种，比如人类，亲代的投资是以提供给后代食物和保护而实现的。在压力很大的环境中，父母的存在和投资，对于孩子的存活和最终成为社会人具有至关重要的作用，而缺少亲本的关怀与较高的儿童死亡率相关，而且对于那些已经长大成人的个体来讲，社会地位也不高。

在这里我们仅简单介绍了关于儿童抚养的亲情投资理论。其实，在发展心理学领域内还有很多课题，比如社会化问题、儿童依恋现象、同伴群体关系等都涉及个体成长过程中不同的发展阶段所面临的主要任务，并需要在进化论的视角下，从不同的水平上去展开研究。

3. 人格心理学的研究

近十几年，人格心理学与生物科学相结合，掀起了研究生物因素与人格关系的热潮。研究者试图更清晰地了解哪些行为具有基因基础；遗传基因究竟对个体人格的发展发挥多大作用；人们为什么会具有众多共同的行为模式。在人格研究的生物学方向上，出现了行为遗传学研究，主要对人格特质的生物学基础进行了探讨。但是在生物学方向上的行为遗传学研究与进化心理学的研究套路还是存在差异性的。如果说行为遗传学的研究关注个体差异的生物遗传根源，进化心理研究则追寻人类群体普遍行为模式的根源，它从心理现象的起源和适应功能出发来探索人类的心理机制，以"自然选择"和"适应"作为核心概念来解释人类的行为模式。行为遗传学关注的是物种内的可变性，进化心理学家关注的是行为背后的心理机制。在人格心理学领域内，已经开始尝试从进化论的角度出发来解释人格，认为人格是一系列的系统组织，不断进化以用来解决适应问题。人格的心理适应性被界定为一系列标准的、普遍的心理机制，并且是在进化过程中由于环境的作用，通过自然选择产生用来解决具体问题的心理机制。

首先，人类与灵长类动物在生理和心理特征上存在诸多的共同之处，具有共同的生物性特质基础，如情绪性、社会性、统治性、攻击性等。著名的进化心理学家巴斯（A. H. Buss，1988，1997）总结出七种人类与灵长目动物共有的特质，即活动性、恐惧、冲动、社会性、养育、攻击性和支配性，这些生物性特质的表现具有个体差异性。进化心理学家认为，人格特质的个体差异在人类漫长的进化过程中扮演着重要的角色，它们有利于解决我们面临的生存和繁衍问题。比如，外倾性、情绪稳定性对于人类的择偶行为具有显著的帮助作用，而公正性、宜人性则有利于维持群体水平上的活动顺利开展。同时这些特质还表现出根深蒂固的性别差异性，比如男性具有较强的攻击性和统治欲望，喜欢探索和冒险活动；女性则强调安全性，喜欢安静平和的氛围。即使人类与灵长目动物共有七种特质，但是这些特质在人类身上表现得更加精细化，而且更具有社会性色彩。

其次，进化心理学在一定程度上也证实了大五人格的普遍性。人格大五理论也被称为"人格的海洋"，构成人格的五大因素分别是：外倾性（Extraversion）、宜人性（Agreeableness）、公正性（Conscientiousness）、神经质（Neurotics）以及经验的开放性（Openness to experience）。外倾性表示热情、自信、有活力，还具有幸福感和善社交的特性；宜人性表示利他、友好、富有爱心；公正性表示克制和严谨，与成就动机和组织计划有关。进化心理学理论认为，在大五人格维度上的性别差异存在着跨文化的一致性。男性比女性更可能是冒险者和感觉寻求者（sensation seekers，感觉寻求是大五人格因素中外倾性特质的一个重要的组成要素）。这是因为男性需要从多次配偶交配中获益，并且必须要和其他同性进行激烈的竞争才能获得此收益。相反，女性作为在配偶过程中高投入的一方，只能采取更为保守的策略，而冒险策略只会让她们减少获益。

4. 其他研究

进化心理学思想已经广泛深入到了其他心理学分支领域的研究中，采用进化的观点对诸如配偶选择、亲代抚养、人格发展等问题作出了新的解释，另外，进化心理学还尝试着使用进化论的思想对人类的认知和文化等其他方面进行分析，并取得了一些新的成果。

（1）认知研究

进化认知心理学是在应用进化思维来研究信息加工问题的过程中形成的一种新的心理学取向，心理机制的模块说是进化认知心理学中的关键论点。进化心理学认为，心理模块化的重要适应性功能就是能够保证个体在自然和社会环境中，面对不同的问题时，以最快的速度做出反应和决定，顺利地解决问题。每一种认知机制对应于特定的进化问题，在人类长期进化的过程中，由于自然选择的压力，解决特定问题的认知机制就以心理模块的形式保存和固定下来，人们可以通过进化所形成的多种认知模块更好地解决自然界和人类社会中遇到的各种问题，具有进化功能的心理机制的存在保证了有机体能更好地适应环境。

进化心理学认为，心理由相互独立的模块构成，每一种模块具有独立的分工，具有解决特定问题的专门机能，这也称为心理功能的领域具体性。人类不仅存在着对于自然界的认知模块，还存在着对于社会的认知模块。人类的心理是由一系列进化形成的信息加工机制所组成的，这些信息加工机制深置于人类的神经系统当中；这些机制以及生成这些机制的发展程序都是自然选择在远古的进化环境中所产生的适应器；许多机制都拥有专门化的功能，它们能够产生合适的行为来解决特殊的适应性问题，比如择偶、习得语言和合作，等等；为了拥有专门化的功能，这些机制的建构过程必须涉及具体的加工内容（D. M. 巴斯，2007:424）。但这里需要注意的是，进化心理学将信息加工机制和进化过程结合起来，认为大部分认知机制可以看做是通过自然选择而来的、解决进化环境中适应性问题的、功能专门化的认知模块，这还是一个值得继续深入思考的问题。

（2）文化研究

进化心理学家最早涉及文化研究主题的当数图比等人（Tooby et al., 1992），他们在《进化心智》的著作中提出了一个颇为新颖的观点：复杂的、进化的心理机制产生出了人类的行为和文化。图比等人认为，进化心理学家应该完成两个任务，首先，要向社会大众介绍一种崭新的、明确的进化心理学领域，其次，从进化心理学的视角出发，阐述进化的信息加工机制构如何造出了人类的心智，尝试着将进化生物学与复杂的、不可简约的社会文化现象之间建立起联系。他们认为，人类具有一个普遍的本质，但是这种普遍本质的存在仅仅是在进化心理机制的层面上，而不是在进化的外在文化行为水平上；进化的心理机制是适应的结果，是进化过程中通过自然选择而形成的；人类的心智结构是为了适应过去捕猎、采集的生活方式，而非现代环境（Barkow，1992），文化不能被看做是一种单独的因素，文化本身也必须以进化形成的心理机制为基础。

研究者一般认为，人类之间的共性是生物学意义上的共同特点，而不同人群之间的差异性则可以看做是文化学意义上的不同。换句话说，人群之间的不同是文化造成的结果。进化心理学并不赞同这些说法。他们认为，文化不能够解释群体间的差异以及群体内的相似性。进化心理学将文化分成两种类型，即唤起的文化和传播的文化。唤起的文化就是指那些因环境条件的不同而产生的群体差异现象。在进化角度上讲，比如外貌特征、生活方式等一类的群体差异性，是由于生活环境条件的不同而造成的。传播的文化是指各种表征和观念，开始在某个人身上表现出来，然后通过相互观察、相互作用而成为大家共有的心智特征。从进化的角度上看，比如流行、时尚、舆论都可以看做是传播的文化。文化心理学家强调，不管是唤起的文化还是传播的文化都是以人类进化形成的心理机制为基础而产生的。（D. M. 巴斯，2007:458～461）可惜的是，进化心理学的文化研究并没有将文化如何在心理机制基础上产生这个过程解释清楚。看来，进化心理学对于文化的深入研究还将会面临着很大的挑战。

第三节　进化心理学的评价

"进化心理学的目标是揭示并进而理解心灵的构造和实质。它并非像知觉、学习、思维研究那样，是一个具体研究领域，而是心理学的一种思维方式，可以运用到心理学的一切领域。"（叶浩生，2005）进化心理学为研究自我发展、人格特质、地位追求、配偶选择、亲代抚养、关系维持、认知加工以及社会文化等众多心理行为现象提供了一种新颖的思维取向。进化心理学试图在历史发展的时间纵轴上追寻人类心理机制的深层根源，正如这一学派的基本主张一样：人类并非是生来的心理空白，进化的经验已经深深地烙印在了心灵上，众多的行为都可以利用进化选择理论来加以解释。

一、进化心理学的贡献

进化心理学的研究目标就是从过去的进化过程中去发现和理解人类心智的设计与普遍机制，它为当代西方心理学提供了一种认识与解释人类心理现象和社会行为的新视角、新思维，在很大程度上转变了以往心理学对于人类心理进行研究和解释的当下性思维方式。"进化心理学是解释人类行为的一种思维范式，这种研究范式基于进化生物学、人类学、认知科学以及神经科学。进化心理学并非是心理学之中具体的分属领域，比如像视觉、推理或者社会行为研究。更准确的说，它是对于心理学的一种思维方式，可以被用于心理学的任何研究领域之内。"（Leda Cosmides & John Tooby, 2000）进化心理学试图找到人类心智目前状态的成因，了解心理机能的内容、结构和发展历程是按照怎样的原则和规律而建构的，解答心智如此被组织起来能够执行怎样的功能，研究进化与其他因素相互作用的过程机制，力求从进化的角度全面理解人类的心理行为现象。

进化心理学不但提供了一种新的思考问题的方式，也在一定程度上提供了深刻解释人类心理机制的生物学依据。人类毕竟是生物性的存在，我们需要考虑到众多心理现象背后的生物学因素到底发挥着何种功能。人类的心理和行为是复杂环境的产物，只有将社会文化以及生物因素结合起来才能更深刻、更全面地理解人类心理的深层机制。排斥哪一种因素都可能产生比较极端的看法，只有认清了人类的生物和社会双重本质才能认清人类心理的全部。进化心理学并非一味地强调生物因素而不顾及社会文化的作用，它虽然更看重生物进化的逻辑，也并不否认社会文化的影响。更进一步讲，进化心理学激起了对于心理学既往问题的深层次思考，而这些问题对于心理学发展来讲是具有深远意义的，比如人性的本质是什么？心理从哪里来，有什么作用？文化与心理机制和关系是什么？心理与行为的关系怎样？心理的普遍性与差异性的关系是如何形成的？对于这些问题的思考，扭转了以往对于心理生物性特点重视不够或有意加以回避的局面，从而能够更加深入地研究人类的心理起源。

二、进化心理学的不足

进化心理学提出之后,某些理论主张已经得到了验证,也对人类的一些心理行为现象作出了新的说明与解释,但是作为一种新的研究取向,它所面临的批评也是多方面的。

首先,很多批评指向它的生物进化决定论思想。也就说,那些相信人类可以通过后天的学习和教育来改变与发展自身的人们不会支持这一观点。因为如果按照这个逻辑推演下去,那么社会文化和教育的力量不能够改变先天存在的规定性,人类将不可能进步,这似乎磨灭了人类特有的主动性、主体性和创造性特点。进化心理学申辩说,他们并非不重视后天社会文化的影响,而是更强调基因与环境的相互作用,强调基因、人格特质以及环境因素共同作用来影响人类的心理形成和行为表现,并承认这个相互作用的过程是非常复杂的。但接踵而来的问题就是,进化心理学并没有对此解释清楚:这些众多的因素是如何相互作用的?行为在这些因素的影响下又是怎样产生的?"在当代心理学中,存在着基因决定论与环境决定论的争论。进化心理学试图超越基因和环境的两难处境,声称自己是基因和环境交互影响的互动论观点。但是深入的分析揭示出,在认识论方面,进化心理学从本质上讲属于基因决定论或遗传决定的观点。在阐述心理和行为的起源时,进化心理学虽然声称坚持互动论的观点。但是在骨子里却认为环境刺激是辅助性的和第二位的,遗传和基因的影响才是最根本的。因此,从知识起源的角度来说,进化心理学属于基因决定论。"(叶浩生,2006)

其次,进化心理学仅使用适应功能和自然选择的观点来解释人类的行为模式过于简单化。进化过程中的适应功能和自然选择在某种程度上解释了人类的行为,但如果过于强调进化的作用,就会陷入将问题简单化的极端境地。进化心理学曾经"野心勃勃"、"雄心壮志",它认为,进化心理学的理论假设可以作为心理学的一种"元理论"而存在,比如生物、社会、人格、发展、自我、文化等众多心理现象,皆可以使用进化心理学的思想来解释,这实际上是一种比较简单化的做法。进化心理学只能说是一种可以被广泛使用的思维方式,却不能将所有的心理学研究和解释都划归为自己的领地之内。另外,积极心理学的大部分研究焦点都集中在人类的生存和生殖繁衍方面,但是对那些极为突出的社会心理和社会行为表现,进化心理学的研究并非十分深入。是否能采用进化心理学的观点来解释人类社会中那些远离生存和繁殖的众多高级心理现象,还是进化心理学值得深入思考和继续探讨的问题。

再次，进化心理学无法保证从历史中找寻确切的证据证明进化论理论的正确性，只能在宽泛的水平上对人类的行为机制进行追溯式的推论。对于进化心理学而言，如何解释进化过程中形成的心理机制及其功能是一项具有难度的任务。所以，选择合适的研究方法也是达到研究目标的重要一环。进化心理学主要使用的是自下而上的资料收集，这种回溯式的研究方式不能有效地证明当下的心理功能就是过去进化发展的结果。"从历史的叙事中得到所需要的结论，从对远古人类行为的推测中获取研究所需要的资料和证据构成了进化心理学的方法论特色。但是进化心理学对人类祖先的了解仅仅限于一些'马后炮'的猜测，这些猜测更多的是一种叙事，不能作为科学的证明，更不能作为理解现代人的依据。"（叶浩生，2006）进化心理学的困境之一就是几乎所有的与进化有关的解释都只能建立在推测的基础之上，这必然会造成进化心理学的解释力大打折扣。因此，对进化心理学的批评认为，它的研究只不过是一些"假想的故事"而已，他们总是从结果推断原因，也总是事先确定那些具有适应目的的行为作为研究对象，然后创造出合适它的解释。

最后，进化心理学忽视了社会文化背景的变化对行为产生的影响。社会文化的不断发展变迁必然会导致人类心理的变化，由此导致进化心理学对某些心理行为的解释具有很大的出入。比如，进化心理学强调，男女两性的配偶选择具有广泛的进化普遍性，但也有学者认为，男女两性的配偶选择也可以看成是社会化的结果，而且，随着男女地位的逐渐平等以及经济独立性的提高，女性选择保护自己、能给自己提供资源的男性的比率有所降低，这与进化论的观点不太一致。进化心理学并没有特别强调这些不一致的地方，也并没有做出具体的解释。尽管进化心理学指出，绝对不应该忽视心理机制与环境、生物因素与文化因素的交互作用，但是进化心理学并没有对此做出更为详尽的说明，没有阐释心理机制与文化环境之间是怎样的一种相互作用过程，所以，进化心理学的很多观点总要与其他学科领域理论结合起来才能解释许多重要的行为表现。

主要参考文献

1. Barkow, J., Cosmides, L. and Tooby, J. *The Adapted Mind: Evolutionary psychology and the generation of culture.* NY: Oxford University Press, 1992.

2. Buss, A. H. *Personality: Evolutionary heritage and human distinctiveness.* Hillsdale, NJ: Erlbaum, 1988

3. Cosmides, L. & Tooby, J. *Evolutionary Psychology and the Emotion:*

Handbook of Emotions. N.Y.: Guilford, 2000.

4. Eagly, A. H., & Wood, W. (1999). The origins of sex difference in human behavior: Evolved dispositions versus social voles, *American Psychologist*, 54:408-423.

5. Kenrick, D. Maner, J., Butner, J. & Norman P. Dynamical evolutionary psychology: Mapping the domains of the new interactionist paradigm. *Personality Social Psychology Review*, 6: 347-356, 2002.

6. Marc, F., Luxen, Sex differences, evolutionary psychology and biosocial theory: biosocial theory is no alternative. *Theory Psychology*, 17: 383-387, 2007.

7. Segal, N. & MacDonald, K. Behavioral genetics and evolutionary psychology: Unified perspective on personality research. *Human Biology*, 1998.

8. Irwin Silverman. *Why Evolutionary Psychology?* 心理学报，2007，3期。

9.（美）D. M. 巴斯著，熊哲宏等译，进化心理学，华东师范大学出版社，2007年。

10. 高申春，进化论与心理学理论思维方式的变革，南京师大学报社科版，2000，2期。

11. 威尔逊著，李昆峰编译，新的综合——社会生物学，四川人民出版社，1985年。

12. 徐德淼等，外显和内隐攻击性表现方式的性别差异实验研究，心理科学，2007，6期。

13. 许波，进化心理学：心理学发展的一种新取向，中国社会科学出版社，2004年。

14. 叶浩生，西方心理学的历史与体系，人民教育出版社，1998年。

15. 叶浩生，进化心理学思维方式的变革及其意义，心理科学进展，2005，6期。

16. 叶浩生，有关进化心理学局限性的理论思考，心理学报，2006，38期。

17. 张雷，进化心理学，广东高等教育出版社，2007年。

18. 朱新秤，进化心理学，上海教育出版社，2006年。

第十章 文化心理学

20世纪末，整个西方心理学取得了突飞猛进的发展，这表现在研究取向的多样、研究范式的创新、研究领域的交叉、研究空间的拓展等多个维度。"新"成为西方心理学的主要特色，新思潮、新方法、新趋向、新理论层出不穷，构成了一幅朝气蓬勃、欣欣向荣的发展局面。在这个多元化的发展空间中，如社会建构论心理学、叙事心理学、积极心理学一样，文化心理学（Cultural Psychology）同样耀眼夺目，博得了很多关注和喝彩。当代文化心理学是在20世纪80年后期才开始广泛流行的，但其根源却要早得多。通常认为冯特建立的民族心理学是文化心理学的最初原型，但直到20世纪六七十年代文化心理学才再度得以发展。到了20世纪80年代后期，文化心理学的理论观点、研究方法日趋独立和成熟，逐渐成为一种不可忽视的心理学思潮和新的研究取向。最近几年，当代文化心理学更是对西方乃至整个世界的心理学带来了巨大的影响和冲击。

第一节 文化心理学的产生与发展

在心理学建立初期，德国心理学家冯特把心理学的研究分成两个部分，即以研究个体为主的实验心理学与以研究群体为主的民族心理学。他认为，只有两个方面结合起来才能构成心理学的完整体系。但随后的心理学发展由于受到实证主义和实用主义思想的影响，不断推崇实证研究，忽略了对民族心理学的关注。整个心理学在当时的发展并未沿着冯特所设定的路线前进，以行为主义为代表的实证研究占据了主流地位，民族心理学一直被掩盖在实证研究的浪潮之中，影响式微。20世纪60年代前后，众多学者对主流心理学所倡导的实证主义研究范式造成的忽视人之主体、轻视社会文化的弊端纷纷表示不满，使得文化重新被纳入到心理学的研究中来，"文化心理学"一词由此正式在心理学界提出，并逐渐引起了众多研究者的关注。20世纪80年代之后，受到后现代思想的影响，重视文化、研究文化成为社会科学领域内的一个重要主题，而文化心理学也随之深入发展，成为心理学界一股新的研究思潮。

一、文化心理学产生的学术背景

1. 哲学背景

20世纪的世界哲学纷纷关注日常生活领域的各种实践，并对社会文化问题进行了深刻的思考。回顾科学世界建构的历史过程，人们普遍建立起科技理性能够担当起创建美好社会重任的信念。科技理性的世界观导致了人文价值关怀的式微，科技理性与人文关怀的逐渐分离。人与世界统一性的深层断裂，导致了对人性、目的、意义等文化价值体系的思考遭到了冷遇。当整个世界观都是由科技理性所支配，所有关于人的价值和意义问题都被拒之门外的时候，由于科技理性作用所引起的危机，从根本上说就是一场哲学的危机、一场文化的危机、一场人自身的危机。

20世纪初的现代哲学逐渐出现回归现实生活世界和社会文化的转向，尤其是西方社会哲学的研究视角更是直接转向了对社会、文化、人、精神等问题的考证。"从19世纪下半叶起，尤其是在20世纪上半叶，西方现代化的文化精神开始出现危机，其突出标志是技术理性与人本精神之间开始出现张力和冲突。西方世界的普遍物化和人的异化昭示出技术理性发展所导致的负面作用。"（衣俊卿，2000:51）针对现代文化的科技理性精神，西方社会思潮重新思考人们生活中出现的种种问题，哲学实现了从客体到主体、由抽象化到具体化和世俗化的转变。西方马克思主义、存在主义以及后现代主义等诸多社会学派纷纷加入到这一巨大的批判思潮运动之中。后现代主义哲学作为现代理性的对立面出现，以德里达等人为代表的后现代主义哲学家认为，对于现代理性所造成的一切消极后果，唯一的解决途径就是对它进行超越和反叛。他们主张后现代主义哲学应该以其利刃解构价值、目的、意义、崇高等一切抽象的形而上学的东西，放弃对于绝对真理的追求。20世纪的哲学研究进行着文化批判和日常生活转向的历程，也正是这些文化哲学研究主题的转变，社会讨论的众多问题才逐渐集中到文化精神危机和人的自身问题上来，与社会发展形成遥相呼应的局面。而且这些哲学思潮给整个社会科学研究带来了巨大的影响和冲击，文化哲学运动中彰显文化色彩、突出人文情调的特征在社会科学研究中也有明显的体现。

2. 社会学背景

从20世纪后半期开始，人类学、社会学、文化学等社会科学领域的研究开始出现融合趋势,研究成果出现相互吸收、相互借鉴的倾向。这对不同领域的发展以及跨领域的课题研究起到了重要的推动作用。文化心理学就是一门融多领域观点在内的学科,其中包括了文化学、人类学、心理学的观点,这些领域内的重要理论对文化心理学的发展具有非常重要的影响。

在20世纪五六十年代之前的心理学领域,科学实证研究占主流地位,以强调实验、控制、精确、操作为特点的自然科学研究模式造成了心理学领域内很少去关注人类心理的社会文化意义与价值。但是随着主流心理学的研究暴露出种种弊端,研究者逐渐意识到,采用原有的研究范式解决不了心理学发展中存在的问题,而且还会缩小心理学的研究范围。在主流心理学内部开始的这种自身反思,逐渐使得主流心理学开始将研究视角伸向了更广泛的社会科学领域。与此同时,随着社会科学领域内多种学科的发展,人类学、文化学、社会学等学科纷纷出版了与文化心理有关的论文著述,不断讨论文化和人类发展的关系。这对于心理学的发展具有非常重要的促进作用。不同学科之间交叉融合和相互作用的可能性越来越大、研究主题越来越靠近和融合。心理学开始把研究中心转向饱含着文化意义的课题,文化和心理的关系得到重视。在心理学领域内,开始大张旗鼓地研究与心理和文化有关的各类专题,展开文化心理学的研讨。心理学的文化发展趋势很快就流行起来,并影响到了全世界的心理学发展。

3. 心理学背景

科学心理学为了追求普适性的心理规律,主张坚持文化无涉、价值中立的原则,无视人作为社会文化的一种复杂存在。但作为研究对象的人类心理是复杂多样的,心理学的研究对象、研究假设、研究方法、研究解释都不可避免地打上文化的烙印,根本不可能找到一种脱离文化的、通用的心理学原则或规律。如果一味地强调脱离文化的、心理规律的普遍性可能会失去很多值得去关注和研究的东西,若过于追求这些放之四海而皆准的"真理性"的存在,很可能会将心理学推向一条不归之路,背离心理学的学科本质,磨灭心理学学科的多样性特色。文化心理学的产生离不开心理学自身的深刻反思。

(1) 科学心理学的困境

自从冯特建立了第一个心理学实验室,建议心理学采用实证研究方法开始,自然科学的研究范式一直在心理学领域内备受青睐和推崇,西方心理学者严重的科学情结促使他们力图将心理学建立成一门科学。尤其是受到实证哲学思想的影响,以华生为代表的行为主义主张使用实证方法对外在行为进行研究,强调严格的实验条件控制,重视对心理现象做出客观解释。这是继冯特之后,在心理学发展历程中,又一场席卷并风靡了整个心理学界的行为主义革命。直到

20世纪50年代，行为主义都占据着心理学研究的主流，影响广泛，被视为心理学发展的风向标。从20世纪60年代开始，出现了以批判行为主义只研究外在行为而忽视内在高级意识和思维活动而起家的认知主义，狭义层面上又被称为信息加工。信息加工的认知主义将人脑内部的思维过程比作计算机的加工过程。虽然，认知主义在研究对象上不同于行为主义，但是在研究方法上，认知主义一样继承了实证研究范式，成为科学心理学中一支非常重要的力量。行为主义和认知主义也因此被心理学界称为"主流心理学"。

不幸的是，被人们推崇的主流心理学经过了多年努力，非但没有实现将心理学纳入到科学队伍中这个宏大的目标，反而带来了很多阻碍心理学发展的问题。行为主义和认知主义的实证研究范式将科学主义的严格、客观、去情境化以及去价值化等理念带入心理学研究之中，遭到了人们的反对。批评指出，作为心理学研究对象的人的心理，并不是如同自然物一样的客观和简单，人是社会和文化的存在，心理现象是复杂和多变的。而主流心理学也逐渐认识到，它们所处的困境很大程度上是由于忽略人之主体、轻视文化之作用所造成的。以往的研究方法、研究假设、理论追求都是有悖于心理实质的。心理现象的复杂性不是单纯使用实证的方法就可以重复验证的，不可能找到一种放之四海而皆准，一用就灵的普遍心理规律。以往主流心理学的做法隐含了文化的价值，忽视了文化的意义和作用，否认了人的心理现象的多样性和复杂性，而是一味地采用价值中立性原则以及控制严格的实验，使人变成了脱离社会、脱离文化、脱离生活、脱离任何价值负载的纯粹存在，这样的心理学研究和心理理论自然不能有效地解释和应用于社会生活之中。

20世纪七八十年代前后，当主流心理学在多元水平、多个层次上受到内外批评的夹击，研究举步维艰、捉襟见肘之时，人们才发现文化在心理学研究中的重要地位，才真正将文化从边缘推至中心，从无人问津、被束之高阁的尴尬角落被推至受到广泛关注的研究舞台，文化和心理以及心理学的关系才引起人们足够的重视。人们逐渐认识到，研究人的心理不能忽视文化，解释人的心理不能离开文化，文化不但是心理形成的重要影响因素，而且心理本身在一定程度上就是文化的产物，将二者分开来研究，只能是徒劳和毫无成效的。所以，在七八十年代，在西方心理学轰轰烈烈批判主流心理学的同时，伴随而来的就是心理学的文化转向、多元文化运动以及心理学众多分支的文化反省。站在批判主流心理学的位置上，重提文化的重要价值，这不能不说是西方心理学一种进步的表现。文化心理学重新获得了应有的重视，进入了一个蓬勃发展阶段，文化心理学的理论图景更为清晰、观点主张更为明确、方法更为独到、成果更为丰富、影响更为广泛。可以说，这几十年的发展不但让文化心理学从幕后转到了台前，而且使它从组织零散到渐成体系，从一种心理学运动变成一种不可忽视的心理学研究取向，这是一次具有历史意义的转折，也是心理学的一个重要进步。

（2）非主流心理学的文化传统

在西方心理学界存在着两种研究取向的发展，即科学主义取向的心理学与人文主义取向的心理学。由于科学主义取向的心理学一直占据着心理学的主流地位，与之相对应，人文主义取向的心理学则成了非主流心理学，主要包括了精神分析心理学和人本主义心理学。两种取向的心理学不但在研究方法上具有非常重要的区别，在理论主张方面也具有不同之处。在主流心理学追求科学的道路上，主张采用科学实证的方法，而抛弃了文化、价值、意义等复杂的、具有人文色彩的包袱，轻装前行。与此同行的是重视采用现象学、解释学、个案研究，具有浓厚人文色彩的另一支心理学队伍。只是同行的征途中，主流心理学一直备受欢迎，得到了掌声、鲜花与荣誉，这般盛大的场面使得非主流心理学的形象和重要性逊色不少。但非主流心理学的人文取向却始终是一股潜在的力量，并不断被研究者所强调。

首先来看精神分析的文化转向。众所周知，由于弗洛伊德在其经典精神分析的理论中彰显出浓厚的生物性色彩，不但招致了外界的批评，也导致了本学派内部对其理论持有不同的意见。继弗洛伊德之后，从荣格、阿德勒开始发生了研究转向，尤其是后来的霍妮、沙利文、卡丁纳、弗洛姆、埃里克森等人都非常重视社会文化对人类心理的影响作用。他们的精神分析观点虽然各异，但重视文化因素的一致性使他们的理论被统称为"精神分析的社会文化学派"。这一学派认为，文化在人格的形成和发展中具有非常重要的作用，并且主张将人、社会、文化联系在一起进行研究。尤其要指出的是，阿德勒站在社会文化的立场上，提出了社会兴趣、创造性自我等重要概念；霍妮从社会文化的角度来分析神经症的种种特征；弗洛姆的人本主义精神分析理论不再聚焦于个体内部层面，而是从社会群体层面入手，从文化的角度来分析社会心理和社会性格现象；埃里克森的心理社会发展学说则明确采用生物、社会、个体三者之间相互作用的主张，认为自我在人格发展过程中会根据社会文化的规定和要求来完成自身的任务。可以说，精神分析的社会文化学派对于文化的重视为精神分析的发展赢得了更广阔的空间。其次来看人本主义心理学凸显的文化色彩。20世纪五六十年代，以马斯洛为首的人本主义心理学由于不满以行为主义为代表的科学取向以及经典精神分析重视生物本能的研究，提出了关注人本身价值和发展的人本主义心理学。他们认为,应该注重视个体自我实现的研究,重视人的内在潜能和价值。人本主义心理学主张联系社会文化因素,采取现象学的整体研究策略,了解人的真实生活倾向和真实发展。

不管是精神分析的社会文化转向,还是人本主义的整体研究方式,都体现出了与主流心理学不同的研究取向,那就是对于社会文化的重视,这种传统在心理学领域延续着,对文化心理学的产生具有重要的影响作用。再加上文化人类学、社会学、跨文化心理学、本土心理学的影响,为文化心理学的发展提供了必要条件。

二、文化心理学的发展

文化心理学是通过文化来考察和研究人的心理行为的一门心理学分支。我国台湾学者余安邦较早地阐述了文化心理学的涵义,并对文化心理学的发展沿革做了详细的介绍:"从历史的角度考察,文化心理学之发展的第一个时期,以追求公共同而普遍之心理机制为目标,其与心理人类学以及文化与人格学派的研究路径与研究课题并无明显差别。第二个时期的文化心理学,开始注重被研究对象之社会文化脉络的重要性,以及对语言的语义及语用分析的重视,第三个时期的文化心理学则强调人的主观建构、象征行动以及社会实践的文化义涵,并企图以诠释现象学的观点切入,以建立诠释性的文化心理学知识。"(余安邦,1996)他总结归纳了文化心理学发展的三个重要时期,分析了三个时期文化心理学所突出强调的观点、方法论体系、弊端与贡献,成为这方面比较权威的论述。在有关学者进行的分类基础之上,笔者对文化心理学的发展过程作了基本的梳理。

1. 20世纪50年代之前的文化心理学

从19世纪末期心理学的建立到20世纪50年代为止,文化心理学的发展一直比较缓慢。科学心理学的建立是以1879年冯特在德国莱比锡大学建立第一个实验室为标志的。心理学在哲学的怀抱中长达几个世纪,独立以后,为了划清与哲学的界限,就试图紧紧跟随着冯特指出的科学方向前进,没有再去关注冯特指出的另一种发展方向——民族心理学。其实,冯特的心理学思想可以分成两个重要部分,即重视严格实验方向的科学性质的心理学,以及重视文化的人文取向的民族心理学。他指出,完整的心理学应该是两个方面的完美结合,缺少哪一部分都不能深刻地、全面地理解人类的心理现象。正是为了实现建立完整心理学体系的目标,冯特前半生的时间主要是在实验室里进行研究,而其后半生的主要精力则是致力于民族心理学的研究,并在辞世前完成了民族心理学的大部头巨著,以实现他对于心理学完整研究的愿望。只可惜科学心理学大张旗鼓的声势使研究者忽视了他后半生的研究成果。冯特的民族心理学认为,应该重视文化的积淀以及历史形成过程,重视从宗教、语言、艺术、神话、习俗等文化因素入手来分析人的心理现象,探究更为高级的心理机能的重要思想。这些思想在心理学建立初期是具有深远影响意义的,冯特的民族心理学被认为是文化心理学体系的最初形态。

20世纪30年代至50年代的文化心理学处境不容乐观。由于行为主义的盛行,以其他理论为指导的心理学研究全都"退居二线"。那些与行为主义相左的观点都没有得到应有的重视,文化心理学更是如此。行为主义高举科学实证的大旗,正带领着心理学大踏步地发展,满怀信心地走向科学的殿堂。当时普遍认为,心理学要想真正成为一门科学,必须要在研究对象、研究方法以及理论追求方面力求达到科学的标准。30年代至50年代,行为主义就是西方心理学的代名词和标签,行为主义的阵营逐渐扩大,与之相应的呼声甚高。但不能因此就说,这个阶段的心理学研究放弃了对于文化的关注。其实,还是有一部分学者不赞成行为主义的理论主张,他们在行为主义的阵营之外,在远离美国行为主义的其他国家,展开了自己的研究。其中值得一提就是前苏联的维列鲁学派,以维果斯基为代表的社会—历史—文化学派,主张从历史文化的角度分析人类的高级心理机能。尽管很多研究在当时被视为边缘声音,但也对后来文化心理学的发展起到了重要的推动作用。

2. 20世纪50年代至70年代的文化心理学

20世纪50年代末期,行为主义开始走下坡路,其一味追求自然科学研究模式而排斥文化以及社会科学研究方法的做法,使它面临着来自心理学内部和外界的批评。1969年,迪奥斯(Devos)等人明确提出"文化心理学"的概念,这标志着在心理学界文化与心理的关系作为一个值得关注的重要课题被研究。这一时期的文化心理学应该称之为跨文化心理学才更为准确一些。之所以这样说,是因为文化在心理研究中的重要性得到了应有的重视,但是文化只作为影响心理的一种背景变量存在。受到科学主流心理学的影响,这个时期的文化心理学采用的仍是实证科学的研究方式,真正探寻的是不同文化背景下的普遍心理规律,只是在不同的文化背景下来检验心理的差异性而已。即便如此,这一时期的文化心理学所涉及的研究范围还是比较广泛的,并且深刻探讨了文化与心理行为的关系,包括文化与人格的关系、文化与认知的关系、文化与社会心理之间的关系等,强调了文化对心理发展的重要性,也将文化心理学推到了一个显要的位置上。

3. 20世纪80年代之后的文化建构主义心理学

20世纪80年代之后的社会科学界发生了翻天覆地的变化，这种变化就是以后现代思潮为标志，进而涉及哲学、社会学、人类学、心理学、教育学等领域的一场学术思维革命。"后现代"也因此成为80年代之后社会科学界的关键词。后现代转向带来的是对以往研究的深刻批判和反省，包括对认识论、方法论以及理论建构等各方面的批判，转而对日常生活、语言、文化愈发敏感，对社会科学的质性研究愈加重视。这些观点在各个学科内产生的影响也不尽相同。在心理学领域内，社会科学的后现代取向造成了层出不穷、与众不同的理论思想的涌现，包括了社会建构论心理学、女性心理学、叙事心理学、话语分析心理学等。这在一定程度上丰富了心理学的内容，扩展了心理学的研究课题。而文化心理学在这一时期的重要发展就是采用了建构论的观点来看待文化和心理的深层关系。

20世纪80年代以后的文化心理学认为，文化不再是影响心理形成和发展的外在因素，而是与心理不可分割开来的内在因素。文化和心理是相互建构的关系，必须采用建构论的观点来解释文化和心理的关系。对于文化的重新认识，不但是与社会科学的学术背景相呼应的，也是突破了主流心理学的思维方式；不但奠定了当代文化心理学的发展基调，而且彰显了文化心理学的后现代特色。文化心理学进一步明确了自身的研究领域、研究对象、研究方法以及理论主张。1990年，斯蒂格勒出版了《文化心理学：人类发展的比较研究》一书，标志着文化心理学的成熟，从而成为备受瞩目的心理学新进展之一。此时的文化心理学需要给以重新认识，"从文化心理学的基本观点来看，它承袭了后现代主义的基本思想，可以说，它直接来源于后现代主义，后现代主义时期最为直接的哲学方法论基础，事实上，很多人，包括许多文化心理学家都认为，文化心理学是一种后现代的心理学体系"（李炳全，2007:57）。

当然也有的研究者将文化心理学的发展阶段分为五个时期：第一，冯特提出早期文化心理学，构建文化心理学的最初思维框架；第二，主流心理学主张实证研究掩盖了文化心理学的光芒，使其处于潜伏状态或者边缘状态；第三，出现跨文化心理学，认识到文化因素在心理研究中的重要性；第四，心理学领域内重视有关文化和心理的多种研究主题，开始出现文化心理学的理念，形成了具有一定影响力的理论观点；第五，文化心理学的各种研究都广泛兴起，理论观点日益成熟，形成初具规模的一种心理学研究体系（李炳全，2007:70）。对于文化心理学发展历史的这种划分可以体现出文化心理学详尽的发展历程，尤其是能够体现出当代文化心理学对于文化与心理之间关系的认识所发生的重要变化,以及文化心理学整个研究取向所发生的变化。

第二节 文化心理学的理论与内容

虽然文化心理学具有漫长的发展历史,但当代文化心理学作为新近兴起的一门具有后现代特色的学科,它的广度和深度还远没有被人们所认识和理解。当代文化心理学自从提出以来,尚没有一个非常明确的界定,很多学者对文化心理学的内涵各抒己见,见仁见智,并未形成统一的看法。但是在这些多样化的观点背后,还是存在着对文化心理学的一些统一的见解。

对"文化心理学"这一概念的理解可以具有不同的层次。结合当代西方心理学的发展趋势和发展特点来看,"'文化心理学'这一概念可以有狭义和广义的理解,这里采用的是广义的概念,泛指从文化视角理解心理行为的心理学取向。文化心理学的发展,在现实层面表现为关注文化的各种心理学分支或研究取向的兴起,比如跨文化心理学、本土心理学以及狭义文化心理学等;在理论层面表现为对心理学研究对象和研究方式的重新考察,在方法论层面则表现为把文化因素纳入研究视角,使文化心理学成为一种理解心理行为的新方式"(丁建略、田浩,2007)。由此可见,广义的文化心理学在内容上是兼容并包的,可以将心理学领域内所有与文化有关的、重视文化心理研究的众多领域都纳入到文化心理学的范畴,比如跨文化心理学、本土心理学等,这种广义层面的理解更能体现出文化心理学对于文化与心理关系的重视和探讨。从狭义层面上讲,作为一种当代西方心理学的新进展,它的特点更多突出在对于文化与心理关系的后现代式的独特见解,这包括狭义文化心理学对于研究对象、研究理念和研究方法的重新阐释,尤其是更为细致和深入地探讨了文化与心理之间相互建构的关系,这一点突破了以往对于文化与心理关系的理解,对社会心理学、发展心理学以及认知心理学产生了重要的影响,狭义的文化心理学因此备受当代心理学界的青睐。

一、文化心理学的研究对象

文化心理学将文化与心理的关系作为主要研究对象,认为文化和人类的心智是不可分割的两个部分,不存在统一的、普遍的、标准的原则和定律来解释人类心智的发展与工作机制,文化和心理之间是相互依存、相互建构、相互界定的深层关系,一种根植于某种文化的心理学理论,其理解和应用必将局限在产生它的此种文化中。

对于文化和心理关系的认识经历了不同的发展阶段，每一个阶段需要去研究和解释的问题都不尽相同，可以从外在影响、内在塑造以及无意识作用三个层次上进行详细的解读。文化对人类的外在影响表现在一些物件方面，比如建筑、服饰等；文化对人类的内在塑造表现在一些价值观、人生观、生活观等内在观念和态度的形成方面；而文化对人类的无意识作用则更多地是强调文化与人类心理的不可分割性，文化的作用已经渗透到人类心灵的深处，文化参与人类心理活动的重要过程，文化与人类的心理活动之间的关系不可能划分出明显的影响和被影响界限，而是互动建构的过程（李炳全，2007:221～226）。由此可以看出，不同的层次理解造成了文化心理学在不同阶段的任务。对于第一层关系的研究主要是人类学、文化学的任务，这也是文化心理学的最初发展阶段。第二层关系的研究主要是跨文化心理学的任务，考察不同文化影响下人类心理和行为的差异性与一致性。而第三层关系的研究主要是当代文化心理学的任务，它明显不同于文化人类学以及跨文化心理学的研究，不但在文化与心理的关系上进行深层挖掘，也进一步提出了文化与心理的相互建构性特点，成为文化心理学的最大突破点。

文化和心理的关系具有深层的涵义。其一，从静态看，文化心理学认为心理是文化的产物，文化是心理的表现。文化心理学的目的是寻求不会忘记的、不可分离地镶嵌在意义和资源中的心理，这些意义和资源既是它的产物，同时也构成了它。这表明，文化和心理之间的关系是须臾不可分割的。心理是文化的产物，文化的意义和价值都已经镶嵌在心理之中，而心理也在构成文化的这些意义和价值。这种文化心理学的静态观点，更为强调文化的价值、观念、意义等静态的、隐含在心理之中的、不容易被发觉的现象。其二，从动态看，文化心理学认为心理和文化的相互作用是一个动态的相互建构过程，文化和心理既是彼此的过程也是彼此的结果。文化与心理的相互建构关系与机制成为文化心理学重要的研究内容。这一观点具有浓厚的后现代色彩，它明显地抛弃了文化与心理二分的论调，反对文化作为影响变量的主张，这是认识论上的巨大转变，是一种研究思维方式的革命。文化心理学认为，文化不再是研究心理时的背景变量、影响变量、相关变量，文化心理研究也不再是为了探寻文化和心理之间的影响关系、因果关系或者是相关关系，文化本身就是心理形成的"参与者"，它无时无处不在。文化心理学的整个体系由此得到了重新的建构，从研究领域、对象、方法到理论各方面都发生了重要的变革。

文化和心理之间的关系是文化心理学研究的一个基本理论基点和研究基

调,文化和心理的关系问题是文化心理学的主要研究对象。我国台湾著名的文化心理学家余安邦总结道:"我们可以发现晚近文化心理学的基本前提、研究问题、研究进路以及研究范畴大致如下,第一,文化心理学研究人类高层的心智活动以及心理功能,且心智活动与心理功能观察、描述、解释以及建构,不能脱离被研究主体的历史文化。第二,文化心理学强调被研究主体所存在之脉络的重要性,脉络指涉两层含义,一层是指时间向度的脉络,包括个体发展与历史发展的处境,另一层是指空间向度的脉络,包括行动者的活动场域与处境,以及被研究主体的意义空间。第三,文化心理学重视研究主体以及被研究主体赋予其所存在之社会文化环境及其行动之意义的重要性。意义的主体是人,但是意义的产生与作用是在人实践的过程中开展,任何有意义的行动皆是文化实践的一部分。第四,文化心理学在方法论的进路方面采取一种比较的以及发展的做法与观点。第五,文化心理学主张文化观念是人类存在的独特媒介,每一文化都是独特的,人类的心智因而是内容导向、范畴特殊的。第六,文化心理学不仅重视以群体为单位之集体意义与集体表征的关注与兴趣。晚近文化心理学的这些特色与转变,使得文化心理学研究这不得不重新思考文化心理学与人类学、历史学之间的关系究竟是该如何安排。"(余安邦,1996:36)文化心理学重视研究主体自身的文化脉络,重视研究文化意义以及意义的交流,重视研究文化与心理的相互建构,这是当代文化心理学的基本共识。

二、文化心理学的研究方法

在研究方法方面,文化心理学与主流心理学是存在明显差异的,文化心理学的研究方法更能体现出浓厚的人文主义色彩和质性研究的特点。"文化心理学作为一种新的心理学研究取向,在方法论上对主流心理学有很大的突破。它突破了主流心理学研究的还原论、简化论范式,突出生态学研究方法,重视在实际语境中研究;突破主客二分范式,强调主位研究;超越文化中立、价值中立范式,重视同文化研究;重视解释学方法,用本体论解释学突破或替代精神分析的方法论解释学。"(李炳全,2007)

首先,文化心理学和主流心理学的研究策略存在差异。文化心理学采用的是主位研究和同文化研究,而主流心理学强调客位研究和异文化研究(李炳全,2007:47)。也就是说,在研究策略上,文化心理学更主张站在被研究者的角度上去理解文化与心理的关系。这里的"理解"体现出以下的特点:即研究者不能武断地来推测和解释被研究者的心理和行为,不能从自己的文化立场出发来对被研究者的心理状态做出解释,而应当站在被研究者的立场上,从被研究者的角度来理解、分析和描述他们的心理活动,要注重研究者与被研究者融为一体,而不是站在被研究者的文化之外。与之相反,主流心理学研究强调的是去文化色彩的立场,也就是说,研究者需要保持中立客观的立场,将研究对象看作是客观存在的,研究者处于被研究者的文化之外去分析心理和行为(李炳全,2007:47)。由此可见,文化心理学与主流心理学更倾向于两种不同的研究策略,这也深深地影响了他们的研究定位和采用哪种具体的研究方法来进行操作。

其次,文化心理学重视使用解释学的研究方法。主流心理学的发展是以自然科学的模式为导向的,所以其研究方法注重实验过程的验证,需要严格地控制变量和无关因素,需要数据的统计分析以及推论。实证主义趋向的心理学强调在心理学研究中,研究者不能带有任何文化价值的影响,要采取价值中立的原则来控制、操纵以及解释整个研究,这样才能使得心理学研究达到科学研究的标准。主流心理学的实验方法在追求自然科学严谨性、客观性的同时,也造成了它成为一种"无文化"或者"超文化"的研究。20世纪70年代之后,质疑自然科学研究范式的声音越来越响亮。有的学者指出,主流心理学的自然科学研究范式在心理学研究中有时候会差强人意,已经造成了众多不得不去深思的问题。实证方法是建立在自然科学的基础之上的,显然不能成为心理学研究的唯一有效方法,而它们对于人类复杂的社会心理与行为的研究,则表现出明显的力不从心。文化心理学并非如同主流心理学那般本末倒置,为了符合自然科学的研究范式而去选择合适的研究对象,规定哪些心理现象可以研究,哪些心理现象不可以研究;也并非为了追求实证科学的客观性、严格性、可验证性而舍弃心理现象复杂性、多样化的本质,将心理现象简单化处理。当代文化心理学与主流心理学的研究方法存在的明显区别就是前者更为广泛地采用了质性研究的范式。具体来说,文化心理学的质性研究方法更注重社会历史文化、注重心理现象形成和发展的生态环境,注重文化的多元性以及心理现象的多样性,注重研究过程中研究者对于自身立场的反思,注重对于心理现象的理解和解释,强调心理和文化的建构关系,质性研究方法在文化心理学中都有突出的表现。文化心理学更倾向于使用人文科学的研究范式,重视对于资料的收集和理解。文化心理学认为,如文化人类学、社会学等多种学科的研究方法,其中包括解释学方法、现象学、民族学方法等具体方法都可以综合采纳并加以运用。

三、"文化"涵义的厘清

随着文化心理学的兴起,"文化"一词成为当今心理学的热点话题。对于文化内涵的探讨也越加激烈。文化本身就是一种难以界定的东西,一切皆可以是文化，而一切又不能都是文化。文化含义的复杂性导致了文化与心理之间关系的复杂性。应该如何理解文化心理学中的文化？当心理学领域内不同的"文化"概念相遇时，最大困扰就是如何对它们进行区分，厘清不同的"文化"产生和存在的背景、其含义和用意之间的差异。

1. 心理学的文化转向

20世纪80年代之后的西方心理学领域内出现了一种非常明显、非常积极的文化转向趋势。这一趋势不但对以往科学心理学进行了深刻的反思和批评，也带来了一种与众不同的研究视野、一股新的发展力量，拓宽了心理学研究的原始空间。

文化转向与文化心理学二者之间存在着密切的关系。更确切地说，文化转向运动促进了文化心理学重新被重视并成为研究的热点，文化心理学的研究又推动了文化转向运动的积极开展。文化转向是当代西方心理学或者是全世界心理学的一种发展趋势，这一运动的兴起和被广泛认可，主要是基于以往科学心理学极力排斥文化、价值、意义等重要问题。科学心理学为了追求严格的实证、普适性的解释原理、建立可验证、可重复的心理科学而不惜将人性中最为可贵的文化烙印给抹掉了。本来丰富多彩、多姿多样的心理现象却失去了颜色，变成一幅没有色调的黑白画面，最终被人们所质疑。在意识到这个问题的严重之后，研究者决定重新将文化这一主题纳入到研究之中。所以，心理学的文化转向在某种意义上是一种批判的思潮，是一种自省反思的结果，也是一种思维的方式的改变，它带来了心理学领域的重新繁荣，也随之出现了更多与文化有关的心理学专题研究。

美国文化心理学家皮特森就明确指出："以文化为中心的观点提供了除精神分析、人本主义和行为主义对人的行为进行解释之外的第四个解释的维度，它的意义就像三维空间之后发现的作为时间的第四个维度。"（麻彦坤，2003）心理学的研究对象是在一定的文化环境中生成的人的心理与行为，心理学的研究者也是生活在一定的文化环境之中，是一种文化的存在。顺理成章，心理学的研究必须重视文化因素，把文化放在整个研究的核心架构之中，充分考虑文化与人的心理、行为之间的辩证关系。有鉴于此，提倡以文化为中心的心理学家高举文化主义的大旗，向主流心理学推崇备至的实证主义方法论提出了大胆的质疑与挑战，突出了文化因素对心理学研究的重要影响（麻彦坤，2003）。在谈及文化转向问题时，葛鲁嘉精辟地指出："心理学曾经靠摆脱、放弃、回避或者超越文化的存在来发展自己，但心理学现在必须靠容纳、揭示、探讨或体现文化的存在来发展自己。这也就是说，心理学早期是排斥文化的存在来保证自己对所有文化的普遍适用性,而心理学目前则是包容文化的存在来保证自己对所有文化的普遍适用性。毫无疑问,这是一个历史性的变化。"(葛鲁嘉,2008:6)

但文化转向并不等于文化心理学。文化转向运动的轰轰烈烈的开展虽然带来了更多关于文化主题的研究,凡是重视文化、关注文化、研究文化的做法都可以说是文化转向的一个发展,比如生态心理学、多元文化心理学、后现代心理学,等等。可它仍旧是零散的、毫无组织的,并非是一种成为体系的学派,没有相对具体的研究对象、研究方法、理论解释等,它只是一种思潮,是心理学发展的一种方向性指引。而文化心理学却不同,文化心理学是一种相对独立的研究学派,具有相对稳定或者是统一的看法,相对确定的研究对象、研究方式以及理论主张,相对专业的一群研究人员。所以,文化心理学在一定程度上并不是零散的,而是表现出相对完整的理论体系。

2. 跨文化心理学

20世纪50年代至70年代,跨文化心理学与文化心理学是难以分开的,但是70年代以后的文化心理学却与跨文化心理学大相径庭。文化心理学与跨文化心理学的区别首先表现在,跨文化心理学家一般将文化作为一种检验某种心理机制或者过程是否具有普遍性的手段,而不是来研究文化实践如何影响了人们的心理和行为过程,重视比较策略、文化变量以及普遍原则的寻求。比如,跨文化心理学家可能会做的工作就是探寻皮亚杰的认知发展阶段理论是否具有跨文化的普遍性,而文化心理学家则会感兴趣于去研究不同文化中的社会实践如何以不同的方式塑造了人类认知过程的发展。其次,跨文化心理学在很大程度上对主流心理学做出了让步,尤其是受到科学实证观念的影响,跨文化心理学在研究假设、研究方法和理论解释方面更趋向于寻找不同文化背景下的心理普适性,是一种客观性的研究,这与主流心理学的自然科学理念比较吻合。再次,"文化"一词在跨文化心理学领域是一种静态的、外围的存在。这里的文化是一种是宽泛意义上的标签存在,用来区别自我与他者的一个标准。跨文化心理学并没有突破主流心理学的科学主义倾向,并没有完全树立一种新的思维方式。

而与之不同的是,文化心理学的"文化"具有多层含义,其一,文化是一个多元概念,是动态的和静态的结合,文化是一种结果,是一种过程,是一种价值和意义,也是价值和意义的生成场域。其二,文化是一种内在的存在,是与心理不可分离的存在,文化和心理是相互建构的、相互解释的。文化心理学对当代西方心理学的巨大冲击在于20世纪80年代之后,它的基本主张更带有浓厚的后现代建构性的特点,这一理念带来了对于文化、心理、以及文化和心理之间关系看法的根本性转变,带来的是一种对主流心理学思维方式的变革。

另外，文化心理学认为，某种特定的文化传统和社会实践必然会塑造人类心智的差异，所以不能忽视和否定文化在人类心理过程中的塑造作用。再次，文化心理学更强调不同文化实践条件下的不同心智表现，并非去验证是否存在着统一的心理过程或者心理规律。

不能否认，文化心理学与跨文化心理学之间存在着潜在的合作空间。文化与心理学的关系经历了"文化心理学"→跨文化心理学→文化心理学→文化+跨文化心理学的发展演变，现正愈来愈受到心理学家的普遍关注。"文化心理学与跨文化心理学虽然代表两种不同的心理学发展方向，但在发展过程中逐渐由相互攻讦到相互接纳、吸收，形成整合之势。"（叶浩生，2003:226~238）也就是说，现在的文化心理学虽然在主张和研究方法方面与跨文化心理学存在着很多不一致的地方，但是二者却也存在着巨大的合作空间和潜力。它们对于文化的重视、对于文化对人类心智作用的研究都成为二者进一步取长补短、共同进步的重要基础。

3. 本土心理学

文化心理学和本土心理学之间的关系最为密切，本土心理学被看成是文化心理学的一种特殊形式，二者之间的重叠性大于差异性。本土心理学强调的是文化的特殊性，以及具体文化场域的意义。本土心理学更多地是基于两个方面的反思而产生的：其一，不存在能够解释一切的、文化无涉的心理学理论；其二，一切理论都具有文化的背景和烙印，每一种心理现象都根植于自身的文化、镶嵌在自身的文化之中，心理现象具有文化本土性。本土心理学可以沿着两条逻辑来理解，即外来理论的本土化过程和本土理论的本土化研究。这两个方面是相辅相成、不可分割的。我们不可能只从后者来理解，极力排斥外来理论，也不可只引进外来理论而忽视自身心理中的文化特色。总体上讲，本土化是一种心理学运动，对于东方人来讲，这种运动让心理学的研究视角从往外看转变成看自己，不再一味地拿来主义，使用别人的理论来解释自身的心理。尤其是对于中国的心理学发展来讲，本土化心理学运动的兴起所独有的历史背景，就是放弃对于外国心理学理论的全面肯定、崇洋媚外、仰人鼻息的态度和固有观念，在汲取国外心理学研究精华的基础上更注重本国的心理学发展。而对于西方人来讲，这种运动则让心理学的研究视角从只看自己扩展到去理解别人，不再一味地施加主义，使用自身的理论解释别人，盲目乐观地寻找普适性的心理规律。

相对于本土心理学运动来讲，文化心理学具有另一种看法。文化心理学也特别强调文化的特殊性，但不同的地方在于，文化心理学不是单纯地、狭隘地关注某一种文化境遇，而是更加强调广泛意义上的文化与心理相互建构的过程和本质。文化和心理不再是一种相互独立的存在，这里的文化是一个与心理相互建构的结果，也是一种相互建构的过程，是一种价值和意义的体现，也是提供价值和意义的来源。文化和心理是不可分开来分析的，二者是你中有我，我中有你。文化不再是独立于心理的外在背景，而是一个重要的、不可缺少的参与变量。如若本土心理学是在提倡一种心理研究本土化的方向，那么文化心理学则更多地是在提倡研究文化和心理相互作用的过程与机制这一取向。

4. 多元文化心理学

最后，来谈谈多元文化心理学与文化心理学之间的关系。多元文化心理学是在反对西方心理学文化霸权、唯我中心的基础之上兴起的。这里的文化多元化是从很广泛的层面上展开的，其中包罗了不同国家、民族、性别、宗教、职业等文化多元化趋向。它对以往心理学忽视文化多元化的做法表示出不满。认为以往的很多心理学研究都是建立在一种单一文化的基础之上，那就是北美的文化传统风行天下，不管在理论研究、实验研究以及临床和治疗领域，只用一种价值观来衡量和施加给所有人，这是有失偏颇的。由此，心理学家在反思西方心理学只重视单一文化的极端做法后指出，文化的多样化和心理的多样化本身就是非常值得重视的。在多元文化心理学思潮影响下，心理学的研究开始更多地照顾到全体研究对象，更多地站到被研究者的角度上去理解和解释问题。文化心理学如同多元文化心理学一样强调文化的多元性和心理的多样性。

总而言之，文化心理学虽然与心理学的文化转向运动、本土心理学、跨文化心理学、多元文化心理学等具有明显的不同之处，但是也存在着千丝万缕的重要联系。不同之处表现在它们对于文化的研究视角不同，对于文化内涵的解释不同，而共同之处则在于它们对于文化的始终如一的重视，以及对于文化与心理关系在不同层次、不同水平、不同意义上的解读。

四、文化心理学的理论特色

"文化心理学是一个边界并不十分确定的新兴领域。在文化心理学内部，心理学的、人类学的、社会学的、传播学的等等研究取向同时存在，这大概就是所谓的'兼容并包'。"（钟年、彭凯平，2005）文化心理学并非是一个具有同一观点的学派，其中包含了很多在不同的层面上来进行的研究和多元化的理论主张。要对文化心理学的不同理论进行整理和介绍是一项非常复杂的工作，即使我们一一做出介绍，也只会突增读者对于文化心理学基本观点理解的困难。因为"文化心理学是多思潮、多学科、多理论交叉的产物，这从根本上决定了它的理论趋向众多、体系繁杂、学说舛驳。即便是立场、观点相近的理论倾向，所探讨的问题、视域和侧重点也各不相同"（李炳全，2007:105）。然而，在文化心理学这种松散的思想体系中，也有其基本的思想共识以及基本的理论主张。

首先，文化心理学重视文化和心理复杂关系的研究。文化和心理的关系是文化心理学最为关注的问题，也是他们努力去深层挖掘、详细解释的主要课题。如何更为独到、全面而又准确地阐述文化和心理的关系，成为当今文化心理学的主要研究任务。文化心理学认为，文化应是人类心理活动的一种表达，是人类生活方式的结晶，是生活状态的反应，文化与心理存在不可分割、相互作用的关系，自然不应该排除在心理学研究之外，成为无人问津的装饰。文化作为人类生活的一种意义系统，既为人们提供了心理建构和行为活动的框架与规则，也为人类的心理活动所建构、表现和改变，也就说文化既是人们寻求意义与价值的资源，同时也是人们活动构筑的对象。只有将文化纳入到心理学研究中来，将文化作为理解人类心理的基本维度和重要基石，才符合人类心理的本质特征，才能从根本上理解文化与心理的相互作用关系，从而保证建立一个区别于其他心理学研究的、完整的文化心理学体系。文化心理学认为，对于文化和心理的复杂关系要从两个方面加以阐述。第一，文化与心理相互依存。任何想要将文化和心理二者清晰分割的想法和做法都是不可取的，也是徒劳无益的。文化与心理在一定程度上就是一体的。第二，文化与心理之间又是相互建构、相互界定的关系。文化与心理的相互作用表现在二者在相互建构的过程中相互解释，以个体的主观建构活动与社会实践活动为途径来实现二者的建构过程。以往心理学研究在对待文化与心理二者的关系方面总是出现比较极端或简单化的趋向，比如决定论，认为文化决定心理表现；影响观，认为文化是影响心理活动的变量。而都没有从整体上、从根本上来把握二者深层建构关系。

其次，文化心理学重视文化多元性与心理多样性的特点。文化是一种多元化的存在，也是一种复杂化的存在。多元化的文化和心理的多样性已经成为心理学界的共识，也成为文化心理学的研究前提。心理学家认为，文化存在着诸多差异性，它是人们在长期的实践过程中积累下来的结果。差异性的文化表现出了多样性的生存状态。不同的文化规定了人类生活的界限，体现出不同的特征以区别于他者。多样化的心理现象是对不同文化式样的表现，不同的文化又折射出不同的心理表现。在文化的价值和地位方面，每一种文化的存在都具有其重要性，都是长久以来形成的生活方式的结晶，文化的变迁也体现出人们生活状态的变化。就文化创造性地参与心理建构这一主题方面，不同的文化在功能上是一样的，在作用原理和机制上是相通的。这也就是说，没有哪一种文化比另外一种文化更高级或者更低劣,没有哪一种文化比另一种文化更先进或者更落后,没有哪一种文化能够超越其他的文化式样从而一跃成为全人类的统一标准,西方文化不是规定全人类的样板,更不是世界的中心文化。如果在心理学研究中忽略这个前提,必然会造成文化歧视或者文化中心主义。在心理学的研究历史上,这种做法并不鲜见。欧美国家心理学中体现出来的就是西方文化的本质特征。研究者将在特定文化圈内的研究结果推广到其他文化中,想当然地认为西方文化就是全人类的标准,从而来评价其他文化的优劣性,这是一种明显的文化中心主义。拿西方文化的标准来衡量其他文化中的个体,它造成的后果就是无视文化的多元性以及心理现象的丰富性。文化心理学认为,对于文化多元化差异的肯定并不会增加心理学研究的复杂性,恰恰相反,承认文化的多元化能够促进文化的平等交流。正确地看待不同文化所具有的功能和价值,这是心理学必须要考虑到的前提。只有这样,才能更进一步研究心理现象的复杂性,更深入、更全面地解释人类的心理现象,找出心理现象的共性和差异,促进心理研究的交流。

再次,文化心理学突出强调心理现象的丰富性、复杂性、生态性特征。对于心理复杂性、丰富性和生态性特点的认识,在主流心理学的发展中并未得到应有的重视。主流心理学把复杂的心理简单化为刺激和反应的连锁动作,把人从真实生活情境中抽离出来。这样的研究结果及其生态效度,很难实现普适性的推广。文化心理学批评主流心理学对人类心理和行为本质的浅显认识,以及为了达到自然科学研究标准的目的,对人类心理所做出的简单化的研究。要求在实际的语境中来进行研究,还原人类心理的真正本质,正视并重视人类心理的复杂性与丰富性,关注心理和行为产生、发展与表现的生态性环境。文化是人类心理研究的出发点,也是研究解释的归宿点,不能脱离文化谈论心理,也没有与心理活动和行为表现无关的文化。复杂的人类心理和行为让整个心理学研究变得饶有兴趣,并具有相当的挑战性和冒险性。只有区分出心理现象和自然物体之间的差异性才能保证对心理现象做到整体的、到位的把握,既不会把心理和行为简单化,也不会把心理活动当成是深不可测的神秘事物。文化心理学对于人类的心理和行为的认识前提就是将人类的心理看做是与文化相互建构的过程,二者相互联系,相互创生,相互体现,密不可分。文化心理学并不赞同将人类的心理和行为看做是客观的物体,看做是孤立的、脱离文化本质的存在,相反,它更强调文化的社会历史性,更看重心理和行为的多样化与复杂性,更看重人类心理活动和表现的生态性特征。任何脱离社会文化历史的心理解释都是狭隘的,不能穷尽心理真正本质的,甚至是歪曲人类心理的。

第三节 文化心理学的评价

带有明显后现代特色的当代文化心理学是在 20 世纪末广泛兴起的研究思潮，它的发展历程比较短暂。不能否认，在西方心理学多元化的景观中它的存在是非常引人注目的，是当代西方心理学发展中不可或缺的重要力量。它拓展了心理学的研究领域，转换了心理学的研究思维，变革了心理学的研究方法，丰富了心理学的理论建设。它的出现不但扭转了以往科学主流心理学中忽视文化的局面，而且在一定程度上将文化提到了更高、更令人瞩目的地位，重新探讨了心理学领域中经久不衰的心理与文化的关系问题。但是，文化心理学作为一种新的流行事物出现，其自身必然也存在着众多不足之处，它的观点、理论以及研究都处于不统一的状态，其未来发展还是任重而道远的。

一、文化心理学的贡献

首先，文化心理学的产生是心理学发展的大势所趋和必然方向。文化心理学强调突出文化特色，并且深入研究文化与人类心理的相互建构过程，这是心理学发展的必然趋势。纵观心理学的整个历程，我们可以发现，对于文化的重视并不是伴随着整个心理学的成长，而只是时隐时现地出现。文化和心理的关系虽在心理学建立之初就被提及，但并未引起研究者的足够重视，反而一直处于心理学研究的边缘位置。主流心理学的科学实证趋向所研究的心理，是抛弃了政治、经济、风俗等文化因素之后所剩下的心理活动，这里的"人"已经不是真正意义上的人，而是被肢解、被褪去所有文化装饰的物，这里的"心理"和"行为"也不是真实情景中的心理，而是被人为控制的活动。主流心理学无视文化对人的影响作用，使得整个心理学研究在当时出现了文化色盲的病症。作为对主流心理学的批判，文化心理学的兴起是对主流心理学的反抗。文化心理学所要彰显的文化色彩是一种人文气息的体现，是迎合社会发展潮流的。

其次，文化心理学是对西方主流心理学的批判和发展。文化心理学是一直存在的，只是作为一种被广泛认可的研究范式，它的发展经历是比较曲折的。尤其是当代意义上的文化心理学，由于其自身的后现代哲学色彩，更是对主流心理学中关于文化和心理的看法做出了深刻的批判。文化心理学是当今西方心理学的重要内容以及不可缺少的补充。以格根为代表的社会建构理论的提出，是建立在对于主流心理学众多理论主张的质疑和反对基础上的。由此，在心理学界形成了一股推崇文化、社会建构的后现代研究之风,并给世界心理学界的发展带来了更多的动力和更广阔的空间。文化心理学正是对这一研究范式的积极回应。与社会建构论心理学、叙事心理学等后现代心理学研究相比,文化心理学的兴起同样离不开对于主流心理学方方面面不足的批评,这包括对于主流心理学对于人类心理本质的认识、研究策略、结果解释,等等。在批判的基础之上,文化心理学发展出自己独特的对于心理的认识以及研究方法,形成自身的一套理论体系,补充和丰富了心理学的内容。在心理学的发展历程中,文化心理学从早期的若隐若现,到中期突破边缘进入研究主题,再到后期大胆的批判和积极的自身体系建构,都在与主流心理学的发展之间形成巨大的张力。而这种张力促进了西方心理学的整体发展和转向,尤其是后现代特色的文化心理学更是对西方心理学的研究产生了深刻的影响。

二、文化心理学的不足

首先,文化心理学在理论建设方面还不成熟、不完善。到目前为止,在文化心理学领域内,研究者的观点各异,虽然呈现了多元并行的发展局面,却没有一个较为统一的理论体系。在文化心理学领域内,各种研究缺乏交流,观点差异很大,这种混乱的场面在某种程度上阻碍了文化心理学的发展。比如我国台湾的学者余安邦在介绍文化心理学的观点时是从不同研究者的各种观点入手的。他指出,不同的文化心理学家的侧重点不同,对于文化和心理的解释必然不尽相同。文化心理学的内部不统一问题正体现出它自身理论还需进一步完善。

其次,文化心理学的文化中心主义倾向。尽管文化在当今心理学的发展中广受重视,并成为心理学得以蓬勃发展的重要契机,给予了心理学快速发展的强劲力量。但如若过度重视和强调文化,极容易陷入"文化中心主义"的困境。虽然文化与心理的关系是一个值得深入研究的课题,而且对其复杂性的分析让很多心理学研究者纷纷着迷。但同样不能否认的是,过分强调文化的作用,必然会忽略影响人类心理的其他因素。如此的后果,就是让心理学的发展又陷入了另外一种偏颇和极端之中,不能全面照顾到人类心理的全景,这是很危险的。

最后,文化心理学在具体的研究方法上存在着明显的局限性。很多学者认为,文化心理学的兴起是以批判和质疑主流心理学的种种缺陷为依据的,在理论和方法方面没有立足于人们的现实生活和实际活动,缺少研究理论和方法的原创性。"从文化心理学的整个发展历程来看,它始终无法逃避的矛盾是究竟如何处理其与至今仍具影响力的实证方法论的关系。这种矛盾体现在文化心理学与主流心理学的方法论分歧之中,同时也体现于文化心理学自身的演化历史之中。"(田浩，2005）文化心理学在研究方法上为区别于量化研究，转而更青睐于解释学、现象学、民族志等质性研究。在广泛采纳和使用质性研究的同时，也面临着很多问题。由于文化心理学特有的文化研究属性以及对于质性研究方法的推崇，造成了在研究效度和理论信度方面的困境，质性研究思辨性的特征往往让研究结果缺乏信度。

主要参考文献

1. Kitayama, S. & Cohen, D. *Handbook of cultural psychology.* Guilford, 2007.
2. Shiraev, L. & David A. *Cross-cultural psychology: Critical thinking and contemporary applications.* Chicago: Allyn & Baco, 2006.
3. Shweder, R. & Levine, R. *Culture theory: Essays on mind, self, and emotion.* New York: Cambridge University Press, 1984.
4. Shweder, R. *Thinking through cultures.* Harvard University Press, 1991.
5. 葛鲁嘉著，新心性心理学宣言：中国本土心理学原创性理论建构，人民出版社，2008年。
6. 坎托著，王亚南等译，云南人民出版社出版，1991年。
7. 李炳全著，文化心理学，上海教育出版社，2007年。
8. 麻彦坤，文化转向：心理学发展的新契机，南京师大学报（社科版），2003，3期。
9. 田浩，文化心理学的双重内涵，心理科学进展，2006，14期。
10. 叶浩生主编，西方心理学的历史体系，人民教育出版社，2003年。
11. 叶浩生主编，心理学通史，北京师范大学出版社，2006年。
12. 衣俊卿著，回归日常生活世界的文化哲学，黑龙江人民出版社，2000年。
13. 余安邦，文化心理学的历史发展与研究进路：兼论其与心态史学的关系，本土心理学研究，1996，6期。
14. 钟年、彭凯平，文化心理学的兴起及其研究领域，中南民族大学学报，2005，6期。

第十一章　社会建构论心理学

作为日常生活和学术研究中的常用词，与"建构"（construction）相近的还有许多词，如"建筑"或"建造"（build）、"制成"或"制作"（make）、"生产"或"生成"（produce）等，这里的"建"、"制"、"生"等所暗含的隐喻在于：自然事物的构成或结构本身是可以人为地加工改变或重新安排的（赵万里，2002:28）。建构主义是一个松散、驳杂的思想体系，尽管对其"家族相似性"有过不少抽象讨论，但现实存在着的却是各种不同形式、不同版本的建构主义。目前较为常见的分类法是将建构主义划分为六种类型，与心理学联系密切的社会建构论是其中一种。本章以社会建构论心理学（Social Constructionist Psychology）思想为主线，力求从一个侧面呈现出社会建构论心理学的发展背景、自我及话语两个方面的主要研究内容，并对社会建构论心理学的研究价值和发展方向进行简要的讨论。

第一节　社会建构论心理学产生的背景

任何一种思想或理论都是在特定的社会历史和文化背景下生成的。只有将特定的思想理论嵌入特定的背景，才能看清它的全貌。社会建构论的方法论尤其重视理论或思想产生的时空场域和话语背景，认为是它们决定了理论预设的前提和解释范围。以社会建构论的立场反观其自身作为一种文化现象的发展历程，我们看到的是一个多因素（社会的、文化的、个人的、哲学的、历史的、科学的，等等）共同参与其中的复杂的社会建构过程。因此，在本节接下来的部分将就社会建构论生成的社会生活、哲学、社会理论背景以及心理学学科内部的孕育进行简要的讨论。

一、社会建构论心理学的社会背景

1. 饱和社会的出现

尽管目前对什么是"后现代"、"后现代社会"、"后现代主义"未达成共识，但学术界一致认同知识与信息爆炸是后现代的重要特征。计算机和多媒体技术、新的知识形式以及由此引起的社会生活方式和社会体制的改变是后现代到来的标志所在。要想充分了解当代文化的巨大变迁，以及这种变迁在未来几十年的发展趋势，首先必须关注技术背景。信息技术，特别是计算机技术的日臻完善使当代社会日益进入饱和社会（saturated society），具体表现在以下几个方面：一方面，技术饱和是饱和社会的基本特征。新理论、新技术如基因密码的破解、生物克隆技术、数字化的信息传输、智能机器的开发和应用、航空航天技术的层出不穷使得社会各领域日趋饱和。另一方面，作为技术饱和副产品的知识饱和与信息饱和是饱和社会的另一特征。铁路、公路、航空等交通运输业的发展大大提高了人员的流动性，信息通信产业的发展更使知识和信息的交流超越时空，互联网向人们提供了巨大无比的信息源。生活在饱和社会当中，人们的内心世界和外在环境被各种各样的技术、知识、信息所堆积、填满，很难找到剩余的空间。

此外，关系饱和是饱和社会更为重要的特征。在前工业社会和工业社会，社会关系在很大程度上局限于家庭、邻居、同事等很小的范围内。随着信息时代的来临，那种小圈子里的生活已成为历史。随着不同种族、不同语言、不同文化、不同职业、不同角色的人走马灯一样闪现，人们所介入的关系无论是数量还是形态都急剧增长，最终淹没在后现代社会关系的海洋中；这种海量社会关系发展到极端的情形就是关系饱和。

2. 被殖入的自我

在后工业化或后现代的饱和社会当中，人的自我也相应发生了重大的变化，"技术的社会饱和在删除现代个体自我方面（erasure）起了关键性作用"（Gergen，1991:49），使之表现出越来越多的"异质性"特征。饱和社会将人们暴露在众多他人的面前，使之必然受到这种暴露的影响。在与大量不同文化、职业、年龄、性别、阅历背景的人的交往过程中，人们不仅获得了关于各种不同文化个体的迥异的价值理念和认知情感等方面的知识，而且观摩了大量不同的行为方式和日常习惯，从而有可能在不同的场景下将之付诸行动，以期通过消费这些知识来提高行为的有效性。因此，人在不同的时间场合出现，与不同的人打交道时，往往表现出明显不同、有时甚至是相互矛盾的人格特点。自我经历的这种变化和矛盾正是后现代社会技术饱和、信息饱和、知识饱和、关系饱和带来的"自我殖入"（populated self）的结果，表现为人在不同的话语情境中会遵从不同的游戏规则行事，不再恪守单一话语背景下的自我认同。

3. 后现代的"多重心灵"

自我殖入最终会使得后现代人同时拥有"多重心灵"（multiphrenia）。"人们在喧闹的当代生活中发现了新的感觉或意识丛，或者说新的自我意识集。这种多重感觉、意识并存的状态可称为'多重心灵'，是使个体产生多重认同的各种自我侧面。"（Gergen，1991:73-74）"多重心灵"是自我殖入发展到一定程度所产生的结果，其最重要的特征是现代理性的退隐，以及原有自我的断裂或迷失。随着关系自我的不断扩充，后现代人很难再找到现代意义上"真实"自我的感觉，因为在某一种关系情境中被视为理性的东西，换一种关系情境就会遭到质疑或感觉荒谬；如果其他文化当中追求原有文化中的理性或旧有的自我认同，原本"好的理性"有可能会被斥为无知、虚假或谬误。由于每一种关系都在丰富和发展着人的观察力和理解力，一个拥有多重心灵的人对于任何一个问题的解决会怀有多种期待。在纷繁多样的生存方式中不断地做出选择成为了后现代社会中的思维方式和生存方式。

二、社会建构论心理学的当代哲学和知识社会学背景

作为一种新的研究范式或研究取向，社会建构论所关注的问题主要涉及作为心理学研究对象的人的心理和行为的本质、心理学研究的目的与方法、心理学理论的本质与价值等问题。所有这些问题都同思维与存在的关系、人与世界的关系、人与人的关系等哲学命题紧密相关，以各种后现代哲学和社会理论中的思想元素构成自身。因篇幅所限，在此仅对直接体现于社会建构论当中所体现的范式论、语言哲学、话语解构主义的影响进行提纲挈领的介绍。

1. 当代哲学背景

（1）库恩的范式论

库恩（T. Kuhn，1922—1996）在1962年出版的《科学革命的结构》中，通过对科学的历史分析，提出了影响巨大的范式论。所谓范式，是从事某一种科学活动的科学共同体成员共同遵循的研究"模型"。它包括成员共有的世界观、基本理论、范例、方法等，是科学家共同体从事科学活动的共有信念和价值标准，也是科学家共同体的集团心理结构。库恩的范式论是社会建构论心理学最早也是最直接的思想来源。

范式论对社会建构论心理学的影响，首先在于它以"范式优先"强调科学

知识的社会文化制约性，从而以其历史主义思想为社会建构论心理学批判现代心理观、自我观、科学观、知识观等提供了理论武器，集中体现在"观察渗透着理论"这一基本命题当中。而较之同样受到范式论影响的人本主义心理学，社会建构论心理学主张彻底消解主客对立，认为无论是作为心理学研究对象的"心理"，还是作为心理学研究结果的"心理学"，都是经由主观的客观化和客观的主观化生成的社会建构物。另一方面，对于社会建构论心理学自身而言，范式论所倡导的"视角主义"、"相对主义"观念为社会建构论心理学消除不同理论和研究取向之间的矛盾，摆平和理顺各种理论和研究取向之间的关系，提供了一个可能的平台。

(2) 维特根斯坦的语言哲学

当代哲学的语言学转向是现代哲学到后现代哲学的转折点所在。以此为标志，哲学讨论的出发点由主客分离转变为主客融合，核心问题则由主客关系转为语言与世界的关系。维特根斯坦（L. Wittgenstein，1889—1951）后期的语言游戏说集中体现了现代哲学对于语言性质的认识转变。在《哲学研究》一书中，他提出了语言的"游戏隐喻"以取代现代语言观的"图画隐喻"：语词如同国际象棋游戏中的棋子，每个棋子在象棋中的意义取决于整个的游戏过程。维特根斯坦以此说明，语词的意义取决于它所处的是什么样的语言游戏中，它和外在现实之间并不具有现代哲学所认为的那种主客对应关系。换言之，语词和短语是从它们与其他的语词和短语的关系中获得意义，而不关"世界以什么方式存在"的事（Gergen，1999:24）。语言"游戏"隐喻的提出标志着后现代哲学对人、对人与语言、对人与世界关系认识的根本性的转变。社会建构论心理学的话语研究就是要考察一般意义上的语言如何建构了人们的生活世界，同时又建构了人自身。

(3) 德里达的话语解构主义

德里达（J. Derrida，1930—2004）的话语解构主义认为，语言是由一系列语词作为具体单元而构成的"差别系统"；语词之间的差别可借由"两分法"（binaries）来把握。任何一个语词的意义都依赖"此词"与"非此词"，例如"马"与"非马"之间的分离。换句话说，语词的意义依赖于"在场"与"不在场"（即该词所指的事物与不被该词所指的事物）之间的区分；在场离开了不在场就失去了意义。因此，从德里达话语解构主义的视角看来，现代文化对于理性的信赖是没有基础的。任何一种"理性"在严格的话语解构过程中都会坍塌，因为语言本身是一个自足的系统，其中每个语词的意义依赖它与其他语词之间的关系。也正是在这种意义上，德里达指出"文本之外无他物"，任何意义都无法在文本之外"遭遇真正的事实"（杨莉萍，2006:66）。

从这一点出发，一切科学真理、道德信念都隐藏着某种易碎性，因为构成这些真理和信念的所有语词的意义都是含混不清的。一旦人们开始认真地审视，所有原本深信不疑的观点和确定的解释将全部遁形。在社会建构论心理学中，话语解构主义的影响主要体现在以下两个方面：第一，我们所有的制造意义的企图——做理性的决定，对生活中的重要挑战做出适宜的回应——依赖于对其他意义所做的大规模封锁或镇压。就此而言，任何"理性"都是受到限制而缺乏远见的。第二，绝大多数所谓理性的描述不仅具有压迫性，而且缺乏现实的基础，经不起仔细的审视，像海市蜃楼一样虚无缥缈（Gergen，1999:26-29）。总之，话语解构主义从现实性和可能性两个方面对现代理性的深刻解构为社会建构论心理学清除了障碍，开拓了广阔的思考空间。

2. 知识社会学的背景

社会建构论心理学可以说是直接孕育于科学知识社会学的母体当中。从发生史看，社会建构论思想最早出现于古典知识社会学。20世纪70年代以后科学知识社会学的理论与实践已为社会建构论所主导。而就学科主要问题而言，知识社会学探讨知识与社会的关系，追索社会文化如何影响知识产生和运作的过程。这里的"知识"是一种广义的指涉，包括观念、意识形态、法理及伦理观、哲学、科学、工艺技术等。按照这样的定义，"心理"作为某种观念，"社会心理"作为意识形态，"现代心理学"作为一门科学，均包含在知识社会学的"知识"概念中。因此，心理学和知识社会学两门学科研究对象的交叠使得心理学能够把社会建构论从知识社会学中移植过来；知识的社会建构也就相应地包含了心理的社会建构。在此将对知识社会学中社会建构论思想的发展历程进行简要回顾。

（1）柏格与乐格曼《社会实体的建构》

柏格与乐格曼于1966年合作出版了知识社会学史上最重要的著作《社会实体的建构》，副标题为"一篇知识社会学论文"。该书被格根誉为社会建构论的"圣经"，其中影响深远的观点包括：①"现实"和"知识"具有一体两面性；②社会所建构的现实存在于现象场当中；③"日常生活世界"或"社会现实"是主观和客观融通为一的世界。社会现实的建构过程一方面是人的主观意义客观化（外化）的过程。由这一过程本身以及作为该过程结果的各种事物构成我们共享的、常识的世界。客观化过程包括面对面的互动过程，在互动过程中某些行为的逐渐习惯化，习惯化行为的制度化，以及制度的合法化。这一过程的结果形成了包括"类型格局"在内的"知识的社会仓储"。另一方面，社会现实的建构过程还包含社会现实主观化（内化）的过程。无论是社会制度、社会秩序还是"知识的社会仓储"，都先于任何个体而存在，被人通过互动过程而内化。"互动"因此成为社会建构论透视的焦点，因为无论客观化还是主观化都是在互动过程（特别是面对面互动、言语互动）中实现的。因此，社会现实的建构呈滚动发展的模式，而发展的动力既不是单方面的社会存在，也不是社会意识，而是存在于多种复杂因素的交互作用过程之中。正如本章前文所述，社会建构论本身并不是一个统一的理论流派，而只是具有家族相似性的一系列观点的统称，它内部有很多观点相互矛盾。但无论是"激进的"还是"温和的"社会建构论最终都要回到《社会实体的建构》中来寻找各自的根据。

（2）科学知识社会学的发展

从20世纪60年代开始，知识社会学的研究重心由欧洲大陆向英美转移，古典知识社会学与科学社会学的研究取向日趋融合，最终衍生出科学知识社会学。20世纪70年代早期兴起于英国的科学知识社会学在以下两个方面体现其社会建构论取向：首先，科学知识社会学打破了长期以来科学至上的迷思，将科学知识作为社会产品来处理；研究的重点由科学与外部社会因素之间的关系，转向了对科学知识内部建构过程的描述和分析。其次，研究者将实验室视为生产知识的工厂，使用经验观察的方法和人类学的田野研究方法，开展实验室研究、话语分析和争论研究。其中，田野研究的有效运用是科学知识社会学的突出方法特征所在。

以巴恩斯（B. Barnes）、布鲁尔（D. Bloor）为代表的英国爱丁堡大学是科学知识社会学的发源地和研究中心。他们提出了关于科学的系统研究纲领，并正式将研究命名为"科学知识社会学"。在英国，除了爱丁堡，20世纪70年代还在巴斯出现了另外一个科学知识社会学的研究中心，其代表人物柯林斯（H. Collins）是目前科学知识社会学影响最大的学者之一，代表作有《改变秩序》、《勾勒姆》系列等。就国内研究情况来看，南开大学社会学系的刘珺珺教授在《科学社会学》一书中对于欧洲新兴的科学知识社会学的引介是国内该领域研究的起点。赵万里教授的专著《科学的社会建构》则是国内第一部系统研究科学知识社会学的著作。在科学知识社会学的社会建构论范式基础之上，社会建构论心理学发展了自身的思想内核。目前，社会建构论心理学的讨论与科学知识社会学内部的争论具有一定同步性，在一定程度上反映了科学知识社会学的发展态势。

三、社会建构论心理学的心理学背景

二十年来，社会建构论在心理学中越来越多地受到关注，其中的重要原因在于，作为一种新的研究范式或研究取向，社会建构论不仅深刻反省和批判了现代心理学之认识论、方法论基础，揭示了现代心理学危机的根源，而且同样富有成效地向人们展示了以另一种模式重构心理学的可能性，其中包括心理学研究目的、研究对象、研究方法等一系列的重大转变。正是这一系列的重大转变，使人们看到了心理学未来发展的方向和出路。对于这一部分内容的详细讨论将在本章的理论评价部分进行。需要强调的是，现代心理学所经历的困境是催生社会建构论心理学的动力；社会建构论心理学在批判的同时也不同程度地反映了现代心理学的已有思想成果，包括机能主义、格式塔学说、符号互动论、文化心理学、个体认知建构主义及社会文化历史理论等。接下来将简要介绍符号互动论、个体认知建构主义、社会文化历史理论与社会建构论心理学之间的直接联系；在阐明社会建构论心理学在心理学中亲缘关系的同时初步探寻社会建构论为我们观察和研究当代西方心理学发展所提供的切入点。

1. 符号互动论

米德（George Herbert Mead，1863—1931）被认为是与社会建构论联系最为密切的社会心理学家之一。符号互动论是对由米德开创并以他的社会行为理论为基础发展起来的若干社会心理学理论形态（社会角色理论、社会行为理论、参照群体理论以及标签理论等）的统称，集中体现于根据其授课笔记整理而成的《心灵、自我与社会》一书当中。米德的社会行为理论及在他之后衍生的各种符号互动理论是社会建构论心理学重要的思想源头之一。符号互动论对于社会微观过程、社会互动过程的分析，尤其是通过角色与自我形成的关系、标签对于社会秩序和偏离如何发生所作的深入细致分析，使社会建构论获益匪浅。

第一，在社会互动过程中理解人的行为这一符号互动论的基本主张在社会建构论心理学当中得到了直接体现。对于微观社会过程的执著关注，强调将人的行为置于社会互动过程中加以理解，既是各种类型符号互动论的共同特点，也是后来社会建构论心理学的重要特征。符号在米德对社会互动过程的解析中起到了核心的作用。在重要符号的前提之下，有意义的连续互动成为可能，行为在互动当中得到理解。

第二，角色在自我的形成中所起的关键性作用为社会建构论心理学的关系自我所回应。在统一符号和有意义互动的基础之上，米德进一步指出，"角色采择"促进了符号系统的发展，使人得以发展自我意识。将"自我"视为某种"关系"的结果，认为人的"自我"在社会化过程中、在与他人的符号互动过程中形成并发展的主张为社会建构论的自我理论所延续。

第三，社会标签理论对于"越轨"的研究对于社会建构论心理学有着重要贡献。社会标签理论具有更加强烈的社会建构论色彩，它对于越轨行为的研究几乎可以直接列入社会建构论心理学的内容体系，主要体现在以下两个方面：一是从社会建构论的立场出发对"越轨"给予重新界定；二是系统地分析了"越轨"的社会建构过程。

2. 皮亚杰的个体认知建构主义心理学理论

皮亚杰（J. Piaget，1896—1980）的心理学理论可被折中、综合地定位为"结构主义与建构主义的结合"。作为"结构主义"来看，皮亚杰理论是具有建构主义倾向的结构主义，也就是"新结构主义"。皮亚杰结构主义的"新"及独特性正在于它与建构主义的紧密结合。皮亚杰认为，认识的结构既不是在客体中形成的，因为这些客体总是被同化到那些超越于客体之上的逻辑数学框架中去，也不是在必须不断地重新组织的运算结构中预先形成的，而是一种按阶段进行的实在建构。在对个体的认知发展过程的研究中，皮亚杰提出了包括内化建构和外化建构的"双向建构"概念，并作为其建构思想的核心构念贯穿于儿童认知发展的机制当中。

如果将皮亚杰理论定位于"建构主义"，那么依据建构主义的三种划分向度框架，它应该属于"个体认知建构主义"，具体可从下面三个方面分析：首先，在"认识论—本体论"向度上，皮亚杰的建构主义主要限于认识论层面，其理论仍然是一种主客思维，并以发现真理为目的，因此是认识论建构主义，或称"认知建构主义"。其次，在"个体—社会"向度上，皮亚杰理论属于个体取向的建构主义。皮亚杰理论虽然后来发展成为关乎人类整体性认识的"发生认识论"，但就其儿童心理发展理论而言，主要还是以个体认识的发生发展为对象，因此属于"个体建构主义"。此外，在"强调文化因素—重视建构过程"向度上，皮亚杰理论属于"过程论的"建构主义。他对儿童认知结构内化与外化、同化与顺应的双向建构过程的深入解析，以及儿童内部认知结构和外部环境、主体与客体之间相互作用等方面的重视和强调都体现了突出的过程论特点。

以皮亚杰理论为代表的个体认知建构主义是当前心理学（特别是教育心理学）中建构主义的主要表现形式。其主要特征是不涉及对现代文化的批判，在本体论上仍坚持现实物质世界的客观性，在思维方式和研究的方法论上坚持客观主义、本质主义和普遍主义。目前国内课程与教学研究中作为热点讨论的建构主义主要体现为这种"温和的"建构主义。皮亚杰的个体认知建构主义是这种建构主义的典型代表。

3. 维果茨基的社会文化历史理论

苏俄心理学家维果茨基（Lev Vygotsky，1896—1934），是对国际心理学界产生重大影响的心理学家之一，被誉为"20世纪十大心理学家"之一。他的社会文化历史理论在20世纪60年代初被引入美国，此后不仅为社会建构论心理学提供了思想和理论根据，而且对整个西方心理学的发展产生了重要影响。社会建构论心理学可以说是在维果茨基理论的基础上，融合了现象学、解释学、语言哲学批判哲学观点而形成发展起来的。社会文化历史理论为社会建构论心理学所吸纳的内容主要有以下几方面：

第一，社会建构论心理学继承了维果茨基理论的"问题域"。维果茨基将活动与意识统一起来，视活动为探究人的高级心理机能的重要媒介和研究重点。维果茨基的活动在社会建构论心理学中体现为互动过程。社会建构论心理学认为，意义是在社会互动过程中建构的，因此心理学研究的重点应该从个体内部心理结构转向外部的社会互动过程。第二，社会建构论心理学继承了维果茨基的社会历史观，同样奉行社会优先的原则，社会建构论心理学的核心命题"心理是社会的建构"证明了这一点。第三，维果茨基理论摆脱了以往心理学研究中理性主义内因决定论和经验主义外因决定论的矛盾对立，将个体与他人共同参与的社会活动过程作为人的心理发展的源泉。社会建构论心理学继承了这一立场，以"建构观"发展了维果茨基的"活动观"。第四，维果茨基理论视语言为个体性知识与社会性知识之间双向建构的媒介，这种对语言问题的关注反映在社会建构论心理学中，是将"话语"作为最重要的研究课题。

随着社会建构论心理学在20世纪80年代的兴起和影响的不断扩大，作为其主要思想来源和理论基础的维果茨基社会文化历史理论在心理学中的地位和声誉持续高涨。在一定意义上，维果茨基与社会建构论心理学之间的关系是双向互利的：维果茨基成就了社会建构论心理学，而社会建构论心理学又反过来成就了维果茨基。

4. 格根思想的演变

对于一种新的心理学研究取向，社会建构论心理学的出现既受外部因素的影响，也有学科内部的原因。但是社会建构论心理学本身并不是对这些内在和外在因素的直接反映，而是经由某些特殊的著作或代表人物的一系列研究及反映其思想成果的著述而最终产生。讨论社会建构论心理学的发生过程，也就必然会涉及对其代表人物格根的学术发展经历和创造活动的回顾。1985年，格根（Kenneth J. Gergen, 1935—　）在《美国心理学家》所发表的《现代心理学中的社会建构论运动》一文既是格根本人社会建构论立场确立的标志（Gergen, 1985），也标志着社会建构论研究范式的正式形成和社会建构论心理学体系开始建立。近年来，从格根的论文中可以看出，经过长期激烈的争论，格根的立场正在发生由"激进的"社会建构论向"温和的"社会建构论的转变。二十多年来，社会建构论心理学的发展和有关争论大多都是围绕着格根的思想和理论展开的，由此可见格根作为社会建构论心理学代表人物的地位。

从个人研究生涯来看，格根的心理学研究经历了从早期的经验主义实证范式到20世纪70年代的历史主义范式，再到80年代以后的社会建构论范式的两次重大转变。这两次转变既清楚地反映了格根本人思想发展的心路历程，也是社会建构论心理学形成与发展的历史缩影。格根思想的第一次重大转变（由实证主义到历史主义）主要受库恩范式论的影响，第二次的转变（由历史主义到社会建构论）则更多受到海德格尔的生存论、伽达默尔的哲学解释学、维特根斯坦的后期语言哲学、德里达的话语解构主义、福柯的知识考古学等当代哲学思潮的广泛影响。他所创立的社会建构论基于后现代立场要求实现对现代文化整体的、彻底的解构。谋求在现代心理学叙事的对立面上建立一种全新的反基础主义[①]、反本质主义、超越主客思维的后现代心理学思想和研究体系。

广义而言，格根思想的演变反映了心理学几十年来的发展历史。从实证范式向历史主义范式的转变，说明心理学开始具有文化意识，关注被研究对象所处的社会文化背景的重要性；注重实地研究及对语言的语义、语法分析，反映出它与现象学解释学及当代语言哲学之间的内在联系。而从历史主义到社会建构论的转变，不仅是对现代思维方式的彻底解构，而且是研究立场、研究视点的整体转换，是从现代文化到后现代文化的一次历史性断裂。人不再是"理性的反映者"。随着主客体的消亡，人的形象、生活目的、与世界的关系全都改变了。"心理"不再是"主体对刺激的反映"而是"社会的建构"；心理学不再是对"心理现象和本质的理解与解读，人的心理和行为的研究与控制"，而是关于游戏、参与对话的过程，是参与建构的过程（Gergen, 1985）。

四、社会建构论的向度定位及基本假设

1. 社会建构论的向度定位

"什么是社会建构论？"是在一般模式下本章节开篇所应阐明的问题：先对

[①] Foundationalism，所谓"基础主义"是指肯定人类知识有其确定的、坚实的、可靠的基础，人们在这一"基础"之上可以达到对外在世界的真理性和客观性的认识。参见吴开明，论罗蒂对基础主义的拒绝. 厦门大学学报（哲学社会科学版），2005（1）。

所探讨的社会建构论作出简明的定义，再对其展开描述。然而定义本身则是与建构主义的主旨相背离的，"建构主义将自身也看作是被建构的，而不是被描述的东西"（杨莉萍，2006:23）。此外，如前所述，各种不同类型、不同学科当中的建构主义差异很大，并处于不断发展变化当中，这就进一步造成了整体概括上的困难。基于前文的背景梳理，本节最后将以社会建构论的向度定位概括其特征。社会建构论必须在社会的宽泛环境当中才能找到其相对位置。因此，从不同的向度上对建构主义进行分类描述并相对定位社会建构论是较为可行的办法。以此为前提，社会建构论心理学的基本假设则能在一定意义上勾勒社会建构论心理学的轮廓。

第一，"认识论—本体论"向度，由此能够划分出"温和的（认识论的）"建构主义与"激进的（本体论的）"建构主义。所谓"温和的"建构主义仅仅是认识论层面的建构，激进建构主义则超出了认识论的范围。在这个向度上，社会建构论（Social Constructivism）更倾向于"激进"建构主义一端。社会建构论认为，不仅人的认识是建构的，"现实"本身也是被建构起来的，从而将建构的范围扩展到了主体层面。第二，"个体—社会"向度，由此划分出"个体取向"的建构主义和"社会取向"的建构主义。除了研究侧重点偏向于社会性知识之外，社会取向的建构主义还强调人及其对象（即主体与客体）的社会性，注重二者关系的交互性、对等性或反馈性。社会建构论强调"对话"意识，重视对"互动过程"的研究，因而更倾向于这一端。第三，"强调文化因素—重视建构过程"向度，相应地可划分出"因素论"建构主义和"过程论"建构主义两端。在"知识从何而来？"这一基本问题上面，各种建构主义都在不同程度上倾向于内部生成，因此它们之间的区别更多地在于，是强调"社会因素"在个体知识形成过程的作用，还是强调知识是在"建构过程"中形成的。社会建构论尽管重视话语对人的心理的建构性，但总体上更倾向于关注建构过程，即特定情境下各种内部因素和外部因素之间交互作用（即相互建构）的具体过程。

2. 社会建构论心理学的基本假设

从前面关于背景的讨论来看，社会建构论的发展反映了多种学科的研究转向。"正如我们将要看到的，社会建构论作为一种社会科学取向，受到多种学科的广泛影响，包括哲学、社会学、语言学等，它因而具有跨学科的性质。"（Burr，2003:2）而社会建构论作为一种研究范式又对诸多学科产生了深远影响；社会建构论心理学正是社会建构论这一新的社会科学研究范式在心理学中的反映。1985年，格根所发表的《现代心理学中的社会建构论运动》一文被视为社会建构论心理学正式形成的标志。在该文中，格根将社会建构论心理学的基本立场从元理论层面概括为四个基本假设,反映了社会建构论心理学的主要思想脉络。

第一,我们借以理解这一世界的术语并非由我们对世界的经验本身所规定。我们关于世界的知识不是归纳的产物,也不是建构和检验基本假设的产物。第二,我们用以理解这个世界的术语植根于人与人之间的互动过程,因而是社会的人造物,也是历史的产物。从建构主义者的立场看,理解过程不是为自然力量所自发驱动的结果,而是处于一定关系中的人们积极主动共同合作的事业。第三,某种特定的理解方式被人们接受、认可或支持的程度,从根本上说,并不取决于其观点的经验有效性,而取决于社会过程(如沟通、协商、冲突、修辞等)的变迁。第四,经由协商产生的理解方式对于社会生活具有重要的意义,因为它们与许多人们参与其中的其他活动之间存在固有的联系;对世界的描述与解释本身构成了社会行为,从而与人类的一切活动相纠结(Gergen, 1985)。

在本节中我们已经讨论过的背景问题包括:第一,以饱和社会和自我殖入为显要特征的时代背景;第二,当代哲学和知识社会学领域的产生背景;第三,社会建构论心理学在传统心理学中的孕育以及代表人物格根学术历程的回顾。在此基础上,下面将进一步介绍社会建构论心理学当中的自我和话语两个主要研究领域。

第二节 社会建构论心理学的主要内容

自我观是心理学理论体系构建的核心所在,而社会建构论心理学作为后现代心理学的元理论,首先是一种自我理论。"自我"在社会建构论心理学中的意义不同于现代心理学,不是指个体的自我意识或人格,而是对"人"的认识,即"作为人,我们是谁,我们是什么"的反映。这一部分所要介绍的社会建构论心理学自我理论主要包含二个层面的内容:对于现代心理学中有关自我的基础信念进行反省和批判,以及后现代文化对人的本质、对人与世界关系新认识的引介;同时以关系的、建构的、对话的自我全面取代现代心理学中孤立的、本质的、独白的自我,实现后现代自我对现代自我的超越。

作为"自我理论"的逻辑延续,社会建构论心理学的"话语理论"进一步讨论人的心理是"通过什么"以及"怎样"被建构起来的问题。"自我"和"话语"构成社会建构论心理学两个最重要的问题域。社会建构论认为,人的心理不是对客观现实的反映,而是来自话语的建构,"话语"因此成为社会建构论所关注的焦点。社会建构论不仅要揭示现存的真理、自我、心理等宏大话语是怎样在社会生活中起作用的，还要进一步展现这些话语如何在社会互动过程中生成，反过来又建构心理和社会生活的过程；每一种话语都有其内在的合理性，同时也仅仅是一种"可能的"建构方式。

一、社会建构论心理学的自我理论

1. 社会建构论心理学对现代自我的批判

社会建构论对现代自我的批判以当代哲学发展为基础。出于心理学的学科立场，社会建构论心理学的讨论不同于哲学的抽象和概括，更多体现了心理学所追求的细致和缜密，从而实现了讨论的深度。接下来将对社会建构论心理学有关现代自我的讨论进行梳理，以期呈现后现代心理学的部分思想、理论基础，以及后现代的批判精神。

社会建构论心理学认为，现代自我基于三个既相互独立又相互连锁的假设。其一，"知者"与"被知"分离、对立，假设客观世界"存在于那里"，而主观世界是对客观世界的反映。其二，假设人说话或写作是对其内心世界的表达。其三，基于前两个假设，语词的意义构成对外在客观世界的表征（Gergen, 1991: 99-100）。上述三个假设中，第一个假设涉及人的内心世界与外部世界的关系，第二个假设涉及概念与内心世界的关系，第三个假设涉及人的语言与外在客观世界的关系。

格根指出，上述假设相互联系，共同构成现代文化的基础信念：如果我们对世界的知觉是准确的，并能用准确的语词或概念表达我们的知觉，别人将通过我们的表达获得知识；科学家的职业就是向社会提供知识；与诗歌、艺术等相比，科学知识被认为是更为可信的；以上信念在现代社会的学校教育、民主政体、道德法律等社会体制中根深蒂固，几乎从未受到质疑（Gergen, 1991: 100）。接下来将对社会建构论心理学关于上述三个假设的有关讨论逐一介绍。

（1）主观与客观的分离与对立

世界独立于人的意识而存在几乎是现代人无从质疑的真理。我们深信无论个人甚至人类发生了什么，世界仍然"在那儿"。需要指出的是，社会建构论心理学并没有断然否认二者的对立，或者说这肯定是一个错误的假设。这里所讨论的不是一个"证实"或"证伪"的问题，不是"真"或"假"的问题，而是只能固守主客分离的"唯一真理"，还是可以兼容其他可能假设的问题。社会建构论所持的立场是，既然哲学家无法证明真实世界和经验世界的分离，无法证明独立于经验之外的真实世界的存在，就应该允许别人做出另类的假设，后现代建构主义、关系主义的自我观由此成为议题。它最主要的特征就在于消解主客体的界限,去除"世界"和"心灵"的本质假定,将视点移向日常生活、社会互动或话语实践。

(2)言语或行为能够如实地表达内心世界

现代自我信念的第二个假设是认为一个人能通过言语表达自己的内心世界。当我们准确地理解和解释一个人的言语时,就抓住了他(她)的"意图"或"意义"。通过理解他人的言语,我们就能进入对方的心灵或意识。青少年在教育过程中要用大量的时间学习母语及其他语言,学会听、说、读、写,因为人既需要用语言表达自己的内心世界,还要能通过他人的语言了解别人的内心世界,这些能力是社会对人的基本要求。这里的问题在于,人是如何知道又是怎样表达自己内心世界的。尽管我们都在这样做,但对于"是怎么做的"却回答不出。"我们不得不承认,我们不仅不知道我们'真实的思想、感觉和愿望',而且事实上,我们甚至不能确定我们拥有这样一些精神事件。我们甚至不能真诚地说'我爱你',因为我们根本无法知道自己是否拥有'爱'。"(Gergen, 1999:12)现代心理学研究主要是通过人的行为反应和言语表达反推人的心理,纸笔测验、口头报告等研究方法都基于言语与内心世界统一的前提假定。社会建构论心理学的质疑使人们认识到言语未必能够准确地表征内心世界,进而质疑现代心理学研究方法的合法性。

(3)语言是对客观世界的直接描画

现代自我观假设,人们能够用自己的语言直接描述自己的经历,从而使之如同图画一般呈现于他人面前。这个言语符合论的假设是现代文化的核心信念之一,现代科学、教育及各种民主和法律制度都以此为基础。对此社会建构论心理学在此结合后现代哲学的观点做出了具体分析。从前我们认为,语言是供我们使用的工具,我们用语言描述外在和内心世界。德里达的解构观点指出,不是我们在用语言,而是语言在用我们;不是我们说"话",而是"话"说我们,是话语通过我们、借我们的口在言说。后期维特根斯坦则提出一种新的"游戏隐喻"来取代"图画隐喻"。在此基础上,社会建构论心理学认为,语言本身并没有描述世界,而是由于它们在关系仪式(the relational ritual)中的有效作用,变成了对真理的陈述(Gergen, 1999:36)。格根进一步指出,当我们作为记者、目击证人、科学家或普通人给予某个事实以"准确的"、"真实的"描述时,我们不是按照"它其实是什么"来描述,而是按照特定的游戏规则,根据"真理应该是什么"来描述,或者换句话说,根据群体对于"什么是真理"的约定来描述。因此,在批判语言与客观世界"图画说"的同时,维特根斯坦的语言游戏说则强调了语言的"约定性"。这一理论的价值不仅仅在于它的结论——"语词的意义是一种约定",更在于它对"意义"如何经由约定而发生的过程所作的深入解析。这种解析将社会建构论的视线导向"游戏"过程,使得游戏者之间的"关系"和"互动"凸显出来,成为社会建构论心理学关注的焦点。

在社会建构论的立场上看来,自我观本质上是一种人性观。由于它以人与世界的关系作为观照点,所以也是一种世界观。自我观与人的自我是统一的,分别代表了同一事物的观念层面和存在层面,二者之间存在双向建构关系。现代自我的典型特征在于客观世界与主观世界的对立,主体与客体的对立,人与自然的对立。以这样的人性观和世界观指导人的生活或行为,便形成了现代社会的相应价值观和伦理观。社会建构论心理学认为,上述意识形态的东西借助人的活动或行为,建构了现代社会的种种社会现实,包括文化霸权主义、极端个人主义和人类中心主义。因此,社会建构论心理学致力于重构自我,从而改变现代社会的种种现实困境。

2. 社会建构论心理学对现代自我的超越

"否定"、"批判"、"解构"是最常与"后现代"联系在一起的概念。后现代也确实是在对现代文化进行彻底批判和解构的基础上建构起来的。但并不能由此妄下结论,认为后现代主张就等同于否定主义、怀疑主义、虚无主义;它所"批判"、"否定"和"解构"的主要是客观主义、绝对主义、基础主义、霸权主义等现代文化特征,目的恰恰在于"解放"人性和心灵。随着后现代的发展,它自身以及人们对它的看法都在发生变化。一方面,随着理解的加深,人们开始思考和寻找在后现代批判和否定的背后有着怎样的思想和立论基础;事实上,纯粹的批判是不存在的,批判一种东西同时意味着支持它的反面。另一方面,尽管以批判、反思、解构为基础发展出了建设性的后现代思想分支,后现代积极尝试建构一种对于现代文化而言具有替代性的思维框架,社会建构论心理学就是其中突出的代表。"主客思维"是现代文化的核心基石所在;后现代对主客思维模式中的人、人与世界关系的解构直接命中了现代文化的这一要害。而与此同时,它必须重塑另一种新的、后现代人的自我形象,重构人与世界的关系。后现代自我并不是在现代自我的特质列表上增添或消除几项特质,而是在整体上盘点并解构现代自我,重构后现代"新人"。

(1) 建构的自我

现代心理学认为,"人"之作为群属,有不同于"非人"的本质。"人"之作为个人,也有不同于他人的本质。人的内在"自我"是遗传基因和外在环境共同作用的结果,它一经形成,便具有了相对的稳定本质。由于自我的稳定本质,其行为反应也会体现出规律性,现代心理学正是基于这一潜在假设来寻求内部稳定的心理机制,以解释和预测人的行为。社会建构论认为,内在心理结构的存在只是一种推测。能够被我们观察到的只有人的行为,"心理结构"、"自我"、"人格"都是为了说明、解释人的行为而构想出来的并对人的行为反过来起制约作用的概念。就像早期的"黑洞"概念一样,人的"自我"正是这样一种"可能的存在"。对于内在自我稳定性的质疑还在于,被我们认为构成人的"自我"的某些心理成分,也并非一直存在于人的内心,而是随着现代性话语的变迁被"建构"或"殖入""自我"当中的。在英语文化中,包括"爱"及"关心"等概念就经历了由外在行为向内在心理的位移,逐渐转化成为一种内在的心理品质或人格特征。

社会建构论心理学指出,既然内在本质的自我不是一个已被证明的存在,就应该将视点由人的内心结构转向人与人之间的社会作用过程。社会建构论心理学假设不存在一个固定不变的本质的自我;内在心灵是一个流动的舞台,人的自我是被社会所建构的,而且永远处在被建构的"途中"。在社会建构论心理学当中,"建构的自我"涉及"由社会建构的自我"和"作为建构者的自我"两个方面。

"人的自我是社会建构的"这一命题有两层含义。一是将"人"作为类概念,"人"之作为与世界两分、对立的主体"I"的身份,是自笛卡儿之后形成的现代文化建构起来的。现代西方文化中人的"自我"是由语言中"I"和"me"的划分建构出来的。当我们说"I"和"me"的时候,我们错误地赋予了它们同样的功能,将前者视为精神实体,后者则是物质实体。另一方面,"人的自我是社会建构的"这一命题还隐含的另一层意义在于,作为个体,单个人的"自我"也是在社会过程中建构出来的。社会建构论心理学指出,一个人到底是怎样的人,拥有怎样的自我,取决于社会的建构。人的"自我"是被社会"成就"的。在这里"人的自我作为一种'事实'为社会所建构"并不等同于"社会文化决定了人的自我",建构的内涵在于,对于某一个体到底是怎样一个人可以有许多种不同的见解;而一旦在共同体内达成某种"共识",这种"共识"就会成为贴在个体身上的"标签"而产生"标签效应",换言之,"共识"成为了一种自我实现预言。

"作为建构者的自我"则表明社会建构论心理学同样关注社会性知识如何经过个体的个性化重构,内化成个人的知识;以及经过个体创新之后的个体性知识如何再次进入社会过程,最终转化为社会性知识。在个体知识与社会性知识彼此相互促进、更新和再生产的过程中,人始终是积极主动的"创造者"或"建构者"。如前所述,"建构"不同于"决定",而是一种创造。现代心理学中人的

"创造性"是需要培养的，而且只有少数人能够获得。社会建构论则认为，创造是内在于人的本性的基本方面，也是人生活的意义所在。

（2）关系的自我

以现代自我观为导向，现代心理学认为，在个体复杂而封闭的内心世界中，隐藏着某种特定的人格结构，心理学研究的任务就是发现这一结构，用以解释和预测人的行为。而社会建构论心理学则强调，人在不同的时间、场合与不同的人打交道时，往往表现出迥然相异甚至完全矛盾的人格特点。比如人在出席朋友聚会时的随意举止与公司开会时的严肃谨慎的言行仿佛判若两人。社会建构论心理学认为，我们无法在多样化的人格表现之间做出判断，确定哪一种是"真实的你"，因为它们都同样真实。"每一版本的你都是你与不同对象之间关系的反映，每一个你都是被社会建构的，存在于最终构成你与周围关系的某种际遇之中。"（Burr，1995:27-28）一切所谓"对内部心理状态的描述"，诸如"我爱"、"我恨"、"我烦"……都不是我们从前所理解的那种"对内在事实的描述"，而是对某种外部社会关系的反映。因此，社会建构论心理学在解构所谓的心理状态、过程、结构研究的同时转而研究人在关系中的互动以及互动中的关系。

在现实生活中人的"自我"发生改变的同时，社会建构论心理学提出一种全新的自我观："人格（即你是哪种人）并不存在于个体的内部，而是存在于人与人之间。"（Burr，1995:26-27）社会建构论心理学认为，人的自我决不是一个封闭存在的单元，而是各种关系的对应物。就现代心理学的心理和行为区分而言，并不存在一个独立的被称为"心理"的领域；行为确实存在，行为存在于关系中，并通过关系被理解。从社会建构论心理学的自我来看，在当今社会中，现实生活就是随时准备好"一张脸"，去面对那些你将要见到的脸，至于你应该准备怎样一张脸，则取决于你将要面对的是怎样一张脸，也就是说，你具有怎样一个自我，很大程度上取决于你所面对的是怎样一些人。在被你"做"出来的无数张脸中，哪一张代表了"真实的你"？回答是，它们全都是"真实的"，又都不是现代文化意义上的"真实"；这种"真实"只是在特定的关系当中有其意义。

（3）对话的自我

在当代文化中，个人主义和科学的主导地位使得在"我"相信的真理之外不可能存在另一种真理，现代文化因此在某种意义上是一种"自恋者文化"或"独白文化"。当代哲学对"知识"、"真理"、"语言"等概念的批判性重构，使得这种现代独白文化失去了赖以存在的预设基础。一方面，知识观和真理观的改变，必然影响到人对于"自我"的认识的转变。另一方面，当代语言哲学和文学批判领域的研究清楚地表明，语言不是关于世界的影像、镜射或图画，而是按照自己的内在逻辑运作。语词与它所代表的所谓"客观事实"之间的关系并非简单对应。这种对于语言与客观世界关系复杂性的认识，使得我们再也无法确定地回答人究竟如何描述外在世界以及如何表达内心世界这些问题。在这种情况下，"人"实际上已经失去了客观的本质。越来越多的人接受了人的自我是由社会建构的这一"事实"。与"建构的自我"和"关系的自我"相伴而生的，是作为"对话者"的自我。

社会建构论心理学中有关"对话"的观点主要来自俄国文艺批评家巴赫汀（M. Bakhtin）。巴赫汀认为，人成长于由对话所产生的意义当中，生活中的"意义"是在长期的对话过程中生成的（Gergen，1991:130）。巴赫汀对对话过程的分析引向两个结论：首先，任何一种意义都存在于对话过程中，存在于对话者的关系中。一个再常见不过的句子如"见到你我很高兴"，必须取决于话语情境和对话者双方的关系才能具有意义，并达成相应的共识。其次，既然意义并非来自"反映"，而是取决于对话过程，那么参与者就必须停止"独白"，加入对话，成为平等的"对话者"。对于社会建构论而言，"对话"不仅仅是一种人文精神或社会理想，而是人自身的一种生存状态或生活方式。人以对话的方式生活，没有对话就没有人。"对话"作为一种实然具有了本体论的意义。"对话"必然涉及"话"，话语理论因而成为了社会建构论心理学的另一重要研究领域。

二、社会建构论心理学的话语理论

社会建构论的话语理论从内容和过程角度可以相对分为两种类型。一种主要针对话语本身做文本分析。这类话语理论将话语理解为反映惯习、常识和生活方式的一系列文本，其中潜藏着大量"隐喻"和"叙事"，正是这些隐喻、叙事形塑了我们对自己和世界的定义。研究通常以人们日常谈话或写作中的隐喻和叙事为解析重点，旨在表明日常和科学话语背后的"潜台词"。另一种话语研究则更偏重从过程角度进行的动态研究，被称为"宏大社会建构论"。它强调语言不仅限制了我们的所思、所言，而且形塑了我们能够做什么，或者对我们而言"什么事情能做"。换言之，话语不仅建构了人的思想，而且建构了人的行动。根据社会建构论心理学的研究重点，接下来将从内容角度对于话语分析和隐喻分析的话语研究成果进行讨论。

1. 话语和话语分析

（1）"话语"的含义

不同的学科或研究领域——语言学、社会学、政治学、文化人类学、当代哲学和社会理论等，往往在不同层次、不同意义上使用"话语"概念，这就增加了理解"什么是话语"的难度。可以说，"话语"的含义取决于使用者所使用的理论传统，而这些理论传统反过来又与研究者所研究的特定的问题域有关。从发展过程来看，早期的话语心理学主要关注话语自身内在的结构性，偏重静态的结构和内容分析，同时强调话语对于人的先在性及其对于人的心理和生活的决定性影响，强调话语的"建构性"。总的来看，研究对于"话语"的理解大致包括以下三个层面：

第一，话语可以被理解为一种参考框架或概念背景，我们的言谈凭借它得到解释。"话语"作为建构某个对象的陈述系统，包含了一系列的意义、隐喻、表征、影像、故事等。它们共同以某种特殊的方式建构着客体；同时也意味着人与人之间真实的言语互动。第二，话语是有意义的话语；话语与意义之间存在双向关系，建构了生活世界。任何可以从中读出"意义"的东西，例如服装、建筑、广告等，都可以作为一种或多种话语的显现，并因此被称为"文本"。第三，作为建构事物或现实的"一套意义、表征或陈述系统"，"话语"的功能类似于库恩的"范式"；一个社会的主流话语可被看做是一个社会的"文化共识"。

相应于上述关于"话语"的理解，早期话语研究更多地将人的"言语"和"行动"视为话语显现于其中的文本，主要针对文本做话语分析。而更具后现代倾向的当代话语研究则视话语为"做事"或"行动"，更多关注话语的建构性、建构功能和建构过程。这种话语研究认为意义永远处于建构过程当中，并强调语言意义的不稳定性、模糊性、差异性、开放性、变异性和争议性。当代的话语理论认为，"话语"是社会实践的一种形式；在话语与社会结构之间后者是前者的一个条件，又是前者的一个结果。尽管研究的发展使得不同时期的话语研究存有一定的区别。但在总体上看，社会建构论的话语研究为静态的内容分析和动态的过程探索的有机结合，兼容并蓄了建构论发展过程中的话语研究成果。

（2）话语分析

鉴于话语分析在多学科（心理学、社会学、语言学、人类学、文学、哲学、传播和沟通等研究）内同时产生和发展的背景，"话语分析领域的研究者们所能达成的唯一共识是该领域中术语使用的混乱。"(Potter & Wetherell, 1987:6) "话语分析"一词涵盖了所有在社会和认知情境下的语言研究，包括对大于句子的语言单位所进行的研究，句子之间的联结和话轮更替等问题的研究，以及结构主义和符号学领域的研究进展，等等。由于话语分析不仅仅是一种研究方法，更是对于社会生活和有关社会生活研究的整体立场；而任何方法都会涉及一系列的理论假设。因此，接下来将从"研究立场"和"研究方法"两个层面对波特等人的话语分析思想进行讨论。

①作为研究立场的话语分析

作为研究立场的话语分析反对传统心理学将人的行为控制点内置于"心理过程"或"精神实体",而是强调语言对于人的心理和行为的情境性或"定位"作用(situated use of language)。与此相应,话语分析以谈话和行动(即文本)为研究对象,其主要研究兴趣一方面在于关注各种社会实践产生的根源,即人的心理和行为如何为某种特定话语所建构,有关心理治疗话语的分析就侧重于这种"被建构"过程;另一方面则关注"说话者"如何利用话语策略,建构某种主导社会实践的描述,或为自己建构某种特殊身份,并使之合法化,例如对种族主义的话语分析就主要体现了这种"建构者"的话语实践。

作为一种研究立场,话语分析提出了以下预设,由于人们使用语言的目的和情境不同,语义的模糊性及语用的复杂性不可避免。"人用语言做事情"这一由言语行动理论(speech act theory)所提出的观点则成为了社会建构论心理学话语分析理论的另一核心预设,即人们在表达请求、命令、谴责或劝说时可以选择多种方式;对于同一表述怎样解释更为合理则取决于"情境"(context)。换言之,一句话的真实含义必须联系说话者的目的及对话发生时的场景加以理解;话语并非描述事实,而是建构事实。基于对话语的建构性所做的探讨,话语心理学家进一步对心理学中的态度、知觉等经典理论提出了质疑。

第一,较之现代心理学的研究立场,话语分析心理学认为,语言并不像实证主义所预设和允诺的那样,能够如实地描述事实。第二,话语分析的研究立场认为,语言并非"描述事实",而是在"建构事实"。第三,作为一种研究立场,话语分析建立在对传统实证心理学研究的反省和批判基础上。传统心理学中现有的许多理论,如社会知觉理论、认知失调理论等,已经在一定程度上反映出语言描述的不稳定性、不一致性或变异性。但在实证话语中,这些问题都被被某种合法的方式忽略或掩盖了。波特等人从话语分析角度对于一项态度的实证研究的重新分析表明,实证心理学的研究回避了以下问题:(a)语言的使用因为出自不同的目的而会产生不同的结果;(b)语言具有建构和被建构双重性质;(c)对同一现象可以有多种不同的描述方式;(d)因此,应该考虑描述的变异性;(e)目前为止,还没有有效的方法能够有效地处理这种变异,或者从修辞的、错误的描述中筛选出如实的、准确的描述以解决语言的实在论模型所面临的难题;(f)语言使用中的建构性和灵活性本身应成为研究的中心议题(Potter & Wetherell, 1987:35)。

②作为研究方法的话语分析

第十一章 社会建构论心理学

社会建构论心理学并没有为自己圈定某种专用的研究方法，也不特别排斥任何方法，而表现出尽可能开放的态度。尽管社会建构论对实证方法提出了诸多质疑，所指向的主要是后者的唯一地位，并无绝对或完全否定之意。对于社会建构论心理学而言，原则上可以接受任何方法，但相对而言，话语分析比较适合社会建构论心理学对于互动和建构过程的考察。作为一种新近出现的研究方法，对话语分析究竟应该怎么做，尚未形成统一的认识，也没有确定的原则和程序。根据《话语与社会心理学》来看，话语分析的实施过程可具体划分为十个环节：

（a）选题（research questions）。话语分析所关注的是文本自身，即其中所隐藏的话语的建构性、建构方式和建构过程。（b）取样（sample selection）。话语分析更倾向于选择少量典型的文本做深度研究；样本的数量最终取决于研究的问题。（c）录音与文本的收集（collection of record and documents）。原始录音和文本有助于更全面的认识研究对象的话语实践，同时展现对于同一事物的相互矛盾、相互冲突的建构方式。（d）访谈（interview）。在话语分析研究中，访谈对象言语和行为反应中的矛盾、变异同样具有研究价值；访谈对象的反应比较不受限制，更具开放性；研究者同时也是谈话的积极参与者，访谈结果是访谈者与受访者共同参与建构的产物，"意义"在二者互动中生成。（e）转录（transcription）。转录者不仅需要仔细辨别每个词、每句话，还要注意语速和语调等细微特征。（f）编码（coding）。编码的目的在于将一个原始的话语文本整理成若干便于操作处理的片断的过程。（g）分析（analysis）。话语分析要求研究者在不断反省自身文化预设或偏见的同时反复阅读文本，尽可能在研究对象的情境中解释他们的生活故事和意义建构过程。（h）论证（validation）。话语分析研究结果的论证需要经过解释的内在一致性检验、参与者检验和解释的成效性检验。（i）报告（report）。话语分析的研究进程通常呈循环结构，研究报告要呈现的内容较多，在专业刊物发表时常常必须对某些内容进行摘要处理。（j）应用（application）。成功的话语分析不仅能促使人们意识到话语的建构性，还能够进一步引导人们关注不同话语和意义系统之间的矛盾和冲突，积极作为建构者促进不同话语之间的沟通和理解（Potter & Wetherell，1987:160～176）。

就方法层面而言，传统心理学效仿自然科学的实证模式，重视严格控制下的实验及测量、调查、统计等量化研究，认为只有采用所谓标准的科学方法得出的研究结论才能揭示各类心理现象的本质和规律，以此累积心理学知识，促进心理学的学科发展。在解构实证主义研究方法神圣光环的同时，社会建构论心理学认为，方法层面的重要问题在于通过怎样的方法建构了什么样的现实、对社会实践产生了怎样的影响。好的心理学理论或研究应该有助于增强人们内心的幸福感，消解不同文化之间、社会各阶层之间乃至人与自然之间的对立，有效地减少社会矛盾和冲突，促进人类的心理健康与社会的文明进步。

2. 作为结构的话语

对于科学和日常生活话语中的隐喻和叙事的研究是话语理论中颇具特色的部分。从词源角度看，隐喻的英文词"metaphor"来自希腊语的"metaphora"。前缀"meta"原意为"across"即"跨越"的意思，而词根"phor"或"pherein"的意思是"carry"，意即"传送"。"metaphor"的原意是一种由出发点到目的地的运动，引申为"由此及彼"的转换。因此，"隐喻"的基本词义就是把某个对象的诸方面"传送"或"转换"到另一个对象上去，把第二个对象在某种意义上"说成"是第一个对象。前者和后者在汉语中分别称为"喻体"与"本体"。

(1)"隐喻"的含义

作为一种修辞手段，隐喻的作用主要是通过一类事物来理解和体验另一类事物。在描述抽象事物时，隐喻尤其能够帮助人们化抽象为具体，通过已知的熟悉经验来理解和体验未知的抽象事物。隐喻在日常生活中无所不在，不仅仅体现在语言中，而且体现在思想与行动中。人类的认知活动以及被人们用来思考和行动的日常概念系统，在本质上都具有隐喻性。因此，隐喻不只是一种语言现象，而是人类一切认知活动的共同特点。作为人类认知活动的产物，绘画、音乐、雕塑、建筑等社会文化现象都包含着隐喻。具体来看，隐喻可以从以下方面加以理解：

一方面，作为一种语言现象，隐喻是意义的表达方式，赋予一个词它本来不具有的含义，或者用一个词表达它本来表达不了的含义，是对常规逻辑语言的背离。另一方面，作为认知和文化现象，隐喻是人们的内心感受和意象的直接表达，是人们认识、思考和体验世界的方式，也是一种生存方式。因此，隐喻不仅与人们精神世界的表达有关，而且与人们对事物的整体把握和独特建构有关。此外，隐喻的使用总是以一定的文化背景为前提，它携带着某种特定的文化信息，只有在特定文化背景下的听众和读者才能够理解它。在这种意义上，解读隐喻的过程也是解读文化的过程，是解读言说者或作者内心世界的过程。社会建构论对于现代心理学的批判就采用了隐喻研究的方法，提出了"心理"的考古隐喻、机器隐喻、镜子、图画、容器隐喻以及有机体隐喻（Gergen，1994）等。

(2) 隐喻研究的意义

①理解话语的隐喻性

隐喻作用的机制是将两个语义场联系在一起，借助其中一个场域（源场域）

中的事物来理解另一个场域（目标场域）中的事物。例如，"心潮澎湃"就是把心理状态和海潮这两个不同的语义场联系在了一起；理解这个隐喻的前提实际上在于将人们在源领域的经验投射到目标领域，从而增加对目标领域某些特征的认识。隐喻的特征可用"日食"的隐喻加以说明：即总是"放大或提亮"事物某些方面，而"缩小或遮蔽"其他方面。正因如此，隐喻被看成是非科学的表述；科学想要知道"真实的、准确的事实"，隐喻却只能提供被间接表述的事实，因此在"写实"和"隐喻"的区分和比较中，前者长期以来都享有优先地位。但是，后现代语言学和哲学已清楚地说明，没有哪一个词能够准确地代表了某种"事实"。被认为代表了"事实"的某个语词，其根源在于共同体中的长期使用。任何时候，只要将一个词从它所处的背景中抽离出来，放到另一个背景中，它便成为隐喻；在这种意义上，如果追溯语词的起源，我们所有的理解都是隐喻。从符号学角度来说，用话语来表达本身即是一种隐喻。无论是我们用来识别彼此的姓名还是其他称谓，所有的语词都是隐喻，在其他情景中都曾有着不同的意义，并在移植到我们的生活情景中之后获得了新的意义。

②把握隐喻的建构性

隐喻研究的意义便在于揭示那些所谓真理或谬误的"言外之意"。只有从语词的"写实性"中超脱出来，我们才能获得真正的思想自由和解放，这就需要把握隐喻在建构过程中所起的作用。作为话语分析的一种方式，隐喻研究不仅要了解话语的表达层，还要深入到语言的意义层和行为层，考察语言的功能以及语言使用者的编码和解码过程。隐喻研究的结论是开放性的，不存在一个终极的或唯一确切的结论。研究结果也并非是对研究对象的直接反映或图画，而是"用语言反思语言"，"用话语反思话语"（Gergen，1999:62）。事实上，在主客体关系被瓦解、知识的图画反映性被罢黜以后，人们已经不可能再接受任何"唯一确切的"研究结论。任何研究都在以某种特定的方式建构着对象，都只是"一种可能性"，其本身也摆脱不了社会建构的性质。隐喻研究的意义就在于通过对日常生活中习惯性的谈话或做事的方式的深入解析，揭示常用话语背后隐含着的"未曾言明"的隐喻意义，以及它们对于社会生活产生影响的方式，以此加深对人的行为和现存社会制度、生活方式的认识或理解，揭示其中存在的矛盾和问题，探索新的可替代性的建构方式。

除了这里所讨论的话语分析和隐喻之外，社会建构论心理学的话语研究还涉及叙事和心理话语的建构过程。从发展背景、研究对象以及基本主张等多个方面来看，有研究者提出叙事研究在很大程度上可以被看做是"以社会建构论为方法论导向的一种研究方法"（杨莉萍，2006:230），此论断只涵盖了叙事心理学当中后现代取向的一部分研究。此外，鉴于叙事心理学研究在理论及应用方面的独到贡献，本书将在下一章"叙事心理学"中更为详细地介绍包括后现代取向的叙事研究的有关内容。对于话语的动态过程研究包括感觉的社会建构、情感的"脚本"以及性别的社会建构（Gergen，1999）等，由于篇幅所限，在此不再赘述。

三、社会建构论心理学的应用和相关讨论

1. 社会建构论心理学的应用

较之传统的理论实践观，社会建构论认为，理论就是实践，实践就是理论。理论既不"高于"实践，也不"低于"实践，它们之间不是层级关系，而是"一体两面"。任何理论或观念本身就是一种看问题和处理问题的方式。关系思维作为一种抽象的理论也同时使得个人将与之打交道的一切视为相互联系的系统和整体，在相互联系、对话与合作中谋求共同发展。对社会建构论而言，"言"即"行"，"行"即"言"。"说"是一种"做"的方式，"理论"是一种"实践"的方式。接受一种理论的同时已经参与了它的实践。没有实践是没有理论的，任何实践都有某种的理论基础。实践是理论得以进一步传播的重要方式和途径。评价一种理论的标准不是"真"或"假"，或是否与客观事实相符，因为人不可能走出经验之外而直面纯粹的客观事实。理论的价值和意义在于所呼应的是怎样的实践，带来怎样的社会后果。

在解构现有的知识论、认识论以及理论与实践关系的同时，社会建构论心理学以"意义"为核心，关注意义的建构性与多样性，强调对意义进行反思，重视意义于其中生成的互动过程。目前，社会建构论心理学的实践已经涉足心理咨询与治疗、学校教育、组织管理、学术研究等诸多领域。在这里将简要地介绍社会建构论在心理咨询与治疗及学校教育领域中的实践运用。

（1）社会建构论的心理咨询与治疗

自弗洛伊德开创精神分析心理学派至今，一百多年来，各种心理咨询与治疗的理论、流派和方法不断涌现。到1986年，研究表明已出现了多达四百多种不同的心理治疗学派（钱铭怡，1994:275）。其中影响较大的心理咨询与治疗体系包括：精神分析范式、行为主义范式、人本主义范式和认知主义范式四大范式。上述传统心理学的各项基础预设包括人的心理疾病是一种客观存在的"事实"、心理治疗家凭借专业知识和技术以及理性思维，能够"弄清楚"心理疾病这种"客观事实"，找到致病的根源、对"事实"的认识只能一种是"真"的，只有建立在这种认识基础上的心理治疗才是有效的，等等。与此不同，社会建

构论心理咨询与治疗的基本立场则视心理治疗为社会建构、将"意义"作为治疗的焦点、重视"关系"的建构性与治疗作用等，这在焦点解决短期心理咨询当中就得到了充分的反映。

焦点解决短期心理咨询与治疗（Solution Focused Brief Counseling / Therapy，简称 SFBC / SFBT），是 20 世纪 80 年代初由沙泽（S. Shazer）和妻子伯格·基姆（I. Kim）以及他们有着多元文化和多学科训练背景的同事们在美国威斯康星州密尔沃基的短期家庭治疗中心（Brief Family Therapy Center，简称 BFTC）共同创立并发展起来的一种心理咨询与治疗模式。经过 20 年的发展，SFBC / SFBT 已广泛地运用于解决各种临床问题，如问题学生行为、自杀、性侵害、酗酒、药物滥用、婚姻家庭暴力和创伤经验等，并逐步走向成熟。与此同时，SFBC / SFBT 还从个别治疗发展到团体治疗和专业督导，开始大量应用于对学校教师的咨询训练、家长亲子教育、行政人员的管理及学校气氛的营造方面。SFBC / SFBT 的相关文献已经被翻译成多国文字，产生了广泛的影响。

以社会建构论作为哲学和方法论基础，SFBC / SFBT 发展了多种自我建构和基于语言的策略和技术。社会建构论认为，心理咨询和治疗所针对的"问题"并不作为人的意识之外的某种客观存在，而是一种意义的建构。这种建构不是当事人或其他任何个人能够独自完成的，而是人们生活于其中的某种话语的产物。话语建构了"真实"，赋予个人的经历和体验以某种意义，包括当事人谋求解决的"问题"。以社会建构论为导向的 SFBC / SFBT 是一种以意义为中心的咨询和治疗模式，它放弃了传统的病理—医疗叙事，鼓励当事人深思自己的意义建构，审视这种建构方式给自己的生活所带来的消极影响，通过改变意义建构的方式达到解决问题的目的。

不同于病理模式的心理咨询与治疗，SFBC / SFBT 不纠缠于问题形成的原因，而是将来访者的注意力直接引向希望发生的改变或实现的目标，以正向的、朝向未来的、朝向问题解决的积极态度牵引来访者，从小的改变入手，以小的成功引导大的成功，帮助来访者逐步远离困扰，最终发挥自身的建构力量解决问题。SFBC / SFBT 的有效性已得到许多实证研究的支持。在生活节奏不断加快、咨询和治疗费用不断上升的当代社会，目标明确、过程简洁、强调发挥来访者自身能动性的 SFBC / SFBT 大大缩短来访者用于治疗的时间，节省了治疗费用，从而得到来访者的更多关注。

（2）社会建构论心理学的教学实践

社会建构论作为后现代心理学的元理论，主要偏重于对自我观、认识论（知识论）、方法论等形而上层面的探究；而学校教育的目的是教给学生知识，发展学生的认识能力。对于知识性质的认识,以及对于人的认识过程是如何发生的解释与学校教育教什么、怎么教、哪些因素影响教以及学生学什么、怎么学、哪些因素影响学等问题都是密不可分的,因此我们更有理由相信社会建构论对于学校教育必然产生重要影响。社会建构论心理学的学习观强调学生是意义的主动建构者,要求教师要由传统教学模式中的知识提供者、传授者、灌输者转变为学生建构意义的参与者、帮助者和促进者,建立一套与社会建构论心理学的学习观相适应的全新教学模式、教学方法和教学设计系统。下面将对社会建构论心理学的教学模式和主要教学方法作一简述。

①社会建构论的教学模式

社会建构论的教学模式是对传统教学模式的重大变革。建立在社会建构论的学习观基础上的教学模式具有以下特征:学生是意义的主动建构者;教学活动以学生为中心开展;教师是教学过程的组织者、引导者、学生建构意义的参与者、帮助者和促进者;教材提供的知识不是用来"传递"的,而是学生主动建构意义的对象;媒体也不再是教师传授知识的手段和工具,而是被用来创设情境、开展协作学习和对话交流,即作为学生主动探索、发现和建构意义的工具(杨莉萍,2006:282)。社会建构论的教学模式对教师、学生、教材和媒体等教学过程的四个要素仍有不同的定位,有其明确的作用与相互关系,但是与传统教学模式相比,它们之间的关系彻底改变了,从而构成一种新的教学过程组织形式,即社会建构论的教学模式。

②社会建构论的教学方法

在社会建构论看来,教学方法是为了达到教学目标,在一定理论指导下教师和学生所采取的教与学相互作用的操作规则和程序。目前,符合社会建构论心理学理念的教学方法尚处于探索和实验阶段,较具代表性的有支架式教学(scaffolding instruction)、抛锚式教学(anchored instruction)和随机进入教学(random access instruction)等。其共同之处在于以教学促进学生对意义的建构、让学生在思考和解决现实问题的过程中掌握知识,从而激发学生的学习兴趣;提高学生所掌握知识的"弹性(灵活性)"和可迁移性、促进学生之间的交流和对话甚至争论,使他们从不同角度、不同侧面建构意义;强调学习是学生主动进行的意义建构过程,教师的职责在于引导、帮助、促进学生对意义的建构。

2. 社会建构论心理学的评价

(1)社会建构论心理学的意义

二十年来,社会建构论在心理学中越来越多地受到关注。特别是近几年,围绕社会建构论的讨论十分热烈,这种关注和热情是因为社会建构论作为一种新的研究范式或研究取向为现代心理学摆脱长期面临的学科危机提供了可能的视角。社会建构论研究的首要意义正在于从后现代立场出发，对现代心理学中占主导性地位的自然科学研究模式的祛魅。社会建构论明确指出，现代心理学对于人的本质、心理的本质以及人与世界、心理与对象的关系的认识，并非"真理"或者是对某种客观存在的人和心理的本质及人与世界关系的反映，而是现代文化的一种建构。社会建构论不仅深刻反省和批判了现代心理学之认识论、方法论基础，揭示了现代心理学危机的根源，而且同样富有成效地向人们展示了重构心理学的另一种可能模式，其中包括心理学研究目的、研究对象、研究方法等一系列的重大转变。

此外，社会建构论有助于解决两种不同的认识论取向（即内源论和外源论）之间的对立和竞争这一困扰现代心理学的另一理论困境。社会建构论试图超越外源论、内源论所隐含的主客、心物二元论局限，以"社会认识论"作为心理学研究的新的认识论基础。其中，知识或人的心理不再被视为一种单纯的精神表征，或一种先验的结构性存在，而是被置于社会互动过程中，作为社会文化的建构加以理解。

社会建构论心理学有望弥合现代心理学内部的分离与断裂，打破学科之间的壁垒，加强与其他学科的联系。心理学是一门"人学"，更需要不断吸收其他人文社会科学的研究成果，作为本学科发展的养料。作为一种新的研究取向或研究范式，社会建构论具有高度开阔的跨学科视野，它讨论的问题远远超出心理学，深入触及人性论、认识论、世界观和方法论等哲学层面，其影响横贯人文社会科学研究领域。作为"科学研究的元理论或元话语"，社会建构论心理学的视角有助于消除心理学与人类学、社会学等其他人文社会科学之间长期形成的学科壁垒，促进心理学与这些学科之间信息和资源共享，从而提升心理学对整个人文社会科学研究和发展所做的贡献率。

最后需要指出的是，社会建构论为我们观察和研究当代西方心理学的发展（特别是后现代心理学）提供了一个非常理想的切入点。近二十年以来，"大量将人作为社会性动物的不同研究取向不断涌现。这些取向在各种标题下出现，如'批判心理学'、'话语心理学'、'话语分析'、'解构主义'和'后结构主义'等。然而，这些取向有一点是共通的，那就是时下所谓的'社会建构论'。社会建构论作为一种理论取向，在不同程度上支撑着这些新的理论研究，如同在其他社会和人文科学中一样，后者正在心理学、社会心理学中提供一种激进的、批判性的选择"（Burr, 2003:1）。正因为社会建构论"在各种后现代心理学理论形态背后起支撑作用"，对它的研究将大大深化我们对后现代心理学思潮的认识与理解。

（2）关于社会建构论心理学的讨论

自从格根1985年发表《现代心理学中的社会建构论运动》以来，心理学围绕社会建构论的批判和争论就持续不断并且十分混乱，一方面表现为争论的指向不明，由于对"什么是社会建构论"缺乏统一的界定和认识，批判者往往出于各自特定的立场或批判目的，针对某种特殊版本的社会建构论展开批判；同时争论的问题也比较分散。包括社会建构论的本体论问题和实在论问题；语言的指涉性（referentiality）问题；社会建构论自身的逻辑统一性问题；社会建构论是否趋向于极端的虚无主义或怀疑论；是否导致相对主义的劫掠；什么是理论的"真"；什么是道德的"善"；如果一切真和善都是人为建构的，还有什么东西可追求等等。对于上述问题，本章将利用最后的篇幅提出一些思考以期引发更多的讨论。

首先，对"什么是社会建构论"的问题尚无定论。一方面，有学者自称为社会建构论者，却不被其他社会建构论者接受；有的拒不承认自己是社会建构论者，却被贴上社会建构论的标签大加鞭挞。另一方面，尽管对社会建构论的"家族相似性"有过不少抽象描述，但作为现实而存在着的却是多种形式的、不同版本的社会建构论。与此同时，任何一种形式的社会建构论在长期的发展过程中历经种种变化，甚至后期思想可能是对前期的否定，更加剧了社会建构论思想边界的模糊程度。面对社会建构论这样一个"模糊标签"，任何一种简单的结论，都难免失于武断，使复杂问题简单化，从而妨碍对它更深层次的认识和理解。尽管一时得不出确切结论，作为主流心理学的反观立场，持续的讨论正是心理学学科生命力所在之处。

其次，理解社会建构论有关讨论焦点的关键在于对"现实"的把握。通常我们是在"表征"的对立面上定义"现实"，"现实"是独立存在于我们之外的客观实在，是我们反映的对象和认识的源泉。然而，社会建构论的"现实"却另有他意。在《实体的社会建构》中，"现实"这个词是在社会学意义上被使用的，即视"现实"为"人们眼里或心目中的事实或真实"，从而凸显了社会的相对性。

社会建构论决不可能像有些人所想象的那样，简单地否认外部世界的存在。正如格根所说："无论什么东西，它在那里就在那里。"柏格和乐克曼的"人们眼里或心目中的事实"与格根"言说的事实"是一致的，都不是人们通常所理解的"客观现实"，而是"经验的现实"。理论上说，人不可能超出自己的经验之外关照"客观事物"，所谓的"现实"只能是被人们所意识到的，或呈现于意识之中的现实。从实践方面看，以主客关系为基础的科学心理学由于远离现实生活，已经陷入价值危机。社会建构论的"现实"是统一了主客体的"生活现实"，而不再是与主体相对立的"客观现实"。它对主客思维框架的超越对现代心理学具有重要的方法论意义。

此外，社会建构论究竟是"实在论"还是"反实在论"这个问题本身就是基于一种实在论立场所提出的；从实在论的假定出发，社会建构论对客观性和真理的否定必然陷入逻辑矛盾。但是，社会建构论指出，实在论的基础并不比社会建构论稳固。实际上，自康德的现象学开始，实在论的困难已日渐昭彰。主要问题在于有关认识与对象、主体与客体之间反映与被反映关系的所谓"第一原理"得不到证明。任何时候只要我们开始思考，就进入了表征的世界。人们所认识的永远只是表征中的事物，纯粹客观的世界在或不在，是这样还是那样这个问题本身与"知识"的生成就是一个悖论。

从上述围绕社会建构论展开的讨论来看，真正深入并富有建设性的讨论需要以思想的解放和真正民主、宽松的学术氛围为前提。随着现代主客关系的终结，人的心理、认识、知识纷纷失去了"图画式反映"的性质，与此同时，社会建构论心理学自身作为人类认识成果，同样失去了作为真理而存在的可能性。社会建构论的批判并没有给自己预留任何容身之地。它的批判既针对别人，又反观自身。就此而言，围绕社会建构论心理学进行的讨论不应是一种是非判断，而是一种持续的思考和互动式解读过程。

主要参考文献

1. Burr, V. *An Introduction to social Constructionism,* London: Routedge, 1995.

2. Burr, V., *Social constructionism.* London: Routledge, 2003.

3. Gergen, K. Social constructionist movement in modern psychology. *American Psychologist,* 18（3）: 269-271, 1985.

4. Gergen, K. *The Saturated Self: Dilemmas of Ideatrty in Contemporary life.* New York: Basic Books, 1991.

5. Gergen, K. Exploring the Postmodern: perils or Potentials? *American Psychologist,* 49（5）: 412-416, 1994.

6. Gergen, K. *An Invitation to Social Construction.* London: Sage Publications, 1999.

7. Potter, J., Wetherell, M. *Discourse and social psychology: Beyond*

attitudes and behaviour. London: Sage Publications, 1987.

  8. 钱铭怡，心理咨询与心理治疗，北京大学出版社，1994年。

  9. 杨莉萍，社会建构论心理学，上海教育出版社，2006年。

  10. 赵万里，科学的社会建构：科学知识社会学的理论与实践，天津人民出版社，2002年。

第十二章　叙事心理学

在过去 20 余年间，叙事（narrative）和生活故事（life story）的概念在社会科学领域逐渐获得认可，并开始在心理学、教育学、社会学和历史学等应用学科中占据一席之地。套用科学史家库恩的术语，这种历史演进可以被称为"叙事革命"，或者至少可以被看做是社会科学领域内实证范式日益式微的证据（Sarbin，1986）。作为一种研究方法，叙事在研究中的运用可以是对现存传统方法（如实验法、调查法、观察法）的一种补充，也可能在一些研究问题上作为首选方法取代这些经典的研究工具。随着心理学领域当中叙事研究影响的日益扩大，叙事与心理学研究的结合已经超越了哲学和方法论的形式化层面，能够承载理论和应用实践的叙事心理学体系日趋完善。本章将以 20 世纪 80 年代以来"叙事"思潮在心理学领域当中的发展过程为脉络，通过对叙事心理学的生成背景、自我观、研究方法及应用实践等内容的介绍，全面展现叙事心理学的广阔研究前景。

第一节　叙事心理学产生的背景

一、叙事研究传统

主题分析、心理传记、生活史研究和解释学是社会思想研究领域中探索个人叙述和人生经历的四种研究传统。叙事方法在当今社会科学研究不同领域当中的应用都从这四种研究传统当中有所借鉴，心理学研究领域也不例外，例如人格心理学领域的研究当中就大量地使用了主题分析的研究方法；叙事研究传统因而成为叙事心理学产生发展的重要基础。接下来将对四种研究传统的发展脉络及其与当前叙事心理学发展的联系进行简要的讨论。

1. 主题分析

主题分析是应用客观编码图式来分析叙事结构和内容的实证研究取向。从事主题分析研究的学者通常以后实证主义理论范式为研究出发点。他们认为客观实体是存在的，但其真实性不可能被穷尽。客观真理虽然存在，但不可能被人们所证实。在他们看来，人们了解的"真实"永远只是客观实体的一部分或一种表象，所谓"研究"就是通过一系列细致、严谨的手段和方法对不尽精确的表象进行"证伪"而逐步接近客观真实。

作为一种经典的投射测验，默里（H. Murry，1893—1988）和摩根（C. Morgan，1897—1967）共同编制的主题统觉测验（Thematic Apperception Test，简称 TAT）可算是最为著名的主题分析研究。无论在临床还是研究层面上，运用此方法的心理学家都普遍认为，一个人的故事会暴露其生活中的重要倾向和主题。因此，主题统觉测验被称为投射测验，被试投射到图片刺激上和故事情节中的正是其重要的需求、愿望、冲突等。TAT 由 30 张具有情境但主题暧昧的图片构成，要求被试根据卡片上的情境编故事，故事内容应该包括：发生了什么事？什么原因导致此情境的发生？可能会有什么样的结果？当事人的思想感受如何？等等。测验设计者假设被试在看图编故事时，通过描述和解释暧昧的社会情境能够呈现出内在的人格。较之持主体间性认识论、以叙事的定性材料本身为研究对象的当代叙事心理学研究，主题分析研究认为叙事文本作为独立于主观观察者的客观现象而存在，但其本身是不能被直接研究的；研究的目的在于将定性资料转换为可以定量分析的分数。主题分析也因此成为推崇实证主义的早期人格心理学领域中常用的方法。

在近年来的叙事心理学研究当中，主题分析发展成为人生故事的中心主题线索（thematic lines）研究。主题线索是指人生故事中的人物一直都想要得到的或渴望的东西（McAdams，1985），如权利和爱。叙事心理学的自我研究表明，主题线索在很大程度上反映了人类自我认同的两个基本模式——主体性（agency）和社团性（communion）。主体性涉及权力、成就、独立和自我扩展等主题，包括个体在扩展、维护、完善和保护自我，将自我与他人分离开来、控制自我所处环境等方面所付出的一切努力。结合人格研究的已有结论来看，主体性既表现了支配性和外倾性，也反映了成就动机和权力动机；社团性则体现了个体在与他人融合，体验爱、亲密感，建立友谊并进行沟通等方面所做出的努力。它体现了宜人性的人格特质，反映了亲和动机。而在叙事心理研究当中，个体的人生故事可以在这两种主题线索的强度和显著性方面进行比较。有些人生故事在主体性和社团性两个主题线索上都显示了较高的水平，还有些人生故事则在这两方面都处于较低的水平。有关这个方面的内容将在自我的叙事研究当中作进一步的介绍。

2. 生活史研究

生活史（life history）是指个体用自己的语言所讲述的他或她的生活历程。生活史研究就是通过各种方法获得或记录个体故事，其中常常要用到的方法有现象学的自我报告法、档案法、预期纵向研究等。在早期，生活史通常被看做是能够验证人们过去生活的叙事，这种叙事描绘了"在某种文化环境中个体的成长"（马一波、钟华，2006:57～58），其特点是结构复杂，包括特殊的描述、引用，独特的概括以及证据以及大量的比较性、背景性信息，有时还会有明显的解释、因果分析、道德判断以及对于历史影响的评价。所有这些内容通常被依据时间顺序、主题、便于处理的长度以及故事能被理解的程度组织起来进行分析。

生活史研究者指出，仅仅依靠测量、相关和实验的研究方法无法生动刻画出行为和事件的社会和历史背景，也不能准确传达人们主观的生活意义和价值。因此，叙事是我们理解个体人生中的体验过程所必需的。这种传记式的叙事能够帮助我们去理解人们对自身经验的想法和感受，理解人们是如何看待他们自己的世界，理解他们的言行举止、别人对他们的看法以及长期以来他们与环境发生交互作用的过程。这一有关叙事文本价值的主张在叙事心理学当中得到了直接呼应。

生活史研究的发展大致经历了三个历史时期：第一个时期是从1920年到"二战"前夕，生活史研究从开始兴起到逐步壮大。在心理学领域，尽管心理学家很早就对临床个案研究产生了兴趣，但是理论心理学中的个人生活研究则要从默里的人格学（personology）开始追述。第二个时期是从"二战"到20世纪60年代中期，生活史研究出现了巨大倒退。在心理学领域，对实验研究和量化研究的极度重视，导致对生活史研究的忽略。生活史研究的第三个时期是从20世纪60年代中期直到现在，社会科学领域出现了一种新的局面，越来越多的学者将目光聚焦在个体生活的过程上。最具代表性的研究包括对正常成人人格发展状况的研究、精神病理学当中的生活史研究、毕生发展研究，等等。在这一时期，由于借鉴了各种研究传统和方法，生活史所涉及的领域更为广泛、研究主题也是呈多元化趋势发展。近年来，很多研究对社会情境、人口学变量以及历史条件如何影响人生过程的问题进行了考察。

较之传统的人格研究，人生过程研究这种典型的生活史研究方式更为贴近生活，有着更高的生态效度。它的研究目标是找出人生经历的因果结构、个人与情境相互作用的过程以及在特定社会和历史情境下人们的活动状况等。对人或人格的分析不同于对人生的分析,但人格心理学中的多个流派如默里的人格学、怀特的生活史研究,以及互动心理学派都在研究当中大量使用了人生过程的研究思路。通过分析人与其生活的社会历史环境,对于生活史的考察使得我们对个体生活的理解更加深入。同其他研究方法一样,生活史研究方法也有其适用范围。然而,作为对于个体生活的一种极为细致的研究方法,生活史研究在详细描绘个体及其环境,传达个人的情感、思想、语言和行为,表达个体对行为和感受的主观意义,形成对个体行为的独特理解和解释上,都为叙事心理学的自我研究及研究方法提供了独到的启示。

3. 解释学

解释学(hermeneutics)与语言从来都是密不可分的。从词源上来看,"Hermes"(赫耳墨斯)是希腊神话诸神中的一位信使的名字,他的任务是来往于奥林匹亚山上的诸神与人世之间,给人们传递诸神的消息和指示。因此,解释学最基本的含义就是通过翻译和解释,把一种意义关系从一个陌生的世界转换到人们熟悉的世界。在解释学从古到今的发展过程中存在三次重大的转向(马一波、钟华,2006:67),这些演变尽管历时久远,并数易其貌,却始终没有脱离语言这一核心载体。在当代解释学的发展过程当中,伽达默尔(H. Gadamer, 1900—2002)所提出的"视域融合"与"效果历史"概念对于叙事研究中的语言和理解预设有着重大影响。

在具体的理解活动中,存在着两种不同的视域。一种是时代特殊的历史语境;我们所理解的历史文本和艺术作品都有它们自己的历史视域,即历史文本都是在特定的历史条件下,由特定历史存在的个人创造出来的。另一种是理解者自己的历史视域;理解者自己的历史视域不仅仅指理解者所处的现今的视域,而且还指历史、传统通过语言的代际传递对解释主体进行的文化渗透。真正的理解就是这两个不同的视域的融合即"视域融合"过程,"理解其实总是这样一些被误认为是独自存在的视域的融合过程"(马一波、钟华,2006:70)。理解就是理解者与文本寻求一种共同语言的过程。这种共同语言也就是理解的完成形式——解释。而解释必然要以语言的方式表现出来。"在这种综合的视域中文本的有限视域与解释者的有限视域融合成关于主题(即意义)的共同观点,这种主题或意义正是文本和解释者共同关注的对象。"(马一波、钟华,2006:70)

纵向来看,根据解释学的观点,人类的生活受到特定历史时期的限制,现实生活可以被看做是一个文本,具有一定的历史性。对文本的解释或理解需要研究者对文本提出问题,并与文本之间进行互动。不仅文本作为整体要通过各个部分才能加以理解，而且文本赖以产生的历史文化背景也作为整体制约着对于文本的具体理解。解释者同文本作者精神世界的历史距离对理解产生了直接的影响。因此，文本的意义不是由作者决定的，而是由处于不同境遇之中的读者与文本的互相作用决定的。鉴于理解者与被理解对象都是历史的存在，这种文本的意义和理解者共同所处的不断的形成和交互影响的过程就是"效果历史"。叙事心理学的研究直接借鉴了解释学的方法，正如麦克亚当斯所言（McAdams，1999:491），各种叙事研究的解释学方法都以故事本身为研究重点；所有的文本都是特殊的，而所有的解释都特别针对特定的文本；观察者和被观察者处在一个辩证的关系当中；语言和意义具有不确定性；主观建构高于客观事实；生活叙事具有情境性和偶然性。

在建构主义的思潮席卷社会科学研究各个领域的同时，个人叙事的解释学研究不可避免地反映了同样受到解释学影响的批评理论和激进的建构主义的理论范式（Guba & Lincoln，1994:106）。批评理论是一种历史现实主义，主张真实的现实是由社会、政治、文化、经济、种族和性别等价值观塑造而成的，是在时间中结晶而成的。因此，研究者的价值观会不可避免地影响到被研究者。研究的目的是通过研究者与被研究者之间的对话和互动来超越被研究者对"现实"的无知与误解，唤醒在历史过程中被压抑的真实意识，逐步解除那些给他们带来痛苦和挣扎的偏见，提出新的问题和看问题的新角度。在这个"超越"的过程当中叙事的方法起到了重要的作用。激进的建构主义强调，现实是通过语言建构出来的，语言之外不存在任何东西。心理学家生长于特定的文化背景下，必然通过话语获得一种解释观察事实的参考性框架，即一种心理的"前结构"。在建构主义看来，所谓的心理状态、心理过程恰恰是通过语言建构的；语言是先在的，人类通过语言范畴来认识这些内部状态。在我们出生之前，语言中就存在着"情绪"、"意志"等范畴，我们认识自己时，就要使用这些语言范畴，否则我们就无法被别人所理解。因此，语言为我们认识世界和自己提供了范畴和方式，规定了我们的思维。

与此相应，话语成为了激进建构主义研究如社会建构论的主要研究领域。话语建构着人的认识和心理，通过话语分析，可以发现隐藏于其中的基本预设，正是它们建构人的认知，操纵着人的行为。因此，建构主义心理学以话语分析作为研究人的心理怎样被话语所建构的有效途径。各种话语当中所包含的叙事成为了后现代批判和建构理论与叙事研究的交汇点所在。对于建构主义的有关发展背景和基本主张参见前一章"社会建构论心理学"。正因为个人叙事和人生故事的解释学研究传统采用了以上两种范式，较之主题分析来看，这使得偏重解释学传统的叙事研究处于认识论向度的另一极。

4. 心理传记

在心理传记的发展初期，很多传记家都在弗洛伊德精神分析的深刻影响下运用精神分析的理论来对传记中的人物加以阐释。因此，有研究者曾经将心理传记定义为一种"运用精神分析的理论和概念的传记"（马一波、钟华，2006:75）。但是，这种定义太过绝对，它排除了其他诸多的可能，限制了其他心理学理论和观念在传记中的应用。反过来，心理传记作为一种方法不应局限于精神分析理论或人格理论研究，而有可能拓展到心理学所有的理论研究当中。因此，只要明显系统地应用了心理学的理论和观点的传记研究，就可视之为心理传记。

在20世纪以前，传记很少运用心理学概念来解释人物的生活。罗马帝国时期的传记当中只是包括简单的道德评价来说明诸如诚实、勇敢等典型的人物特质。而到了中世纪，教会的学者创作圣徒传记主要目的在于颂扬上帝，教化世人。他们并没有对人格有任何探索，而只是道德和精神教化的工具。直到17世纪，传记有了更加成熟的形式，传记作家开始努力创作那些既能够给人们带来娱乐又带来艺术满足感的叙事。这一时期，博斯韦尔（J. Boswell, 1740—1795）的《塞缪尔·约翰逊的人生》成为西方文学上最著名的传记。博斯韦尔淋漓尽致地刻画出了人物的特征，并且探索了约翰逊人生的各个领域，将这一个体的独特人生展现在世人面前。弗洛伊德在1910年创作的《列奥纳多·达·芬奇和一段童年记忆》可算是第一部真正意义上的心理传记。基于达·芬奇在孩提时期的幻想，弗洛伊德对他同性恋取向和强烈的恋母情结做出了人格方面的心理动力学分析。从20世纪20年代开始，大量有关政治、科学和艺术名人的心理传记作品问世。但这一时期的传记作者大多都没有受过精神分析或精神病学的正规培训。在40年代的停滞之后，从50年代开始，心理传记逐渐复苏并进入了繁荣时期。这一时期，不仅作品数量不断增加，而且越来越多的人成为了传记家关注的对象。也是在这个阶段，心理传记者能够自觉地系统运用心理学理论来理解和解释传记人物的生活。

近年来心理传记研究已经不再局限于用精神分析理论解释人们的人格模式和生活结局，而是发展到运用新兴的人格叙事理论来解释人们的生活。对于"怎样才能够真正做到全面地理解一个个体的人生历程、发掘整个人生的意义？"这个问题，许多致力于研究个体生活的人格学家都认为，叙事导向的心理传记是把握具有时间特性的人类生活的最佳方法。与此相应，随着叙事心理学的不断发展，越来越多的叙事心理学家开始关注心理传记的研究传统，使之成为目前叙事研究中影响最大的研究取向。麦克亚当斯的同一性人生故事理论和赫曼斯的对话自我理论都是这一取向突出的代表。在其著作当中,麦克亚当斯从叙事研究的角度将心理传记定义为"系统地应用心理学(尤其是人格心理学)的理论,根据生活改编而成的连贯、富有启发性的故事"。较之更具后实证倾向的主题分析传统,叙事自我研究的传记内容更详尽、更全面,而且更多地关注从出生到死亡整个的人生历程,目的就是要去理解、发掘和形成整个人生的中心故事,并根据心理学理论去构建这一人生故事。

综上所述,叙事研究的四种传统虽然都植根于社会科学的发展变化过程当中,所代表的是不同的理论范式和基本预设,其主要观点如表12.1所示。

表12.1 四种研究传统的基本观点

研究传统	主题分析和生活史研究	解释学	心理传记
理论范式	后实证主义(post-positivistm)	批判理论(critical theory)	建构主义(constructivism)
本体论	批判的现实主义:现实是"真实的",但只能被部分地了解	历史现实主义:真实的现实是历史的产物,由社会、政治、文化、经济、种族等因素塑造而成	相对主义:现实具有情境性的特点,具体地被建构出来
认识论	修正的二元论/客观主义的认识论;研究结果有可能是真实的	交往的/主观的认识论;研究结果为价值观念所过滤	交往的/主观的认识论;研究结果是创造出来的
方法论	修正的实验主义/操纵的方法论;批判的多元论;对假设进行证伪;质的研究方法	对话的/辩证的方法论	阐释的/辩证的方法论

资料来源:Guba & Lincoln, 1994:109.

二、叙事心理学的生成

"叙事心理学"这一概念是由心理学家萨宾(Theodore Sarbin, 1911—2005)于1986年提出来的,他主张用叙事范式代替传统的实证主义范式,这时的萨宾已经年逾古稀。在这里有必要回顾一下萨宾学术生涯发展的故事,在这个关于叙事心理学生成的故事中理清其发展脉络。

1. 行为主义向角色理论的转换

20世纪30年代正是行为主义一统天下的时候,萨宾在大学期间同样受到了严格的行为主义训练。虽然后来成为实证主义方法论的极力反对者,但当回顾自己这段经历时,他并没有完全否定行为主义对心理学的贡献。萨宾评价说:"行为主义心理学为这个充满含糊和不确定因素的世界提供了一种保护。"(Sarbin,1998:12)1936年,在大学即将毕业时,萨宾接触到了"交互行为心理学"(Interbehavioral Psychology)的有关主张,认为人的行为离不开文化、历史等社会背景,人的心理、意识应当是研究的重心所在,还提出应该重视语言对行为的重要影响。在当时,人们普遍认为可以通过实验发现行为的所有秘密,而交互行为心理学则被萨宾视为自己学术生涯的"转折点"。

1938年,萨宾到明尼苏达大学做学生心理辅导工作,在这里接触到了"角色扮演"(role-taking)的概念,并进一步阅读了米德及其他一些社会学家的作品。在米德思想的基础上,他开始意识到角色可能是联结社会与人格的纽带。在芝加哥治疗精神病人的过程中,他发现虽然同是精神分裂症,但每一个病人背后都有自己独特的故事,在理解这些大相径庭的故事时,自己受过的心理学专业训练似乎根本派不上用场,病人的故事中没有"平均值"、"平均差"、"相关"等量化研究中常使用的术语。对此他曾经感慨道:"我感到无法接受,这么多各不相同的故事怎么能被贴上同一个标签。"(Sarbin,1998:17)他开始尝试用"角色"概念描述催眠行为,并提出这样的假设:催眠行为也是一种社会角色的胜任。在此基础上,萨宾发表了有关角色扮演的第一篇论文《角色扮演的概念》。尽管此时对于角色的理解还比较片面,但正是角色扮演理论让萨宾在多年后最终走向了叙事心理学。

从1948年起,萨宾应邀到加利福尼亚大学伯克利分校教授临床心理学,并于50年代初期发表了一系列有关角色扮演的研究报告,这些研究大多采用实证方法,试图寻找角色扮演能力与人格特质之间的联系。这期间的研究使萨宾更加坚信:角色是人格与社会的桥梁,每个人的行为都必须与特定的社会角色期望相符;角色对行为的影响甚至比个体自身的态度更大。1954年,萨宾参与了《社会心理学手册》一书中关于角色理论的编写,从此,萨宾的名字便与角色理论连在一起。1957年,萨宾与社会学家戈夫曼(E. Goffman,1922—1982)相识。在他的影响下,萨宾将许多新的内容融入"角色"概念,并用它来解释异常心理,认为异常心理是因为个体使用了不恰当的角色观念,以解决内心冲突。

三年后，萨宾开始关注科学建构中的"隐喻"（metaphor）问题，并进行相关研究，这就为萨宾后来发展叙事心理学埋下了积极的种子。

2. 对想象与社会认同的研究

1960年以后，萨宾的研究兴趣主要集中在两个领域：想象和社会认同。这两个领域均为角色理论的延伸，同时又拉开了叙事心理学研究的序幕。对想象的研究源于在催眠过程中被催眠者出现幻觉的现象。较之模仿，想象没有预先存在的模仿对象因而是一个更加主动的过程。萨宾称想象是"无声的角色扮演"（muted role-taking），并回忆道："无声的角色采择距离叙事模式只有一步之遥，但当时我并没有意识到。"（Sarbin，1998:25）叙事其实也是一种角色采择的行为表现，一个人叙述自己的故事，其实也就是以他人的身份来审视自己的过去、现在和未来。当我们讲述自己的故事、想象未来时，脑子里充斥着的一幅幅画面，就像舞台上的表演，叙事中的自己就如同舞台上的某一个角色，叙述者如同导演或编剧，这个角色同样包含了个体对过去的态度、对未来的期望等多种丰富的情感。如果想象是一种无声的角色采择，那么叙事就是有声的角色采择。

除想象之外，萨宾还提出一个有关社会认同的三维模型，将米德"自我是社会互动的产物"这一观点纳入其中。模型的第一个维度是社会地位，两端分别为先赋地位（granted status）和后赋地位（achieved status），前者指个体与生俱来的、自然形成的状态，如家庭关系、年龄、性别，后者指个体最终的成就状态，常指个体的职业身份，如教师、音乐家、技术人员等。第二个维度是个体涉入的程度，第三个维度指他人对个体行为的评价。这一模型的重要之处在于将社会互动与个体对自我的认识结合起来。到了20世纪70年代初，萨宾开始清楚地意识到自己对传统实证主义研究方法的不满，并将自己视为为人本主义心理学家。

3. 作为根比喻的叙事研究

1969年后，萨宾来到加利福尼亚大学圣克鲁斯分校工作。在那里，他再一次遇到了来圣克鲁斯访学的哲学家斯蒂芬·佩珀（Stephen Pepper，1891—1972）。佩珀曾于1942年出版了《世界的假设》一书，并在书中提出了"根比喻"（root metaphor）一词。他认为所有纯哲学的假设都来源于根比喻，根比喻为自然世界和人造世界提供了基本的建构框架，对根比喻的选择决定了人们提出问题的方式。当人们遇到一个全新的事件时，总是要将它与已有的知识产生联系，然后才能对其进行解释；但假如没有一个现成的类别可以将其纳入其中，人们会试图寻找一个与其"部分相似"的事件，这"部分相似"可以为其提供分类的基础，那么这个可以与其他事件产生"部分相似"的事件就是根比喻。

佩珀还据此提出了四种世界观：形式论（Formism）、机械论（Mechanism）、机体论（Organicism）、语境论（Contextualism）。

其中，语境论的假设集中反映在詹姆斯、杜威以及米德的著作当中，其根比喻为历史事件。语境论主张任何一种现象的理解都离不开事件发生当时的历史背景，力求设身处地、历史性地理解语言、心理、行为等各种社会现象。语境论本身含有建构的因素，反对任何所谓永恒的、放之四海而皆准的评价标准。在与佩珀多次讨论之后，萨宾感到，语境论的世界观更加适于人类世界的复杂性，应该"能够为人类科学提供更加合适的指引"（Sarbin, 1998:28）。他认为，语境论的根比喻是历史行为，而叙事类似于历史行为。同样是语境论的表现形式，二者唯一的区别在于：历史通常由历史学家讲述，而叙事则由当事人来完成。于是，萨宾开始致力于将语境应用于各种心理现象，并进一步发展社会认同模型。20世纪70年代初，萨宾开始思考将叙事作为心理学研究的根比喻，并于1975年发表文章《语境论：现代心理学的世界观》。

1983年，萨宾在所发表的论文《叙事是心理学的根比喻》中指出，正如历史行为是语境论世界观的根比喻一样，叙事同样是心理学的根比喻，叙事与历史都依赖于过去、现在和未来的时间结构而存在。1986年，萨宾邀请了13位对叙事感兴趣的来自不同学科领域的学者合作完成了第一本有关叙事心理学的著作——《叙事心理学：人类行为的故事性》。他在该书中提出："人类思考、知觉、想象以及进行道德抉择都是以叙事的结构为依据。"（Sarbin, 1986:8）在《叙事心理学：人类行为的故事性》一书中，萨宾第一次提出了"叙事心理学"的概念，主张用叙事范式代替传统的实证范式。后来人们通常认为该书标志着叙事心理学的诞生。

1994年，由于在社会与人格心理学方面的突出成就，已经83岁高龄的萨宾被授予亨利·默里（Henry Murray）奖。1999年美国心理学会（APA）将第24届理论与哲学突出贡献奖颁发给88岁的萨宾。从20世纪30年代开始，萨宾陆续发表论文105篇，参与撰写心理学著作20本，出版专著6本，参与编著9本。像萨宾这样学术生涯长达七十多年，并且能够连续不断发表自己的学术见解，获得的研究成果一直有所突破、广受赞誉的心理学家是不多见的（在其他学科同样不多见），因此他当之无愧为心理学的"传奇"人物。

三、叙事心理研究的含义及其基本特征

1. 叙事研究的含义

尽管叙事和叙事研究已经成为质性研究当中的常用术语，在有关的文献当

中却很难找到对于它们的通行界定。《韦氏词典》(*Webster's Third International Dictionary*, 1966:1503)把叙事定义为:"用于表现一系列相关事件的一段论述(discourse),或者一个例子(example)。"在本书中,叙事研究指的是任何运用或者分析叙事资料的研究;这些资料可以作为故事形式(通过访谈或者文学作品提供的生活故事)而收集,或者以另外一种不同的形式(如人类学家记录他或她所观察故事的田野笔记或者个人信件)而收集。它可以是研究的目的,或者是研究其他问题的手段。叙事研究的应用领域包括群体间的比较分析、对于特定社会现象或者一段历史的理解以及对自我的探究等。广义的叙事研究模式能用于分析从文学作品到日记、自传,或者由访谈而获取的口述生活故事之类的广泛的叙事谱系。与此相应,这类研究可以分属不同的学科领域,如文学、历史学、心理学、人类学,等等。

关于自我的或生活故事的叙事研究在今天的心理学领域有着独特的意义。人是天生的讲故事者。故事给个人经历提供了一致性和连续性,在我们与他人的交流过程中扮演核心角色。从布鲁纳(Bruner, 1990)、麦克亚当斯(McAdams, 1999)、波尔金霍恩(Polkinghorne, 1988)等人的研究来看,心理学的任务在于探索和理解个体的内在世界,而想要了解人的内在世界,最直接的渠道便是听他说说关于自己生活和亲身经历的故事。换句话说,叙事给我们提供了获悉自我认同和个人性格的机会。许多理论家(最著名的如弗洛伊德)都将叙事方法应用到心理治疗当中,通过研究病人的案例,形成了他们关于个体精神生活、性格及其发展阶段的观点。而以普通人为研究对象的研究者也能从调查访谈所收集到的个人叙事中,建构起对其个性的理解。

2. 叙事心理研究的基本特征

首先,运用叙事心理研究所得到的是丰富而且独一无二的资料,而这些资料是通过单纯的实验、调查问卷或观察无法获取的。叙事研究的优势同时也导致了它所面临的困境,所收集资料的数量较大以及研究工作本身的阐释特征决定了叙事心理研究的性质以及相应的挑战。尽管多数叙事研究所涉及的样本数量较少,但单个案例的研究可能就要建立在几个小时的访谈基础之上,听取录音并把它转译成书面文本或者整理数百页的访谈记录草稿都是非常耗时耗力的工作。此外由于没有哪两次访谈是相同的,资料的丰富内容是叙事研究的特点所在,同时也增加了处理的难度,研究往往是一个循环往复的过程。

其次,与此相应,叙事心理研究需要"对话式地倾听"(dialogical listening)至少三种声音:以录音或文本形式呈现的叙述者的声音;提供解释的概念和工具的理论框架声音;对阅读和解释的反思性监控声音,即分析资料和获取结论过程中的自我反思意识。随着研究的开展，生活故事的听者或读者与叙事进行的互动使之对于叙述者的声音及其所表达的想法更为敏感。通过对叙事的阅读和分析，假设和理论逐渐出现，并以循环运动不断地螺旋式上升，修正着原有的理论假设，进一步丰富了阅读。在这里，以自传形式建构自我认同与通过经验研究建构理论是两个同时发生的平行过程。

　　叙事心理研究的第三个特征与研究假设有关。研究者通常有其研究问题和基本研究方向，以此来决定选择研究对象或叙述者以及获取资料的程序步骤。但是，在叙事研究中通常是没有预先假设的，研究的明确方向往往随着对所收集资料的阅读而显现，假设也才可能随之产生。再进一步来说，这种工作又是解释性的，具有较高的个人化、局部性和动态特征。因此，叙事研究在一定程度上只适合于那些能够容忍阐释性结论的模糊混沌状态的研究者，并能在必要时进一步分析叙事资料，对已有结论提出异议。

　　最后，叙事研究最显著的形式特征在于不把结果的可复制性（replicability of results）作为评价的指标，但这并不等于研究者在过程中完全依靠推测和直觉来进行解释。准确地说，理解是检验直觉的基础，并对照叙事资料反复进行考查。传统研究方法所提供给研究者的通常是建立在统计之上的系统推论过程，叙事研究则需要在自我意识和自我约束下不断进行检验工作，对照阐释来检验文本，同时对照文本来检验阐释。总之，上述特征表明，叙事心理研究是极度费时耗力的工作。关于能够统整各类叙事研究的阅读、分析和诠释方法的模式将在下一节中介绍。而在转向叙事研究的分析框架之前，本文将对叙事心理学的自我研究进行简要讨论。

第二节　叙事心理学的主要内容

　　从上世纪80年代开始，个人叙事和人生故事的研究逐渐成为自我研究领域当中的一股重要趋势。正如叙事心理学所认为的那样，人类经验和行为是有意义的，为了理解他人和我们自己，需要探索组成我们的精神和世界的"意义系统"与意义"结构"。人类的意义领域离不开"活动"，时间与顺序是这种活动的基本维度，意义就在时间与顺序的关系中得到解释。量的方法抓住的只是有限的变量，提供的只能是离开了时间与顺序维度的"活动"零碎切片，从而也就失去了连贯性的意义。叙事则能通过对事件的时间组织和情节结构把过去、现在和未来有意义地联系起来；通过运用叙事的方法让参与者描述他们人生当中的重要个人场景,讲述不同的人生故事,自我研究者能更为深入地考察工作和职业、友谊和爱情、养儿育女、信仰和价值观、个人信奉以及对个人而言有意义的人类生活的许多其他方面。随着麦克亚当斯的同一性人格理论、赫曼斯的对话自我理论等自我叙事理论的相继出现,新的自我理论也初现端倪,其中场景、对话和人生故事成为人类生活的核心。

一、叙事自我

1. 同一性人生故事模型理论:认同与故事

以埃里克森的同一性概念为基础,麦克亚当斯(D. McAdams,1953—)的同一性人生故事模型认为,人们从少年期和成年早期开始就会面临一个重大的挑战,即要去建构一个能赋予自身生活一贯性、目的性和意义性的自我,即一种能够将各种不同的个体特征和情境因素整合成有意义模式的同一性完形。在他看来,这一特殊的完形就是一个整合的人生故事:"同一性是一个人生故事,一个内化的、不断发展的有关自我的叙事。"正是同一性与人生故事将自我的不同方面紧密地联系起来,使生活具有一贯性、目的性和意义性。

在同一性人生故事模型理论中,麦克亚当斯还对自我的"主体我"(I)和"客体我"(me)两个不同方面进行了阐述。与最早提出"双重自我"这一概念的詹姆斯不同,麦克亚当斯并不是把主体我(I)和客体我(me)看做两个实体,而认为主体我(I)是一个过程,客体我(me)是一个结果。因此,在同一性人生故事模型中,主体我(I)就是从经验中建构自我的基本过程,客体我(me)则是自我建构过程中最主要的结果。客体我(me)又被许多心理学家称为"自我概念",它的范围非常广泛,涵盖了个体的物质、社会、精神领域。较之传统的人格概念,在同一性人生故事模型中,无论特质、个人关注还是人生故事都属于人格的范畴,也都是通过自我建构过程获得的,因而成为客体我(me)的一部分。但客体我(me)中的某些方面(如房子、汽车等)则超出了人格范畴;人格范畴当中的一些部分如果没有经历自我建构的过程也不能进入客体我(me),因此这里的客体我并不能完全与人格范畴等同。

同一性人生故事模型从以下三个不同层面对自我进行了考察。第一个层面是倾向性特质(dispositional trait),即那些去情境的、无条件的、线性的、可比较的人格维度,如外倾性和神经质。它为我们提供了一种人格描述的倾向性标志。特质通常都由自我报告来测定,可比性和去情境性既是特质描述最有价值的两个特点,也是其最大的局限。第二层面是个人关注(personal concern),也称做个体的独特适应,包括个人奋斗、人生任务、防御机制、应对策略以及其他动机的、发展的、策略的建构。个体关注与倾向性特质最根本的区别就在于它的情境性,个体关注有着具体的时间、地点和角色。第三个层面是人生故事(life story),即由重构的过去、感知的现在、期盼的未来整合而成的内化的、发展的自我叙事。无论是特质概况还是个人关注的具体建构,都无法展现出个体生活的全部意义和目的。人们要让自己的人生具有统一性和目的性,在一定意义上就是要使客体我具有同一性。只有个体整合了所扮演的所有角色,融合了自身不同的价值观和技能,并组织了一个包含过去、现在和未来有意义的短暂模式时,个体才可能建构这种同一性,才能将自己与他人的相似和不同区别开来,从而清晰地界定自我(McAdams,1985)。

多数研究者(Bruner,1990;Polkinghorne,1988)认为,能够将人生有目的地、一致地讲述出来的唯一可能的形式就是故事。人们建构了那些连贯的、生动的人生故事,使得个人能够以生成的方式融入到社会中来。人生故事赋予了个体有关自我的历史,同一性则建构了自我的故事形式,使之成为一个由重构的过去、感知的现在、期盼的未来整合而成的内化的、发展的人生故事。故事反映生活、将内部现实呈现于外部世界。我们通过我们所说的故事了解和发现自己,并把自己向他人展示。只有在人生故事这一层面上,整合的人生故事才得以把握人类个体的认同和目的。

(1)人生故事的结构和内容

人生故事就是融合了重构的过去、感知的现在和期望的将来的一种内化的、发展的自我叙事,它是一种心理社会构念。尽管故事是由创作人来建构,但故事在文化中仍具有本质意义,故事的建构也与文化交互作用。人生故事以个体经历的事实为基础,然而作为一种将个人一生建构成有意义的连续的叙事,人生故事对过去、现在和未来的叙事却超越了这些事实。它不是纯粹的事实,也并不是纯粹的想象,而是介于二者之间。在同一性人生故事模型当中,人生故事的结构和内容可从以下几个方面加以分析(McAdams,1985)。

第一,语调(narrative tone)是人生故事通常所表现的一种贯穿始终的情绪语气和态度,可以从极度的悲观到极度的乐观。西方文学传统中,表现积极情感的通常是喜剧和浪漫剧,体现消极情感的则是悲剧和讽刺剧。麦克亚当斯认为任何一个人生故事都可以吸取以上四种戏剧情感成分来表现自身的语调。

第二,意象(imagery),即叙事个体用以刻画人物和情节特征的隐喻、象征和图片。人生故事展现出一种特有的意象模式,自我所选择的特定意象体现了个体独特的个人经历;因此个体所偏爱的隐喻和象征能很大程度上折射出他/她的同一性。

第三，主题（theme）是叙事中人物追求的有目标指向的结果，体现了人类的动机，以及长期以来人们努力追求和逃避的东西。

第四，意识形态背景（ideological setting）是指叙事者在故事中表现出来的自身的宗教、政治、道德信仰和价值观，其中还包括个体对这些信仰和价值观形成过程的解释。意识形态背景是人们建构其人生故事／同一性的基础，也是个体评判自己和他人生活的依据。

第五，核心情节（nuclear episodes）是在人生故事当中给读者留下突出印象的特殊场景，包括人生故事的开始、高潮、低谷、转折点和结局。考察核心情节所关注的并非过去实际发生了什么，而是对这些关键事件的记忆在今天整个人生叙事中代表了什么。

第六，潜意识意象（imagoes）是持续出现于人生故事特定维度上的不同面目的故事主角，是客体我（me）特定方面的拟人化。在一个人生故事中，主角就是故事的讲述人。但这个主角可能以多种面貌出现，每个人物又将客体我（me）的许多不同特征、角色和经验整合起来。人生当中的主要冲突和动力将会以冲突和互动的潜意识意象表现出来，就好像任何故事中的主要角色一样，通过他们自身的行动或彼此的互动推动剧情的发展。潜意识意象一定程度上还受到文化的影响，反映了既定文化所向往的价值观，并将道德、政治、宗教和美学的价值观人格化，代表了个体所崇尚的一切真实和正确的东西。

第七，结局（ending）或生成脚本（generativity script）。故事有开始，有中间过程，也应该有结局。作为人生故事的一部分，生成脚本涉及成人如何生成、创造、培育和发展一个积极的自我遗产，并将之呈现给下一代。虽然一个生成脚本为人生故事提供了某种意义上的结局，但同时也标志着新的开始，它将客体我延伸到下一代人身上，超越了单一生命所受的时空限制。

（2）人生故事的作用

人生故事的首要功能在于整合。通过将客体我中分离的部分整合到一个更加宽广的叙事框架里，自我形成过程（selfing process）才能够从看似杂乱无章的人生中找到一种认同。而对于自我的整合叙述就是主体我给出的这样一个连续、可信的故事。需要指出的是，麦克亚当斯认为，一个人生故事只是对客体我的暂时整合，而并不是说所有人生故事都可以将人格的一切或整个人生加以整合。同一性只是人格中一个极为重要的部分，面对如此复杂的、有情境的、处于多重交互影响下的自我整体，它的整合能力也是有限的。此外，人生故事是个体对自我的叙述，是人们对自身生活的一种理解。对那些聆听者来说，这些人生故事有助于他们更好地理解和反思自己的人生和生活世界。对于下一代而言,分享长辈的人生故事也是一种受教育和社会化过程。

(3) 人生故事的类型

不同的人就会有不同的人生故事,每个个体从不同的角度出发在不同的时期也有着自己独特的人生故事。因此,人生故事以各种不同的类型和形式存在。根据人生故事的语调进行分类,可以得到四种基本的故事类型:喜剧、浪漫剧、悲剧和讽刺剧。依据故事主角的发展变化,则可以将人生故事分为稳定的、进步的和倒退的故事。在稳定的人生叙事中,故事主角不会有太多的发展和变化;而在进步的人生叙事中,故事主角随着时间不断成长和扩展;倒退的人生叙事中,故事主角则逐步失去了生成的动力并因而失去了发展的基础。

如前所述,个体差异可以通过不同人生故事中的语调、意象、主题、意识形态背景、核心情节、无意识意象和结局表现出来。而这里的类型则可作为共同的维度将不同个体的人生故事进行比较。此外需要指出的是,个体使用的叙事类型即叙事风格与其心理社会适应的关系既可能是原因也可能是结果。如对生活感到满意,觉得自身对社会有所贡献的人很可能更倾向于以补偿性顺序(不好的、消极的生活事件会立刻被好的、积极的事情所取代)来讲述生活,而这种方式反过来又会进一步增加他们的幸福感和对社会事业所做的努力。

(4) 人生故事的评价标准

麦克亚当斯认为好的人生故事应该符合以下六个标准:连贯性、开放性、可信性、区分性、协调性以及生成的整合(McAdams,1985)。首先,人生故事的连贯性是指特定的故事的不同角色动机、行为、不同事件等在其相互关系上有意义的程度。一个缺乏连贯性的故事通常都会让听者感到困惑,无法理解事情的发展过程。连贯性是使人生故事有意义的一个重要条件。与此同时,一个好的人生故事还需要具有一定的灵活性和弹性,具有对于改变的开放性和模糊状况的容忍性,能够改变、成长和发展。可信性是好的人生故事的第三个标准,一个好的、成熟的、适应的人生故事无法容忍对事实的重大歪曲。第四,好的人生故事还需具有较高的区分性,即丰富的性格描述、情节和主题。当人们逐渐成熟并获得新经验时,他/她的人生故事会更加丰富、深刻和复杂,呈现出的侧面也会越来越多。第五,协调性是人们创造人生故事当中最具有挑战性的任务。就在个体人生故事区分性不断提高的同时,个体又开始寻求故事中矛盾力量的协调以及多重自我的和谐。好的人生故事提供了叙事的解决方式来确保自我的和谐与整合。好的人生故事所具有的最后一个特征就是生成的整合。人生故事讲述的是一个真实的人的生活,它把一个生活在具体历史时期、具体社会的人的具体生活以故事的形式表现出来。与其他故事形式相比,人生故事更为强调连贯性、可信性和协调性。生成的整合意味着故事创造者有着对于人生统一性和目的性的追求,能够承担工作和家庭的角色,有能力去抚育和指导他们的下一代,并对整个人类的生存和进步做出一定的贡献。

2. 对话自我理论:对话与故事

一般规律研究取向(nomothetic approach)和特殊规律研究取向(idiographic approach)是人格研究中一直存在的两种取向。多数从事特质研究的人格心理学家基本上都遵循一般规律研究取向。他们认为,人格是普遍存在的一种由一些共同特质构成的心理结构,个体差异只是在于这些特质的表现程度和结合方式而不是人格本身。特殊规律研究取向则强调个人以及他自身独特的人格。它考虑的问题是:为什么不同的人对于同样的事件会有不同的反应。在一般性描述的基础之上,揭示个体特质或变量及其在个体内的模式关系是人格研究的重要目的所在。而特殊规律研究取向则是为了理解特定个体而对个人进行深层次的研究。如何将这两种研究取向结合起来一直是传统人格心理学研究所未能解决的问题。赫曼斯(H. Hermans,1937—)所提出的对话自我理论认为,通过故事研究者能够将一般规律和特殊规律的观点结合起来更好地理解人格。

(1)一般规律研究取向

估价(valuation)是赫曼斯的理论中最为核心的概念之一,指个人在自身生活情景中对自己重视的一切事物所做的评估(Hermans,1988),可能包括一生中最爱的和最厌恶的人、烦扰的梦、困难的问题、珍惜的机会、对过去重要事情的记忆、未来的计划和目标,等等。每一种估价都是个人生活的一个意义单元,可能引发积极的、消极的或矛盾的情感。通过自我反省,人们将他们的重要事物及相应评价组织成具有时空情景的叙事。

自我对质方法(self-confrontation method)是收集和评定各种估价的主要方法。在这一方法中,研究对象不再只是一个研究的客体,而成为了研究"共同的调查者"。研究者将整个研究看做是自己和研究对象共同合作的一项事业,研究资料是通过双方的对话和访谈得到。赫曼斯相信当人们开始去理解自己的生活时,就会成为关于自己的真正的专家。所以,研究者提出了一系列问题来引导访谈,如"是否有某些东西曾经(现在/未来)对你的人生特别重要?"(马一波、钟华,2006:46)从而得到研究对象最为重视的估价。

从一般规律的角度来看,赫曼斯认为不同的个人估价可根据动机分为两个基本系统:S—动机(追求超越、扩展、权力、控制等其他动因倾向的自我奋斗)和 O—动机(与他人有接触、一致、亲密关系的动机)。根据积极情感和消极情感还可对估价作进一步分类。这样一来,不同的人可以在 S—动机、

O—动机、积极情感、消极情感等四个维度的不同水平上进行比较。在此基础上，赫曼斯引入了特定的评估模式以考察个体独特的对话自我。

（2）特殊规律研究取向

作为人生故事的最基本单元，不仅可以从以上四个维度对估价加以分类和比较，并且能够使之融入到独特个体的人生叙事中当中。从特殊规律的角度来看，考察估价叙事是了解个体独特的对话自我的有效切入点。

巴赫汀（Bakhtin）的多声部小说隐喻对于赫曼斯对话自我理论有着重要的启发作用。他据此对"I"和"me"做出了区分，认为"I"是作为生活叙事作者的自我，对于生活做出意义的估价；"me"则是作为演员的自我，在整个人生故事中扮演不同的角色。但是，"I"可以从一个"I"的位置移动到另一个位置，在同样的人生故事中成为了多个作者，多个"I"。一种身份的"I"可以同意、不同意、理解、误解、反对、争论、质疑甚至嘲笑另一身份的"I"。每一角色与其他角色相互作用，而每一角色在个人叙事中都有其独到的观点（马一波、钟华，2006:72）。

在麦克亚当斯的同一性人生故事模型理论当中，故事的讲述者只有一个，但在他的叙事中拥有许多个无意识意象。赫曼斯则指出了多名故事讲述者的存在，并且每一个都对应着故事本身的一个特征。在他看来，不同的自我声音可以各自占有一定的时空位置，具有相互对话的关系。作为自身人生故事的作者，"I"从一个位置移动到另一个位置，去理解自我的不同观点，在不同的"I"位置彼此进行对话。在这个意义上看来，自我就好像是一部"多声部的小说"，其中许多不同作者的声音表达着不同的观点，每一个声音也都代表了它自己统一的世界。与此同时，对话自我也是一种去中心化的、多重的自我。构成对话自我的是许多个处在不同位置上的"I"，并没有一个处在中心位置掌控一切的"I"。这个自我处于一定的历史和社会文化背景中，并从赋予其文化价值的社会历史环境中获得意义。因此，要想全面理解对话自我就必须考虑更为宏观的社会文化因素。

在赫曼斯的对话自我理论中，个体通过将自己的估价组织为人生叙事从而使自己的生活具有意义。人生故事并不是由一个作者创造的，而是多个不同作者的产物。个体拥有多个讲述故事的自我，并且这些自我彼此都在进行对话。据此，对话自我理论认为，叙事研究的目标在于借助对话，哪怕是不和谐的对话来寻求意义的整合（Hermans，1988）。

二、叙事分析

综合现有的叙事研究传统来看，阅读、诠释和分析生活故事及其他不同叙事资料时主要考虑以下两个独立的维度：整体方法（holistic）与类别方法（categorical）；内容（content）与形式（form）。如果不同的研究所采用的方法处于各维度的两个极点，研究之间可能会存在明显的差异，但是多数叙事研究都立足于这些维度的中间位置。第一个维度以分析单元为基础，也就是看从完整文本或整个叙事里提炼出来的表达或片断是否作为一个整体而存在。倾向于类别方法所作的分析类似于传统内容分析，即先剖析原始故事，从整个故事或者分别来自不同叙述者的数个故事文本里，收集起属于某一个定义范畴的部分或个别词句。与此相反，整体方法的分析则将个人的生活故事视为整体，将文本的各个部分放在与其他叙事部分相同的背景中进行解释（Lieblich *et al.*, 1998）。如果研究的主要兴趣在于某一群体共有的问题或现象，类别方法可能更为适用；而如果研究目的在于探究个人作为一个整体的发展情况时，就更适合采用整体方法。

故事内容和故事形式维度的区分源于文献阅读的传统二分法，内容一端的分析可能从讲述者的立场出发集中于某事件的外显内容，如发生了什么事情，为什么发生，谁参与了此事等；或者是指向隐含内容，如故事或故事的某个部分所表达的意义、个体表现出的特质或动机、讲述者采用象征手法时所使用比喻的意义等。形式一端的分析则关注生活故事的形式因素，包括故事的布局结构、事件发生的顺序、故事和时间轴的关系、故事的完整性和一致性、故事引发的情感、叙述的风格、隐喻或词语（如被动和主动语态）的选择，等等。尽管内容通常更明显也更容易被直接把握，研究者往往更倾向于去探究生活故事的形式特征，因为它更有可能揭示叙述者个性的更深层面。换句话说，较之故事的内容维度，其形式维度更不易受影响或被操控，所以，就某些研究目的而言，形式分析有其独特优势。将两个维度的各部分相互交叉便产生了四个单元矩阵，从而组成了叙事研究的四种策略模式：整体—内容；类别—内容；整体—形式；类别—形式（Lieblich *et al.*, 1998）。接下来将结合研究例证说明这种叙事分析方法的分类和组织模型。

1. 整体—内容分析

叙事分析的整体—内容模式利用个体完整的生活故事，聚焦于所描述的内容，典型的代表常见于临床"个案研究"。这种分析方式在考虑整个故事的同时重点关注它的内容。要利用故事的个别部分时，比如叙事的开端或结尾，研究者会参照其余部分所展现的内容,或者把这些个别部分置于故事整体脉络当中来分析其意义。利布里奇(Lieblich et al.,1998)以这种模式分析了娜塔莎——一个从俄罗斯移民到以色列的年轻犹太妇女的生活故事。通过和研究者的几次谈话,娜塔莎述说了她的生活故事,以及她对自己在以色列生活状况的评价。文本分析集中于"变化"这一大的主题,体现在她的外表和穿着、话语风格、行为方式、对家庭成员的态度、对与父母之间的关系的态度,对和她年龄相仿的男孩女孩(无论他们和自己一样是移民,还是土生土长的以色列人)之间友谊的态度、职业选择、关于性别和平等的看法等生活的许多方面。移民所导致的文化变迁给娜塔莎的青春期增加了新问题,也使她的人生故事独特而丰富。

2. 整体—形式分析

基于整体—形式模式的分析着眼于生活故事的剧情发展和完整结构。如叙事作为喜剧还是悲剧发展、是叙述者目前生活状况的上升态势还是呈下降态势等。研究者可能会力求找到叙事的高潮或转折点从而有助于把握故事的整体发展脉络。这种类型的分析同样着眼于整部生活故事,但是聚焦点在故事的形式特征而非故事的内容上。格根夫妇(Gergen & Gergen,1988)根据自身的叙事研究指出,每一个故事,不管是口头的还是书面的,都可以通过"情节分析"把握其形式特征。故事的三种基本模式或者曲线图可分为前进、衰退和稳定,而个体的故事通常是三者的混合体。在格根夫妇的一个研究里,中年组和青年组两个群组的个体分别讲述了他们各自的生活故事,其中每一个故事都显示了主人公生活的高潮期和低谷期。对于这些故事进行情节分析所得到的每个群组的平均曲线图表明,中年组的故事体现为一条倒"U"曲线,先朝向最高点上升,在接下来的一段停滞期之后逐渐下跌。另一方面,青年组的故事则体现为一种"U"形曲线。

心理治疗中的叙事取向则体现了整体—形式角度在实践当中的应用情况。怀特和爱普斯顿(White & Epston,1990)所开创的叙事心理治疗用个人的生活故事作为治疗工具去改变他或她的心理现实。他们的著作《运用叙事进行治疗》(*Narrative Means to Therapeutic Ends*)阐明了叙事理论和叙事心理治疗的有关主张。他们用以改变一个人(最初呈现的)生活故事的方法主要指向故事的形式特征而非它的详细内容。例如,把叙述者描绘成一个英雄,而不是环境的受害者,或者把叙述者的问题作为一个"敌人"逐渐外化、与叙述者分离。

3. 类别—内容分析

类别—内容模式常被称为内容分析法,即先把所研究的主题定义成许多类别,然后从文本中摘录出各种不同的表述,分类整理之后归入相应的类别。这种模式下，对叙事文本的量化处理十分普遍，分类范围则可能相对局限，如叙事文本中所有关于某个政治事件的表述，再宽泛一些可以把所有涉及政治事件的部分都从文本里抽取出来进行分析。传统上把这种分析类型称作"内容分析"，它重点关注故事的每一个独立部分所呈现的内容，而不考虑完整的故事情境。一个有关阐释模型的研究说明了狭义类别也即特定词语的用途（Feldman，Bruner & Kalmar，1993）。研究者提供给三个年龄组的被试一些故事，并询问他们一系列有关其内容的阐释性问题，如："到目前为止我所告诉你的事情中最重要的是什么？"继而把他们的回答记录下来作为这次研究的叙事资料。随后研究者计算文本中特定词语出现的频率并进行组间比较，在这种量化分析的基础上就三个年龄组解释模式提出有关结论。基于归因类型的三个维度"内在性"（internality）、"稳定性"（stability）和"普遍性"（globality），这种方法也适用于丰富多样的叙事文本如政治性发言、治疗记录、日记和个人信件等，去探求个体的归因风格（Lieblich *et al.*，1998）。

4. 类别—形式分析

基于类别—形式模式所进行的分析集中考察某一叙事单元的体例或语言学特征，如叙述者所使用的隐喻、他的被动语态表达与主动语态表达相对频率等。与类别—内容分析模式一样，这种分析模式所关注的是生活故事各部分或各类别的形式特征；体现这类特征的具体表述可能来自从一个或几个文本。除了开篇所介绍的格根夫妇（Gergen & Gergen，1988）对于资料的情节分析研究以外，另一项属于类别—形式的研究（Tetlock & Suedfeld，1988）提出了一种评估个体"整合复杂性"（integrative complexity）的模型，包括"区分"（difference）（在评价或解释事件时所能考虑到的问题维度数量）和"整合"（integration）（所能识别的各种不同特质之间复杂联结的程度）两个维度，可用于分析通过不同渠道所获得的各种言论，如外交辞令、演说、访谈、杂志社论，等等。

综上所述，四个叙事分析模式都各自适用于特定类型的研究问题、不同种类的文本以及特定规模的样本。在提出叙事分析不同模式的同时，本文这一部分中所引用的各种研究例证也同时展示了在"叙事研究"的宽泛主题下所进行的多种研究工作。不难看出，从利布里奇（Lieblich *et al.*，1998）的生活故事分析，经怀特和爱普斯顿（White & Epston，1990）的叙事心理治疗研究，到泰特洛可和苏亚菲德（Tetlock & Suedfeld，1988）的细致量化研究都展示了叙事心理研究这个大标题下一系列迥然不同的学术与方法论路径。

5. 叙事分析角度的选择

有关生活故事研究的方法和思想正日益发展，这就在扩展研究视野的同时也带来了分析角度上的选择问题。上述分析方法中所提出的二维度模型正是定位这些方法和思想、结合研究问题以做出适当选择的一种策略。这个模型能对于思考和谈论有关叙事探究的方法有所启发，并适用于不同形式的叙事文本。与此同时，需要指出的是，这个模型所制造的二元对立只是出于理论叙述的方便，在实践应用当中并不存在如此明确的区分。在实践当中，这个模型体现为两个连续体；处于每一个连续体极点的研究非常少见，绝大多数的分析实践都是不同分析角度的平衡混合体。

此外，单独考虑各种分析的方法并将叙事分析方法组织成四个单元有助于整体理解叙事分析方法，但是，这种概念化方式也掩盖了一些更为细致的区分和组合。"属于"相同单元的分析实践经常存在很大差异，属于同一个"单元"的各种方法之间的区别也通常很难清晰界定。同时，这个模型所制造出来的四种单元区分，往往是把叙事研究的实践过程过分简单化了。当意在重点关注故事的整体或类别形式时也不能忽略叙事的内容。另一方面，情节或情节中某个片断的内容，对于描述和理解它的形式也是非常重要的。在现实中，"整体"和"类别"之间的区分与"内容"和"形式"之间的划分一样并不像理论模型那么明确，因此不能以一种二元对立思维进行区分。

最后，研究者还必须对分析所涉及的文本某一部分的大小或者某个类别的广度做出选择。已有研究表明，文本单元的划分需要认真和精确的工作；如果选择比较宽泛的议题，那么分析的主题就必须富有启发性。即使是一个相对较短的生活故事片断（比如我们所收集资料的一个阶段或一章）也可以被当做一个"整体"其中包含着另一个比较小的成分。当阅读整部生活故事的时候，个人意见或某个情节会凸显出来，为整体阅读制造一个聚焦点。另一方面，实践经验表明，如果一次内容分析不考虑言论的上下文，或者完全不从整体的角度去理解个人及其生活故事也很难得出有意义的结论。因此，在叙事研究角度的选择过程中，研究者在参考上述研究框架的同时也要避免依附于理论表述上的二分模式，带着开放的心态阅读文本，完整记录下个人对研究参与者的印象，以及这种印象对读者的意义。这样的叙事研究即使没有用到任何数字，也可能同样是"精确的"。叙事研究在视角选择上的基本立场是，应该为所有的这些方法和途径提供足够空间，让这种多元化丰富我们对某个问题、某个人或者某种文化的理解。

需要指出的是，上述有关叙事研究模式的区分在实际进行叙事研究和解释时并非总如理论探讨中那么清晰、绝对，故事的形式和内容也并不总是那么容易区分的。例如"思想"（idea）这个词在古希腊就是同时指涉内容和形式两个方面。故事的形式是内容的体现，是传达信息的更微妙的方式，与出现于故事当中的（有意识或无意识的）象征并未显著区别。作为强调"对话"的心理学研究，叙事心理学的研究容许研究者将个体放在人际互动、社会、文化、历史等更加广阔的空间去探求其心理发展的过程，从而为心理学研究回归到人们的日常生活提供了一条可行的途径。由于篇幅所限，有关分析模式在实际研究过程中的区分及结合详见利布里奇等人的著作（利布里奇等，2008）。在接下来的部分里将对叙事心理学的应用领域进行简要介绍，并以叙事心理学研究现状的有关讨论结束本章。

三、叙事心理学的应用和相关讨论

1. 叙事心理学的应用

（1）叙事心理治疗

叙事治疗法兴起于20世纪80年代末，最早由怀特（Michael White, 1948—2008）和爱普斯顿（D. Epston）在澳大利亚和新西兰创立。他们两人早在20世纪80年代就已经提出用叙事进行家庭治疗，但还是他们的主要著作《达到治疗目的的叙事方法》（*Narrative Means to Therapeutic Ends*）于1990年在美国再版之后，叙事治疗这个概念才真正广为人知。自20世纪80年代以来，怀特和爱普斯顿已经培训了3万多名叙事治疗工作者，并在很多国家传播叙事治疗的思想。目前，在澳大利亚、美国和新西兰都有大学开设专门的叙事治疗课程，除了大学校园之外，还有一些私人的叙事治疗中心可以进行叙事治疗的训练。最初，叙事治疗只是作为一种辅助的治疗手段，被一些白人中产阶级治疗者采用。由于叙事治疗关注社会公平、权利等话题，一些非主流文化治疗团体很快就接受了这种治疗方法，将其用于对同性恋者、双性恋者、残疾人等的心理治疗。到今天，叙事法不仅仅被用于心理治疗领域，而且已经更加广泛地进入公共卫生系统、社会工作领域、学校，帮助解决儿童虐待、家庭暴力、精神分裂症等各种问题。叙事治疗能够在心理治疗以外的领域中得到广泛传播，主要得益于叙事法对于社会背景的关注，使得叙事治疗为我们提供了一个分析人类生活中社会历史制约的框架。

将叙事引入心理治疗的传统可以追溯到弗洛伊德，他试图通过叙事发现隐藏在无意识之中的欲望和动机。另一个深谙叙事的心理治疗者是罗杰斯，他认为咨询师在叙事中的关键作用是做一面镜子，让当事人能够更加清晰地认识自己。与弗洛伊德不同的是，叙事治疗反对将叙事看做"发现"秘密的对象，认为叙事的作用在于帮助当事人建构意义，意义来自个体体验到的特定的情境

(Crossley, 2000:59)。与罗杰斯的治疗理论相比，叙事治疗中治疗者对于治疗过程的参与更加主动，在叙事治疗中，故事是由治疗者与当事人共同建构的，意义产生于叙事者和治疗者所共同参与的当时的叙事情境。

叙事心理学认为，人们通过叙事的原则使事件之间产生联系。正是这种稳定的、连续的"联系"使得事件有了意义，而创伤性事件则可能使这种连续性遭到破坏，从而破坏了事件原来具有的意义，当事人也因此失去了生活的目标和意义，找不到自我的方向，从而陷入焦虑、痛苦之中。叙事治疗的目的就是当个体生活故事的连续性遭到破坏时，帮助其"修复故事"（story repair）。与此相应，叙事治疗鼓励当事人想象出另一个故事，在这个故事中，当事人面临的问题便是阻碍主人公前进的磨难，治疗者鼓励当事人想象主人公怎样克服困难、最后获得成功的结局，然后用这种修订过的故事激励当事人努力实践自己的想象，创造出一个真正的、新的故事。正如波尔金霍恩（Polkinghorne, 1988: 182）说的："一个人的过去是不能改变的……但是如果有一个新的事件加入，则对过去事件的解释以及它具有的意义便可因此而改变了。"

综上所述，叙事治疗的核心预设在于，人们会对自己的生活体验赋予一定的意义，正是在此基础上才有了人际关系，才有了生活本身。在叙事治疗家看来，当事人自己是其生活的专家，即便面临某种问题，当事人自身也有能力减少问题的消极影响。叙事治疗的关键就是要将个体与问题看做是分离开的两个部分，所谓的问题是在叙事的过程中建构起来的，叙事治疗的目的在于帮助当事人将自己看做是独立于问题之外、完全可以免受问题困扰的。因此，叙事治疗的一个重要步骤就是外化问题，然后治疗者和当事人一起重新建构一个新的、不受问题困惑的人生故事，这也是叙事疗法区别于其他治疗方法的重要特征。同时，与家庭治疗相似，叙事治疗还关注导致问题产生的更为广阔的生活背景，包括历史、文化背景，在治疗中让当事人与家庭成员及其他有着社会关系的人进行互动以解决问题。

（2）生活体验的叙事研究

叙事有一个重要的时间维度，就像一个故事一样，按照时间的顺序展开，有开头，有情节，有高潮，最后有结尾。人类的生活体验也是以时间为重要维度的，每个人的故事都有过去、现在和将来三个部分。克罗斯雷（Crossley, 2000:65-108）对一些艾滋病病毒感染者所做的一个叙事研究考察了叙事与时间、时间与生活体验之间的关系。研究认为，长期的身体疾病会使个体对自己、对他人、对周围的世界产生新的认识。疾病可能使得一个人原有的人生观、世界观发生根本性的转变，因为他们不得不对自己的生活事件赋予新的意义，这可以从他们对自己生活故事的叙述方式中反映出来。以此为预设,在 1994 年至 1996 年间,克罗斯雷对 38 名艾滋病患者进行了半结构式的深度访谈,被访谈者感染艾滋病的时间为 5 年以上。

对于访谈叙事文本的分析得到了艾滋病患者的三种生活取向"珍惜现在"、"正常生活"和"空虚的现在"以及相应的三种生活故事,其核心都在于生活体验的连续性。尽管具体方式有所区别,但无论是"珍惜现在"的还是努力"正常生活"的患者,都为了继续保持生活的意义,保持生活体验的连续性,努力让自己的生活与以前一样有意义,无论死亡是不是即将来临。而"空虚的现在"这类患者的故事则表明,当连续性无法保持的时候,对死亡的恐惧和消极等待让这类患者无法将自己现在的生活与过去、将来联系起来,而是让自己的生活故事从此中断。因此,无论是具体的计划,还是整个人生,人类生活体验的重要特征就在于保持其连续性与稳定性,从艾滋病患者生活体验的叙事研究来看,即使人们的生活故事总有一天会中断,但是朝向这个终点的过程(即我们的人生故事)以及相应的生活体验是需要保持一定连续性的。

事实上,上述艾滋病患者的叙事与其他慢性疾病患者十分相似。在另一个有关慢性病患者叙事的研究中(马一波、钟华,2006:216),有一类慢性病患者的适应方式被称为"积极否定",类似于艾滋病患者的"正常生活"故事;艾滋病患者"珍惜现在"、"正常生活"的故事则与慢性病患者的"次级目标"策略相似;少数艾滋病患者失去生活的方向,只能活在"空虚的现在",也有少数慢性病患者选择的适应方式是"放弃"。综合有关慢性病患者生活体验的叙事研究来看,个体对于生活挫折的应对方式与其生活中重要他人的应对方式是相似的。与此同时,个体生活背景中的其他资源也是重要的影响因素。因此,叙事研究中的叙事必须被置于个体生活的大环境,包括社会、文化等当中加以理解。另外,生活体验故事还体现了社会文化,如西方社会争取病人权益的思潮所扮演的重要角色。

总之,个体的生活体验是在叙事的过程中得以建构的,叙事同时也反映了个体对于生活现实的体验;"叙事生活"与"现实生活"之间因此发生了联系。此外,体验本身的建构性使得生活故事并非现实的唯一图画,而是具有多种可能的情境性版本。

2. 叙事心理学的有关讨论

20 世纪 80 年代以前,叙事研究就已经在某些领域得到应用,例如历史学、文化人类学,甚至法律等领域。但是,在此之前,叙事研究仅仅是一种边缘的、次要的研究手段,只是由于实证研究缺陷的暴露才越来越受到人们的关注。而在80年代后期社会思想领域的后现代思潮影响下,叙事研究逐渐获得了更为广阔的视野,其独特价值也得到了肯定。从对"叙事心理学资料库"(Resources for Narrative Psychology)网站文献检索的情况来看,叙事研究在过去的二十年间得到了很大的发展。在心理学、性别研究、教育学、人类学、语言学、法律和历史学领域,叙事研究作为理解叙述者的自我认同、生活方式、文化和历史背景的一种有效途径已为更多研究所采用。叙事是人们赋予生活经验意义的主要方式(Polkinghorne,1988),而叙事研究则为心理学研究提供了一条更加深入理解人类心理与行为、理解真实生活的新途径。"倾听人们的日常对话——无论是口头的还是书面的——在不改变其最原始的内容和形式的同时,让我们可以在最简单的形式中抽取出最基本的情感要素。"(马一波、钟华,2006: 219)在此将对有关叙事研究应用于心理学领域的评价标准、价值和意义问题进行讨论来结束本章。

(1)叙事心理学的评价标准

二十年来,对于心理学领域日益兴盛的叙事研究,从量化研究角度有关其信度、效度问题的质疑之声也从未平息过。与量化研究相比,叙事研究的效度大多不能进行结构性评估,这也是一些学者不能接受叙事研究的主要原因所在。例如,故事的某些元素可能在当事人叙述的过程中就已经发生改变;对于故事的评价也缺乏统一的标准,尽管叙事研究者一再强调,一个完整的、连续的、有说服力的、真实可信的故事就是一个好的故事,但是人们还是认为这样的评判不够确定、不够客观;格根夫妇(Gergen & Gergen,1988)指出,对事件的描述、对故事的叙述是否有效常常依赖叙事当时的情境和当事人自身的文化背景,而不是仅仅从叙事者使用的语言与事件的匹配程度来看,这就使得故事本身的效度缺乏统一的评判标准。

当质化研究试图获得与量化研究同等的地位时,人们很自然地会提出同样的问题:衡量一个研究好坏的标准是什么?实际上,叙事研究并没有打算走一条与实证主义心理学处处相反的路,相反,它希望能够在不反对量化研究的同时,利用质化研究的方法为心理学开拓更为广阔的研究视域。信度、效度、客观性和可重复性是评价量化研究的基本标准,然而在实践当中这些量化标准很难适用于所有研究。(Lieblich *et al.*,1998:145)从另一个角度来看,这些标准本身就违背了叙事方法的阐释性核心,即叙事研究可以通过极其多样的方式来阅读、理解和分析丰富复杂的叙事资料,并得出阐释性的解释。叙事研究的结论绝不是一家之言,而是恰恰表明了这种资料的丰富性和针对不同读者需要的高度敏感性。

基于主要的理论观点及自身研究经历，利布里奇等提出了以下四个标准作为评价多样性叙事研究的框架（Lieblich et al., 1998:152-154）：

（1）广延性（width）：研究所提供证据的全面性。这个维度涉及访谈或观察的质量，以及所提出的诠释或分析的质量。研究者应当将报告叙事研究时涉及的大量引用，以及所提出的替代性诠释都应该提供给读者，由他们自己对这些证据和相应阐释做出判断。

（2）一致性（coherence）：研究对于不同部分的诠释能够创造出一幅完整和有意义的画面。一致性的评价可以从内在和外在两个方面着手，内在标准涉及各部分的契合程度；外在标准则要将研究结论与已有理论和先在研究进行比比较。

（3）洞察力（insightfulness）：研究在呈现故事并对其进行分析时的创新点或创意。与此标准相近的问题在于，通过阅读对于"他人"生活故事的分析，读者是否对自己的生活有了更多的理解和洞察。

（4）精炼（parsimony）：研究应当以少量概念为基础提供的精要分析；研究分析优雅且具有审美吸引力。

正如上述研究者所主张的那样，叙事研究的效度核心并非真理价值（true-value），而是一种交感效度（consensual validation），即与别人就自己的观点和结论所进行的分享程度，以及在研究者团体和有兴趣的、见多识广的个体中间所创造的意义价值。与量的信度、效度标准相比，上述的标准在本质上是质性的，所包含的判断不能用比例或数字进行表达。如果按照交感效度来评价，叙事研究这个领域应该也能够提出"更好"的标准、产生"更好"的成果。不过，就其本性而言，它的成果不能被简化为简单公式或者数值。

在众多的叙事研究当中存在优劣之分；现实中也有各种提高阅读、分析和阐释生活故事技巧的学习方法。叙事研究绝不是优于统计的或者实验的研究。这里需要明确的是，每一种方法都可能比其他方法更适合于某些研究目的；研究者必需根据研究问题的需要来使用各种不同的方式进行阅读和诠释工作。事实上，分析、评价和阐释的过程不是终点取向的，也不是机械性的。它们经常是突发的、不可预知的和未完成的。

（2）叙事心理学的价值

简单来说，叙事心理研究的独特价值可以归纳为以下几个方面：第一，无论在内容层面还是形式层面，个人叙事是个体自我认同的直接反映。依照这种方法，故事模拟了生活，并向外部世界展现出一个真实的内心世界。第二，它们也塑造和建构着叙述者的个性和生活现状。故事就是个人的自我认同，并在生活中不断被创造、倾诉、修正和重述。通过我们所说的故事，一方面我们了解或发现自己，并向他人展示自己。另一方面，心理和现实的联系这一心理学的元理论问题则可以反映在个人叙事和自我认同之间的关系当中，这种关系"居于内在现实的潜在领域。生活故事是主观的，因为它是一个人的自我或者自我认同。它包含着和"历史真实"（history truth）或紧密相连，或略为相似，或完全不同的"叙述真实"（narrative truth）。因此，研究者能够在分析生活故事的过程中获得发现和理解个人的自我认同的关键线索；此认同存在于当下或者历史真实之中，呈现为一种叙事性结构。第三，由一次访谈（或者通过任何其他独特情境）所提供的生活故事，只是当下生活的一个故事，一种假设性的建构。一部独特的生活故事，就是人类自我或者生活可能建构或展示的多种版本中的一个（或多个）例子，而且这些建构都和某瞬间的特殊情境相关。人类对自我或生活的建构或展示可能有多个版本，每个版本的建构都与某一瞬间的特殊情境相关，因此生活故事总是在建构和传递着个体的和文化的意义。作为制造意义的有机体，人能够超越个人经验，从共同文化中选取素材来建构自我认同和自我叙事。正如建构主义所认为的那样，在特定交互情境下，个体通过与他人的交互作用来建构他们的自我形象。因此，通过考察和阐释叙事，研究者不仅能够了解叙述者的自我认同及其意义系统，同时还能够进入他们的文化和社会世界。

（3）叙事心理学的意义

在对叙事心理学研究的价值进行讨论的此基础上，叙事在心理学研究当中的意义体现在以下几个方面：第一，叙事心理学重新审视了心理学研究的目标和方法。叙事心理学的诞生是内因（学科自身发展的内在逻辑）与外因（后现代思想的兴起）共同作用的结果，它对心理学学科发展最直接的贡献在于将叙事思维引入心理学研究，主张将叙事作为一种主要的研究手段，而不仅仅只是用在治疗当中，从而使心理学研究真正有可能回归人们的生活世界。第二，叙事心理学是真正使"人"受益的研究。叙事研究从当事人的角度看待问题，重视研究者个人与被研究者之间的互动，尊重参与研究的"人"（而不是某些先前的理论、假设或测量工具）。研究者抱着谦虚的学习态度邀请被研究者讲述自己的人生故事，从而共同分享某一个人生故事。这种从事研究的态度使得研究与"人"的日常生活更加接近，使心理学本来应该具有的人文精神得到了肯定和倡导。第三，叙事心理学是整合一般规律与特殊规律的自我研究。正如前文叙事自我部分所讨论的那样，麦克亚当斯、赫曼斯等人的叙事研究都表明，通过人生故事能够将一般规律和特殊规律的观点结合起来一同去理解自我。第四，叙事心理学是重视文化和历史影响的研究。人生故事是个人和文化的共同杰作,我们理解世界的方式,认识我们自身时使用的概念和范畴,都是文化、历史给予的。人生故事的研究比以往的人格研究更加强调了文化对人格形成的影响(McAdams,1985)。它展现给我们的不是一堆概念的躯壳,而是有血有肉、充满生命气息的人类心理世界本身。

主要参考文献

1. Bruner, J. *Acts of Meaning*. Cambridge, MA: Harvard University Press, 1990.

2. Crossley, M. L. *Introducing narrative psychology: self, trauma, and the construction of meaning*. Buckingham: Open University Press, 2000.

3. Feldman, C., Bruner, J., & kalmar B. Plot, plight and dramatism: Interpretation at three ages. *Human development.*, 36 (6): 327-342. 1993.

4. Gergen, K. & Gergen, M. Narrative and self as relationship. In L. Berkowitz (eds.), *Advance in experimental social psychology*, 21: 114-119. San Diego, CA: Academic Press, 1988.

5. Guba, E.& Lincoln, Y. Competing paradigms in qualitative research. In N. Denzin & Y. Lincoln (eds.), *Handbook of qualitative research*. Thousand Oaks, CA: Sage, 1994.

6. Hermans H .M. On the integration of idiographic and nomothetic research method in. the study of personal meaning. *Journal of Personality*, 56: 785-813, 1988.

7. Lieblich, A., Tuval-mashiach, R., & Zilber T. *Narrative research: Reading, analysis, and interpretation*. Tousand Oaks, London: Sage, 1998.

8. Mcadams, D. *Power, intimacy and the life story: Personological inquiries into identity*. Homewood, I.L.: Dow Jones-Irwin, 1985.

9. Mcadams, D. Personal Narratives and the Life Story. In John L. (eds.), *Handbook of personality: theory and research* (pp. 476-500). New York: Guilford Press, 1999.

10. Mishler, E. *Models of narrative analysis: A typology. Journal of Narrative and Life History*, (5): 87-123. 1995.

11. Polkinghorne, D. *Narrative knowing and the human sciences*. Albany: State University of New York Press, 1988.

12. Sarbin,T. *Narrative psychology: The storied nature of human conduct.* New York: Praeger, 1986.

13. Sarbin, T. Steps to the narrative principle: An Autobiographical Essay. In D. Lee (eds), *Life and story: Autobiographies for narrative psychology.* New York:Praeger, 1998.

14. Tetlock, P. & Suedfeld, P. Integrative complexity coding of verbal behaviors. In C. Antaki (eds), *Analyzing lay explanation: A casebook of method* (pp. 43-59). London: Sage, 1988.

15. White, M. & Epston, D. *Narrative Means to Therapeutic Ends.* New York: Norton, 1990.

16. 艾米娅·利布里奇, 里弗卡·图沃-玛沙奇, 塔玛·奇尔波著, 王红艳译, 叙事研究: 阅读、分析和诠释, 重庆大学出版社, 2008年。

17. 马一波, 钟华, 叙事心理学, 上海教育出版社, 2006年。

第十三章　女性主义心理学

女性主义研究的兴盛是 20 世纪不可忽视的学术现象。女性主义心理学（Feminist Psychology）在 20 世纪六七十年代女性主义运动中形成和发展，成为一个重要的心理学研究范式与研究视角。这一研究范式和视野既源于女性主义运动与思潮及后现代思潮的影响，也是科学心理学的研究范式陷入重重困境之时，早期女性主义心理学家积极探索心理学未来发展趋势的结果。女性主义心理学以女性主义立场和态度重新解读和审视主流心理学的科学观与方法论，批判父权制社会体系下主流心理学中所表现出来的传统的男性中心主义的价值标准及其研究行为对女性经验的排斥与歪曲理解，试图重新建构包括女性在内的心理科学。虽然女性主义心理学内部还存在诸多分歧，但是女性主义心理学家们已经开辟出了一些独特的新领域和新主题，并始终尝试着从新视点出发去造就一个全新的心理学理论框架和方法论模式。女性主义心理学对西方主流心理学的方法论与认识论的批判与重构，在西方心理学界中独树一帜，对于认识人类心理、探索心灵奥秘起到了独特的作用。

第一节　女性主义心理学的产生与发展

作为当代心理学研究的新视野与新范式，女性主义心理学研究起源于当代女权主义运动。它诞生之时，正值风靡西方的反主流文化浪潮兴盛，因而受其影响带有很强的反主流文化意识和批判意识，常常被归类为批判理论或后现代主义的一种。西方女性主义心理学自产生到现在共四十多年的研究历史，可以大致分为三个时期，即 20 世纪六七十年代的兴起，20 世纪 80 年代的发展，20 世纪 90 年代至今的后现代转向。

一、女性主义心理学产生的背景

任何理论都有其产生的社会文化渊源及学术背景,女性主义心理学也是如此。女权主义运动、后现代社会与后现代文化为女性主义心理学的产生与发展提供了丰富的社会文化土壤;女性主义哲学、科学哲学、后现代哲学以及女性主义科学批判,为女性主义心理学提供了批判武器与理论滋养;在心理学科内部,科学心理学面临着危机,加之早期女性主义心理学家的努力研究,女性主义心理学应运而生,为当代心理学提出了研究的新视野与新范式。

1. 社会文化背景

(1) 女权主义运动

女性主义心理学是 19 世纪以来女权主义运动在心理学领域所取得的积极结果。西方女权主义运动是一场旨在消除社会性别基础上的压迫的社会运动。运动的"第一次浪潮"发生在 19 世纪中叶到 20 世纪 20 年代,其口号是男女生来平等,追求女性享有与男性同等的权利。运动的"第二次浪潮"发生在 20 世纪六七十年代,其基调是要消除性别差异,力图从社会中而不是男女性生来的心理差异中寻求被压迫的根源。20 世纪 80 年代在后现代运动的影响下进入"第三次浪潮",其基调在于其颠覆性,不仅要颠覆男权主义秩序,而且要颠覆传统女性运动据以存在的基础。

女权运动为女性主义心理学的产生与发展提供了最直接、最强有力的推动力量与社会文化土壤。女性主义心理学从独特的社会性别视角出发,揭示心理学研究中的男性中心主义偏见,坚持性别平等的心理学研究范式。伴随女权主义运动的"第一次浪潮",女性主义者的主要任务就是论证女性在天性、生理、德性、知识能力方面与男性并无二致,要求在社会中给她们以同男性一样的地位与权利,揭示主流心理学对女性的忽视与歪曲。女权主义运动的"第二次浪潮"中的女性主义心理学家更注重消除各个领域中的男性中心主义、性别主义等思想观念,要求女性发出不同的声音,主张以女性经验代替男性经验来建构女性主义的心理科学。在女权性主义运动的"第三次浪潮"中,后现代女性主义心理学又对女性、女性经验等概念进行了彻底的解构与颠覆,从根本上颠覆了传统女权运动存在的基础。因此,可以说,女性主义心理学是在女权运动的"第一次浪潮"中孕育,"第二次浪潮"中生成与发展,并在"第三次浪潮"中进一步发展起来的心理学一种新的研究范式。

(2) 父权制文化

西方主流文化是一种父权制文化。父权制是指"父权的统治",是男性对女性进行统治和控制的基本单元。父权制文化是一种以男性中心主义为典型特征的性别化的文化。所谓男性中心主义是指贬低女性经验与地位的以男性为中心的世界观,它是父权制文化的本质特征。它将男性当做模式,而把女性视为异端和社会规范的边缘。例如,西语中的女性"female"和"woman"两个词,都以男性"male"和"man"为词根,表达了父权文化对女性所持的根本性的偏见——女人是男人的一个旁枝末节,是男人的派生物(刘慧英,1995:229)。可见,在父权制文化中,男性是准则,居主导地位;女性被看做"他者",处于社会主流之外,是被边缘化了的群体。这种社会性别关系实质上是一种权利关系,其中,男性与男性价值居于统治地位,女性与女性价值居于屈从地位。

在父权制文化影响下,西方主流心理学推崇自然科学的科学观和方法论,追求客观性和价值中立,忽视主观性和个人经验的价值,忽视和歪曲女性经验等,存在男性中心主义偏见。女性主义心理学正是对父权制文化影响下主流心理学研究传统的反叛与"纠正",其中心任务就是揭示父权制文化中科学心理学理解性别角色与维持人类经验的方式。女性主义心理学家尼科尔森指出:"女性主义是对父权制文化的反叛,是父权制文化的产物,是对整个西方人文传统的一种再审视和再思考"。(Nicolson,1995:126)

2. 哲学背景

(1) 科学哲学

20世纪50年代以后兴起的历史主义科学哲学对逻辑实证主义和证伪主义的衰落与瓦解起了主要的作用。按照科学的"公认观点",科学之所以获得文化中的权威地位,就在于其科学客观地描述了实在,在于发现和描述规律的理性准则。胡塞尔对科学的"公认观点"与逻辑实证主进行了意义批判,认为实证主义排除了一切主体性和意义、价值问题,造成了科学危机及人性危机。库恩的范式论与范式革命对女性主义心理学产生了极大的影响。库恩否证了经验实证原则,认为理论已经不是经过实证研究后的产品,而是一种"先在的"观念、信念的格式塔。他的范式理论注重人的社会、文化历史属性与社会心理的作用,这为科学哲学注入了人文历史、多元价值和非理性的因素,使科学哲学从科学主义发展成历史主义,并为建立女性主义心理学的多元文化模式奠定了基础。费耶阿本德将科学哲学的这种历史主义观点推向极致,认为科学研究中从不存在一种普遍的、不变的所谓方法或合理性,而是存在随多种可能而修改变化的多种方法。女性主义心理学所强调的方法多元、视角多维、立场多重等论点,无疑受到了费耶阿本德思想的影响。而这些都有助于促进心理学范式的变革以及心理学科的整体发展。

(2) 女性主义哲学

西方女性主义包含多种多样的诠释与视角。自由女性主义以自由主义哲学和政治理论为基础，强调男女的个人权利和平等的机会，以资产阶级的"自由、平等、博爱"为目标，倡导更多的妇女进入现存在的政治和经济体系，以消除现有的性别歧视和不平等，反映了西方个人主义的文化价值观念。激进女性主义强调自己的理论是关于女性的理论，是由女性创造的理论，又是为女性而创造的理论，认为父权制的社会关系是妇女压迫的主要原因，建立在男人对女人的性控制的基础上。她们否认以男性为中心的认识论与价值观，主张从女性的"经验"中总结出以女性为中心的"女性文化"和"女性价值观"，对于男性中心的文化和价值观无疑形成了很大的冲击。后现代女性主义从后现代主义哲学观点出发，否定现代主义的"元叙述"的合法性，反对对性别、种族、阶级作宏观的分析，认为这些分类都不再适用了，甚至连"女性"、"父权"这些概念也都带有问题的本质主义色彩。

可见，女性主义并不是一种单一的观点，它有许多不同的方面。但女性主义哲学都要求：①仔细地检验性别不平等的前置因素和条件，指明它对女性、男性和儿童之社会生活和制度，以及对于语言、艺术和科学等社会产物所造成的影响；②提出对策以便女性主义者可以积极地促成问题的解决和改变。女性主义哲学对女性主义心理学的产生和发展的影响是巨大的，它不但促使我们主动检验先前的假设，并且重新建构已经被接受的解释。

(3) 女性主义科学批判

女性主义科学批判是女性主义哲学与科学哲学的科学批判传统相结合的产物，对社会性别问题、科学问题以及社会性别与科学的关系问题进行全方位的讨伐，成为科学批判的一种潮流。女性主义对科学批判的介入始于20世纪60年代末至70年代初，最初的关注点是对科学领域中性别不平等现象的批判，以及科学理论和实践中包含的男性中心主义偏见的揭示。到了70年代中期，这种批判已由改革的立场演化到革命的立场，即从提供改善科学的可能性的分析，转向呼吁在现有科学和赋予其价值的文化基础上的变革。用女性主义哲学家哈丁的话说，这一过程经历了由"科学中的妇女问题"到"女性主义中的科学问题"的转变（Harding，1986）。同时，随着科学批判的深入，还产生了具有代表性的女性主义认识论纲领，包括与女权主义运动中的自由女性主义相对应的女性主义经验论、与激进女性主义相对应的女性主义立场论。80年代以后由于妇女运动的多样化以及后现代主义对女性研究的影响，又产生了后现代女性主义，并与科学批判中占主流的立场论展开了激烈的争论。女性主义认识论纲要为女性主义心理学的理论建构提供了认识论的基础。

女性主义科学批判为女性主义心理学向科学主义心理学进行全面讨伐提供了一把利器，因而对女性主义心理学的发展有着不可估量的影响。在心理学史家看来，女性主义科学批判对心理学的影响主要表现在两个方面：①揭露先前心理学研究中对女性的歪曲与偏见，认为女性对心理学的贡献没有得到承认，呼吁改变心理学课程，以便使学生不仅能"学习女性心理学，而且能了解心理学中的女性"。②对心理学的认识论与方法论的批判，包含女性主义心理学家对科学神话的批判以及多元方法论的建构等。

（4）后现代哲学

后现代哲学直接导致后现代女性主义心理学的产生与发展。后现代主义哲学家利奥塔认为在后现代状况下，肯定和崇尚的是特殊性、多元性、差异性、变异性等，并指出："'后现代'就是对一切元叙述的怀疑"（盛宁，1997:9）。后现代女性主义心理学利用"叙述危机论"来批判主流心理学和立场论女性主义心理学者的宏大叙述。后现代主义哲学家和解构主义理论创始人德里达对传统哲学中的二元论、本质主义、逻各斯中心主义、形而上学的在场等进行了解构和颠覆，这为后现代女性主义心理学对"女性"、"女性经验"等概念的消解与颠覆提供了理论工具。后现代主义哲学家拉康主张应以话语为中心而不应以生理学因素为中心来建构性别差异的意义，启发女性主义者解构性别认同与地位的命运色彩，要求深入"象征性秩序"内部进行颠覆与拆解，这引起后现代女性主义心理学家的共鸣。可见，后现代主义哲学确实为女性主义心理学及其发展提供了新的视角和启示。在这些后现代主义者的影响下，女性主义心理学于20世纪80年代后期起出现一种后现代转向的趋势。

3. 心理学背景

（1）主流心理学的危机和困境

"优势科学范式的削弱导致了女性主义心理学产生对主流范式的持久的挑战，以及女性主义心理学的积极扩张。"（Gergen，2000）在《心理学中女性主义的重构：叙述、社会性别与行为》一书中，格根认为心理学研究的弊端正是女性主义心理学需要变革的重点。她认为心理学至少在以下五个方面需要变革（Gergen，2000）：①关于"科学家作为非干涉主义者"的传统观点。主流心理学家认为科学家应该是一个不相关与无偏见的观察者，其任务仅仅是从被试那里收集事实。而在女性主义者看来，科学家与被试之间的任何形式的互动关系不可避免地会影响心理学的研究。②普适性原理。主流范式认为通过实证方法可以获得人类行为的普遍规律。但在女性主义者看来，普适性原理存在研究的实践价值、对研究结果的解释、研究对象的代表性、心理学研究的时空的独特性等问题。因此，结果的普遍性、精确的复制以及超越历史的普遍规律都不能成为科学追求的目标。③价值中立问题。传统研究范式声称心理学是价值中立的科学，个人的价值被搁置起来。而在许多女性主义者看来价值中立是不可能的，价值根植于每一个字词的选择、每一个理论构架，甚至于描述统计结果的态度。④客观性原则。女性主义者对"事实独立于创造它们的科学家"的观点提出挑战，认为所有的科学研究均需要选择与解释的行为。⑤科学方法的霸权地位。主流心理学的物理主义与机械论的观点及其实证的研究方法和实证科学的理论规则，将客观、实证、实验的研究方法推向了极致。女性主义心理学家认为主流心理学将科学方法应用于人类行为的研究其目的只是在寻求与自然科学相一致的尊重。

可以看出，女性主义心理学正是主流心理学陷入重重困境之时应运而生的一种新的研究视角和研究范式，为心理学摆脱困境提供了一条可供选择的道路，对心理学的认识论与方法论的重构具有重要意义。

(2) 早期女性心理学的研究

早期的女性心理学家对现代心理学对于女性的忽视与歪曲进行了无情的批判与挑战，为20世纪六七十年代的女性主义心理学的产生提供了思想基础。她们的研究主要有两条路径：一是对社会达尔文主义的反驳。早期女性主义者对当时心理学中性别差异研究方面存在的偏见进行了批评和揭露，认为性别差异不是生物决定的，而是由社会所塑造的，这实际上是女性主义心理学所主张的性别的社会建构论的萌芽。二是对弗洛伊德理论的男性中心主义的批判。女性主义心理学家从女性主义视角分析女性的生理结构和成长方式，从社会文化、意识形态角度分析女性被置于劣势地位、表现出"男性气质情结"的根源，揭露了整个文明崇尚"男性价值取向"的实质，从而为后来的女性主义心理学研究奠定了基础。德国的精神分析学家阿德勒提倡社会文化决定女性心理并倡导男女平等，强调女性的自卑感和低贱感是社会赋予的，现实社会规定了男女行动的准则。从20世纪80年代起，女性主义心理学已不再满足于仅仅揭示与批判主流心理学中的男性中心主义偏见，而将重点转向对心理学科学观与方法论的重构，试图重新建构一种包含女性在内的心理学。

此外，女性心理学的学术机构的建立与学术期刊的创办对女性主义心理学的产生提供了制度上的保障，标志着女性主义心理学得到学术界的认可。在美国、加拿大、英国，成立女性心理学协会，出版女性心理学刊物，标志着女性主义心理学获得了学术界的正式认可。

二、女性主义心理学的发展历史

纵观西方女性主义心理学四十多年的研究历史，可以大致分为三个历史时期：在产生初期的 20 世纪 60 年代末至 70 年代初，主要集中于对心理学理论与研究中性别不平等现象以及男性中心主义的偏见的批判；70 年代中期，批判由改革的立场进化到革命的立场，声称建构女性主义自己的研究范式与心理学理论。80 年代以来，女性主义心理学在提出了解构和消除主流心理学的关于女性本质的秩序与话语的口号。

1. 20 世纪六七十年代：女性主义心理学的兴起

女性主义心理学产生于 20 世纪 60 年代末至 70 年代初，伴随着当时的第二次女权运动。1969 年美国女性心理学协会、1973 年美国心理学会第 35 分会的成立以及 1977 年《女性心理学季刊》的出版，标志着女性主义心理学获得了学术界的正式认可。在加拿大，也于 1969 年成立了加拿大心理学会女性与心理学分会。女性主义心理学学术机构的建立与学术刊物的创办，为女性主义心理学的发展提供了良好的条件。

受到第二次女权运动的直接影响，早期女性主义心理学研究主要集中于美国与加拿大。基于女性主义经验论，这一时期的女性主义心理学关注点是对心理学中性别不平等现象的批判，以及揭示心理学理论与实践中包含的男性中心主义的偏见。1968 年，女性主义心理学家威斯坦（N. Weisstein）的《心理学是建构了女性还是男性心理学家的幻境》以一枚女性主义的炮弹，对心理学实验室与诊室中的男性中心主义进行了抨击。谢利夫（C. Sherif）在《心理学的偏见》一文中也以调侃的笔调犀利地剖析了美国心理学界将自己标榜为科学权威的手段，揭示了"科学方法"掩盖下的种种偏见。谢尔兹（A. Shields）在《机能主义、达尔文主义以及女性心理学：社会神话的研究》中谈到，心理学对女性的描绘更多的是信仰而不是事实，认为"科学充当了社会价值的奴仆。"

在过去的二十多年中，经验论的女性主义心理学对心理学产生了极大的影响：①研究者不再将男性作为全人类的代表，在被试的选择方面注意男性与女性的均衡；②诸如生理状态、性骚扰、心理健康及养育等性别差异研究论文开始出现在权威杂志中；③在美国心理学会（APA）出版的心理学杂志中禁止使用带有性别偏见的语言，目前这个指导原则已被推广到所有的心理学出版物及相关行业中；④女性主义经验论者还积极促进女性在心理学领域的职业发展。应该说，这一时期的研究主要属于经验论女性主义心理学的范畴。

2. 20世纪八九十年代：女性主义心理学的发展

这一时期，女性主义心理学不仅在北美地区，而且在欧洲与非洲也有很大发展。如英国于1987年成立了"英国心理学会女性心理学分会"，1990年创立了《女性主义与心理学》刊物。这一阶段，女性主义心理学研究在坚持经验主义研究路线的同时又产生了立场论的研究路线。

在这一时期，经验主义的女性主义心理学在揭示科学心理学男性中心主义偏见的基础上，开始对科学心理学的认识论与方法论进行挑战。1989年，《女性心理学季刊》专门就心理学的元理论、认识论与方法论问题进行了讨论。同时，在此时期，由于受女性主义立场认识论的影响，女性主义心理学从"性别中立、平等基础上的"心理学发展为"以女性为中心的"心理学。作为女性主义心理学中的激进派，立场认识论者不满于经验主义倾向的保守性，认为必须推翻心理学研究传统中的主流男性话语，建立女性主义心理学理论。因此，她们希望创建一种关于女性、由女性自己及为女性说话的全新的和以女性为中心的心理科学。立场论强调，在知识积累过程中，研究者与被研究者之间是平等的，建议研究者与被研究者之间建立亲密的合作关系。因此，她们将个体经验作为丰富女性主义心理学的一种方式，强调发展女性主义研究方法，重视采取定性分析的方法，重视让女性发出自己的声音，允许被试以自己的语言描述自身的经验，并对之进行概念化。女性主义心理学家吉利根（C. Gilligan）正是这一倾向的典型代表，她的《不同的声音：心理学理论与女性的发展》一书，被西方世界视为当代女性主义理论的经典著作。此外，乔多萝（N. Chodolow）的《母性的再造》及米勒（J. Miller）的《女性心理学探新》是这一研究路线的代表作。

3. 20世纪90年代至今：女性主义心理学的后现代转向

20世纪90年代，在后现代女性主义的影响下，女性主义心理学发生了后现代转向。哈里—马斯廷（R. Hare-Mustin）和马雷切克（J. Marecek）主编的《心理学与社会性别的建构》(1988)，阐述了后现代女性主义心理学的基本观点；格根与戴维斯（S. Davis）主编了《趋向新的性别心理学》(1997)收编了许多女性主义心理学的研究论文；格根在《心理学中女性主义的重构：叙述、社会性别与行为》一书中用社会建构论分析了女性主义科学的内在假设。

后现代女性主义心理学否定所有的宏大叙述，拒绝寻求普遍的女性立场，反对本质主义，强调社会性别不是个体的内在特质，而是社会建构的产物。女性主义心理学家罗特指出："将社会性别与民族、种族、阶级、性取向、年龄等结合起来考察女性的多元经验，这是女性主义心理学最根本的观点。"（Lott,

1991）后现代女性主义心理学能够包容复杂性与矛盾性，倡导多元方法论，超越父权制与性别关系的简单的决定论，实现了对经验论与立场认识论的女性主义心理学的超越，促进了女性主义心理学的发展。

与此同时，女性主义心理学还广泛渗透到心理学的各个分支学科，使女性主义社会心理学、女性主义发展心理学、女性主义临床心理学、女性主义心理咨询得到了很大发展。1991 年，《女性主义季刊》就女性主义心理学与心理学的变革进行了专题探讨，探讨了女性主义对心理学分支学科的变革所产生的影响。正如罗特所指出的："在心理学的所有领域里，已经能够清晰而显著地听到女性主义的声音了。"（Lott，1991）

第二节 女性主义心理学的理论取向

女性主义心理学自产生以来，一直致力于调和与主流心理学经验实证主义研究传统之间的冲突。1986 年，女性主义哲学家哈丁（S. Harding）在《女性主义中的科学问题》一书中提出的女性主义认识论，即女性主义经验论、女性主义立场论及后现代女性主义，已在人文科学与社会科学中得到了广泛认可。虽然哈丁的三种认识论的分类并不是特别针对女性主义心理学，但我们可以以此来认识女性主义心理学的理论取向。

一、女性主义心理学的不同理论取向

女性主义心理学在其研究历程中形成了三种研究取向：一是实证主义取向的女性主义心理学，基于女性主义经验论认识论，强调遵循实证主义研究传统，重新改造主流的心理科学；二是现象学取向的女性主义心理学，基于女性主义立场论认识论，强调从女性立场出发，创建一个全新的心理科学；三是后现代取向的女性主义心理学，基于后现代女性主义，强调采用解构的方法，重新解读主流心理学中的男性中心主义偏见。

1. 实证主义取向的女性主义心理学

实证主义取向的女性主义心理学基于"女性主义经验论"，是女性主义心理学发展的逻辑起点，伴随 20 世纪六七十年代的女权主义运动而发展。该理论试图通过更严格地遵循科学研究的规范要求，超越实证主义传统的文化根植性，消除心理学研究中的男性中心主义偏见，使之成为真正客观无偏见的心理学。

(1) 质疑主流心理学的核心假设——价值中立与客观性

在实证主义指导下,西方主流心理学一直沿袭自然科学传统,舍弃主观,追求完全客观、中立的描述,宣称心理学是价值中立的客观科学,认为只有价值中立的研究才能产生无偏见的知识,抵制对文化价值因素的考虑,力图将心理学建成一门严格意义上的自然科学。女性主义心理学家对主流心理学的价值中立论与客观性提出了质疑。她们认为,价值中立论实质上掩盖了主流心理学中的男性中心主义偏见,为父权制文化中的优势群体服务。这是因为,在价值中立论与客观性的幌子下,主流心理学将个体看做是脱离社会背景的抽象的存在,追求纯粹客观的、普遍的知识,让研究者"不带任何偏见"地收集有关研究对象的事实材料和证据,将研究对象当做可操作的物,而不是有意识的人来研究。正是由于这种主客分离、价值中立,使得研究者的价值偏好掩盖了对象所处的真实境况,将自己的目的和意愿强加于被研究者身上,使研究结果成为研究者的主观构造。那些自认为独立客观的认知主体实际上是一个小小的特殊群体———一群受过高等教育的、通常是富有的白种男人。因而所谓的客观性与价值中立,实质上是以男性为中心设计出来的科学理想、神话而已,它所推崇的实证主义方法实际上只是男性方法的代名词。

女性主义心理学家相信:科学是一项人类的活动,不可能是完全客观的和价值中立的;科学会不可避免地受到其创造者的价值和信仰的影响。"如果我们不承认科学的这个特征,那么,我们作为个体具有女性主义价值和信仰的事实与我们作为科学家的活动则毫不相关,术语'女性主义心理学'和'女性主义研究'也将没有任何意义。"(Peplau & Conrad,1989)

(2) 改造实证主义的研究传统

虽然实证主义取向的女性主义心理学家经常批评主流心理学的实证主义的研究传统,但她们并不希望完全抛弃在心理学研究和理论上所受的科学主义的训练以及作为心理学家的身份,而是认同主流心理学的科学方法论,如女性心理学主流教材和权威杂志都基于对科学方法论的信仰。"对科学是一种人类活动以及价值中立的错误观念的认知并不需要心理学家抛弃科学事业。"(Peplau & Conrad,1989)对于女性经验论者,尤其是使用统计测量与实验方法的女性主义者来说,更倾向于认为量的研究优于质的研究。女性主义心理学家安格(R. Unger)指出:"应用经验主义进行因果关系分析是心理学对于学术研究的贡献之一,如果女性主义心理学家不使用科学的方法,那么她们的研究就不可能得到认同。"(Unger,1988:137)

尽管女性主义经验论认同主流心理学的科学方法论,但却批判其性别主实践，认为科学的完整性与客观性被女性的劣势所破坏。在她们看来，主流心理学中的男性中心主义偏见主要在于"恶劣地进行科学研究"（Riger，1992），应该对科学方法论实践进行内部改造"改造"主流心理学的实证主义研究传统，以创造一个更加性别公平的心理学。她们在肯定实验者效应问题的同时，并没有否定实验，提出各种最小化实验者影响的研究策略。她们运用实证主义标准对主流心理学关于性别差异的研究进行了大量批判，认为那只是男性规范的产物，并没有什么客观的结果，主张进行性别公正的研究。她们对性别对性别差异进行了大量研究，运用元分析的方法得出结论，即男优女劣的传统社会性别观念是错误的，男女性之间并不存在明显的性别差异，差异程度则完全取决于变量的测量方法。女性主义心理学家指出，性别歧视可以在任何一个阶段进入心理学研究，传统研究方法的过分自信、解释系统的偏见及不合适的概念化与操作化是进行性别公正研究的三大障碍，为此，研究者应通过设计无偏见的问题、使用有代表性的样本和合适的解释模式、客观地分析数据，以及考虑文化价值因素的影响等途径来消除心理学研究中的性别偏见，进行性别公正的研究（McHugh et al.，1986）。

（3）重视个体行为的文化价值因素

主流心理学关注个体普遍的、一般的心理过程，隔断个体行为与社会地位、社会性别、历史信仰等文化价值因素的关系。这种研究体现了心理学中的男性霸权。社会心理学家梅耶指出："如果不审视被试的主观经验，要理解实验室实验中被试真正的行为是不可能的。而这样的事实在社会心理学的许多著名的实验中均被忽略了。"（Meyer，1988:119）她们认为要创造一个包含女性在内的心理学，必须扩展方法论，趋向于一种反身心理学，所谓反身心理学就是一个承认价值负荷与文化情景根植性的心理学，强调人与现实之间的交互影响关系。女性主义心理学认为，人类行为纷繁复杂，受社会的、历史的及政治等多种因素影响。她们提出情景行为主义／情景论，即行为的界定要根据对情景的分析而定，文化与情景是行为的基本组成部分。因此，她们主张心理学研究中要重视社会文化情境，诸如社会阶层、种族、社会性别、民族、年龄等对人类行为的影响；离开社会环境就不可能真正理解人类行为。情景论对于女性主义心理学尤其重要，有助于将文化因素带进女性主义心理学的研究中。美国心理学会第35分会在阐述女性主义心理学的研究目标时也指出，其致力于阐明行为的心理学、生物学、社会文化的决定因素，将女性的研究整合到心理学的知识和理论中去。

基于经验论的实证主义取向的女性主义心理学对主流心理学的认识论与方

法论进行了大量挑战,有利于消除心理学研究中的男性中心主义偏见,并在经验研究的基础上扩展了研究课题,不断地改造着主流心理学的实践。大量文献资料表明,迄今为止,女性主义经验论依然是广泛应用于女性主义心理学的理论观点。但是激进派和后现代派女性主义心理学认为,女性主义经验论只是对主流心理学的理论和研究作一些修正和补充,未能触及心理学研究的根基,未能建立女性主义自己的知识判断标准,因而未能跳出主流心理学的男性思维框架和价值体系,实质上与男性中心主义的认识论一脉相承。

2. 现象学取向的女性主义心理学

现象学取向的女性主义心理学基于"女性主义的立场认识论",是女性主义心理学中的激进派。她们不满于实证主义倾向的保守性,认为必须推翻心理学研究传统中的主流男性话语,建立女性主义心理学理论,才能从根本上消除科学的男性化建构女性主义的"后续科学"。

(1)"以女性为中心"的女性立场认识论

现象学取向的女性主义心理学家重新审视心理学的哲学基础,认为应以现象学作为心理学的哲学基础,强调女性经验与主观性,重视让女性发出自己的声音。该理论的基本假设是:所有人类信念和知识主张都是情景化的,而不同的社会情境会对知识进程产生不同的影响。女性主义者史密斯(D. Smith)认为,女性常常根据男性的概念图式来描述自己的体验,使她们同她们自己的经验分离。因此,她们认为,基于女性立场的心理学从处于屈从地位群体的经验出发进行研究,不仅有助于产生适合于女性的概念范畴,而且能从整体上揭示心理学研究中的男性中心主义的本质。

现象学取向的女性主义心理学家认为被试是认识世界的主体,强调研究者与被试之间的合作、自然的情境及质的分析的应用,重视让女性发出自己的声音,允许被试以自己的语言描述自己的经验。女性主义心理学家吉利根(C. Gilligan)正是这一倾向的典型代表。她通过访谈的方式考察人们的自我概念和道德概念,考察他们对道德冲突和道德选择的体验,让女性发出自己的声音,并遁着这些声音去描绘女性心理和道德发展的轨迹。

(2)建构女性主义心理学的"后续科学"

依据现象学取向的女性主义心理学的观点,女性主义心理学是为女性说话的研究,需要对主流心理学研究范式的整体变革,建构女性主义自己的研究范式和知识理论。女性主义心理学家费(E. Fee)指出,这种以女性为中心的"后续科学"具备三个基本特征:①将女性作为心理学研究的中心;②减少或消除研究者与研究对象之间的界线;③运用知识解放女性(Crawford, 1997:275)。

她们主张建立女性主义心理学的后续科学，必须建构基于女性主义价值观的女性主义研究方法。格根主张，女性主义方法的中心原则应包括：①认识到实验者与被试之间的互相依赖性；②避免被试或实验者从他们的社会和历史背景中的"去情境化"；③在研究情境中认识与揭示个人的价值的本质；④坚持"事实不能独立存在于其生产者的言语密码"的观念；⑤科学家角色的非神秘化及建立科学的制造者与科学消费者之间的平等关系（Unger，1988:736）。

现象学取向的女性主义心理学有一个基本前提，就是假定存在一个具有普遍意义的"女性"范畴，她们享有一套共同的经验，这来自她们作为社会和男性的"他者"受压迫的共同经历。这受到了后现代女性主义心理学的质疑。她们认为，立场认识论的所谓共同的女性经验，实质上指的是中产阶级白人异性恋妇女的经验，因而以此为依据建构的女性主义心理学并不具有普遍性，因为它忽视、否认或歪曲地理解处在最边缘的"他者"女性的经验。因此，她们质疑：什么构成立场的基础？普遍化的女性立场能否存在？是否允许多元化立场的存在？一个女性能否合法地研究或论述立场与她不同的女性？这些是后现代女性主义心理学话语分析中的重要问题。

3. 后现代取向的女性主义心理学

后现代取向的女性主义心理学基于后现代女性主义。她们拒绝寻求普遍的女性立场，否定所有的宏大叙述，主张采用解构的方法，重新解读主流心理学中的有关女性的所谓"科学的"知识，从中发现所隐含的男性偏见。

（1）社会性别是社会建构的产物

社会性别是后现代女性主义心理学的一个关键的概念。在她们看来，男女之性别（sex）是指一种先天的、生理上的差异，但更重要的则表现为一种后天形成的社会性别（gender）上的差异；前者是一种生物学的、自然的差异，而后者才是一种真正能为女性为什么受压迫提供解释的文化概念，代表了男性与女性的文化特征。里格指出："性别是我们规定的，不是我们所表达的内核或特质群；它是建构社会关系，尤其是两性之间的权力关系的社会组织的一种模式。"（Riger，1992）后现代女性主义者力图摆脱对社会性别作本质化的阐释，而努力将其置于具体的场景中作历史的分析。认为社会性别并非产生于单一的、共同的、非历史的"根源"中，对社会性别的考察必须置其于具体的阶级、种族、族群、国家、文化和历史中。后现代女性主义者弗雷泽（N. Fraser）和尼克森（L. Nicholson）明确指出：应该"用多元的、具有复杂内涵的社会属性概念来代替那种简单笼统的女人或女性性征的概念，把性征视为多种属性中的一种，与阶级、民族、族类、年龄、性取向等因素结合在一起考虑"（盛宁，1997:156）。

可见，后现女性主义为女性心理学的研究提供一个独特的视角——将社会性别视为社会相互作用的产物，并将女性的能动作用与具体的社会文化、历史及政治背景联系起来。

（2）话语即权力

由于在历史和现实中任何关于女性的知识都已受到性别歧视的污染，人类文化中充斥着厌女主义的话语。因此，后现代女性主义者提出了话语即权力的理论，认为话语就是一切，文本就是一切，并喊出了要解构和消除一切父权文化中的关于女性本质的秩序和话语的口号。她们指出，科学并不能反映现实，只能创造现实。为此，她们抛弃了有关真理与现实的传统观念，认为：“实证主义的价值中立与公正的观点掩盖了心理学理论实质上是男性关于现实的理论，且这种理论反映并为维护男性权力利益服务。"（Riger，1992）

她们认为，心理学中有关女性知识的建构主要来源于性别差异的研究；而在主流心理学对性别差异的研究中，存在着两种偏见：α偏见与β偏见。所谓α偏见与β偏见是指心理学中过分夸大与过分缩小性别差异的两种倾向，是心理学研究中女性经验无形化、边缘化及病态化的两种最常见的形式。后现代女性主义心理学家哈里—马丁认为，实证主义取向的女性主义心理学由于试图缩小性别差异陷入β偏见；而现象学取向的女性主义心理学由于过分夸大性别差异最终陷入了α偏见，因而它们都从根本上掩盖了西方主流心理学的男性中心主义的价值观念，为维护父权的统治提供合理性依据。在后现代女性主义心理学家看来，不存在单一的、确定的真理。她们否定本质的、固定的或普遍的观念，强调每个人的社会、文化和历史背景的特殊性，认为：“是否存在性别差异”并不重要，重要的是"社会性别意味着什么？""社会性别如何被创造和塑造的？""性别差异意味着什么？""除了差异性或相似性之外，社会性别还意味着什么？"（Enns，1997：116）

（3）研究方法的多元化

研究方法的多元论是后现代女性主义对于心理学的一大贡献。后现代取向的女性主义心理学对"以女性为中心"的立场认识论提出了挑战，认为要了解女性生活复杂的现实，就应采用包括实验法在内的多元的研究方法；但在运用这些方法时，研究者必须认识到每种方法的价值假设、优势以及局限性。女性主义心理学家佩皮劳和康拉德指出，给任何研究方法标以女性主义方法的标签是无效果的和不合逻辑的。相反，只要研究者遵循两个原则，即①知识主张与研究结果从来都不是完全价值中立或客观的；②社会性别意义的形成受政治、社会及历史等因素的影响，那么，"所有的方法都可以成为女性主义方法"（Peplau

& Conrad，1989:396-397）。在后现代女性主义心理学家看来，所有研究方法，包括质的分析与量的分析，与女性主义经验论和立场认识论有关的研究方法，均可用来研究"真理"和现实是如何被社会地建构，如何受权力关系影响的；每一种方法均能提供有益的但也有限的关于女性现实的观点。后现代女性主义心理学能够包容复杂性与矛盾性，超越父权制与性别关系的简单的决定论，为系统地认识女性生活的多重真理提供了一个有益的分析框架。

二、女性主义心理学的共同理论主张

尽管不同的女性主义心理学家拥有不同的理论立场，但是，作为女权主义运动与女性主义理论的一个组成部分，女性主义心理学仍有着一些共同的理论主张。

第一，挑战实证主义的科学信条。女性主义心理学否定客观中立的科学是不受文化、历史、观察者的经验影响的假设，承认价值进入所有的科学研究，价值是无处不在的，承认并纠正科学研究过程中的性别主义偏见。强调建构反映多元现实的更全面的科学，它包含研究者与被试的多元视角、多元文化，多元研究方法的合法性。

第二，关注女性经验与女性生活。女性主义心理学发掘女性对社会心理学研究与心理学历史的贡献。将女性作为合法的研究目标，在"男性作为规范"的标准之外研究女性，鼓励对女性生活提出新的问题，探索与女性生活息息相关的问题，如强奸、乱伦、性骚乱、生育过程、性决定、就业分离与歧视，等等。拒绝将性别差异研究作为理解女性或男性之根本，主张性内差异大于性间差异。建构对女性生活来说重要问题的研究方法，如对女性的敌意态度、传统社会性别角色信仰等。

第三，在权力关系情境中研究女性问题。女性主义心理学关注研究者的权力地位对研究问题的影响，主张将权力关系看作是父权制社会关系的基础，在父权制权力关系情境中研究人与人之间的关系，如婚姻关系中的不平，等等。在不平等的权力关系中探讨定型化的女性特征的基础，指出自然行为受权力政治的影响，寻求赋权于女性的策略。

第四，将社会性别作为基本的分析范畴。女性主义心理学指出社会性别的多元概念，挑战仅仅将社会性别作为解释可观察的行为的自变量，承认社会性别是一种基于权力关系之上的社会建构，强调社会性别化作为一种主动的过程在建构社会相互作用中的情境特征,探索作为一种刺激变量的社会性别对期望、评价与反应模式的影响。

第五，促进社会活动。女性主义心理学对心理学理论、方法及目标进行重新概念化使之包含促进社会变化之可能性，减少权力不平等，促进社会性别公平。它主张创造一个有益于女性而不是压迫女性的科学，促进研究结果得到正确的应用，指导用于支持政策、实践、制度结构的个人实践向有益于女性的变化。

女性主义心理学家罗特（Lott，1991）也在《社会心理学：人文主义的根基与女性主义的未来》一文中总结了女性主义心理学家共同的主题：（1）科学不是价值中立的。（2）两性在行为与能力方面的差异没有充分的经验论证，这些假设支持不平等的机会与权力的现状。（3）性别是一种文化的建构与一种正在进行的过程。（4）女性的生活为研究提供了丰富的信息，心理学必须以人类，而不是以男性、大学生、异性恋或中产阶级白种美国人为研究对象。（5）必须在一定的社会的、政治的与历史的情境下理解研究问题的起源及对数据的解释。（6）社会性别不仅仅是被试的特征而是一个重要的刺激变量。（7）必须公开地承认与叙述心理学研究的社会应用，女性主义的目标包含着一个平等的社会。（8）研究者与被研究者之间的平等关系。（9）多元方法产生大量的信息。这些是女性主义社会心理学研究的基本准则。

总之，女性主义心理学是对父权制文化下主流心理学无视或蔑视女性经验和主体性的一种"纠正"，它对主流心理学的批判与审视实际上已动摇了主流心理学的价值中立的神话，造就了一个声势浩大的批判传统男性中心文化的女性视角，具有特定的价值和意义，可以说是心理学理论研究更趋成熟的表现。

第三节　女性主义心理学的方法论内涵

女性主义心理学以社会性别批判作为基本的方法论。她们主张重新解读和审视主流心理学的科学观与方法论，对主流心理学的核心假设—价值中立与客观性提出了质疑，这促进了主流心理学二元对立的消解并强调科学的文化建构性与心理学方法多元论，引起了心理学家对主流心理学理论与实践的反思，促进了心理学方法论的重构。

一、批判价值中立与客观性假设

西方主流心理学宣称心理学是价值中立的科学，认为只有价值中立的研究才能产生无偏见的知识。女性主义心理学家对主流心理学的核心假设—价值中立与客观性进行了有力的批判。在她们看来，主流心理学中所宣称的所谓价值中立与客观性，实质上掩盖了主流心理学中的男性中心主义的偏见，为父权制文化中的优势群体服务。这是因为，在价值中立论与客观性的幌子下，主流心理学将个体看做是脱离社会背景的抽象的存在，追求纯粹客观的、普遍的知识，让研究者"不带任何偏见"地收集有关研究对象的事实材料和证据，将研究对象当做可操作的物，而不是有意识的人来研究。正是由于这种主客分离、价值中立，使得研究者的价值偏好掩盖了对象所处的真实境况，使研究结果成为研究者的主观构造。而且，那些自认为独立客观的认知主体实际上是一个小小的特殊群体———一群受过高等教育的、通常是富有的白种男人。因而所谓的客观性与价值中立，实质上是以男性为中心设计出来的科学理想、神话而已。男性将自己对世界的描述混同于绝对真理，把男性的偏见隐藏在价值中立和客观的表象之下。因此，所谓客观性与价值中立，实际上只不过是男性偏见的遮羞布而已，它所推崇的实证主义方法实际上只是男性方法的代名词。女性主义心理学家谢利夫在《心理学的偏见》一文中以调侃的笔调揭示了"科学方法"掩盖下的种种偏见："心理学中所谓的'科学'的观点只是社会的神话，或是心理学中精英人物的意识形态而已，它为强化性别主义与种族主义服务。"（Sherif, 1979）

在实证主义的指导下，西方主流心理学家关注个体普遍的、一般的心理过程，隔断了个体行为与社会地位、社会性别、历史、信仰等文化价值因素的关系，抵制对文化价值因素的考虑。这是因为，依照"价值中立"的观点，心理学研究是一种"事实"的客观探讨，没有掺杂任何主观的价值因素；心理学的任务是发现不受任何文化历史影响的、一般的、抽象的和普遍的心理机制，这种倾向导致了心理学家拒绝考虑任何社会历史文化因素的影响，并排斥任何价值观和哲学信念的指导，从而使心理学家在解释意识和行为时仅仅把眼光局限在个体的内部或直接的环境刺激上，导致个体主义和还原论在心理学中的泛滥。女性主义心理学家对实证主义研究传统的这种"情境剥离"现象进行了批判，认为传统的主流心理学采用的是还原主义方法，排除作为内在偏见的社会情境及个体间的结构／权力关系的影响。女性主义心理学家凯恩与约德指出："主流心理学将个体作为思维与行动的起源，使人们忽视了社会与制度等方面的因素，最终为维护优势群体的利益服务；心理学中的个体主义使我们倾向于脱离历史或情境的独特性而对行为做出解释。因此，心理学研究往往将女性作为一种同类的和非历史的范畴，忽视多样性的女性与女性经验的历史变迁。"（Kahn & Yoder, 1989）

在此基础上,女性主义心理学对人类行为的普适性提出了质疑,认为没有普遍的人,只有文化意义上不同的男性与女性。女性主义心理学重视社会文化情境,诸如社会阶层、种族、社会性别、民族、年龄等对人类行为的影响,认为离开具体的社会文化情境,就不可能真正地理解人类行为。在女性主义心理学家看来,科学是一项人类的活动,不可能是完全客观和价值中立的,科学会不可避免地受到其创造者的价值和信仰的影响。女性主义心理学对文化价值因素的关注有利于心理学家认识到心理学研究的"价值负荷"特性,使重视社会历史文化因素成为可能。

总之,女性主义心理学对西方主流心理学价值中立信条的批判在动摇心理学家对实证主义科学观的信念方面,促进了心理学家对历史文化价值因素的关注。

二、建立社会性别批判范式

女性主义心理学认为,在物理主义或机械主义心理学理论模式影响下,主流心理学以价值中立与客观性为核心理念,忽视或否定群体的现实性及其对个体的影响和制约。这种微观的心理观过于注重男性所关注的领域和议题,忽视和排斥女性的经验和情感,使女性和女性经验成为心理学研究中无形的、看不见的东西;同时,对于心理现象与人类行为的分析和解释,主流心理学家总是站在男性的立场上,从维护现有社会秩序、权力体系和主流男性群体的利益出发,而不顾及女性作为边缘群体的感受和判断,因而主流心理学中充满着男性中心主义价值观霸权,是一种带有性别主义与种族主义偏见的心理学,是一种脱离社会历史情景的厌女主义的心理学。女性主义心理学家认为需要在现有的心理学研究中纳入女性与女性相关的议题,将女性经验作为重要的研究内容,以驱除性别偏见,更全面、更真实地揭示女性心理世界的全貌,进一步拓宽心理学学的研究领域。正如有学者所指出的,"女性主义心理学的价值并不在于比传统主流心理学更客观,而在于能更好地发现女性经验的'真理'。"

女性主义心理学将社会性别作为一个重要的变量引入心理学研究,通过对生物决定论的批判,摧毁"生理即命运"的传统偏见,使女性与女性经验成为心理学的研究范畴,也使社会性别和社会性别理论成为女性研究与心理学研究的革命性工具,这为解决心理学理论与实践问题提供了新思路和新方法。她们将社会性别作为一个文化概念引入心理学的研究,认为男女之性别是指一种先天的、生理上的差异,但更重要的则表现为一种后天形成的社会性别。前者是一种生物学的、自然的差异,而后者才是一种真正能为女性为什么受压迫提供解释的文化概念，代表了男性与女性的文化特征。因此，在她们看来，社会性别不是个体的内在特质，而是由人们之间的相互作用及特定的社会文化所建构；社会性别化的行为不是由生理性别，而是由个体的社会地位所塑造。因而，她们主张，对社会性别的考察必须置于具体的阶级、种族、国家、文化和历史之中。女性主义心理学家罗特指出："女性主义心理学将社会性别视为具有社会的、政治的和个人的倾向的文化的建构，这种观点对心理学学科的重构有着非常深刻的影响。"（Lott，1991）

女性主义心理学将社会性别作为研究与分析问题的范式，以社会性别视角审视心理学理论与实践问题，促进了心理学家对女性行为的关注，促使女性主义心理学成为心理学一个独立的研究领域。

三、消解心理学研究中的二元对立

女性主义认为，传统科学认识论的基础就在于主客两分的二元模式和价值中立的客观性法则，它们共同体现了父权制文化的男性中心主义偏见。传统认识论中主体与客体、心智与肉体、理性与情感的二元对立及其泛化，导致了等级制的男性价值体系和控制欲望的起源。同时这种两分法也为主流科学观及公认的研究模式奠定了基础。所以对科学认识论基础的批判，其基本前提就在于消解这种性别化的二元模式。

西方文化中存在着无数性别标志的模式、符号和隐喻，性别成为差异和分化的首要范畴，从这个意义上说，认识论的二元模式可视为一种基本的性别二元对立——男人／女人、男性化／女性化两分法的产物。女性主义认为，作为西方文化基础的二元模式建立在关于男性／女性的隐喻之上，而这些二元模式反过来又支持和强化了性别的两分法及关于男性化／女性化的假定。由于科学是以认识论的二元模式来定义和构成的，因此必然带有性别化的特征。女性主义者通过对科学中的隐喻的考察表明，实证主义科学本质上就是男性化的。培根也将自然比喻为女性，科学的目标就在于"使她为你服务，使她成为你的奴隶"。哈丁总结道："心理／身体、理性／情感、主体／客体、主观／客观、抽象／具体——每一对中都是前者统治后者，而人类生活将被非理性的与相异的力量所淹没，而这些力量被科学符号化为女性化的。"（Harding，1998）因此，在西方认识论的二元结构中，男性总是被归于文化、心智、理性、客观的世界，而女性则被归于自然、肉体、情感、主观的世界。这种两分法使科学成为知识的男性形式的代表，具有抽象的、非个人的、客观的和自主的特征。而科学家作为分离的、无偏见的观察者的男性形象也得到确定和加强。女性由于被认为不能达到这种分离的要求,因此被排斥在科学事业和科学家群体之外。作为科学认识论基础的两分法从根本上代表着一种男性化的戒律,从事科学研究的女性就如同想偷吃伊甸园的智慧果,她们必须打破禁忌,向这一领域的性别化特征所支持的男性统治权力挑战。

因此,在科学认识论的二元模式影响下,主流心理学对社会性别的研究要表现为极化现象,重点在于对性别差异的探讨,男性与女性是对立的、互补的;社会性别是一种个体差异或心理特质,这种社会性别观在主流心理学中和主流文化中占有绝对的优势。女性主义心理学家对这种二元模式所造成的后果给予了严厉的批判,认为"差异的社会性别"的建构忽视了情境因素的影响,成为维持社会现状的科学工具。(1)"差异的社会性别"的建构掩盖了两性之间不平等与对立的根源,导致受害者谴责(blaming the victim)倾向。二元模式强调男性化与女性化是男性与女性的内在本质,女性常常被看做是有缺陷的,这会导致对女性的谴责。而这种谴责明显的忽视了女性的经济状况、社会地位等社会政治历史情境对女性成就的影响。(2)"差异的社会性别"的建构将女性的特质看作是普遍的和永恒的,而不是社会、历史、政治的建构物,因而忽视了女性经验的多元性,从而导致了对有色及边缘女性的排斥与轻视。(3)"差异的社会性别"的建构表明,性别差异是永恒不变的与二元对立的,而任何试图提高女性地位的努力均是无效的。因此,他们反对将社会性别看做是静态的、单一的并与其他社会认同相分离的观点,将分析的重点从个体层面转移到人与人之间及制度层面,许多女性学者都认为社会性别产生于个体之间的相互作用,因此,人们创造社会性别,而不是拥有社会性别;一些学者(如,Hare-Mustin & Marecek,1990)则持另一种观点,她们扩展了社会性别的范畴,认为社会性别是通过话语、制度与符号的文化建构。所有这些论点均将社会性别与权力关系联系起来。

女性主义心理学对二元模式的消解有利于心理学关注知识与权力之间的关系,这在一定程度上冲击了主流心理学的保守主义倾向。心理学家帕里坦斯基的研究表明:"心理学作为一门价值中立的科学,不仅没有能够推动社会的进步,反而在维持社会现状中起着至关重要的作用。"(Prilleltensky,1989)在他看来,心理学通过认可与反映优势群体的社会价值,以价值中立的科学说教传播这些价值观,描绘了一种个人脱离于其社会历史情境的人类的非社会的图景,心理学成为维持社会现状的工具。因此,尽管心理学家一直在努力促进社会的发展,但事实上,他们经常充当着阻碍社会变化的保守势力。女性主义心理学对主流心理学的这种不关心倾向的保守主义现象进行了批判,认为传统的主流心理学采用的是还原主义方法，排除作为内在偏见的社会情境及个体间的结构／权力关系的影响；坚持"价值中立"的观点实际上就是在维持西方文化与科学中的厌女主义、种族主义及其他所有的主义的现状。女性主义心理学关注意义与权力之间的关系，认为所有的关于社会性别的心理学研究均是政治的，旨在促进两性的平等与发展，不管采用哪种研究方法，均被看作是一种政治变化的工具。她们关注研究关系中的权力与表征的问题：在研究中谁拥有权力？权力是如何被利用的？表征谁的现实？谁又能从研究中获得什么？谁拥有研究结果？这种对意义、权力与话语的关注在一定程度上冲击了主流心理学的保守主义倾向，使心理学更贴近社会，贴近现实。

四、研究方法的多元化

女性主义心理学在对主流心理学科学方法的霸主地位进行批判的基础上，发展了许多具有革新性、创造性的研究方法，将量的研究与质的研究有机地结合起来。《女性心理学研究的革新》一书专门就女性主义心理学的多元方法论问题进行了专题探讨。该书认为，传统的心理学研究方法同样可以服务于女性主义的目标，但同时也可以采用话语分析、现象学研究、叙事研究、焦点小组、表演心理学等质的研究方法。派普劳和康莱德认为，虽然女性主义心理学对主流心理学的价值中立与客观性进行了批判，但方法论上的正统做法会限制女性主义心理学的发展。"没有什么研究方法本质上是女性主义或非女性主义的。任何研究方法均能以性别主义的方式使用；没有任何一种研究方法可以保证产生女性主义观点。"（Peplau & Conrad, 1989）心理学的发展历史也证明，女性主义研究者已经使用所有可能的研究方法去挑战性别主义的信仰与理论，使我们更好地在人类经验中理解女性生活及社会性别的影响，女性主义心理学家使用多元的研究方法，探索对女性来说重要的课题，并用女性主义框架来解释人类经验，这已经导致了心理学的实质性变化，使心理学的研究日趋多元。多元方法论是女性主义心理学对于心理学方法论的一大贡献。

差异性和多元性是女性主义心理学的一个重要特点，也是女性主义心理学丰富性和生命力的标志。在女性主义心理学的文化多元性的影响下，20世纪90年代心理学研究开始关注文化的多元性，并将文化的多元性整合进心理学研究的主流。美国心理学会（APA）已经意识到将多元性的价值与心理学的结合的必要性，因而在1991年授权APA第35分会推进了一个文化多元性的心理学研究生培养计划，要求将文化多元性界定、培养学生对文化与个体差异的尊重，以及包含不同文化研究者与实践者等列入心理学研究生的培养计划。美国女性主义心理学对心理学实践提出了一个新的目标:要求增加边缘群体在心理学中的参与性。这一行动使许多有色女性得到了女性主义心理学组织的支持;少数民族心理学组织的女性领导者开始正式进入女性主义心理学组织,女性主义组织也已经发展了包含有色女性在内的多元性的委员会,美国女性心理学分会已经专门设立了黑人女性、同性恋女性、西班牙女性以及亚洲女性、非洲女性等不同的分会或委员会,为有色女性及其他边缘群体女性提供发展领导才能等诸多机会。发出多元的声音,承认文化、种族以及民族情境与社会性别的相关性,为有色女性与边缘群体提供了一个影响与变革女性主义心理学,进而潜在地影响心理学学科的有效途径。女性主义心理学家昂格尔指出:"文化多元性对于女性主义心理学的未来有什么意义?答案是明显的,它丰富了心理学的研究。"(Landrine,1995)

总之,女性主义心理学使心理学家意识到心理学应采用多元的研究方法、以多元的视角研究多元文化的背景下丰富的人类经验。女性主义心理学倡导多元方法论,使主流心理学界公认应采取多种研究方法以增加研究结论的效度。

第四节 女性主义心理学的评价与展望

在过去几十年中,女性主义心理学作为一种新的研究视角,对心理学的内容、实践和传统提出许多新问题,引起了广泛的重视。它以性别作为批判工具,检验现代主流心理学如何排斥女性,否定二元论的合法性根源,揭示以个人主义、实证主义和实验主义为根基的现代心理学方法论的局限性,关注以女性为主体的边缘群体的声音、经验,关注人的非理性方面。这些冲击传统心理学知识结构,扩大了心理学的研究领域。但是,女性主义心理学也留下许多难题和争论,这既与问题自身的难度有关,也有来自女性主义内部的原因。就此加以评价与反思,可以更加深刻地理解与推动女性主义心理学的发展。

一、女性主义心理学的贡献

1. 促进心理学研究传统的变革

在西方心理学的历史发展过程中,无论是早期的构造主义心理学,中期的行为主义,还是正在西方心理学中流行的认知心理学,基本上都信奉自然科学的科学观和方法论,力图把心理科学纳入自然科学的范畴。其结果是,心理学舍弃主观、追求完全客观的描述,成为一门无头脑、无心理的科学。女性主义心理学对科学心理学的科学观与方法论提出质疑和批评。

她们认为心理科学有其自身的独特性，心理现象的非物质特征决定了心理学不能使用自然科学的物质研究范式，研究精神的科学不能向研究物理现象的自然科学看齐，两者研究对象的不同决定了心理学不能简单地重复自然科学走过的道路，而应该另辟蹊径，开拓自己的道路。女性主义心理学以社会性别作为基本的分析范畴，将知识与政治的关系置于心理科学知识的核心，试图分析不同政治力量对心理学知识的生产的不同影响，强调心理科学的社会情境性与价值负荷性，强调研究方法的多元化，这种知识图式打破了传统的价值中立的客观性理想，肯定了价值和利益在知识形成中的重要作用，并试图从心理学知识的生产、研究对象、研究范畴以及研究方法等方面重新建构一种包含女性在内的心理学。因此，作为一股批判与颠覆的力量，女性主义心理学在促进心理学家对心理学的科学性与方法论的反思与重构方面发挥着尤为重要的作用。

2. 拓宽心理学的研究视野

自科学心理学诞生以后一百多年来，其主流一直遵循自然科学的传统，建构物理主义或机械主义的心理学理论模式，崇尚实验主义、实证主义、个体主义。诚然，这以客观方法揭示了人类心灵和精神生活的一个部分或一个层面。但是，传统的科学心理学却被束缚在这种微观的旧心理学观之中，封闭的脱离人的现实社会生活的小心理观，最终导致现代西方心理学的发展缓慢。

女性主义心理学将社会性别视角引入心理学研究。长期以来，心理学在追求人类心理一般规律的目标指导下，有意或无意地忽视了女性心理的研究，心理学成了"男性心理学家的幻境"，与女性相关的课题如强奸、家务劳动等要么被认为是研究的禁区，要么被认为太琐碎，不值一提，因而与那些处在中心地位和声誉显赫的领导、成就、权利等问题相比，被置于边缘的地位。女性主义心理学以社会性别作为一个基本的分析范畴，将女性与女性经验纳入心理学研究，并使之成为心理学的合法的研究范畴。正如女性心理学者所指出："在回顾心理学研究的百年历史时，我们感激女性主义心理学家对关于女性与社会性别的知识所做的贡献。……研究者重构了研究女性生活的方式，提出许多新的理论。心理学文献中女孩与女性的生活（被湮没的、未记载的或歪曲的）都成为心理学的合法的研究内容。女性主义者对心理学中女性生活的'公认的'真理的合法进行质疑，促进了新的理论与假设的形成。"（Worell & Etaugh, 1994）

3. 促进对文化价值因素的关注

在经验实证科学范式的指导下,西方主流心理学把客观化作为理想的目标，崇尚实验室实验等经验方法，排斥了文化历史背景的分析，把个体看成是脱离社会文化背景而存在的抽象的个体，文化因素、价值观念、社会背景被作为无关的干扰而被排斥在研究者的考虑之外。这种研究模式在心理学中造成了一种错误的导向。这种拒绝考虑文化历史背景的分析必然导致一种把个体看成是抽象的存在的倾向，当分析行为产生的原因时习惯于从个体的内部心理机制着手，而忽视行为的情境和文化因素。

女性主义心理学十分重视文化多元性与跨文化的研究，主张将文化多元性整合进女性主义心理学的研究。在女性主义心理学看来，科学是一项人类的活动，不可能是完全客观与价值中立的，科学不可避免地受到其创造者的价值和信仰的影响，因而强调社会文化情景如社会阶层、种族、社会性别、民族、年龄等对人类行为的影响。女性主义心理学对文化多元性的关注有利于摆脱欧美中心主义的影响，促进心理学家对文化价值因素的关注，促进心理学的多元文化模式。现代许多心理学家越来越意识到，人类行为强烈地受到历史文化因素的影响，把文化与人类行为联系起来考察的心理学才能真正揭示人类的本性。既然价值是多元的、文化是多元的，那么心理学应根据多元的实际，构建心理学的多元文化模式。

4. 推动心理学研究的多元化发展

在反主流文化中孕育起来的女性主义心理学认为，任何一种理论、观点、思想、方法相对于它所赖以产生的情景和文化背景来说是合理的与合法的，但不存在超越一切的、中心的价值标准可以作为衡量其他理论的标准。这就是说，实证主义有其存在的合理性，但实证主义不是惟一的可能的研究形态。

女性主义心理学张扬文化多元与方法多元，并将它们视为女性主义学术丰富性与生命力的标志。女性主义心理学家罗特指出："如果女性主义心理学不是为所有女性的心理学，那么它不是真正的女性主义的，也不是真正的心理学。"（Lott，1985）女性主义心理学的多元文化模式不仅包含接受女性现实的多元论与差异性的价值观，而且意味着女性主义心理学应包含多元的概念框架，研究多元的女性经验，并且这些多元的女性经验应同等地得到尊重。多元的方法论能增加研究结果的效度，并详细说明研究结果所适用的情景。女性主义心理学对科学心理学的实证主义研究范式的挑战及对多元文化与多元方法的强调，为揭示丰富多彩的女性多元现实，促进心理学的多元文化运动以及心理学变革与发展提供了条件。

二、女性主义心理学的困境

女性主义心理学研究既没有被整合进心理学领域，也没有能够使心理学领域产生重大变化。她们在"女性主义对社会／人格心理学的影响研究"中，通过对 1963 年至 1983 年间《人格与社会心理学杂志》（JPSP）与《女性心理学季刊》（PWQ）中女性作者的人数、研究方法的类型以及与性别相关的研究课题的数量的比较，得出这样的结论：女性主义对社会／人格心理学的影响有限的。对 JPSP 的论文统计表明，在 20 年中心理学的研究方法论没有显著的变化，只是全部使用男性被试的研究减少了（从 40%下降到 19%），更重要的是只采用实验法的研究数目没有变化，只是研究课题有了变化：从传统男性化课题到包含更多的女性化课题。这说明心理学领域中轰轰烈烈的女性主义运动面临了尴尬的处境，这也引起了女性主义心理学家的学术反思。

1. 合法性与地位问题

威尔根森认为，女性主义之所以对主流心理学没有产生多大影响，关键在于主流心理学把女性主义心理学看做是"不合法的科学"，因而加以忽视。她认为，相对来说，女性主义心理学还是一个年轻的学科，缺乏相关学术组织的支持。由于缺乏相关的研究组织，女性主义心理学家之间难以建立沟通渠道，维持学术对话，整合研究结果，更不用说竭尽全力地影响主流心理学。同时年轻的学科也就意味着缺乏地位。目前从事女性主义研究的心理学家大部分都是女性，而实践证明女性占优势的职业往往地位也比较低。另外，因为女性主义心理学作为女性主义在社会心理学中的建构必会秉承女性主义的研究倾向，它的研究本身是"政治的"，带有明显的价值取向，她们挑战实证主义科学的中立性或价值中立，这对于主流心理学家来说是难以接受的。而且女性主义研究的目的是改造社会，促进有益于女性的社会与政治的变化，这与主流科学家将"政治从来与科学无关"的信仰是相悖的。与此同时，女性主义认识论也意味着女性作为一个群体有合法持有与男性不同的知识或观点的权力，因而女性主义研究者的认知方式也就不同于主流心理学家。这与主流心理学的优势观念是相对立的，因为在主流心理学家看来，知识是一系列抽象的、一般的、普遍的心理功能的规律，科学是价值中立的，不受认知者的个人价值的影响。主流心理学家从来都不愿意承认其男权中心偏见，优势范式对其自身的社会历史立场有一内置的盲点。

事实上，女性主义认识论不仅挑战主流心理学的研究实践，而且挑战其认识论假设，从而从根本上动摇了主流心理学的权力基础。主流心理学为了维持其合法的地位，必然从制度上拒绝女性主义思维。

2. 现代性与后现代性的两难困境

女性主义心理学一方面继承了现代主义的启蒙思想，另一方面又由于对启蒙思想中基本假设所包含的男性中心主义偏见进行了激烈的挑战,而被归为后现代思潮中的一类,这使女性主义心理学在现代性与后现代性的夹缝中举步维艰,面临着一种两难困境。

女性主义心理学无论从理论基础、追求目标还是论证工具都包含着启蒙思想所具有的现代性特征。其中,作为女性主义心理学主流的经验论在"改造"主流心理学的同时,尊重主流心理学的研究传统,认同主流心理学的科学标准,而立场论女性心理学在确认和批判心理学性别化特征的同时,尽量保留了科学中好的、进步的方面。可见,对科学赖以支撑的核心概念——客观性原则,女性主义心理学各流派均未予以否定,而是加以重新诠释,以实现更强、更大的客观性。由于女性主义心理学重建的基础是统一的女性主义立场、政治解放目标和共同的女性经验,而这又体现了与启蒙认识论相一致的普遍话语。因此,经验论与立场论的女性主义心理学被后现代女性主义心理学视为一种不彻底的批判(吴小英,2000:175)。

同样,现代主义立场的经验论与立场论也对后现代女性主义心理学进行了批判。其一,批判了后现代主义心理学的非政治或后政治倾向,认为女性主义如果放弃了对社会性别的界定,那么要求女性正当权益的斗争就失去了理论基石,呼吁将女性视为社会群体,解构女性观,也就是颠覆女性主义政治。其二,批判后现代女性主义心理学的话语增值和意义失落,认为后现代女性心理学对旧制度的激烈批判基本上停留在理论话语的层面,只是由概念到概念、由理论到理论的"话语喧闹",提倡好的女性主义理论若要构成集体行动和理解的基础,必须走入女性的心灵。其三,批评后现代女性主义心理学强调多元性与差异性,容易导致相对主义,也就是心理学对普遍性理论的放弃以及多元文化的兴起,在客观上可能会进一步心理学业已存在的分崩离析的趋势。

女性主义心理学现代性与后现代性问题的并存以及来自这两个方面的攻击,使它陷入一种两难困境。统一还是分裂、解构还是建构,这是至关重要的问题。目前很多女性主义心理学家倾向于折中的观点。

3. 张扬主体性与去主体之间的矛盾

女性主义心理学主流批判的重要哲学依据是后现代主义对于普遍性及主体性的消解,并且正是这种消解使得一直通过"性别批判"这一主要变量寻求进入主流科学界的女性主义成为可能,若非科学这一范畴的普遍性被消解,女性主义所主张的差异恰好成为其非科学的明证。但是,女性主义心理学是建立在女性主义对西方思想二分法批判的基础之上的,反对主流心理学理论基础的二元对立,反对世界二分,并认为其是不平等和女性没有得到相应地位的根源。

但对性别问题的研究，对心理学的重建却得出一种张扬女性意识的结论，似乎在肯定二分法。女性主义对性别的区分本身就是对其所批判的二元论的支撑，这使女性主义对传统心理学的批判陷入自相矛盾之中。

这样，女性主义心理学关于"女性"概念的两难困境是：既想反对把"女性"作为一个固定的或基本的身份，又想保留"女性"为思维的焦点。即既假定存在一个具有普遍意义的"女性"范畴，她们享有共同的经验，这些经验来自于她们作为受压迫的女性存在的共同经历；同时又看到女性经验是一个变化的、复杂的、多元的概念，不同阶级、种族、民族、文化的女性经验各不相同。由于每一个认知主体都是一个拥有具体文化、历史背景的个体，断言存在共同的女性心理特征，再加上女性经验和男性经验之间的复杂或难以考察，简单地肯定一方、否定另一方，其结果必然强化传统的两分法。事实上，这一困境恰恰是在女性主义心理学这一事物中同时存在的现代启蒙性和后现代解构性这两种格格不入却在当下女性主义理论中缺一不可的因子相互背离造成的。

女性主义心理学在发展过程中，遇到如上所述的困境，但是，任何新范式的发生发展直到成为主流，都会遇到这种情况。在未来的学术研究中，女性主义心理学会在克服其本身存在的问题的同时，摆脱困境与主流心理学形成真正的制衡，丰富整个心理学的研究。

三、女性主义心理学的展望

1. 后现代主义女性心理学成为主流范式

后现代主义女性心理学在女性身份建构和研究范式两方面提出了女性主义心理学发展的思路，这一思路更加根本地抛弃了原先女性心理学建构中的现代性因素，颠覆了科学心理学中社会性别的二元对立，有望为这一学科开辟出一条走出困境的可行的出路。

后现代女性心理学研究既克服了经验论与立场论的认识论缺陷，避免了本质主义、普遍主义、基础主义倾向，又挑战了西方白人女性的优势立场，认为女性主义心理学应体现文化多元、视角多元、方法多元，要求综合考察女性社会的、政治的、历史的、发展的因素，强调采用多元的方法研究多元的女性现实。同时，后现代取向还使女性主义心理学家有可能折中地思考与包容经验论与立场论的女性心理学理论。例如，后现代女性主义者对于身份危机做出合理的回应，批判了先验主体的社会和文化建构的理论化，认为解构不是否定或抛弃，而是进行质疑，也许更为重要的是使一个术语开放，"是要将这个词释放到多重意义的未来，把它从其受到限制的母性或种族主义的本体论中解放出来，是要使之成为一个能够承载未预料到的意义的场所"（Bulter，1990）。同时巴特勒论证了主体并非一次产生，而是通过多次重复才能产生。这对于女性身份的如此概说既保留了女性主义本身的特色又为之容纳异质性创造了条件。

2. 积极参与心理学研究范式的变革

变革意味着危机、冲突、变化与再造。为了推进心理学的进步，女性主义心理学需要发展更多、更好的方式促进心理学范式的变革。库恩认为，范式的转换来自科学共同成员。根据库恩的范式理论，科学革命与范式的变革常常由外在于科学共同体的持不同经验、价值观与目标的成员所推动的，而女性主义者是科学心理学研究范式的外在者，而外在者与内在者有着不同的视角，他们能提出新的问题、新的假设，形成新的理论，这些都有助于促进心理学范式的变革以及心理学的学科的整体发展。研究表明，在过去的三十多年中关于女性、女性主义与社会性别的著作、学术刊物、论文、研究课题及社会政策应用的大量涌现，应经表明女性主义心理学家变革心理学范式的决心和信心，并且一直充当着心理学变革的催化剂和发起者。

同时，布朗认为女性主义心理学必须推进到一个更新的阶段。她要求女性主义心理学家质疑现有的研究范式，重新设想一个更宽广的与多元的现实，以便对所有女性有更为深刻的理解。未来女性主义心理学应更多地采取后现代的研究取向来解构和颠覆当下的研究范式和研究理路，并在此基础上，建构一个可容纳多元性和差异性的心理学研究框架作为自己的追求目标。

3. 进行学科间的对话

谢立夫指出，要将女性主义目标与心理学研究融合起来，就必须克服被心理学所忽视的问题，如没有考虑文化制度的影响、跨学科交流的缺乏，以及田野研究与自然研究的缺乏。她认为，虽然当代女性主义心理学已汲取了科学心理学、后现代主义心理学的许多优秀及合理的成分，并在自身内部的不同观点的对话中不断地深化自己的理论，但是处于襁褓之中的当代女性主义心理学还应继续与不同的心理学理论对话。同时它也应打破学科界限，与其他学科进行对话，它的发展也仰仗各个相关学科、各个领域的完善与发展。（Sherif，1979）

事实上，当代西方女性主义心理学是在跨学科、跨领域的边缘地带产生的，是哲学、政治学、生态学、伦理学等学科与心理学互相作用的结果。它的发展也仰仗着各门学科、各个领域的发展与完善，而且它也以自己的独特魅力成为心理学科领域中一支奇葩。所以，女性主义心理学若要保持其恒久的生命力，批判和解构不过是最初的准备，建构一个可以与当下学术氛围相称，与当下研究框架接轨并合理超越的框架和研究理路才是最终的保证其影响甚至成为主流

第十三章 女性主义心理学

的唯一途径。

相比于百余年历史的主流心理学，仅仅四十多年发展历程的女性主义心理学显得如此的年轻，充满分歧与困境，有待于发展与完善，但这也正说明了其进一步丰富和壮大的可能。相信随着时日的积累，女性心理学者的积极努力，女性主义心理学这支业已成为心理学研究重要组成部分的心理学新生力量，必定为心理科学的成熟与发展做出贡献，为人类美好生活和未来产生影响。

主要参考文献

1. Allen, K. & Barber, K. Ethical and epistemological tensions in applying a postmodern perspective to feminist research. *Psychology of Women Quarterly*, 116: 111-115, 1992.

2. Bulter, J. *Gender Trouble*. New York: Routledge, 1990.

3. Crawford M. Agreeing to differ: Feminist epistemologies and women's ways of knowing. In Gergen, M. & Davis S. (Ed.), *Toward a new psychology of gender*, 267-283, 1997.

4. Enns, C. *Feminist theories and feminist psychotherapies*. New York: The Haworth Press, 1997.

5. Gergen, M., Feminist reconstructions in Psychology: Narrative, gender, and performance, Sage Publication, 2000

6. Harding, S. *Is science multicultural?-Postcolonialisms, feminisms, and epistemologies*. Indiana: Indiana University Press, 1998.

7. Hare-Mustin R. & Marecek, J. *Making a difference: Psychology and the construction of gender*. New Haven, CT: Yale University, 1990.

8. Kahn, A. S & Yoder, J. D., The psychology of women and Conservatism: Rediscovering Socian Change. *Psychology of Women Quartely*, 13, 1989.

9. Landrine, H. Bringing Cultural diversity to feminist Psychology: Theory, research and practice, Washington: American Psychological Association. 1995.

10. Lott, B. Social Psychology: Humanist roots and feminist future. *Psychology of Women Quarterly*, 15, 509-519, 1991.

11. McHugh M. C., et al. Issues to Consider in Conducting nonsexist Psychological research: A guide for researchers. *American Psychologist*, 41(8):879-890.

12. Meyer J. Feminist thought and social Psychology. In M. Gergen (Ed.),

Feminist thought and the structure of knowledge, New York: New York University press, 1988 Harding S. The science question in feminism, Ithaca: Cornell University Press, 1986.

13. Nicolson, P. Feminist and Psychology. In J. Smith, R. Harre, & L. Langenhove (Eds.), *Rethinking psychology*. London: Sage, 1995.

14. Peplau L. A, Conrad E. Beyond nosexist research: The perils of feminist methods in psychology. Psychology of Women Quarterly, 13:379-400, 1989.

15. Prilleltensky, I. Psychology and the Status guo. *American Psychologist*, 44, 795-802, 1989.

16. Riger S. Epistemological debates, feminist voices: Science, social values, and the Study of wowen. *American psychologist*, 47(6), 730-740, 1992.

17. Sherif, C. Bias in Psychology. In J. Bohan (Eds.). *Seldom seen, rarely heard: Women's place in psychology*. Bourlder, CO: Westview, 1979.

18. Shields. S. Functionalism, Dar-winism, and the Psychology of women: A study in social myth, 7, 739-754, 1975.

19. Worell, J. & Etaugh, C. Transformation theory and research with woman. *Psychology of Women Quarterly*, 18: 443-450, 1994.

20. Vnger, R. K. Psychological, feminist, and Rersonal epistemology: Transcending Contradiction. In M. M. Gergon (Ed.), Feminist thought and structure of knowledge (pp.124-141). New York: New York University Press, 1988.

21. 郭爱妹著，女性主义心理学，上海教育出版社，2006年。

22. 刘慧英，走出男权传统的樊篱——文学中男权意识的批判，三联书店，1995。

23. 盛宁著，人文困惑与反思——西方后现代主义思潮批判，三联书店，1997年。

24. 吴小英著，科学、文化与性别：女性主义的诠释，中国社会科学出版社，2000年。

结语: 回顾与展望

　　形象地讲，西方心理学从古希腊一路走来，带着久远的历史回音，于19世纪初崭头角，到今天正值蓬勃发展的壮年。心理学独立以来百余年的发展史，更是充分显示出心理学思想斑驳绚烂、百家争鸣的态势。正如本书所言，西方心理学在19世纪从其哲学母胎中脱颖而出后的发展轨迹并不是一成不变的。早期的意识心理学、意动心理学、机能主义、构造主义等思想，接下来的行为主义、精神分析、认知主义、人本主义等学派，以及20世纪80年代之后的进化心理学、积极心理学、后现代心理学等相继粉墨登场，产生了激烈的思想碰撞，演绎出一幕幕你方唱罢我上台、此消彼长的多元竞争场面。

　　面对整个西方心理学发展的多样化谱系，面对这种多元范式并存的"混乱"现状，曾有不少心理学研究者感到忧心忡忡，认为这体现出了心理学学科的不成熟性和待完善性，心理学工作者则应当致力于去发展某种统一的方法和理论，以解决这一学科"危机"。然而，倘若我们真的尊重这一学科、尊重这一学科的既有传统，不难发现，面对人类心理和行为这一极具"个性"又异常深奥的研究对象，单独采用任何一种研究方法和研究视角都可能是不够完善的。诚然，人类的心理与外显行为有其共同的生理基础，但心理和行为绝非是机械规律的刻板集合，而是带有人类主观意识并具有意义感的高级活动。研究方法的多元不仅不是心理学的危机和遗憾，反而是一件值得庆幸的事。正是这些不同流派的心理学思想和不同个性的心理学家的存在，才让我们得以窥探人类心理的丰富维度和多彩景象。任何企图建立大一统理论的努力，都可能只是一种美好的愿望，而不是现实的可能。所以，我们不能从一元标准出发刻意苛求、妄加批判，而应是积极学习和了解每一种思想背后的言之成理之处。

　　西方心理学的历史主要关注的是西欧与北美国家的心理学发展状况。其中美国心理学的历史和美国心理学家的思想在整个现代西方心理学历史中占有最大的比例。德国作为科学心理学的发源地，曾一度占据世界心理学研究中心的地位，但随着美国在世界经济、政治和学术领域的势力崛起，加之"二战"前后德国的种族歧视和屠杀政策,大批优秀的心理学家远涉重洋,投入美国的怀抱,德国失去了心理学研究上的领先地位。因此,不论在哪部心理学史著作中,德国及西欧占据着 19 世纪心理学家数量的绝对优势;进入 20 世纪后,美国本土或移民美国的心理学家开始吸引了人们的大部分目光,西方心理学甚至在某种情形可以化约为"美国心理学"。这一情形直到 20 世纪 80 年代才稍微有所改观。

面对美国心理学作为西方心理学"代言人"的这种学术霸权场面,美国之外的欧洲心理学和第三世界的心理学经历了一场轰轰烈烈的本土化运动。在这场本土化运动中,提出了两条发展思路即西方心理学(美国心理学)的本土化过程以及本土化心理的关注与研究。由此我们看到,欧洲心理学重振旗鼓,第三世界国家(包括中国)的心理学初露锋芒。他们发出的声音稚嫩而不微弱,代表着一种可贵的觉醒和进步,预示着一种新的发展和方向。在本土化视角下,单纯地研究西方心理学是远远不够的。实际上,我国古代思想家的许多理论中也蕴涵着丰富深邃的心理学思想,其他东方民族(如日本、印度)和拉丁美洲、非洲等国家也有着具有自身特色的心理学传统,这些都是整个心理学的财富。我们相信,针对心理(包括行为)这样一种极具个体性、文化性和时代性的"研究对象",只有通过不断的交流、对话、论争与融合,才能汇聚全世界各民族的智慧和力量,共同描绘出心理学的斑斓画卷。在这幅画卷中,单方面地突出任何一种元素,都是不和谐的、有失偏颇的。

无论如何,一路与思想和思想者同行,已经能让我们从林林总总的心理学流派的相互交替和相互纷争中了解到西方心理学的发展趋势。而众多心理学研究者所表现出来的学科意识、创新思维以及反思精神也同样值得我们学习和继承,正是其研究成果的累积才铸成了今天心理学大厦的坚实地基。一百多年的时间在历史长河中只是微不足道的一个片断而已,但心理学作为一门学科和职业所取得的成绩却足以让世人刮目相看。以区区十三章的内容对如此漫长和丰厚的历史脉络与当代发展作出系统介绍,难免挂一漏万、遗憾诸多。而那些正在进行中的发展也终将成为历史,只是现在我们还无法将其纳入囊中。与心理学思想发展同行的脚步只能暂时到此为止。但我们深信,心理学这一学科会在不久的将来变得更加丰满和完善。我们还期望,在这本入门性教材的引导下,会有更多的心理学学习者能够投身于这一诱人且艰辛的事业的进程中。